公式ガイド
Official
Guide Book

Ui Path™

ワークフロー開発実践入門

ver**2021.10** 対応版

┃UiPath株式会社
┃津田義史 [著]

秀和システム

本書の前提

本書の執筆 / 編集にあたり、下記のソフトウェアを使用いたしました。

・UiPath Studio 2021.10
・UiPath Orchestrator 2021.11

上記ソフトウェアを、Windows 10 上で動作させています。よって、Windows のほかのバージョンを使用されている場合、掲載されている画面表示と違うことがありますが、操作手順については、問題なく進めることができます。

注意

(1) 本書は著者が独自に調査した結果を出版したものです。
(2) 本書は内容に万全を期して作成しましたが、万一、ご不審な点や誤り、記載漏れなどお気づきの点がありましたら、お手数をおかけしますが出版元まで書面にてご連絡ください。
(3) 本書の内容に関して運用した結果の影響については、上記にかかわらず責任を負いかねますので、あらかじめご了承ください。
(4) 本書およびソフトウェアの内容に関しては、将来、予告なしに変更されることがあります。
(5) 本書の例に登場する名前、データ等は特に明記しない限り、架空のものです。
(6) 本書およびソフトウェアの一部または全部を出版元から文書による許諾を得ずに複製することは禁じられています。

商標

(1) UiPath や、UiPath の各ロゴは、米国および他の国における UiPath 社の商標または登録商標です。
(2) Microsoft、Windows の各ロゴは、米国および他の国における Microsoft Corporation の商標または登録商標です。
(3) その他、社名および商品名、システム名称などは、一般に各社の商標または登録商標です。
(4) 本文中では、©マーク、®マーク、TM マークは省略し、また一般に使われている通称を用いている場合があります。

推薦の辞

　UiPath株式会社の日本法人が2017年2月に設立されて、約5年となります。当時はまだRPAという単語を知っている人は稀だったと記憶しています。しかし、今では多くの企業でUiPathをはじめとしたRPA製品の導入が進みました。急速なRPA普及の背景には、多くの企業にとって長時間労働や生産性の低下が目下の経営課題であり、働き方改革を優先的経営テーマとして推進してきたことが挙げられます。短期間・低コストで従業員の業務負担を大幅に軽減できる施策が限られる中で、有効なソリューションであるRPAが多くの企業で採用されました。

　また、2020年2月から流行した新型コロナウイルス感染症の影響により、企業では改めて新しい働き方への適応が求められています。経営層はリモートワークや平常時からの自動化の必要性等を再認識し、企業におけるRPAの重要性はますます高まりを見せています。このような背景もあり、今、業務の現場ではRPAの開発スキルを持った人材の必要性がより一層高まっています。

　UiPathをはじめとしたRPA製品の一部は、ビジュアルな開発ツールの印象どおり、単純な自動化プロセスであれば、プログラミング経験の乏しい方であっても比較的少ない学習コストで開発することが可能です。しかし、ある程度の規模や複雑な処理を含む自動化となると、プログラム経験のない方ではつまずきが多く、自信を持って開発できない方も多いのではないでしょうか。また、一部のRPAプロジェクトの責任者の方から、ワークフローの不安定さや、保守性についてご相談を頂くことがあります。ワークフローの実物を見てみると、プログラミングの基礎が不十分な方によって開発されたと見受けられるものが多くあります。現場の業務担当者によって開発されたワークフローだけではなく、残念ながらプロの方が開発したワークフローにもそのようなものは多くあります。

　UiPathの開発ツールであるUiPath Studioはビジュアルなユーザーインターフェイスで、ドラッグアンドドロップを中心として、複雑なプログラミング言語を駆使する

ことなく開発できます。しかし、RPAによる自動化プロセスはプログラムです。プログラミングの基礎知識が不十分ですと、いきあたりばったりでなかなかうまく開発できません。

　プログラミングの基礎知識を理解していることで、より効率的に高い品質で自動化プロセスの開発を行うことができます。これらのプログラミングの基礎知識は、JavaやPythonなどのプログラム言語を既に学習されている方にとっては馴染み深いものだと思いますが、UiPath Studioを使ったワークフロー開発がはじめてのプログラミングという方にとっては、プログラミングの基礎をしっかり勉強する機会もなかなか得られなかったのではないでしょうか。

　本書は、UiPath Studioでワークフローを開発しながら、本格的なプログラムの基礎を体系的に学べる書籍になっています。プログラミング経験のない方であっても、本書を通じてプログラミングの基礎を習得することで、効率的に安定したワークフローの開発ができるようになることが期待できます。

　ぜひ、本書を通じてプログラミングの基礎を習得し、UiPathを使って業務の現場で様々な自動化にチャレンジしてみていただければと思います。また、プログラミングの基礎は、UiPathだけではなく、ほかのプログラミング言語でも応用の効く考え方です。本書を通じてプログラミング言語に興味をお持ちいただき、ぜひJavaやPythonといったほかのプログラミング言語にもチャレンジしてみようという気持ちになっていただけたとしたら、この上ない幸いです。

　新しい知識やスキルの獲得は、人生における大きな喜びの一つだと思います。UiPathのビジョンは、「A Robot For Every Person」です。これは、すべての人にRPAの自動化を活用していただくことを目指しています。いわば「RPAの使い手の民主化」です。また、多くの人にUiPathを使った自動化プロセス開発という新しいスキルを獲得いただくことも目指しています。これは「RPAの作り手の民主化」です。より多

くのRPAの作り手が生まれれば、さらにRPAの使い手の民主化が進むことになります。UiPathでは、このRPAの作り手と使い手の民主化により、日本の自動化を前に進めたいと考えています。

　本書を通じて、一人でも多くの方がプログラミングの基礎を習得したRPAの作り手となり、日本の自動化の前進を推し進める仲間に加わっていただければこれに勝る喜びはありません。

　なお、本書の第1版が出版されてから、はや1年が経過しました。この間にUiPathもとても早いスピードで成長し、多くの新機能が利用可能になりました。これら新機能についてもできるだけ皆さんにお伝えしたいという想いから、最新の改訂版を出版させていただくことにいたしました。本書が、皆様のUiPathの最新の機能の習得と効率的なUiPathの活用に繋がることを願っています。

UiPath株式会社

執行役員 プロフェッショナルサービス本部 本部長 阿部 卓矢

目 次

UiPathの概要

<table>
<tr><td>Chapter
2</td><td>## プロセスの開発</td></tr>
</table>

<table>
<tr><td>Chapter
3</td><td>## ワークフローの設計</td></tr>
</table>

Chapter

4 Studioの使い方

Chapter
7

基本的な型

Chapter

8

デバッグの技術

さまざまなアクティビティ

Chapter
10

オブジェクトリポジトリ

Chapter

11

正規表現

Chapter 12　OCRの操作

Chapter
13

ログ出力

Chapter

14

例外処理

Chapter 16 ライブラリの開発

Chapter

17

Automation Cloudの活用

Chapter

18 チーム開発の支援

Column

本書の使い方

　本書は、UiPathを使って業務の自動化を担う現場の方、より具体的にいえば、UiPathのワークフローを開発する方を対象に執筆しています。これからUiPathを学習する初学者の方にも問題なく読み進められるように、UiPathを基本的な部分から解説しています。また、すでにUiPathに長く取り組んでいる中級者以上の方に対しても、実務に有益な情報を多く集めました。

　現在、多くの組織がRPAの導入に挑戦されています。大きな成功を手にする組織もあれば、苦労している組織もあるようです。このような組織をリードする立場にある方にも、UiPathをよく知っていただき、ツール選定の材料としたり、組織のメンバーにトレーニングを施したりするなどの用途で本書をご活用ください。

　本書では、UiPathに関する知識を体系的に整理しました。そのため、これらの知識を効率的に学習するには、本書の先頭から順にお読みいただくことをお勧めします。UiPathに関する話題のそれぞれは各章ごとにまとめましたので、必要な章からお読みいただくこともできます。その場合でも、各章の先頭から取り組むようにしてください。

　なお、本書はUiPathに固有の知識だけでなく、.NETの変数の型や正規表現などのプログラミングに関する一般的な知識もあわせて解説しています。これらはUiPathで自動化を作成するうえで、非常に有益もしくは必須のものだからです。ただし、UiPathの使用という文脈の中で、実践的に活用できるように配慮して構成しました。

　また、本書は詳細を端から順に説明することは避けています。なるべく全体の概要を先に説明し、すぐに必要とならない知識の説明は先送りするように心がけました。本書を読み進める中で、読者にとって初出の語もいろいろ出てくると思います。それは軽く印象に残すだけにとどめて、各章で中心的に扱っている話題の方に関心を集めてください。それらの語の多くは、後の章で詳細に説明されているはずです。

　深淵なUiPathの世界にようこそ。幸運を祈ります！

UiPathの概要

1-1 UiPathの概要

UiPathができること

UiPath Platformは、Windows PCの操作を自動化するソリューションです。これは、ワークフローファイルにアクティビティとよばれる部品を貼り付けていくことで、簡単にプログラム構造を作成できます。各アクティビティは固有のプロパティ（設定）をもっていて、これを設定するだけで複雑な処理を記述できます。

このように、**複雑なロジックを記述することなく、配置したアクティビティにプロパティを設定するだけで簡単にプログラム構造を作成できる**ことが、UiPathの特徴です。これは、UiPathがベースとしているMicrosoftのWWF（Windows Workflow Foundation）という技術によるものです。

●図1

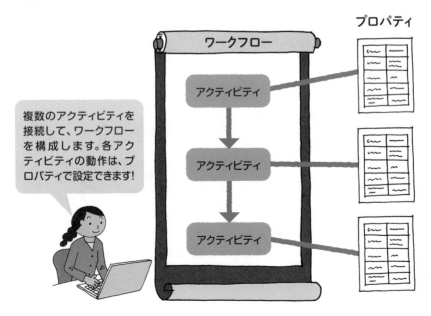

アクティビティは、業務処理を自動化できる部品

WWFには、みなさんが独自のアクティビティを比較的簡単に作成できる仕組みがあります。これを**カスタムアクティビティ**といいます。

そして、多くの企業はそれぞれ得意の領域でビジネスをしています。たとえば、金融、建築、法律、医療などの多くの事業領域（ビジネスドメイン）があり、それぞれに固有の業務処理があります。これらを自動化するカスタムアクティビティを作成しておけば、それをぺたぺたと貼り付けてプロパティを設定するだけで、その業務処理を簡単に自動化できるようになります。

つまり、WWF（Windows Workflow Foundation）は、さまざまな領域に固有の業務について、Windows上で処理（ワークフロー）を自動化する基盤（ファウンデーション）というわけです。

> ### ⓘOnePoint　ドメイン固有言語
>
> ある領域（ドメイン）に特化したプログラミング言語のことを、ドメイン固有言語（DSL：Domain Specific Language）といいます。
>
> たとえば、正規表現は文字列の検索という領域に特化した言語（DSL）です。正規表現は、ややこしいロジックを組むことなく、検索パターンを作成するだけで複雑な文字列検索を宣言的に記述できます。なお、正規表現は、Chapter11の「正規表現」で詳細に扱います。
>
> ドメイン固有言語（DSL）に対して、任意の処理を記述できるC#やJavaのような言語を、汎用プログラミング言語（GPL：General-purpose Programming Language）といいます。

> ### ⓘOnePoint　UI
>
> UIとは、User Interfaceの略です。UserとはPCを操作する人のこと、Interfaceとは顔と顔の間のことで、2つが対面したときの境界を指しています。つまり、UIとはPCとユーザーとの間を仲介する、Windowsやアプリケーションなどの画面のことです。この画面を構成するウィンドウやボタンなどを、UI要素といいます。

UiPathは、WindowsのUI操作を自動化する基盤

さて、UiPathが得意な領域は、Windowsアプリケーション操作の自動化です。UiPath社は、Windowsの画面に表示されるウィンドウやボタンを安定して自動で操作する技術をもっています。そして、この領域のテクノロジーをWWFのカスタムアクティビティに閉じ込めました。このUiPath特製のアクティビティは、UIAutomationパッケージファイルに含まれています。

　これらのアクティビティを貼り付けてワークフローを開発する環境についても、UiPath社は自動化に専用のツールを特別にあつらえました。それが**UiPath Studio**です。このStudioは、UI操作をレコーディングして、連続する複数のアクティビティに変換するなどの、UI操作の自動化に特化した強力な機能を多く備えています。

　また、UIAutomationパッケージのほか、さまざまなアプリケーションを自動で操作するための豊富なアクティビティパッケージがStudioに同梱されています。つまり、Studioでワークフローを作成し、UiPath特製のアクティビティをぺたぺたと貼り付けていけば、簡単にPCを操作する業務を自動化することができるのです。

●図2

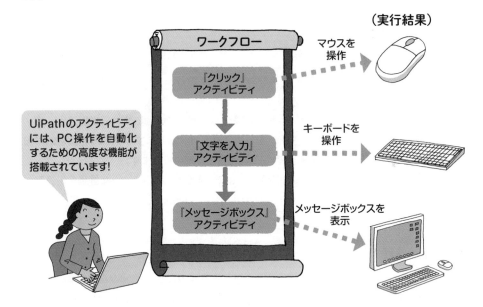

⚠ OnePoint　UiPathが作成したカスタムアクティビティ

　UiPathの世界では、UiPathが作成した『クリック』や『文字を入力』などのアクティビティはカスタムではなく、標準アクティビティとして扱われます。

UiPathは、保守性の高いワークフローを効率良く作成できる

　Microsoft Excelのマクロを使えば、Excelの操作を自動化できます。しかし、マクロの記述方法は社内で統一したルールが用意されないことも多く、マクロを作成した人が転勤や退職などでいなくなると、保守が難しくなることがあります。

また、ExcelマクロはExcelしか操作できないので、複数のアプリケーションにまたがった処理を自動化するのは困難です。

一方で、UiPathにはExcelのほかにもPDFやSAPなどのアプリケーションに固有な操作を簡単に自動化できるアクティビティが豊富に揃っており、ややこしいプログラミングをしなくても、プロパティを設定するだけで簡単に使えます。そのため、これらのアクティビティを活用して作成したワークフローは、人が読みやすいものになります。複数のアプリケーションをまたがった操作を自動化するのも簡単です。

UiPathは、夢のような開発環境

UiPathはディープなソフトウェア開発者から、ライトなビジネスユーザーまで、さまざまな方が活用できる、とても素晴らしい開発環境です。ディープな開発者は、ビジネスユーザーの業務領域に固有の処理を自動化するアクティビティを作成して提供できます。ライトなビジネスユーザーは、提供されたアクティビティをぺたぺたと貼り付けて、簡単に自身の業務を自動化できます。

各アクティビティは、それぞれにさまざまな専門知識が閉じ込められており、簡単なプロパティ設定で複雑な処理を実行できるように作られています。

そのため、これらを貼り付けて作ったワークフローは読みやすく変更しやすい、保守性が高いものになるのです。UiPathは、ドメイン固有言語と汎用プログラミング言語のいいとこ取りをした、未来の開発環境です。それが、ついに私たちのところにやってきました。ワクワクが止まりません！

●図3

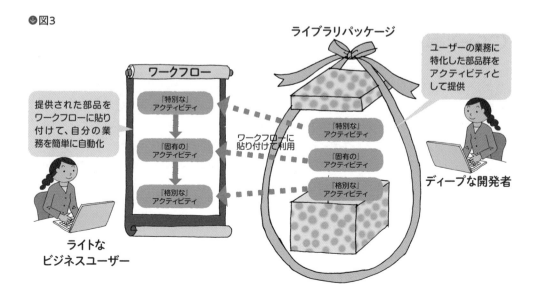

さまざまなテクノロジーを統合するプラットフォームとしてのUiPath

前述のとおり、UiPathはさまざまなドメイン知識や、最新のテクノロジーを統合するプラットフォームとして優れています。現在は、AIや画像認識、OCRなどの技術をアクティビティとしてUiPathに統合する流れが加速しています。UiPathを使うことで、誰もが先端テクノロジーを自在に活用できるようになってきているのです。

UiPathとAIとの統合について興味があれば［UiPath AI Center］で、OCRとの統合に興味があれば［UiPath Document Understanding］で、検索してみてください。

なお、Document Understandingの機能の一部は、Chapter12の「OCRの操作」でも紹介しています。

使い捨てのスクリプトから、普段使いの自動化まで

UiPathは、安定して動作する自動化を簡単に作成できます。一度しか使わない使い捨ての小さなプログラム（スクリプト）を、UiPathのワークフローで書くことができます。一方で、日常の業務を自動化するための複雑な自動化をUiPathのワークフローで書いて、それをお手入れしながらずっと使い続けることもできます。前述のように、UiPathのワークフローは読みやすく保守が簡単なので、一度書いたワークフローを末永く使い続けることも容易なのです。

UiPathに習熟すれば、皆さんのPC業務の生産性は飛躍的に高まるでしょう。ただし、読みやすいワークフローを短期間で書けるようになるには、UiPathを体系立てて学習していくことが必要です。そこで、本書がお役に立つというわけです。

> **①OnePoint　UiPathマーケットプレース**
>
> UiPath マーケットプレースのサイトには、さまざまな企業やユーザーが作成したライブラリパッケージがアップロードされています。この中に含まれるカスタムアクティビティを使って、さまざまなアプリケーションの操作を簡単に自動化できます。みなさんも、カスタムアクティビティを作成したら、ぜひここにアップロードしてください。
>
> ここでダウンロードしたアクティビティパッケージをUiPathにインストールする方法は、Chapter15の「パッケージの管理」で説明します。また、カスタムアクティビティの作成方法は、Chapter16の「ライブラリの開発」で説明します。
>
> ⊕UiPathマーケットプレース
>
> https://connect.uipath.com/ja/marketplace

1-2 プログラミングを始めよう

プログラムとプログラミング

UiPathを上手に使いこなすには、プログラミングに関する基本的な知識が必要です。**プログラミング**とは、プログラムを書くことです。プログラムとは、コンピュータに仕事をさせるための命令を並べたものです。運動会の「プログラム」をイメージするとわかりやすいでしょう。

この日に行う競技種目を時系列に並べたものが、運動会のプログラムです。コンピュータのプログラムも、処理させたい内容をその順に並べたものになっています。プログラムを書くことができれば、コンピュータを自由自在に操って、いろんな処理をさせることができるというわけです。

プロセスパッケージとワークフロー

UiPathにおいては、プログラムのことを**ワークフロー**といいます。ワークフローを作成したら、これをプロセスパッケージファイルに梱包(パブリッシュ)して、Robotが実行できる形にします。

●図4

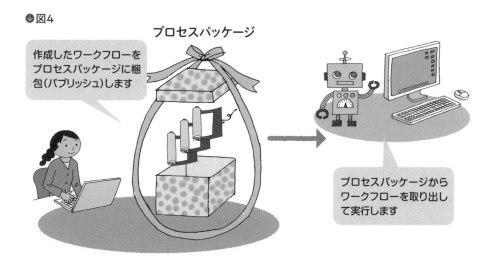

プロセスパッケージ

作成したワークフローをプロセスパッケージに梱包(パブリッシュ)します

プロセスパッケージからワークフローを取り出して実行します

　1つのプロセスパッケージには、複数のワークフローを含めることができます。Robotにプロセスの実行開始を指示すると、Robotはそのパッケージからワークフローを取り出して実行します。これにより、PCの操作が自動化されます。

きれいなワークフローを作る

　前述のとおり、UiPathでワークフローを作成するには、プログラムを書く必要はありません。必要なアクティビティをワークフローに貼り付けて、そのプロパティを設定するだけで自動化を作成できます。しかしながら、プログラミングの基本的な知識を身につければ、より品質の良いワークフローを作れるようになります。

　そこで本書では、UiPathに固有の知識を説明しながら、プログラミングの基本的な考え方もあわせて紹介します。ワークフローの品質にはさまざまな側面がありますが、まずはアクティビティを理路整然と、きれいに並べることを意識しましょう。これによりワークフローの可読性（読みやすさ）が向上します。これは、ワークフローの保守性や信頼性など、ほかの品質の側面を向上させるためにも必要な最初の一歩です。

Column　RPAのテスト① ソフトウェアテストの目的

　RPAのテストを考えるコラムです。少々専門性の高い内容を扱うので、必要のない読者はスルーして頂いても大丈夫です。なお特にことわりがない限り、本コラムの一連の内容は通常のソフトウェアテストにも共通するものです。

　ここでは、テストの目的について考えましょう。ソフトウェアテストは、当該のソフトウェアが期待通りに動作するのかを確認するために実施します。テストの目的は決して「バグを発見する」ことではありません。

　ソフトウェア（ワークフロー）の品質は、テストによっては担保できません。ワークフローの品質は、そのワークフロー自体の美しさで決まります。この、「期待通りに動作することを確信できる、ソフトウェアの美しい構造」のことを「アーキテクチャ」といいます。難しく考える必要はありません。本書を通して、「ワークフローは、単純な構造であればあるほど美しい」のだ、と考えて頂ければまずは十分です。

　UiPathをあなたの手足として自由自在に使いこなすには、UiPathをよく理解することが大切です。何となくワークフローを書いてみて、それを実行したら何となく動いた、というのではいけません。ワークフローが期待通りに動作することを、それを書いたあなた自身が確信していなければなりません。

　ソフトウェア（自動化プロセス）の開発は、バグなど入る隙間のない、期待どおりに動作することを確信できるきれいなプログラム（ワークフロー）を書き、それを念のためにテストして確認する、という手順で進めましょう。

1-3 UiPath Platformの構成

UiPath Platformについて

　UiPathのRPAプラットフォームは、図5のようにStudio、Robot、Orchestratorの3つのコンポーネントで構成されます。なお、Orchestratorは最初は必須ではありません。Robotの台数が増えてきたら、導入を検討してください。

　あるいは、クラウド上にある無償のCommunity EditionのOrchestratorを利用することもできます(利用条件を確認してください)。

図5

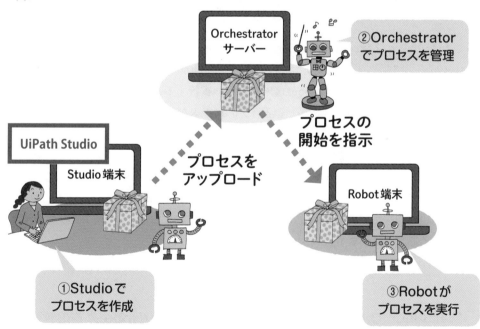

①Studioでプロセスを作成

Studio端末を使って、ロボットに実行させたい**自動化処理**を作成します。この自動化処理のことを**オートメーションプロセス**、あるいは単に**プロセス**といいます。自動化プロセスということもあります。

1つのプロセスの中には、複数のワークフローを含めることができます。1つのプロセスで自動化すべき作業の単位は、人手で処理したらおよそ数分から数時間かかる程度の大きさです。Orchestratorを介在させると、人による承認手続きを含むために実行完了までに数ヶ月かかるようなプロセスも作成できます。

UiPathの運用においては、このプロセスパッケージファイルが社内を流通する経路を把握することが重要です。

なお、Studio端末には必ずRobotもインストールされます。これは、開発中のワークフローを実行して検証するために使います。

②Orchestratorでプロセスを管理

作成したプロセスは、Orchestratorにアップロードして管理します。OrchestratorはWebサーバー上で動作するアプリケーションです。OrchestratorのWeb画面では、アップロードされたプロセスを、どのRobot端末で、いつ実行するかを設定できます。このほか、ログの確認や、Studio/Robot端末の管理、ライセンスの配布など、非常に多くのことがOrchestratorで行えます。

ただし、Orchestratorの導入は必須ではありません。Orchestratorがなくても、業務の自動化を進めていくことができます。この場合には、各Studio/Robot端末にUiPathのライセンスキーを入力して、これをアクティベーションする必要があります。

また、Studio端末でプロセスパッケージファイルを作成したら、これをRobot端末に手動でコピーする必要があります。

---

①OnePoint Orchestratorが管理できるStudio/Robot端末の台数

1台のOrchestratorで、複数台のStudio/Robot端末を管理できます。この管理できる台数は、PCのスペックや接続するRobotの種別などに依存します。100台を超える場合には、Orchestratorのハードウェア要件をご参照のうえで、スペックを選定してください。なお、Enterprise Cloud版のOrchestratorであれば、接続台数に上限はありません。

③Robotでプロセスを実行

　Robotがプロセスを実行すると、Robotがこの端末のマウスとキーボードでアプリケーションを操作し、あなたに代わってPC業務を行ってくれます。この間は、その端末を人が操作することはできません。そうしてしまうと、Robotによるマウスやキーボードの操作を邪魔することになり、RobotによるPCの操作が失敗してしまうからです。プロセスの実行が完了したら、この端末は人が操作しても問題ない状態に戻ります。

　ただし、Robotは処理の途中で人に対してダイアログメッセージを表示したり、何らかの形で人に入力を促したりすることもできます。このように人と対話するプロセスの実行中には、必要に応じて人が端末の操作に介入し、Robotと協力しながら作業を進めることになります。

⚠OnePoint　レコーディング機能

　Studioのレコーディング機能は、ユーザーの操作をそのまま複数の連続したアクティビティに変換して、ワークフローの中に記録します。もしレコーディング中の操作に失敗しても、失敗した部分だけを記録し直したり、記録されたアクティビティのプロパティを手動で調整して修正したりできます。

1-4 Robotの種別

Robotの種別について

　UiPathのRobotがプロセスを実行する方法には、Attended Robot（有人ロボット）と
Unattended Robot（無人ロボット）の2つがあります。これらは自動化プロセスの実行を開始
する方法が異なるだけで、ソフトウェア製品としてはどちらもまったく同じであり、インス
トールの手順も同一です。

　ただし、Robotをアクティベーションするライセンスの種類によっては、利用できる機能
が制限されます。たとえば、Attended Robot のライセンスでアクティベーションしたRobot
は、プロセスの実行開始をOrchestratorから指示することはできません。入手すべきライセ
ンスの種別については、UiPathのWebサイトやUiPathのパートナー企業に確認してください。

Attended Robot

　Attended Robotとは、Robot端末の前に座っている人が、プロセスの開始をRobotに指
示することで実行を開始するRobotです。Robot端末の前で人が実行開始を指示するので、
Attended（有人の）Robotというわけです。WindowsのタスクトレイにあるRobotアイコンを
クリックすると、UiPath Assistant画面が起動します。この中から、実行したいプロセスを
選んで開始を指示できます。

　Attended Robotのプロセスは、実行の開始を指示した人と同じWindowsアカウントで実行
されます。つまり、このプロセスがファイルやフォルダーを操作できるかどうかは、この端
末にログインしている人のWindowsアカウントの権限設定と同じです。

Attended RobotがOrchestratorに接続するメリット

　Attended Robotも、Orchestratorに接続することができます。前述のとおり、ソフトウェ
アコンポーネントとしてはAttended RobotとUnattended Robotに違いはありませんが、

Orchestrator上にRobotの接続設定を作成するときに、そのRobotのAttended/Unattended
の種別を指定する必要があります。Attendedとして作成したRobotは、プロセスの実行開始
をOrchestratorから指示することはできません。

　しかし、Attended RobotをOrchestratorに接続することにも、次のようなメリットがあり
ます。

✅ ライセンスを一括管理できる

　Robot端末ごとにアクティベーションする手間が不要となります。なお、Studio端末も
Orchestratorに接続してライセンスを管理できます。

✅ ログを一元管理できる

　プロセスの実行ログを監視することにより、野良ロボットや使われていないロボットを捕
捉できます。また、エラーを中央で検知できるのでトラブルシュートの支援を能動的に行え
ます。

✅ プロセスを利用者に配布できる

　作成したプロセスを、それを必要としているユーザーに一括して配ることができます。
Studio端末からRobot端末に、プロセスパッケージファイルをコピーする手間が不要となり
ます。

✅ 実行できるプロセスを制限できる

　Orchestratorと接続していないRobotは、その端末に配置されたプロセスパッケージを実
行できます。一方でOrchestratorに接続されたRobotは、そのOrchestratorから配布されたプ
ロセスのみを実行できます。これはガバナンスの面で有効ですが、デメリット（ローカルに配
置されたプロセスを実行できない）もあるので注意が必要です。

✅ 野良ロボットの発生を抑止する

　組織に管理されていないロボットを野良ロボットといいます。これは実行結果に誤りがあ
ることに気づかないまま使い続けたり、ロボットの所有者が移動や退職などで不在になるとき
に引き継ぎが行われなかったり、使われることなくライセンスを無駄に消費したり、バー
ジョンアップ計画から漏れたりするなど、さまざまな問題を引き起こします。すべてのロボッ
トをOrchestratorで管理することで、このような野良ロボットの発生を抑止できます。

✅Orchestratorのアセットやキューの機能を利用できる

　Attended Robotでも、Orchestratorのアセットやキューなどの機能を利用できます。アセットとは、テキストや数値の設定情報をOrchestratorに登録し、これをRobotから読み書きできる機能です。キューとは、トランザクション処理を複数のRobotに安全に振り分ける機能です。これらの機能については、Chapter17の「Orchestratorの活用」で詳細に扱います。

✅接続されたStudio/Robotを自動でバージョンアップする

　接続されたマシンにインストールされたStudio/Robotのバージョンを一覧で確認できます。さらに、Orchestrator 21.10以降とStudio/Robot 21.10以降の組み合わせでは、Studio/Robotの新しいバージョンが利用可能になったとき、各マシンを自動でバージョンアップするように構成できます。

Unattended Robot

　Unattended Robotとは、Orchestratorの画面から人が指示を出すことでプロセスの実行を開始するRobotです。あらかじめOrchestratorにスケジュール（トリガー）を登録をしておくことで、指定の日時に自動でプロセスを開始することもできます。無人のRobot端末で処理を実行するので、Unattended（無人の）Robotというわけです。

　Unattended Robotは、Unattended端末のWindowsに自動でログインし、プロセスの実行を開始します。実行が終わったらWindowsからログオフし、作業を完了します。そのため、Unattended Robotはユーザーとの協調作業はできません。

　たとえば、プロセスがダイアログメッセージを表示したりすると、そのダイアログを閉じる人は誰もUnattended端末の前にいませんから、このプロセスの実行は中断したままになってしまいます。このため、Unattended Robotで実行することを意図したプロセスは、ユーザーとの協調動作が必要な処理（ダイアログを表示するなど）をしないように作成しておく必要があります。

　また、Unattended 端末は、施錠ができる部屋やデータセンターなど、物理的に安全な場所に設置する必要があります。Robotが作業中のUnattended端末は、Windowsにログインした状態になっているので、そのマウスとキーボードを人が不正に操作できてしまいます。Robotが作業中の画面には、個人情報や顧客名簿などの機密情報が表示されることもあるでしょう。そのため、Unattended端末は仮想環境上に構築しておき、そこにはモニターやキーボードなどを接続しないでおくことをお勧めします。

　なお、RobotがWindowsへのログインに使うユーザー名とパスワードはOrchestratorに設定し、このRobotと関連付けておく必要があります。

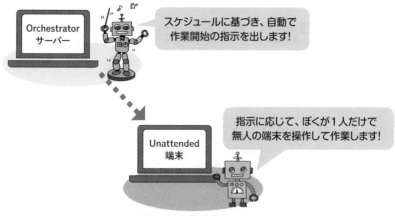

◆図6

Unattended Robot

Unattended RobotがWindowsにログインするときの動作

　Windowsでは、複数のユーザーが同時に1つのコンソールにログインすることはできません。そのため、Unattended Robotでプロセスを実行するときは、そのUnattended端末に誰もログインしていないことを確認してください。ほかの人がログイン中の端末にはUnattended Robotがログインできず、プロセスの実行に失敗してしまうからです。

---

①OnePoint　リモートデスクトップ接続

　Windowsへのログインは、コンソールにログインする方法と、RDP（リモートデスクトップ接続）でログインする方法の2つがあります。既定では、Unattended Robotはコンソールにログイン（LoginToConsole）しますが、RDPを使うように設定することもできます。

---

①OnePoint　高密度ロボット

　Windows 10などのクライアントOSでは、同時にログインして作業できるユーザーは1人だけです。このため、Unattended Robotが同時に実行できるフォアグラウンドプロセスもRobot端末につき1つだけです。複数のプロセスを並行して実行するには複数のRobot端末を準備する必要があり、端末の展開・運用管理のコストがかかります。

　一方でWindows 2012などのサーバーOSでは、複数のユーザーが同時にログインして作業できます。これを利用して、同一のサーバーマシン上で複数のRobotを同時に実行することを高密度ロボット（High-Density Robots）といいます。これにはRDPセッションを使うので、並行実行するRobotと同数のMicrosoft RDS CALライセンスが必要となることに注意してください。

1-5 UiPath Assistant

UiPath Assistantについて

UiPath 2020.4からは、Robotの設定画面の名称がRobotトレイから**UiPath Assistant**（アシスタント）に変わりました。これは、製品のビジョンをより良く反映させたものです。

前述のように、同じ端末上では操作が干渉するため、人とAttended Robotが同時に作業することはできませんでした。しかしUiPath Assistantには、それを可能にする機能がいくつか搭載されています。本節では、それらを紹介します。

⬇図7

バックグラウンドプロセス

マウスやキーボードを一切使わないで処理を行う特別なプロセスを**バックグラウンドプロセス**といいます。操作が干渉しないので、同じ端末を人が同時に操作できます。さらに、複数のバックグラウンドプロセスを同時に実行することもできます。このように、自動化をバックグラウンドプロセスとして構成すれば、人とRobotが同じ端末を共有して同時に作業できます。

これに対して、マウスやキーボードを操作する通常のプロセスを**フォアグラウンドプロセス**といいます。

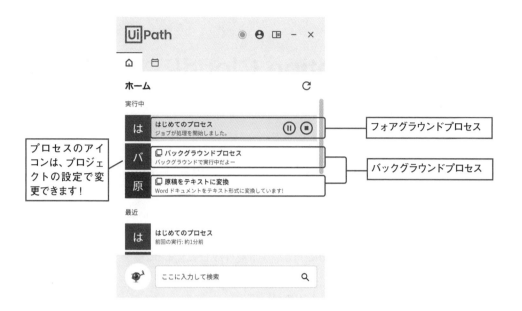

プロセスのアイコンは、プロジェクトの設定で変更できます！

フォアグラウンドプロセス

バックグラウンドプロセス

Hint

　複数のバックグラウンドプロセスを同時に実行すると、UiPath Assistant画面には上記のように表示されます。フォアグラウンドプロセスも、1つまでなら同時に実行できます！

ピクチャ イン ピクチャ

　UiPath 2020.10の新機能、**ピクチャ イン ピクチャ**を使うと、小さなデスクトップウィンドウが開き、この中でRobotが動作します。これは人が作業中のデスクトップと干渉しないため、フォアグラウンドプロセスと人が同じ端末を同時に操作できます。真のAttendedソリューションとして今後の活用が期待されます。なお、この機能はWindows10 Home Editionでは利用できません。

人が操作する
デスクトップ画面

Robotが操作する
デスクトップ画面

1-6　Automation Cloudについて

UiPath Automation Cloudの利用を開始する

　UiPath製品の多くは、SaaS型クラウドサービスとして提供されています。無償で利用を開始でき、有償ライセンスにも簡単に移行できます。Studioのインストーラーもここで入手できるので、まずはAutomation Cloudにアカウントを作成しましょう。

手順① Automation Cloudにアカウントを作成
手順② 組織を作成
手順③ 組織のURLを変更
手順④ Studioをインストール

⊕Hint

　もし読者の環境ですでにAutomation Cloudを利用していれば、既存の組織の管理者に自分の招待を依頼して、その組織に参加しましょう。管理者は [🔲 管理]画面でユーザーを招待できます。なお自分で新しい組織を作成した場合でも、招待を受けて既存の組織に参加できます。

手順① Automation Cloudにアカウントを作成

　下記のURLにアクセスし、Automation Cloudにアカウントを登録してログインしてください。MicrosoftやGoogleなどの外部アカウントを使うと簡単です。メールアドレスを使う場合には、新しいパスワードを用意してください。

●UiPath Automation Cloud

https://cloud.uipath.com/

手順② 組織を作成

　ログインしたアカウントで利用できる組織の一覧が表示されます。ひとつもない場合には、組織の作成画面が表示されるので、ここで作成してください。その場合、あなたはAdministratorsグループに追加され、この組織の管理者になります。

手順③ 組織のURLを変更

　組織に参加したら、ブラウザーでAutomation Cloudの画面が開きます。あなたが組織を作成した場合は、そのURLをかっこいいものに変更しておくことをお勧めします。ブラウザー画面の左側にあるナビゲーションバーから［⊡ 管理］に移動し、［組織設定］画面で変更できます。

　また、既定でテナントが1つ作成されているはずです。この名前も［⊡ 管理］の［テナント］から変更できます。

> **①OnePoint　クラウド版OrchestratorのURL**
>
> 　https://cloud.uipath.com/にログインすると、次のURLにリダイレクトされます。このURLを直接開くこともできます。
>
> **●UiPath Orchestrator**
>
> https://cloud.uipath.com/<組織ID>/<テナント名>

手順④ Studioをインストール

　Automation Cloudの［⌂ ホーム］画面から、UiPath Studioをダウンロードしてインストールしてください。このとき、いくつかのオプションがあります。個人で使用する場合は、クイックインストールで大丈夫です。組織でUiPathを導入する場合や、Unattendedを利用したい場合は、カスタムインストールを選択してください。これらのオプションについては、1-7節の「ユーザーモードとサービスモード」で後述します。

⚠OnePoint　Studio/Robotのインストール要件

インストールとバージョンアップの際には、必ずStudio/Robotの当該バージョンの要件（動作に必要となるPC環境）を確認してください。

◉ハードウェア要件およびソフトウェアの要件（Studio）

https://docs.uipath.com/installation-and-upgrade/lang-ja/docs/studio-hardware-and-software-requirements

🔍Hint

StudioはWindows OS上で動作します。なお、Studio 21.10からは .NET 5.0のサポートに伴い、Linux上でのRobot実行が限定的にサポートされました。また、Studio 21.12 previewでは、macOS用のUiPath Assistantもリリースされました。

Studioのプロファイルを選択する

初めてStudioを起動すると、プロファイルの選択画面が表示されます。ここではUiPath Studioプロファイルを選択してください。なお、プロファイルを後で選択し直すにはStudioの［ホーム］リボンから設定タブを開きます。

プロファイルには次の2種類があります。

✓UiPath Studio

通常のStudioプロファイルです。C#やJavaなどのようなプログラミング言語よりもはるかに簡単に扱える、次世代の開発環境です。複雑な処理を短い時間で書くことができます。

✓UiPath StudioX

ビジネスユーザー向けのプロファイルです。変数の代わりに、Excelファイルに記載されたデータを使って処理を記述します。本書では扱いません。

⚠️**OnePoint**　**Studio Pro**

　プロフェッショナルなソフトウェア開発者の利用を意図したStudio Proプロファイルは、v21.10で廃止され、Studioプロファイルに統合されました。

対話型サインイン認証で、Orchestratorに接続する

　プロファイルを選択すると、Orchestratorへのサインイン画面が表示されます。サインインして接続すると、Orchestratorに導入済みのライセンスによりStudio/Robotが自動でアクティベーションされます。Assistantウィンドウ上部のポッチが緑になっていることを確認してください。

🔍**Hint**

　StudioとAssistantのどちらも、それぞれのウィンドウの右上にある人型アイコンからサインインとサインアウトができます。

🔍**Hint**

　もし接続できないときは、対話型サインイン認証がOrchestratorで有効になっていることを確認してください。ブラウザーで[🌐 テナント]の[⚙️ 設定]から[セキュリティ]の画面を開き、[ユーザー認証とロボットキー認証の両方を許可]をオンにします。

個人用ワークスペースを確認する

　これはOrchestrator上で利用できる、各ユーザーに専用のフォルダーです。ほかのユーザーからは見えないので、Orchestratorの学習にとても便利です。
　このフォルダーが表示されていない場合は、テナントの設定で個人用ワークスペースを有効にしてください。この手順は17-4節「個人用ワークスペースについて」に記載しました。

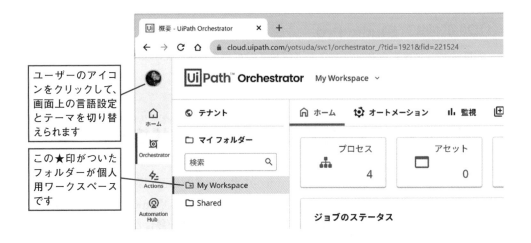

ユーザーのアイコンをクリックして、画面上の言語設定とテーマを切り替えられます

この★印がついたフォルダーが個人用ワークスペースです

🔍 **Hint**

あなたの個人用ワークスペースの内容は、ほかのユーザーには見えませんが、テナントの管理者には見ることができます。

⚠️ **OnePoint** 個人用ワークスペースのフォルダー名

この名前は必ず「My Workspace」です。Orchestrator画面の言語設定を日本語に切り替えても、変わることはありません。そのため、言語設定によらず、必ずこの名前で個人用ワークスペースにアクセスできます。

本章の残りでは、インストール時のオプションとライセンスについて説明します。問題なくOrchestratorに接続できていて、Unattendedとして利用する予定がなければ、以降はスキップして次の章に進んで構いません。

🔍 **Hint**

Unattendedを使うと、より柔軟なプロセスの運用が可能になります。日時を指定してスケジュール実行したり、リモートマシン上で実行したり、Orchestrator上のキューに作業依頼(キューアイテム)を登録することによりプロセスを自動起動したりできます。ただし、完全に無人の環境で実行できるように配慮してプロセスを作成しておく必要があります(ダイアログを表示しないようにするなど)。この詳細は17-7節の「Unattended Robotで実行するプロセスの開発」を参照してください。

1-7 ユーザーモードとサービスモード

ユーザーモードとサービスモードについて

　Studio/Robotには複数のインストーラーが用意されていますが、どれを使っても同じソフトウェアを任意の構成でインストールできます。このとき、ユーザーモードとサービスモードを適切に選択してください。下の表1に違いを整理します。

◉表1

インストール時のオプション （ユーザーモード/サービスモード）	クイックインストール （Community Edition）	カスタムインストール （Enterprise Edition）	
	ユーザーモードのみ	ユーザーモード	サービスモード
インストール時に マシンの管理者権限が必要か	不要	必要	
インストール先ディレクトリ	ユーザープロファイルフォルダー	プログラムフォルダー	
インストールしたUiPathを 利用できるユーザー	インストールしたユーザーのみ	このマシンにログイン する全てのユーザー	
Communityライセンスを スタンドアロンで利用	○	×	
Communityライセンスを オンラインで利用	○	○	
Enterpriseライセンスを スタンドアロン/オンラインで利用	○	○	
Assistantの設定変更 ※1 に マシンの管理者権限が必要か	不要		必要
Orchestratorに 接続する方法 / 対話型 サインイン認証	○		△ ※2
マシンキー認証	○		○
Unattended Robotとしての利用 （RobotがWindowsにログイン）	×		○

　※1 マシンキーや、ログレベルなどの設定についてです。
　※2 マシンキー認証で接続した後は、対話型サインイン認証で接続し直すことができます。これにより、Orchestratorに接続するユーザーを変更できます。

> **⨀OnePoint　インストーラーの種類**
>
> 　UiPath Studioには、Editionごとに別のインストーラーが用意されています。以前は、それぞれ
> で構成できるオプションが異なっていました（Community EditionのインストーラーはCommunity
> Editionのみをインストールできるなど）。混乱を避けるため、現在はどのインストーラーを使っ
> ても構成できるオプションに一切の違いはなく、ライセンスのアクティベーションにも任意の方
> 法が使えます。ただし、より良いユーザーエクスペリエンスを提供するために、既定のアクティベー
> ション方法だけが違います。

ユーザーモードとサービスモード

　Studioのインストーラーでカスタムインストールを選択した場合は、ユーザーモードとサー
ビスモードのどちらかを構成できます。

⊘ユーザーモード

　既定のモードです。Studio/Attendedとして使う場合には、ユーザーモードでインス
トールすることをお勧めします。このStudioとRobotは、対話型サインイン認証により
Orchestratorに簡単に接続できます。

⊘サービスモード

　Unattendedとして使うには、サービスモードでインストールする必要があります。この
Robotは、Orchestratorからのプロセス開始の指示に応答してWindowsにログインできます。

> **⨀OnePoint　ユーザーモードとサービスモードを切り替える手順**
>
> 　カスタムインストールしたStudio/Robotであれば、[Win+R] appwiz.cpl [Enter] と入力してコ
> ントロールパネルを起動し、[UiPath Studio]を選択して[変更]メニューをクリックしてください。
> [Windowsサービスとして登録]のチェックをオン/オフすることで、ユーザーモードとサービス
> モードを切り替えられます。
> 　クイックインストールしたStudio/Robotをサービスモードに切り替えるには、いちどコント
> ロールパネルから[UiPath Studio]をアンインストールし、インストーラーを再実行してカスタム
> インストールを構成する必要があります。

対話型サインイン認証と、マシンキー認証

Studio/RobotをOrchestratorに接続するには、対話型サインイン認証とマシンキー認証のどちらかを使います。どちらの場合も、接続に先立って当該のユーザーをOrchestratorに登録しておく必要があります。また、Orchestratorへの接続状態は必ず同じマシンのStudioとAssistantで共有されます。一方だけを接続してもう一方は切断したり、それぞれを別のOrchestratorホストやテナントに接続したりすることはできません。

✅対話型サインイン認証

ユーザーがブラウザーでサインインすることにより、そのアカウント（メールアドレス）でOrchestratorに接続します。とても簡単に構成できますが、Unattended Robotには使えません。この接続手順は、1-6節の「Automation Cloudについて」で説明したとおりです。

✅マシンキー認証

Orchestratorから払い出したマシンキーをAssistantに設定することにより、Orchestratorに接続します。接続時のアカウントは、必ずUnattended RobotがWindowsにログインするWindowsアカウントで構成します。設定はやや面倒ですが、Unattended Robotはこのアカウント情報でWindowsにログインできます。

なお、このRobotはAttendedとしても使えます。その場合には、このRobotを当該の人間ユーザーのWindowsアカウントで構成してください。

マシンキー認証による接続手順は、17-3節の「Unattended Robotを構成する手順」で説明します。

⚠OnePoint　インストーラーのビットネス

以前のインストーラーには32ビット版しかありませんでしたが、Studio 21.4からは64ビット版のインストーラーが利用できます。また、インストール済みの32ビット版Studioも、64ビット版インストーラーでアップグレードできます。

なお、32ビット版のWindows OSには、64ビット版のStudio/Robot（一般に任意の64ビット版ソフトウェア）をインストールすることはできません。32ビット版のWindowsをお使いの場合には、32ビット版インストーラーを入手してください。

1-8 Orchestratorについて

Orchestratorのエディション

　Orchestratorには、クラウド版とオンプレミス版があります。どちらにもライセンスを配布する機能があり、接続したStudio/Robotを自動でアクティベーションします。

✓クラウド版Orchestrator

　UiPathのクラウドサービスAutomation Cloudでは、読者の組織でRPAを推し進めていくためのさまざまなサービスが利用できます。この中にクラウド版のOrchestratorも含まれています。

　ここにはStudioのCommunityライセンスもいくつか割り当てられています。より多くの台数のStudio/Robotを管理したくなったら、Enterpriseライセンスを入手してAutomation Cloudに導入しましょう。それだけで、現在の環境をそのままEnterpriseライセンスに移行できます。

　クラウド版Orchestratorでは、いちはやく最新の機能にアクセスできるのも魅力です。ユーザーは、UiPath製品の進化の早さに驚くことでしょう。

✓オンプレミス版Orchestrator

　読者の組織やプライベートクラウドなどの環境にサーバーマシンを構築し、Orchestratorをインストールします。構築と運用は少々手間ですが、セキュリティの観点からオンプレミス版を選択するユーザーも多くいらっしゃいます。UiPath Automation Suiteという製品を利用すると、クラウド版と同等の環境を簡単に構築できます。

> ⚠ **OnePoint　オンラインとスタンドアロン**
>
> 　Studio/RobotをOrchestratorに接続して利用することをオンライン、接続せずに利用することをスタンドアロンといいます。前述のように、可能な限りオンラインで利用することをお勧めします。

> **①OnePoint　ライセンスの割り当て**
>
> 　Orchestratorの［🌐 テナント］画面で割り当てることができます。Studio/Attendedのライセンスは［🛡 アクセス権を管理］画面でユーザーに割り当てます。Unattendedのライセンスは［🖥 マシン］画面でマシンテンプレートに割り当てます。割り当て可能なライセンスの総数は、Automation Cloudの［🏠 管理］で確認できます。

ライセンスの種類

✅Communityライセンス

　無償で利用できるライセンスです。条件を満たす個人や小規模事業者は、社内業務にも利用できます。この詳細な許諾条件は、必ずUiPathのWebサイトで確認してください。

✅Enterpriseライセンス

　有償のライセンスです。より多くのStudioやRobotをAutomation Cloudに接続して管理したり、オンプレミス版のOrchestratorを読者のイントラネット環境に構築したりできます。

✅Enterpriseトライアルライセンス

　無償で60日間利用できるライセンスで、UnattendedやDocument Understandingなどの追加ライセンスが含まれます。Automation Cloudの［🏠 管理］画面でリクエストしてください。使用期限が切れた後も、CommunityライセンスでAutomation Cloudの利用を継続できます。あるいは、そのままEnterpriseライセンスにも移行できます。

　これらのライセンスは、さらにStudio/Attended/Unattendedなどに細分化されています。詳細は、UiPathのWebサイトやUiPathのパートナー企業に確認してください。

(!)OnePoint　プロジェクトの互換性（対応OS）

　Studio 21.10からは、プロジェクトを新規に作成するとき、それを実行できるOSを下記から選択できるようになりました。レガシ（Legacy）とは過去のもの、という意味です。なお、プロジェクトにインストールできるライブラリは.NETのバージョンが同じものに限られます。また、クロスプラットフォームのプロジェクトにインストールできるパッケージには制限があります。

	Windows - レガシ	Windows	クロスプラットフォーム
このプロセスのビットネス	32-bit	64-bit	64-bit
このプロセスを実行できるOS	Windows（32bit/64bit）	Windows（64-bit）	Windows/Linux（64-bit）
.NETのバージョン	.NET 4.6.1	.NET 5	.NET 5
実行時/パブリッシュ時にコンパイルされるか	されない	される	される
このプロセスの処理速度	普通	高速	高速
パッケージにソースを含むか	必ず含む	選択可能	選択可能
このプロセスを実行できるRobotのバージョン	任意	21.10以降	21.10以降

(!)OnePoint　UiPathの製品ファミリー

　UiPathは、RPAの推進を支援するための包括的な製品ポートフォリオを有しています。本書は主にコア製品であるStudio、Robot、Orchestratorの3つを扱います。

2

プロセスの開発

2-1 開発から実行までの流れ

プロセスパッケージを作成する手順

　UiPathでは、自動化プロセス（オートメーションプロセス）を開発してPC作業を自動化します。この開発は、Studioでプロセスプロジェクトを作成して行います。1つのプロセスプロジェクトで、1つの自動化プロセスを構築できます。

　プロセスプロジェクトを作成して自動化プロセスを構築するまでの一連の流れは、次のようになります。

手順① 新規にプロセスプロジェクトを作成する
手順② プロジェクト内に、ワークフローを作成する
手順③ パブリッシュして、プロセスパッケージを作成する
手順④ プロセスパッケージを、Robotで実行する

⤵図1

手順① 新規にプロセスプロジェクトを作成する

プロジェクトに含まれるファイル一式は、すべてプロジェクトフォルダーの中にあります

手順② プロジェクト内に、ワークフローを作成する

> ワークフローとは、拡張子が.xamlの
> ファイルです。1つのプロジェクト内に、
> 複数のワークフローを作成できます

手順③　パブリッシュして、プロセスパッケージを作成する

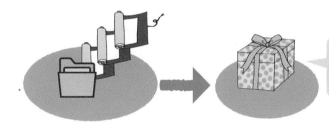

> プロジェクトフォルダー内のファイル
> 一式が、1つのパッケージファイルに
> 梱包されます

手順④ プロセスパッケージを、Robotで実行する

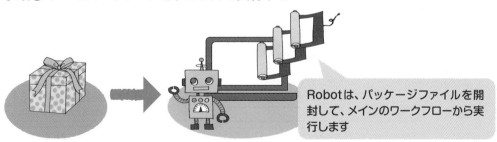

> Robotは、パッケージファイルを開
> 封して、メインのワークフローから実
> 行します

◎Hint

　StudioがOrchestratorに接続されている場合は、パブリッシュしたプロセスパッケージは
Orchestrator上のフィード上に配置されます。接続されていない場合には、Studioマシンの
C:¥ProgramData¥UiPath¥Packagesに配置されます。

手順① 新規にプロセスプロジェクトを作成する

前節に示した手順で、メッセージボックスを表示するプロセスを作成してみましょう。

Windowsのスタートメニューから[UiPath Studio]をクリックし、Studioを起動します。Backstageビューで新規プロジェクトから[プロセス]を選択します。

❶ [プロセス]をクリックし、新規にプロセスプロジェクトを作成します

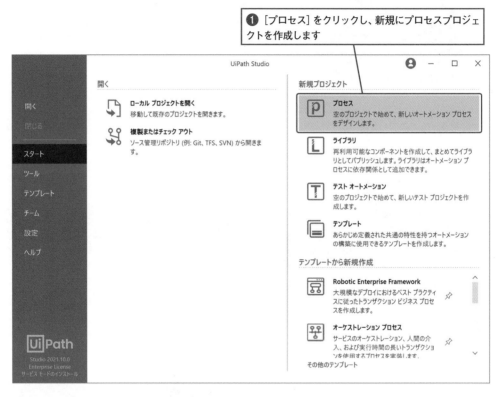

❷ このプロセスに名前をつけます。ここでは、[はじめてのプロセス]としましょう

プロジェクトの場所は、そのままにします

プロジェクトの説明は後で変更できるので、このままで構いません

❸ [作成]をクリックすると、新規にプロセスプロジェクトが作成されます

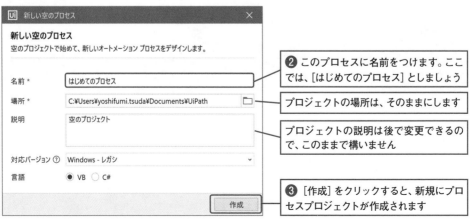

手順② プロジェクト内に、ワークフローを作成する

プロジェクトの中には、少なくとも1つのワークフローファイルが必要です。新規に作成したプロジェクトには、既定でMain.xamlという名前のワークフローファイルが含まれているので、当面はプロジェクトにワークフローを追加する必要はありません。

デザイナーパネルの背後にある［Mainワークフローを開く］リンクをクリックして、Main.xamlを開いてください。

　Main.xamlをデザイナーパネルで開いたら、ここにメッセージボックスを表示する処理を追加しましょう。追加できたら、[デザイン]リボンの[ファイルをデバッグ]をクリックし、期待通り動作するか確認してください。ワークフローを修正したら必ずデバッグ実行して、その動作を確認する習慣をつけましょう。

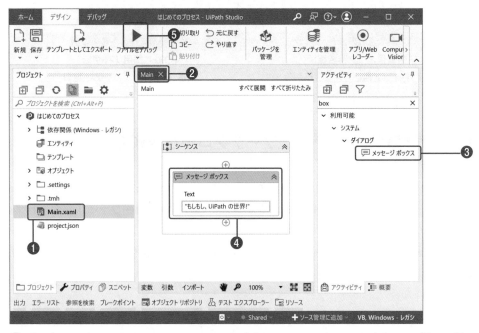

❶ プロジェクトパネルに表示されているMain.xamlをダブルクリックしても、これをデザイナーパネルで開けます

❷ デザイナーパネルの上部にあるタブで[Main.xaml]が開かれたことを確認してください

❸ アクティビティパネルの検索ボックスに「box」と入力すると、『メッセージボックス』が見つかります。これをダブルクリックして、Main.xamlに配置してください。できたら、検索ボックス右端にあるXボタンをクリックしてXボタンをクリックして、boxの文字を消しておきましょう

❹ Main.xamlに配置された『メッセージボックス』に「"もしもし、UiPathの世界!"」と入力します

❺ 最後に[デバッグ]をクリックして、このプロジェクトをデバッグ実行します

⊕Hint

Studioの画面レイアウトは簡単に変更できるので、読者の手元ではこの写真のように表示されていないかもしれません。この変更方法については、4-5節の「Studioのパネルをレイアウトする」で説明します。

①OnePoint　Hello, world!

プログラミング入門書において「Hello, world!」と表示するプログラムを紹介するのは古い習わしです。このしきたりは、1978年に出版された『プログラミング言語C』（共立出版刊）が「hello, world」と表示するプログラムを紹介して以来、大変多くの書籍に受け継がれています。

手順③ パブリッシュして、プロセスパッケージを作成する

作成したプロジェクトをパブリッシュして、プロセスパッケージを作成しましょう。

❶ [デザイン] リボンの [パブリッシュ] ボタンをクリックして、[プロジェクトをパブリッシュ] ウィンドウを開きます

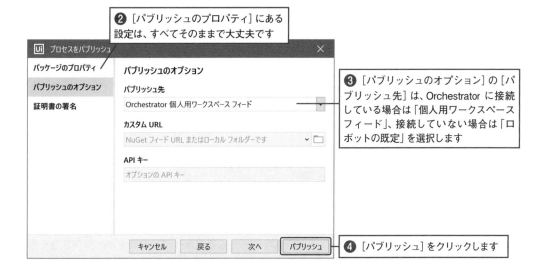

❷ [パブリッシュのプロパティ] にある設定は、すべてそのままで大丈夫です

❸ [パブリッシュのオプション] の [パブリッシュ先] は、Orchestrator に接続している場合は「個人用ワークスペースフィード」、接続していない場合は「ロボットの既定」を選択します

❹ [パブリッシュ] をクリックします

❺ パブリッシュに成功したメッセージが表示されます

パブリッシュ先について

✅オンラインの場合

　StudioがOrchestratorに接続されているとき、パブリッシュ先はOrchestratorの「個人用ワークスペース」もしくは「テナントフィード」を選択できます。ここでは、個人用ワークスペースを選んでください。パブリッシュしたプロセスは、すぐにAssistantウィンドウから実行できる状態になります。このプロセスは、OrchestratorのMy Workspaceフォルダーの［⚙ オートメーション］の［マイパッケージ］画面にあります。

　なお、テナントフィードにパブリッシュしたパッケージを実行する手順は、17-4節「プロセスを構成する手順」で説明します。

✅スタンドアロンの場合

　StudioがOrchestratorに接続されていないとき、パブリッシュ先は「Assistant（ロボットの既定）」もしくは「カスタム」を選択できます。ここでは、Assistant（ロボットの既定）を選んでください。パブリッシュしたプロセスは、すぐにAssistantウィンドウから実行できる状態になります。このプロセスは、C:¥ProgramData¥UiPath¥Packagesにあります。

　作成したプロジェクトをパブリッシュして、プロセスパッケージを作成しましょう。

ⓘOnePoint　プロセスを開発するときの実行

　プロセスの開発中にプロセスを実行したいときは、パブリッシュせずに、Studioの［デバッグ］ボタンをクリックして実行しましょう。パブリッシュの手間が省けますし、Studioの強力なデバッグ機能も利用できます。デバッグ機能の使い方は、8-4節の「Studioのデバッグ機能」で説明します。

　ただし、デバッグ実行ではプロセスの実行速度がとても遅くなってしまいます。開発を終えたプロセスは、パブリッシュしてAssistantから実行しましょう。

手順④ プロセスパッケージを、Robotで実行する

作成したプロセスを、Assistantから実行してみましょう。Windowsのスタートメニューで「UiPath Assistant」を起動してください。Windowsのタスクバーにある通知領域で、Assistantが待機状態になります。

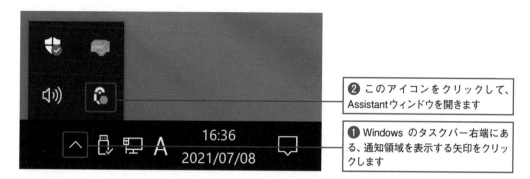

❷ このアイコンをクリックして、Assistantウィンドウを開きます

❶ Windows のタスクバー右端にある、通知領域を表示する矢印をクリックします

🔍 Hint

このAssistantアイコンの右下と、Assistantウィンドウ上部にあるポッチは、Orchestratorとの接続状態を示します。このポッチが緑色であれば、Orchestratorに接続されています。

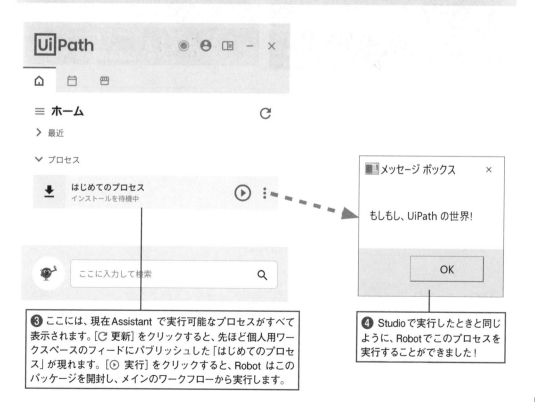

❸ ここには、現在Assistant で実行可能なプロセスがすべて表示されます。[C 更新] をクリックすると、先ほど個人用ワークスペースのフィードにパブリッシュした「はじめてのプロセス」が現れます。[⊙ 実行] をクリックすると、Robot はこのパッケージを開封し、メインのワークフローから実行します。

❹ Studioで実行したときと同じように、Robotでこのプロセスを実行することができました!

パブリッシュしたプロセスを、別のマシンのRobotで実行するには

　StudioとRobotがOrchestratorに接続されていれば、パブリッシュしたプロセスをすぐに別のマシンのRobotで実行できます。この手順は17-3節の「Unattended Robotを構成する手順」を参照してください。

　RobotマシンがOrchestratorに接続されていない場合には、実行したいプロセスパッケージファイルをそのRobotマシンの「C:¥ProgramData¥UiPath¥Packages」にコピーしてください。このプロセスがRobotのAssistant画面に表示され、実行できるようになります。

---

① OnePoint　通知領域アイコンの常時表示

　既定では、通知領域の上矢印をクリックしないと、Assistantアイコンが表示されません。UiPath Assistantのアイコンを下の通知領域にドラッグ&ドロップすることで、Assistantアイコンが常に表示されるようになります。

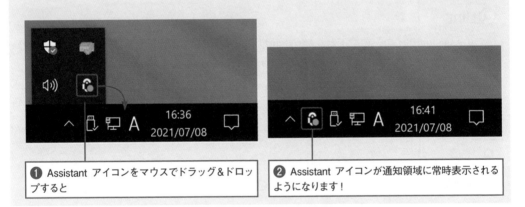

❶ Assistant アイコンをマウスでドラッグ&ドロップすると

❷ Assistant アイコンが通知領域に常時表示されるようになります！

---

① OnePoint　プロセスの検索

　作成したプロセスの数が多くなると、実行したいプロセスをAssistantウィンドウで探すのが大変になってしまいます。このようなときは、Assistantウィンドウ下部にある検索ボックスに、実行したいプロセスの名前の一部を入力しましょう。そのプロセスがすぐに見つかります。

前回作業したプロジェクトを開いて、作業を再開するには

　いちどStudioを終了して起動し直すと、Backstageビューの「最近使用したプロジェクトを開く」の部分に、前回作業していたプロジェクトの一覧が表示されます。これをクリックして、このプロジェクトをすぐに開くことができます。

最近使用したリストに表示されていないプロジェクトは、ここから開くことができます。対象のプロジェクトフォルダーにあるproject.json ファイルを指定してください

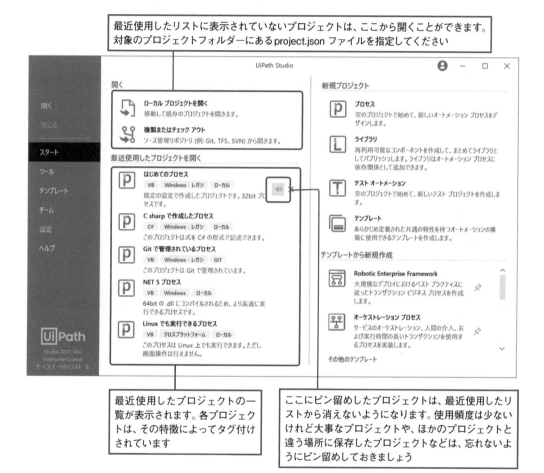

最近使用したプロジェクトの一覧が表示されます。各プロジェクトは、その特徴によってタグ付けされています

ここにピン留めしたプロジェクトは、最近使用したリストから消えないようになります。使用頻度は少ないけれど大事なプロジェクトや、ほかのプロジェクトと違う場所に保存したプロジェクトなどは、忘れないようにピン留めしておきましょう

⚠️OnePoint　UiPathのプロジェクトで利用できるプログラミング言語

　UiPathでは、『代入』や『条件分岐』などのプロパティや、変数の既定値などに記載する式は、Visual Basicの文法に沿って記述する必要があります。

　以前のWWFではVisual Basicの式のみを利用できましたが、.NET Framework 4.5からはC#の式も使えるようになりました。それに伴い、UiPathでもStudio 2020.10からC#の式が使えるようになりました。これはStudioで新規プロジェクトを作成時に選択できます。

　表1に、Visual Basicの式とC#の式における主な違いを整理します。なお、本書で紹介するワークフローのサンプルは、すべてVisual Basic形式で作成しました。

🔽表1

		Visual Basic	C#
式内の大文字・小文字の区別		区別しない	区別する
引数が1つもない メソッド呼び出し時のかっこ		省略できる	省略できない
配列変数の添え字		（ ）で指定	[ ]で指定
3項演算子		If(条件式, 真のときの値, 偽のときの値)	条件式？真のときの値：偽のときの値
型引数の指定		(Of)で指定	＜ ＞で指定
New演算子		New	new
キャスト演算子		DirectCast(値, 型名)	(型名)値
除算	剰余	Mod	％
	整数除算	￥	なし (/の除算結果を整数にキャスト)
Null値	Nullの表記	Nothing	null
	Nullとの比較	IsもしくはIsNot	== もしくは !=
論理値 リテラル	真	True	true
	偽	False	false
文字列リテラル内の "		""	￥"
文字型(Char型)のリテラル		"字"c	'字'
比較演算子	等号演算子	=	==
	不等号演算子	<>	!=
論理演算子	論理積	And	&
	論理和	Or	|
	排他的論理和	Xor	^
	論理否定	Not	!
ショートカット 論理演算子	論理積	AndAlso	&&
	論理和	OrElse	||

Chapter

3

ワークフローの設計

3-1 ワークフローの設計

ワークフローを設計する

前章では、簡単な例としてワークフローに『メッセージボックス』のみを配置しました。実際の複雑な業務を自動化するには、1つのワークフローに多くのアクティビティを配置していくことになります。これを無頓着に行うと、ごちゃごちゃとして読みにくく、少しでも修正すると動かなくなりそうな、壊れやすいワークフローになってしまいます。

そこで、本節ではワークフローを上手に設計する方法について説明します。例として、「カレーを作る」ワークフローを検討しましょう。

●図1

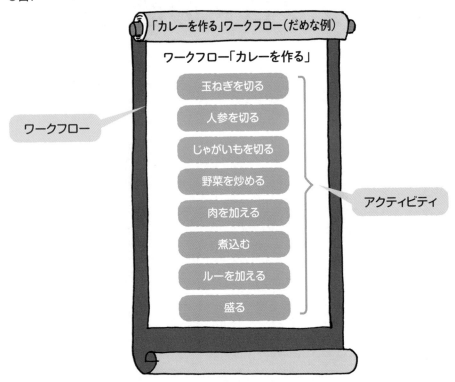

　このワークフローの内部で処理がどのように進んでいくのかを理解するには、配置されたアクティビティを先頭から最後まで、すべて読まなければなりません。なぜなら、すべてのアクティビティがフラットに並んでいるからです。

　ここには、たかだか8つのアクティビティしかないので、まだ読むことができます。しかし、数十ものアクティビティが同じように並んでいたら、このワークフローを読んで、その内部処理の概要を短時間でつかむことはとてもできません。

　そこで、各アクティビティを、意味のある単位でひとまとめにして整理しましょう。次のようになります。

●図2

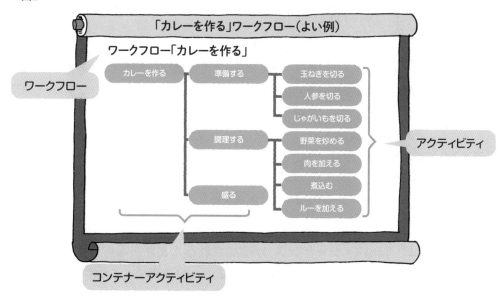

🔍Hint

　これらの用語については後述するので、安心してください！

　これで、[準備して、調理して、盛る]というワークフロー全体の構造が把握しやすくなり、枝葉のアクティビティをすべて読まなくてもよくなりました。

　このように、UiPathのワークフローに配置するアクティビティは、ツリー構造で整理できるようになっています。

コンテナーアクティビティについて

　複数のアクティビティをひとまとめにして整理するには、『シーケンス』を使います。このように、ほかのアクティビティを子どもにして入れることのできるアクティビティを**コンテナーアクティビティ**といいます。

　『シーケンス』のほか、『フローチャート』や『アプリケーションスコープ』などもコンテナーアクティビティです。コンテナーアクティビティの中に、別のコンテナーアクティビティを入れることもできます。

アクティビティのツリー構造

　コンテナーアクティビティは、親アクティビティとして機能します。コンテナーアクティビティの中に入れたものは、その子アクティビティとなります。実は、ワークフローに配置されたすべてのアクティビティには親子関係があり、配置済みのアクティビティは、すべて親アクティビティを持っています。

　親アクティビティを持たないのは、ワークフローに最初に配置されたアクティビティだけです。この特別なアクティビティのことを**ルートアクティビティ**といいます。ルートアクティビティは、1つのワークフローの中に1つだけ配置できます。

①OnePoint　自動で『シーケンス』が追加されることがあるのはどうして？

　空のワークフローに『メッセージボックス』を最初に追加しようとすると、その前に『シーケンス』が自動でワークフローに追加されます。これは、『メッセージボックス』はコンテナーアクティビティではないからです。これをルートアクティビティとして配置してしまうと、このワークフローにはほかのアクティビティを一切追加できなくなってしまいます。それでは不便なので、『シーケンス』が自動で追加されるようになっているのです。同じ事情で、コンテナーアクティビティの中にアクティビティを追加したりするときなどにも、『シーケンス』が自動でワークフローに追加されることがあります。

ワークフローのエントリポイント

　プログラムの実行が開始される地点を**エントリポイント**といいます。最初に入る(エントリ)地点(ポイント)なので、エントリポイントというわけです。ワークフローの実行は、ルート

アクティビティから開始されます。つまり、ワークフローのエントリポイントはルートアクティビティです。

> ⚠️**OnePoint**　**ルートアクティビティ以外から実行を開始する**
>
> Studioでデバッグ実行するときは、開発中のワークフローの動作確認が行いやすいように、(ルートアクティビティ以外の)任意のアクティビティから実行を開始することもできるようになっています。この方法については、Chapter08の「デバッグの技術」で紹介します。なお、デバッグとはプログラムの誤り(バグ)を取り除くことです。

トップダウンのアプローチと、ボトムアップのアプローチ

　プロセスを設計するときの最初のステップは、自動化したい業務手順の流れを整理して、それをワークフローの上に表現することです。このとき、処理の枝葉を考えるのは後回しにします。

　まず全体の流れを意味のある単位に分割し、それぞれをさらに小さな単位に分割していきます。図2の「カレーを作るワークフロー」(よい例)でいえば、左側から作っていくということです。このように、上から下へだんだんと細かくしていく設計手法を、トップダウン設計といいます。

　一方で、処理に必要となる枝葉の部品を先に作成し、この部品を使って下から上に処理を組み上げていくこともあります。図2の例でいえば、右側から作っていく方法です。これをボトムアップ設計といいます。

　どちらにも一長一短ありますが、まずはトップダウン設計を覚えましょう。この中で、よく使う処理が見つかれば、これを共通部品(カスタムアクティビティ)としてまとめて、複数のワークフローから簡単に呼び出せるようにできます。これを繰り返していけば、トップダウンとボトムアップの両方をバランスよく使って設計できるようになるでしょう。

　ボトムアップから始めようとすると、枝葉の部品を作ることが第一義となり、この部品にいろいろな機能を足したくなってしまいがちです。しかし、今すぐ必要のないものは作るべきではありません。バグを作らないようにするための一番良い方法は、コードを書かないことなのです。

> 🔍**Hint**
>
> UiPathでは、共通の処理をまとめて、読者オリジナルのアクティビティ(カスタムアクティビティ)を簡単に作ることができます! この方法は、Chapter16の「ライブラリの開発」で解説します。

分割する作業の大きさを揃える

　業務全体の流れを、意味のある単位で分割していくときのコツは、その**作業の大きさ（作業の粒度と抽象度）を揃えて並べる**ことです。たとえば、「準備する」と「野菜を炒める」の2つは、作業の抽象度が違うので、同じ深さに並べるべきではありません。一方で、「準備する」と「調理する」なら、同じ深さに並べることができます。

分割した作業の単位に、正しい名前をつける

　配置した『シーケンス』の［表示名］プロパティに、その処理内容をよく表すような名前を付けます。表示名は、デザイナーパネルに配置されたアクティビティの前面にも表示されます。
　正しい表示名をつけるのは、それほど簡単なことではありません。たとえば、「野菜を炒める」処理をするシーケンスには、「野菜を炒める」以外の処理が含まれないように注意しなければなりません。もし、この中に「肉を投入」するアクティビティが含まれていたら、「野菜を炒める」という表示名は嘘になってしまい、後日このワークフローを保守する人を混乱させてしまいます。
　そのようなことがないように、表示名を適切に（たとえば「材料を炒める」などに）変更するか、「肉を投入」するアクティビティを適切な場所に移動するなどのことをして、このワークフローをきれいにしましょう。
　なお、アクティビティの表示名の変更は［F2］キーを押下して簡単に行えます。

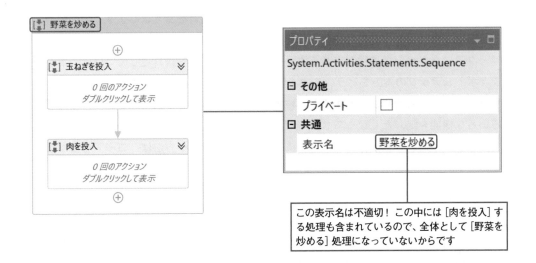

！OnePoint　アクティビティの本当の名前

アクティビティの［表示名］を変更したら、そのアクティビティの元の名前（種類）がわからなくなってしまう？ いいえ、大丈夫です。アクティビティの本当の名前は、プロパティパネル上部に表示されています。たとえば、『シーケンス』の本当の名前はSystem.Activities.Statements.Sequenceであり、これはStudioの言語設定によらず同じです。ワークフローファイルに記録されるのはこの本当の名前なので、日本語モードのStudioで作成したプロジェクトであっても、英語モードのStudioで問題なく開いて実行できます。なお、Studioの言語モードは、Backstageビューにある設定の一般タブで切り替えできます。

アクティビティの本当の名前は、プロパティパネルの上部に表示されています！

アクティビティパネルでは、アクティビティの本当の名前を入力しても検索できます。たとえば、ここでseqと入力しても、『シーケンス』（つまりSequence）を見つけることができます

！OnePoint　利用できるアクティビティ一覧を出力する

［Ctrl］キーを押下しながらアクティビティパネルの上部にあるプラスボタンをクリックすると、このプロジェクトで利用できるアクティビティの一覧をExcelファイルに出力できます。なお、利用できるアクティビティを追加するには、このプロジェクトにアクティビティパッケージへの依存をインストールします。この詳細は、Chapter15の「パッケージの管理」で説明します。

注釈の活用

　長いテキストを表示名に記載すると、デザイナーパネル上では見切れてしまいます。そこで、より長い説明文をワークフロー中に記載したいときは、注釈を活用しましょう。

　注釈を追加するには、デザイナーパネルに配置されたアクティビティを右クリックして、[注釈]から[注釈を追加]を選択します。追加された注釈は、右上のピン留めボタンをクリックすることでドッキング/ドッキング解除を切り替えることができます。

　任意のアクティビティに注釈を記載できますが、特にルートアクティビティにはそのワークフロー全体の説明を注釈しておくようにしましょう。これは保守性を高める上でとても良い習慣です。

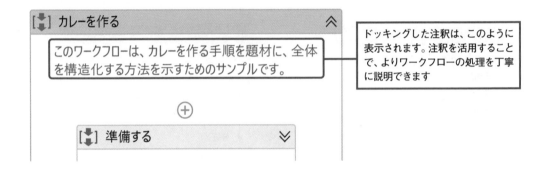

ビジネスロジックとUI操作の分離

　自動化したい作業を分割するときに有益な指針として、**ビジネスロジック（業務フロー）の処理と、UI操作の処理を分ける**というものがあります。たとえば、この指針に従って作成したプロセスをすでに運用しているとします。もし、実際の業務フローが変わったら、ワークフローも修正しなければなりませんが、このときはビジネスロジックの部分を修正すれば良いことになります。あるいは、操作対象とするアプリケーションの操作方法が変わったら、このときはワークフローのUI操作の部分を修正すれば良いことになります。ビジネスロジックとUI操作がきちんと分離されていれば、ワークフローのどこを修正すべきか、わかりやすくなるというわけです。

　ビジネスロジックを実装する部分をビジネスロジックレイヤー、UI操作を実装する部分をUI操作レイヤーということもあります。レイヤー(layer)とは「階層」という意味です。

　なお、図3ではアクティビティの深さでレイヤーを分けていますが、実際にはこれほど単純な構造にはならないため、ワークフローファイルでレイヤーを分けることが多いでしょう。

⤵図3

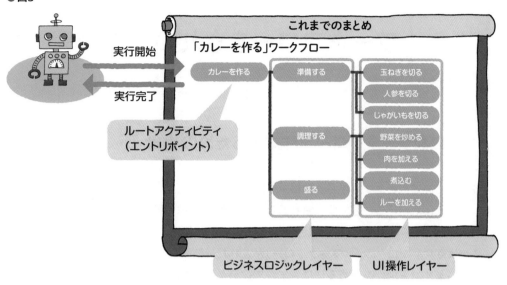

これまでのまとめ

「カレーを作る」ワークフロー

実行開始

実行完了

ルートアクティビティ
（エントリポイント）

カレーを作る	準備する	玉ねぎを切る
		人参を切る
		じゃがいもを切る
	調理する	野菜を炒める
		肉を加える
		煮込む
	盛る	ルーを加える

ビジネスロジックレイヤー　　　UI操作レイヤー

⚠️ OnePoint　「カレーを作る」ワークフローの作成

Chapter04の「Studioの使い方」で、上図の「カレーを作る」ワークフローの作成手順を示しています。ぜひ挑戦してください。

⚠️ OnePoint　ルート

ルート（root）とは、根っこという意味です。ちなみに、√2（square root of 2）は日本語で平方根2と読みますが、このルートも同じ綴りで同じく根っこという意味ですね。

本書ではルートアクティビティのほか、ルートフォルダーやルートウィンドウなどを扱います。なお、ルートフォルダーとはファイルシステムの一番上のフォルダーのことで、Cドライブのルートフォルダーは「C:¥」と表記します。ルートウィンドウとはデスクトップウィンドウのことです。

Column　リファクタリング

リファクタリングとは、プログラムの振る舞いをまったく変更することなく、その内部構造をきれいに書き直すことです。factorは「因数分解する」という意味ですから、re-factorは「プログラムの構成要素を抽出して重複を取り除き、再構成する」ということです。リファクタリングにおいては、特に重複したコードがいやな匂いを放つものとされています。そういう匂いを感じたら、はやめにリファクタリングをして、ワークフローを清潔に保ちましょう。

3-2　ワークフローをきれいに保つ

きれいなワークフローを作成するための指針

　安定して高速に動作するワークフローを短時間で作るには、理路整然としたワークフローとなるように心がけることです。整然としたワークフローは通読しなくても、一部を読むだけでその部分の処理概要をおおよそつかむことができます。

　このように、プログラム（ワークフロー）がどれだけ読みやすいかという品質の側面を**可読性**といいます。可読性を高めるにはさまざまなテクニックがあります。ここでは、そのいくつかを紹介します。

✅良い名前をつける

　ワークフローを作るときは、プロジェクト名、ファイル名、変数名、アクティビティの表示名など、さまざまなものに名前をつける機会があります。ワークフローを作る作業の半分は、名前を考えることであると言ってもいいくらいです。短すぎず長すぎず、処理内容をよく表す名前をつけましょう。

　また、同じものに対してはいつもお決まりのお約束な名前を使うことも、可読性を高める工夫として有効です。犬には「ポチ」、猫には「タマ」、馬には「アオ」、小鳥には「ピーちゃん」と名前をつけましょう。私は猫と小鳥を飼っていますが、名前はもちろんタマとピーちゃんです！

✅不要なワークフローは書かない

　バグを作らないためには、ワークフローを書かないことが一番です。なるべく簡潔に、必要なだけのワークフローを書きましょう。要件を整理して、単純な動作をさせることです。再利用可能な部品があれば、それを使いましょう。

✅コピペを避ける

　「再利用可能な部品を使う」とは、コピペしまくる、という意味ではありません。コピペは重複したコードを増やして、保守を困難にしてしまいます。テストして問題なく動作することがわかっているワークフローでも、コピペしたらまたテストしなければなりません。その

ようなやり方は、正しい再利用ではありません。コードの重複に気づいたら、Chapter16の「ライブラリの開発」を参考に、ライブラリパッケージを作成してみてください。

⊘注釈もワークフローの一部

注釈はRobotにより解釈されたり実行されたりすることはありませんが、ワークフローをお手入れする上で重要な資料です。これをワークフローの一部と捉えると、前述のとおり、注釈もなるべく書かない（本当に必要な内容だけを簡潔に書く）ことが大切であることがわかります。

注釈をたくさん書きすぎると、重要な注釈が埋もれて見えなくなりますし、ワークフローを修正したらそれに合わせて注釈を修正する手間も増えてしまいます。ワークフローと注釈の内容が食い違っていれば、どちらが正しい内容なのか分からず、保守する人を混乱させることになります。注釈を書くにも技術が必要であることを念頭におきましょう。

⊘思考の過程を残す

読んで意味がわからないワークフローは、それを書いた人の意図が読み取れないものになっているからです。ワークフローを書いているときは、頭が研ぎ澄まされ、なぜこのアクティビティをこの順で並べる必要があるのか、はっきりわかっているはずです。しかし、たとえ書いた本人であっても、後日に見返すとなぜそうしたのか思い出せないことはよくあります。このようなことを避けるには、ワークフローを書いたときの思考の過程がワークフロー上に残るように工夫することです。良い工夫が見つからない時は、注釈を記載しましょう。

⊘不要になったアクティビティや変数は削除する

動作を確認しながらワークフローを作成しているときは、一時的にコメントアウトしたアクティビティや検証用の変数などがワークフロー上にあるでしょう。しかし、これらを残したままにすると、ワークフローは読みにくくなってしまいます。不要になったら削除しましょう。なお使われていない変数は、Studioのデザインリボンにある［未使用を削除］ボタンで簡単に削除できます。このボタンは変数のほか、使っていない引数やワークフロー、パッケージなども削除できます。

⚠OnePoint　アクティビティをコメントアウトする

配置したアクティビティをクリックして選択し、[Ctrl]＋[D]キーを押すとコメントアウトできます。コメントアウトしたアクティビティは実行されません。元に戻すには、このアクティビティを選択して[Ctrl]＋[E]キーを押します。

⚠OnePoint　マジックナンバーを避ける

マジックナンバーとは、「魔法の数字」「謎の呪文」という意味で、悪い意味で使われます。たとえば、ワークフローの中に次のような記述があったとします。

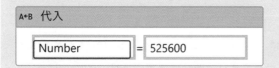

この呪文には何の説明もなく、意味がわかりません。このようなマジックナンバーは書かないようにしましょう。次のように変数名を工夫すれば、もう少し意味がわかるかもしれません。

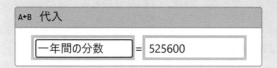

しかし、もっと良い方法があります。次のように書きましょう。これはマジックナンバーではありません（アスタリスクは、掛け算を表します）。

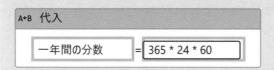

マジックナンバーに限りませんが、読んでも意味がわからないワークフローには、それを作った人の思考の過程が残されていないものです。なぜそのように作ったのか、どうしてそのような処理が必要だと考えたのかをワークフローの中に書き残しておけば、それは読んで意味がわかるものになります。

3-3 プロセスの設計

プロセスを設計する

これまでに見たように、プロセスが実行する内容は、ワークフローで記述します。ワークフローとは、拡張子が.xamlとなっているファイルです。

プロジェクトに含まれるワークフローは、既定ではMain.xamlだけですが、必要に応じて追加できます。本節では、プロセスを複数のワークフローで構成する方法について説明します。

ワークフローの分割

前節で紹介したシンプルな例では、ワークフローの中に配置したアクティビティの階層(入れ子)の深さは2つだけでした。しかし、実際にはもっと深くなることが多いでしょう。これが深くなりすぎると、ワークフローが読みにくくなり、編集しにくくなってしまいます。

そこで、適切な単位でワークフローファイルを分割することを検討しましょう。このときも、各ワークフローの中に記述する処理の種類(抽象度)を揃えることを意識するとうまくいきます。たとえば、ビジネスロジックレイヤーを実装するワークフローが、UI操作レイヤーを実装するワークフローを呼び出す構成にすると、2つのレイヤーをより明確に分割できます。

⚠️OnePoint 分割したワークフローを呼び出す方法

分割したワークフローファイルを呼び出すには、『ワークフローファイルを呼び出し』を使います。この詳細については、Chapter05の「制御構造」で扱います。

プロセス全体の構造

　プロセスには、複数のワークフローが含まれます。各ワークフローには、複数のアクティビティが含まれます。各アクティビティには、複数のプロパティが含まれます。このように、プロセスの内部には階層構造があります。

⬇図4

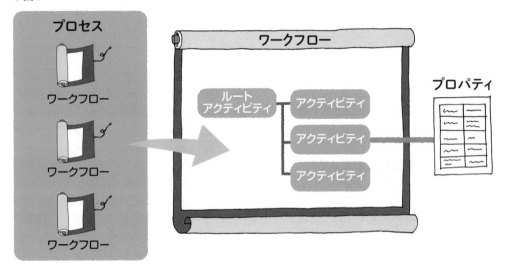

プロセスのメインエントリポイント

　前節では、各ワークフローの実行はルートアクティビティから始まることを説明しました。つまり、ワークフローのエントリポイントはルートアクティビティです。

　では、プロセスのエントリポイントはどこかといえば、それはメインに設定されたワークフローです。Robotでプロセスを実行するときは、必ずメインのワークフローのルートアクティビティから処理が開始されます。これを、プロセスの**メインエントリポイント**といいます。

　プロセスの中で、メインとして設定できるワークフローは1つだけです。これは、プロジェクトパネルに太字で表示されます。

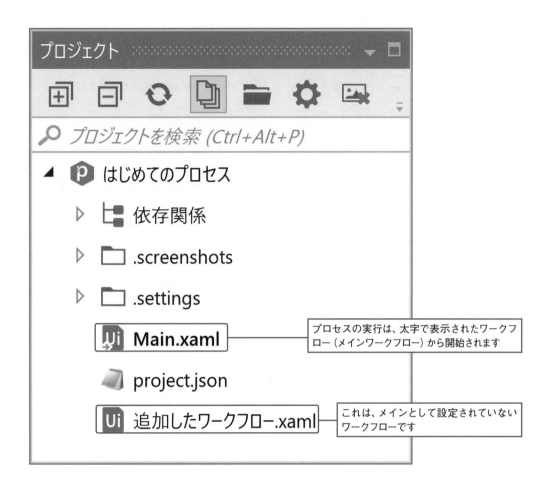

ワークフローの追加

　プロセスにワークフローを追加するには、Studioの［デザイン］リボンにある［新規］ボタン
をクリックして［シーケンス］または［フローチャート］を選択します。あるいは、プロジェク
トパネルの右クリックメニューにある［追加］の項目から追加することもできます。

　追加したワークフローは、ほかのワークフローから『ワークフローファイルを呼び出し』を
使って呼び出せます。この詳細は、5-10節の「ワークフローの分割と呼び出し」で説明します。

⊕Hint

　『プロセスを呼び出し』で別の自動化プロセスを呼び出すとき、そのプロセスに含まれるMain.
xaml以外のワークフローをエントリポイント（実行を開始するワークフロー）として指定すること
もできます。これには［ワークフローファイル名］プロパティを使います。

プロセス実行の流れ

プロセスに複数のワークフローを含めたとき、このプロセスの実行順は次のようになります。

⊕**図5**

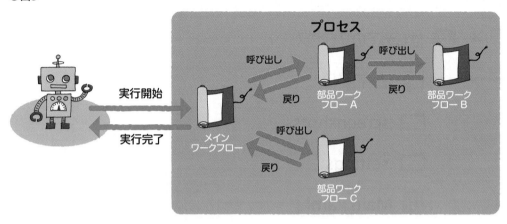

このように、ワークフローの間には、呼び出しの親子関係があります。これは、1つのワークフローの中に配置したアクティビティ間の親子関係とよく似ています。

フォルダーでワークフローを分類する

プロジェクトに追加したワークフローファイルは、このプロジェクトフォルダーの直下に配置しても構いませんが、必要に応じてサブフォルダーを作成して分類しましょう。このサブフォルダーの名前は、その中に配置するワークフローの内容をよく説明するものにしてください。

『ワークフローファイルを呼び出し』は、呼び出したいワークフローファイルがどのフォルダーに配置されていても、問題なく呼び出せます。

①OnePoint　ワークフローの中から別のファイルを参照するとき

プロジェクト内にあるファイルはプロジェクトフォルダーからの相対パスで、プロジェクト外にあるファイルは絶対パスで、参照することができます。このようにファイルを参照するアクティビティには、『ワークフローファイルを呼び出し』のほか、『画像を読み込み』や『Excelアプリケーション スコープ』などがあります。

メインワークフローの変更

　既定では、Main.xamlがメインとして設定されていますが、ほかのワークフローをメインにすることもできます。これには、メインにしたいワークフローをプロジェクトパネルで右クリックし、［メインに設定］を選択します。ただし、Main.xamlをメインのままにしておくことをお勧めします。すべてのプロジェクトでMain.xamlをメインとして統一する方が混乱が少なく、保守が容易となるためです。

　なお、メインワークフローのファイル名は、プロジェクトフォルダーにあるproject.jsonファイルをメモ帳で開いて確認することもできます。

①OnePoint　Studioで実行するときのエントリポイント

　Studioでは、どのワークフローから実行を開始するか、リボンの［ファイルをデバッグ］ボタンで選択できます。今デザイナーパネルで開いているワークフローの先頭（ルートアクティビティ）から実行開始するには［ファイルをデバッグ］を、メインのワークフローの先頭から実行するには［デバッグ］をクリックします。なお［ファイルを実行］と［実行］から開始した場合は、デバッグリボンの機能を利用できません。

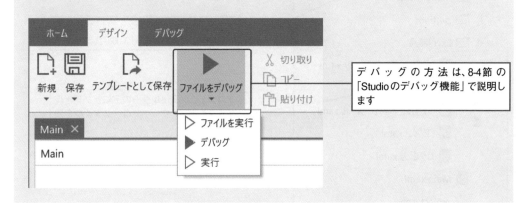

①OnePoint　Unattendedとして実行するときのエントリポイント

　メインワークフロー以外の複数のワークフローも、エントリポイントとして有効にできます。当該のワークフローをプロジェクトパネルで右クリックし［エントリポイントを有効化］を選択してください。有効にしたワークフローは、そのプロセスをOrchestrator上でフォルダーに割り当てるときにエントリポイントとして設定できます。これは、同一のプロセスで入口の処理だけを切り替えたいときに便利です。

3-4 プロジェクトの構造

プロジェクトパネルについて

プロジェクトの構造は、プロジェクトパネルで確認できます。このプロジェクトのフォルダー構成や、依存関係などが表示されます。

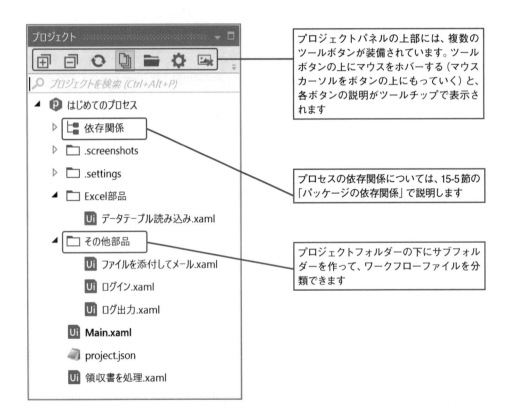

プロジェクトパネルの上部には、複数のツールボタンが装備されています。ツールボタンの上にマウスをホバーする（マウスカーソルをボタンの上にもっていく）と、各ボタンの説明がツールチップで表示されます

プロセスの依存関係については、15-5節の「パッケージの依存関係」で説明します

プロジェクトフォルダーの下にサブフォルダーを作って、ワークフローファイルを分類できます

---

①OnePoint　各パネルのツールボタン

Studioで利用できるパネルには、その上部にツールボタンを備えているものがあります。これらのツールボタンは、クリックしても何かが壊れるということはないので、端から順にクリックして、動作を確認してみましょう。プロジェクトパネルのほか、出力パネルや、スニペットパネルなどにもツールボタンがあります。

project.jsonファイル

このプロジェクトを定義するファイルです。プロジェクトの名前によらず、このファイル名は必ずproject.jsonとなります。しかし、この中身はプロジェクトごとに異なっており、このプロジェクトに固有の情報（プロジェクトの説明やアクティビティの依存関係など）が記載されています。そのため、このファイルはほかのプロジェクトと共有することはできません。非常に重要なファイルなので、誤って削除しないようにしてください。

なお、JSONファイルはテキスト形式なので、メモ帳で開いて中身を確認できます。しかし、このファイルをメモ帳で編集することは避けてください。

プロジェクトの名前

プロジェクトの名前は、そのまま構築するプロセス名になります。これはそのままAssistant画面に表示されるので、このプロセスが自動化する業務をわかりやすく説明する短いテキストにしましょう。これは新規にプロジェクトを作成したときに命名しますが、後で変更することもできます。これを変更するには、プロジェクトパネル上部にある[⚙ プロジェクト設定]ボタンをクリックします。あるいは、プロジェクトパネルに表示されているプロジェクト名を右クリックして、[プロジェクト設定]を選択して変更することもできます。このプロジェクトの名前は、project.jsonに保存されています。

なお、プロジェクトの名前を変更しても、そのプロジェクトフォルダーの名前は変更されないので注意してください。

フォルダーの同期

Studioの外で（たとえばファイルエクスプローラーなどを使って）プロジェクトフォルダーにファイルを追加したり、移動したりした場合には、この変更をプロジェクトパネルに同期しましょう。そうでないと、予期しないエラーが発生することがあります。

外部で変更されたファイルの変更をプロジェクトパネルに同期するには、この上部にある[🔄 更新]ボタンをクリックします。

ワークフローファイル

自動化プロセスの処理内容を記述する、拡張子が.xamlとなっているファイルです。プロジェクトパネルでワークフローファイルをダブルクリックすると、このファイルがデザイナーパネルで開き、編集できる状態になります。ワークフローはテキストファイルなので、テキストエディターで開いて読むこともできます。しかし、ワークフローの編集はStudioのデザイナーパネルで行うようにしましょう。

ⓘOnePoint XAML

ワークフローファイルは、XAML (Extensible Application Markup Language) というテキスト形式で記述されます。これはXML (Extensible Markup Language) の一種です。HTML (Hypertext Markup Language) の遠い親戚ですが、XMLファイルでは決められた文法を厳密に守る必要があります。うかつにメモ帳などで編集すると、内容が壊れてしまうことがあるので注意しましょう。

.screenshotsフォルダー

このフォルダーには、参考スクリーンショットが自動で保存されます。参考スクリーンショットとは、ワークフローの処理内容を説明するためにデザイナーパネルに表示される画面写真のことです。これについては10-10節の「セレクターの設定」で後述します。

なお、名前がピリオドで始まるフォルダーは、既定ではプロジェクトパネルに表示されません。[🗋 全てのファイルを表示]ボタンをクリックすると、表示されるようになります。

そのほか、開発者が追加するフォルダーやファイル

開発者がプロジェクトフォルダーの中に作成したサブフォルダーやファイルは、パブリッシュ時にすべてプロセスパッケージの中に梱包されます。プロセスパッケージはRobotが実行前に開封されて、中のフォルダーやファイルがRobotから利用可能な状態になります。そのため、ワークフローファイルのほかにも、開発者が使いたいフォルダーやデータファイルをプロジェクトフォルダーに追加しておくことができます。

Chapter

4

Studioの使い方

4-1 『シーケンス』にアクティビティを配置する手順

「カレーを作る」ワークフローの作成

3-1節の「ワークフローの設計」で紹介した「カレーを作る」ワークフローを作成しながら、ワークフローの編集方法に慣れていきましょう。ここで使用するアクティビティは『シーケンス』のみです。下記のワークフローを実際に作成しながら、アクティビティの配置方法を身につけましょう。

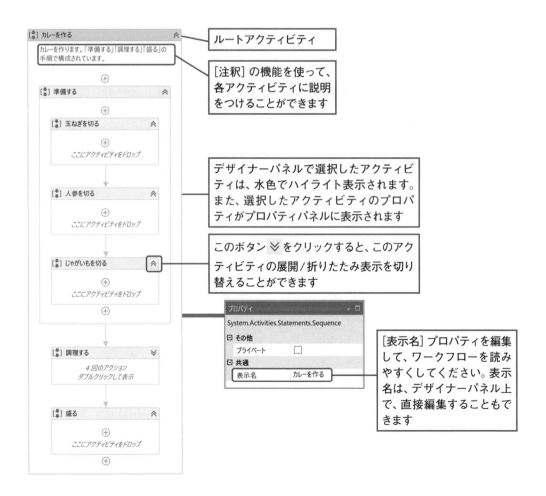

ルートアクティビティ

[注釈] の機能を使って、各アクティビティに説明をつけることができます

デザイナーパネルで選択したアクティビティは、水色でハイライト表示されます。また、選択したアクティビティのプロパティがプロパティパネルに表示されます

このボタン ≫ をクリックすると、このアクティビティの展開/折りたたみ表示を切り替えることができます

[表示名] プロパティを編集して、ワークフローを読みやすくしてください。表示名は、デザイナーパネル上で、直接編集することもできます

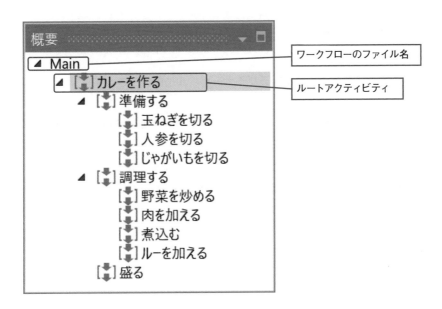

①OnePoint　ワークフローを短い時間で開発するには

　業務時間を削減するために自動化するのですから、自動化の開発に時間をかけすぎては本末転倒です。RPAの効果を大きくするため、短い時間で効率良く開発できるように工夫しましょう。

・トップダウンで設計する

　本章で紹介しているように、最初は『シーケンス』（と、必要に応じて繰り返し系のアクティビティや『トライキャッチ』など）だけを使って、まずは全体の流れをトップダウンで設計しましょう。この設計技法については、3-1節の「ワークフローの設計」を参照してください。

・デバッガを活用する

　デバッグするには、[デバッグ]リボンの[ステップイン]を連続してクリックします。このワークフローの実行経路を簡単に確認できます。また、デバッグ中は[ローカル]パネルで各変数の値を確認することもできます。8-5節の「ステップ実行」を参照してください。

・こまめに実行しながら開発する

　全体を書き終えてから実行すると、どこで動かないのかを突き止めるのが難しくなってしまいます。そこで、少し書いては動作確認を繰り返して、確実に動く部分を積み上げるように開発しましょう。8-14節の「ワークフローを途中から実行する」手順は、必ず覚えましょう。

・例外が発生したら、そこからすぐにデバッグを再開する

　何らかの例外が発生してデバッグが中断したら、手動でその原因を取り除き、[デバッグ]リボンの[リトライ]をクリックしてそこからデバッグを再開しましょう。デバッグを最初からやり直すよりも、ずっと効率よく作業できます。8-6節の「例外発生時の操作」を参照してください。

シーケンスにアクティビティを配置する

次のいずれかの方法で、アクティビティをデザイナーパネルに配置できます。

(A)アクティビティパネルからアクティビティをドラッグして、デザイナーパネルにドロップします。

(B)配置したいアクティビティをアクティビティパネルで探してダブルクリックします。このアクティビティが、デザイナーパネルで選択状態となっているコンテナーアクティビティの中に配置されます。

(C)デザイナーパネル上の ⊕ ボタンをクリックして、Studio上部に表示される一覧から配置したいアクティビティを選択します。

アクティビティの移動

次のいずれかの方法で、アクティビティを移動できます。

(A)配置されたアクティビティは、デザイナーパネル上でドラッグして移動できます。

(B)アクティビティを選択してから[Ctrl]+[C]キーでコピー、[Ctrl]+[X]キーでカットできます。

(C)コピーもしくはカットしたアクティビティは、ペーストしたい場所のボタン⊕のすぐ横をクリックしてから[Ctrl]+[V]キーを押して、その場所にペーストできます。

アクティビティの有効化と無効化

次の方法で、アクティビティの有効化もしくは無効化ができます。なお、これらの操作はアクティビティを右クリックして表示されるポップアップメニューからも行えます。

(A)無効化したいアクティビティを選択して[Ctrl]+[D]キーを押すと、コメントアウトできます。Dは、Disableという意味です。

(B)無効化したアクティビティを有効に戻すには、選択して[Ctrl]+[E]キーを押します。Eは、Enableという意味です。

アクティビティの複数選択

次のいずれかの方法で、アクティビティを複数選択できます。

(A)[Ctrl]キーを押しながらアクティビティをクリックすることにより、複数のアクティビティを同時に選択できます。

(B)デザイナーパネル内でドラッグして範囲選択することによっても、複数のアクティビティを同時に選択できます。複数選択されたアクティビティはドラッグして、一度に同じ場所へ移動できます。また、これらのアクティビティの[表示名]プロパティは、プロパティパネルで同時に修正できます。

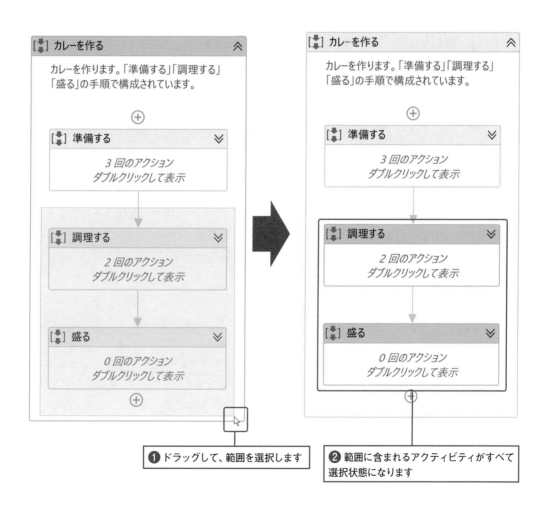

❶ ドラッグして、範囲を選択します

❷ 範囲に含まれるアクティビティがすべて選択状態になります

4-2 『シーケンス』を編集するテクニック

『シーケンス』の配置と編集について

　『シーケンス』を上手に配置することで、ワークフローは格段に読みやすくなります。一方で、『シーケンス』の入れ子が深くなると、ワークフローのどこを編集しているのかがつかみにくくなってしまいます。

　そこで、本節では『シーケンス』を編集するテクニックをいくつか紹介します。これらを駆使して、読みやすいワークフローを作成してください。

『シーケンス』の追加

　まずは、『シーケンス』を追加することを覚えましょう。配置したアクティビティがごちゃごちゃとしてきたら、それらをまとまった単位で1つの『シーケンス』の中に入れてください。これには、まず『シーケンス』を適切な場所に配置し、この中にほかの配置済みのアクティビティをドラッグして移動させればOKです。恐れず、面倒くさがらず、ワークフローに『シーケンス』を追加する習慣をつけましょう。

不要になった『シーケンス』の削除

　『シーケンス』を削除するには、これを右クリックして表示されるポップアップメニューから［囲んでいるシーケンスを削除］を選択してください。その『シーケンス』は削除されますが、その中身は削除せずに残すことができます。特に、子アクティビティを1つしか含まない『シーケンス』は積極的に削除しましょう。その子アクティビティを直接配置すれば、その親『シーケンス』は不要になります。

　『シーケンス』を選択して［Del］キーを押した場合には、その『シーケンス』は中身ごと全部削除されてしまうので注意してください。不要な『シーケンス』を削除する方法を知っていれば、『シーケンス』の追加も気軽に行えるようになるでしょう。

> ⚠**OnePoint** [囲んでいるシーケンスを削除]が期待通り動作しないときは
>
> 　状況によっては、アクティビティを右クリックして表示されるポップアップメニューの[囲んで
> いるシーケンスを削除]が選択できないことがあります。その場合には、残したいアクティビティ
> を選択して[Ctrl+X]でクリップボードにカットし、削除したいシーケンスを選択して[Del]で削除
> し、カットしたアクティビティを配置したい場所をクリックして[Ctrl+V]でペーストしてくださ
> い。この[Ctrl+X][Del][Ctrl+V]のコンボは、不要なシーケンスを削除して整理したいときに便利
> です。

操作したい『シーケンス』をハイライト表示する

　デザイナーパネルでアクティビティを選択すると、このアクティビティは水色にハイライ
ト表示されます。選択した『シーケンス』も、その枠が水色で表示されて範囲が明確になります。
この枠線に注目すると、付近に配置されたアクティビティが、その『シーケンス』に含まれて
いるかどうかもよく判別できるようになります。

　デザイナーパネルで作業するときは、どのアクティビティを選択しているのか、どれがハ
イライト表示されているのかを、いつも意識しておくと良いでしょう。

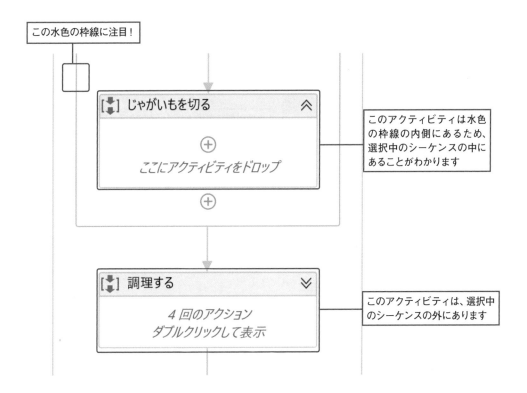

パンくずリスト (breadcrumbs trail) の活用

『シーケンス』などのコンテナーアクティビティをダブルクリックすると、一時的にそれがルートアクティビティであるかのようにデザイナーパネルに表示されます。その親アクティビティは非表示となるため、『シーケンス』の範囲がよりわかりやすくなります。本当のルートアクティビティからの経路は、デザイナーパネルの上部にあるパンくずリストに表示されます。

また、パンくずリストをクリックすると、当該の場所に戻ることができます。これは、入れ子が深くなったシーケンスを把握するためのよい方法です。不要な情報を隠すことで、作業しやすくなります。

童話の「ヘンゼルとグレーテル」は、迷子にならないようにパンくずを落としながら森の中を行きました。このパンくずを拾いながら、元の場所に戻ることができるというわけです。童話では、このパンくずは鳥に食べられてしまいましたが、UiPathのパンくずは誰かに食べられてしまうことはありません。

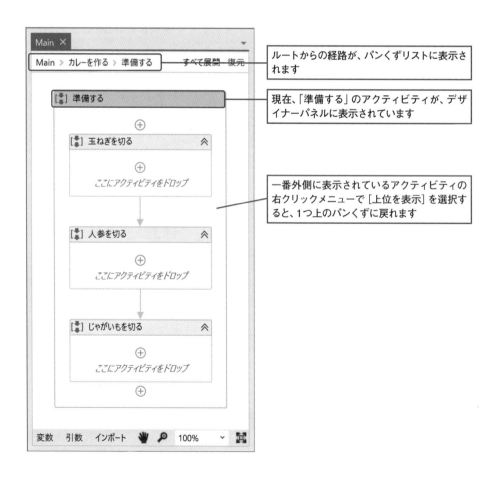

ルートからの経路が、パンくずリストに表示されます

現在、「準備する」のアクティビティが、デザイナーパネルに表示されています

一番外側に表示されているアクティビティの右クリックメニューで［上位を表示］を選択すると、1つ上のパンくずに戻れます

ワークフローを折りたたみ表示する

　デザイナーパネルと概要パネルは、アクティビティのツリー構造を折りたたんで表示できます。詳細を隠すことで、ワークフローの概要を把握しやすくなります。

　また、一方のパネルでアクティビティを選択すると、もう一方のパネルでも同じアクティビティが選択状態になります。あまり人気がない概要パネルですが、実はとても便利なものです。ぜひ活用してください。

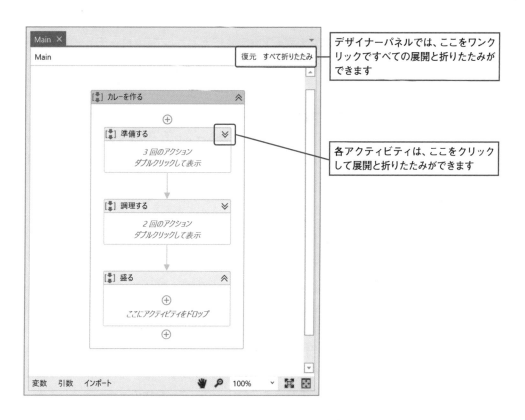

デザイナーパネルでは、ここをワンクリックですべての展開と折りたたみができます

各アクティビティは、ここをクリックして展開と折りたたみができます

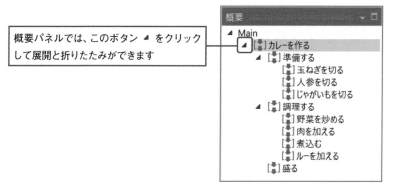

概要パネルでは、このボタン ◢ をクリックして展開と折りたたみができます

4

Studioの使い方

4-3 『フローチャート』を編集するテクニック

『フローチャート』の配置と編集について

『シーケンス』と同様に、重要なコンテナーアクティビティとして『フローチャート』があります。本節では、『フローチャート』に固有の部分についてまとめます。

①OnePoint シーケンスとフローチャートの使い分け

機能的には、シーケンスとフローチャートのどちらを使っても同じことを実現できます。そのため、どちらを使っても構わないのですが、使い分けの指針については、Chapter05の「制御構造」で説明します。

フローチャートのエントリポイントと実行順序

『フローチャート』内部のエントリポイントは、開始ノードです。開始ノードは、フローチャート内部に[Start]と表示されています。

『フローチャート』の子アクティビティは、配置しただけでは実行されません。Startノードから矢印をつなぐことで、その順で実行されるようになります。矢印が行き止まりになったら、そこでこの『フローチャート』の実行が完了し、その後続のアクティビティに制御が移ります。後続のアクティビティがなければ、その時点でこのワークフロー全体の実行が完了します。

フローチャートにアクティビティを配置する手順

シーケンスにアクティビティを配置するのと同じ方法で、フローチャートにもアクティビティを配置できます。フローチャート内に配置したアクティビティを、ノードといいます。ノードは自動で接続されないので、後述の手順で接続する必要があります。

ノードの接続方法 (その1)

ノードを接続するには、次のようにします。

❶ 最初のノードをホバー (マウスカーソルを上にもっていく) すると、接続ポイントがいくつか表示されます。どれを使っても同じなので、フローチャートのレイアウトがきれいになりそうなポイントを選びます。この例では、下の接続ポイントを選択します

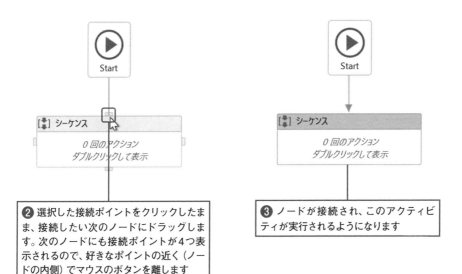

❷ 選択した接続ポイントをクリックしたまま、接続したい次のノードにドラッグします。次のノードにも接続ポイントが4つ表示されるので、好きなポイントの近く (ノードの内側) でマウスのボタンを離します

❸ ノードが接続され、このアクティビティが実行されるようになります

⚠ OnePoint 編集を元に戻す/やり直す

デザイナーパネルやプロパティパネルで編集した内容は、[Ctrl+Z] キーを押して元に戻せます。もしこの操作が期待通り動作しないときは、デザイナーパネルの任意の場所をクリックしてからもう一度試してください。

元に戻した内容をやり直すには、[Ctrl+Y] を押します。あるいは、Studioのデザインリボンにあるボタンで操作することもできます。

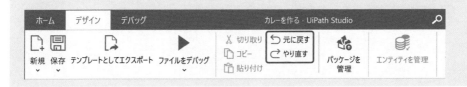

ノードの接続方法 (その2)

次の方法によっても、ノードを接続できます。マウスの細かい操作が不要なので、前節の手順よりも使いやすいでしょう。

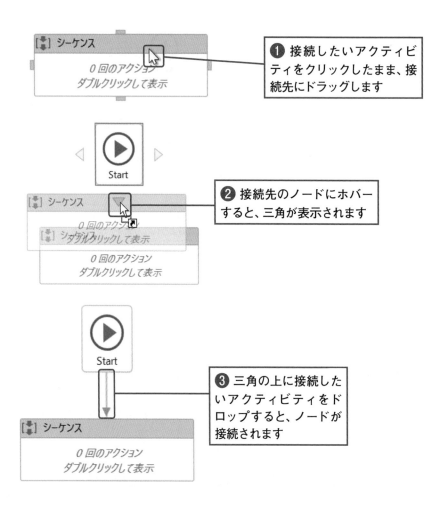

❶ 接続したいアクティビティをクリックしたまま、接続先にドラッグします

❷ 接続先のノードにホバーすると、三角が表示されます

❸ 三角の上に接続したいアクティビティをドロップすると、ノードが接続されます

ノードの接続方法 (その3)

接続された2つのノードの間に別のノードを挿入するには、そのノードを矢印の上にドラッグ&ドロップします。

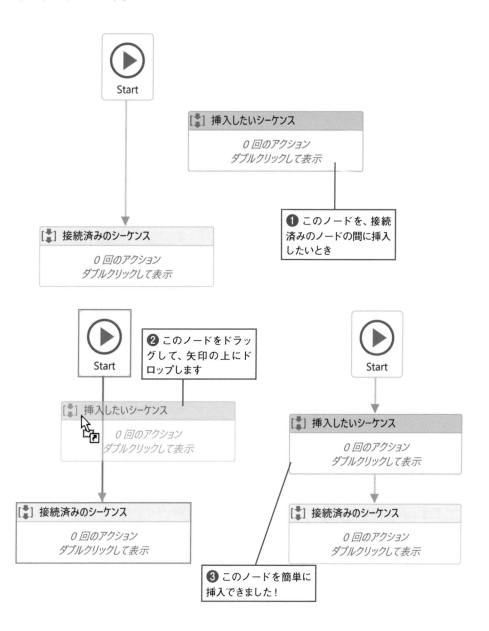

矢印の移動と削除

ノードを接続する矢印は、クリックで選択できます。接点をほかのノードの内側にドラッグすると、その最寄りの接続ポイントに自動で接続され、ノードの接続を組み替えることができます。矢印を選択した状態で[Del]キーを押すと、削除できます。

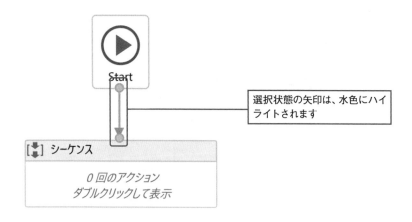

選択状態の矢印は、水色にハイライトされます

1つのノードに、複数の矢印を接続する

1つのノードから出せる矢印は、1つだけです。その一方で、1つのノードに入る矢印は、いくつでも接続できます。

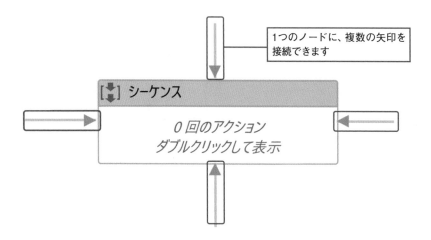

1つのノードに、複数の矢印を接続できます

ノードの自動整列

フローチャート内部を右クリックして、メニューから［自動整列］を選ぶと、ノードをきれいに並べることができます。ただし、期待通りに整列しないこともあるのはご愛敬です。なお、開始ノードに接続されておらず、実行されないノードは自動整列の対象になりません。

ノードの移動

選択状態にしたノードは、ドラッグしてまとめて移動できます。選択状態にしたノードは、キーボードの矢印キーを押しても移動できます。なお、複数のノードを選択する方法は、4-1節の「アクティビティの複数選択」の複数選択で紹介した操作と同じです。

表示領域のサイズを調整

『フローチャート』内の右下にあるアイコンをドラッグして、このフローチャートの領域の大きさを調整できます。

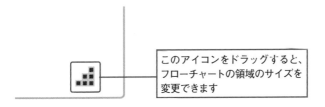

このアイコンをドラッグすると、
フローチャートの領域のサイズを
変更できます

4-4 デザイナーパネル

デザイナーパネルのボタン

デザイナーパネルの右下には、便利なボタンがいくつか装備されています。この使い方について説明します。

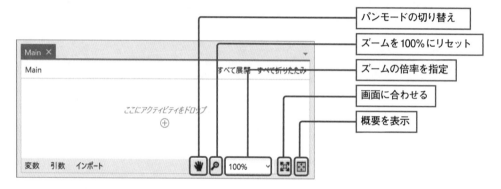

⊘ パンモードの切り替え

パンモードにすると、デザイナーパネル内部の好きな場所をマウスでドラッグして、デザイナーパネルをスクロールできます。少しだけスクロールしたいときなどに便利です。

なお、パンモードではアクティビティを選択できません。選択したいときは、パンモードを解除します。本来のパンとは、動画撮影時にカメラを水平に動かす技法のことです。

⊘ ズームを100%にリセット

ズーム表示したデザイナーパネルを、通常の表示に戻します。

⊘ ズームの倍率を指定

画面のズーム表示の倍率を、数字を入力して指定できます。このボックスの右端の ⌄ をクリックして、倍率を選択して指定もできます。このほか、[Ctrl]キーを押しながらマウスのホイールを動かしたり、[Ctrl]+[＋]キーや[Ctrl]+[－]を押したりすることによってもズームの倍率を変更できます。

✅ 画面に合わせる

デザイナーパネルの内部を、画面サイズいっぱいまでズームして表示します。

✅ 概要を表示

デザイナーパネルの概要（Overview）を、デザイナーパネル内に表示します。この概要ウィンドウは、デザイナーパネル内でドラッグして移動できます。また、このウィンドウの境界をドラッグしてサイズを変更できます。概要ウィンドウ内にある黄色い枠をドラッグして、デザイナーパネルに表示される範囲を調整できます。

なお、この概要ウィンドウはデザイナーパネルの概要（Overview）を表示するのに対して、概要パネルが表示するのはワークフローの概要（Outline）です。

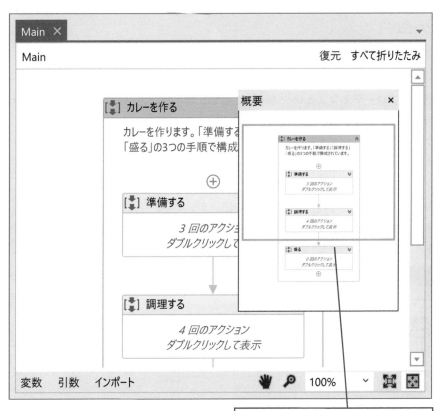

概要ウィンドウ内の黄色い枠をドラッグして、デザイナーパネルが表示する範囲を調整できます

<table>
<tr><td>4-5</td><td># Studioのパネルをレイアウトする</td></tr>
</table>

パネルをレイアウトする方法について

Studioの各パネルは、画面上の好きな場所に移動・配置できます。本節では、その方法を説明します。

✅ ドッキングビュー

プロジェクトパネルやプロパティパネルなどのパネルは、Studioのメインウィンドウに固定したり分離したりできます。固定されたパネルの状態を**ドッキング**、分離してウィンドウ表示された状態を**フローティング**といいます。この切り替えは、各パネル右上にある▼のメニューから行えます。あるいは、各パネル上部のタイトルもしくはパネル下部のタブを、ダブルクリックもしくはドラッグすることによってドッキング/フローティングを切り替えることもできます。

フローティングにしたパネルは、Studioのメインウィンドウの外に移動することもできます。パネルのレイアウトを工夫して、画面を広く使いましょう。

なお、本書に掲載した各パネルの画面写真の多くは、フローティング状態で撮影しました。

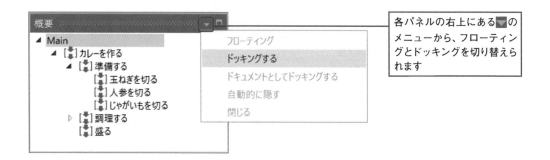

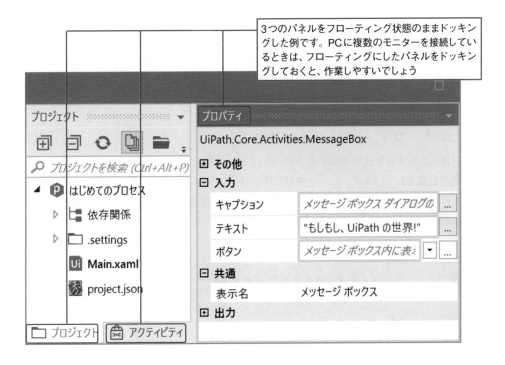

3つのパネルをフローティング状態のままドッキングした例です。PCに複数のモニターを接続しているときは、フローティングにしたパネルをドッキングしておくと、作業しやすいでしょう

⊘自動的に隠す

ドッキングしたパネルは、パネル右上の画びょうを外すと自動的に隠れるようになります。隠れたパネルは、Studioのメインウィンドウの端に表示されたパネル名をクリックして再表示できます。

⊘リボンの折りたたみ表示

Studioのリボンは折りたたんで表示できます。これにより、画面上でデザイナーパネルを広く使うことができます。

タブの名前部分をダブルクリックして、リボンの展開と折りたたみを切り替えられます

ウィンドウタイトルの右にあるボタン ^ をクリックしても、同じことができます

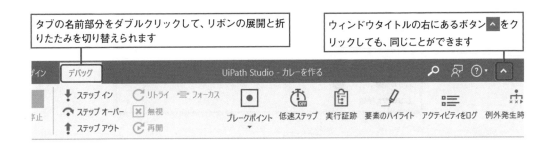

①OnePoint　パネルが行方不明になったら

　操作したいパネルがどこにあるか分からないときは、デザイナーパネルで [Ctrl] + [Tab] を押しましょう。利用できるパネルが一覧表示されるので、操作したいパネルを選択してください。[Ctrl] を押したままの状態で、矢印キーでパネルを選択できます。

①OnePoint　コマンドパレットの活用

　Studioには、さまざまな検索機能をキーボードショートカットで呼び出せるコマンドパレットという機能が装備されています。これを呼び出すには、ウィンドウタイトルの右端に表示される虫眼鏡アイコンをクリックするか、[F3]キーもしくは [Ctrl] + [Shift] + [P]キーを押します。その後に表示される4つの選択肢のいずれかを選んでから、対象の名前を入力します。

Ⓐアクティビティを追加
　ここから、アクティビティを直接追加できます。アクティビティパネルを開く必要はありません。

Ⓑアクティビティに移動
　現在デザイナーパネルで開いているワークフローに配置された、アクティビティに移動します。

Ⓒファイルを開く
　このプロジェクトに含まれるファイルを開きます。

Ⓓユニバーサル検索
　このプロジェクトに含まれるファイルや変数などを全文検索します。

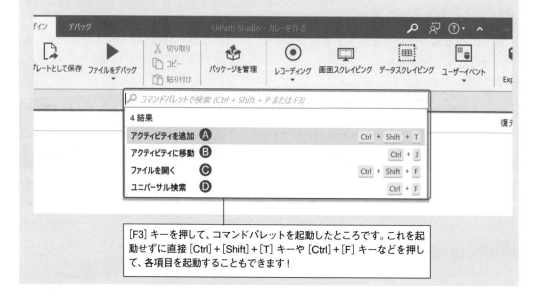

[F3] キーを押して、コマンドパレットを起動したところです。これを起動せずに直接 [Ctrl] + [Shift] + [T] キーや [Ctrl] + [F] キーなどを押して、各項目を起動することもできます！

Chapter

5

制御構造

5-1 ワークフローの種類

ワークフローの種類について

　本章では、ワークフローに配置したアクティビティの処理の順序を制御する方法を学習します。また、ワークフローファイルを分割して呼び出す方法についても説明します。

　ワークフローとは、拡張子が.xamlのファイルです。ワークフローを新規作成するには、[デザイン]リボンの[新規]ボタンをクリックします。

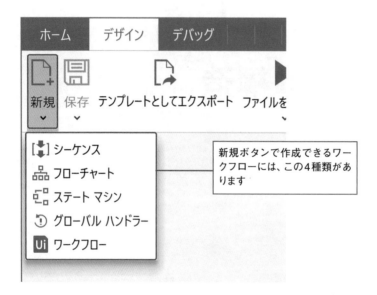

新規ボタンで作成できるワークフローには、この4種類があります

⊘ [↓]シーケンス

　もっとも使いやすいワークフローです。シーケンスの中に並べたアクティビティは自動で接続され、上から順に実行されます。シーケンスだけを使って、プロセスを作成することも簡単です。

　ただし、分岐が複雑な処理をシーケンスに書くと、読みにくくなることがあります。このようなときには、フローチャートを使います。

☑ 品 フローチャート

フローチャートに配置したアクティビティは手動で接続する必要がありますが、複雑な分岐処理もわかりやすく記述できます。

一方で、分岐のない一本道の処理をフローチャートで書くと、読みにくいものになってしまいます。複雑な分岐の部分だけをフローチャートに記述し、分岐した後の連続した処理は『シーケンス』を配置して、その中に記述するとうまくいきます。

☑ 品 ステートマシン

複数の状態と、その状態を遷移する条件を記述することによって、状態の間をいったりきたりする処理の流れを簡単に記述できます。

ただし、一般にRPAで自動化する処理はステートマシンでは記述しにくいことが多いため、本書では扱いません。

☑ ⚠ グローバルハンドラー

グローバル例外ハンドラーは、プロセスの中に1つだけ作成できる特殊なワークフローです（ライブラリには配置できません）。これは、プロセス内の任意の場所でスローされた例外を『トライキャッチ』よりも先にキャッチします。扱いにくいため、使う機会は少ないでしょう。

ワークフローファイルのテンプレート

このプロジェクトに、ワークフローファイルのテンプレートを追加できます。テンプレートにしたいワークフローをプロジェクトパネルで右クリックし、［テンプレートとして抽出］を選択してください。このワークフローのコピーが、プロジェクトの.templatesフォルダーに保存されます。

追加したテンプレートは、新規ワークフローを作成するときに選択できます。Studioのデザインリボンで［新規］ボタンをクリックし、［🆄 ワークフロー］を選択してください。［新しいワークフロー］ダイアログで、このプロジェクトで利用できるテンプレートを選択できます。

ワークフローのテンプレートには、お約束の実装を追加しておくと便利です。たとえば、ルートの『シーケンス』に注釈「ここにこのワークフローの処理概要を記載してください」を追加しておくことができます。このようなワークフローのテンプレートは、チームで利用するプロジェクトテンプレートに追加しておくと良いでしょう。プロジェクトテンプレートの作成については、16-16節の「プロジェクトテンプレート」を参照してください。

5-2 # 処理の流れを制御する

制御の基本的な構造

　自動化プロセスは、主にシーケンスとワークフローを使って作成します。この中には、処理が実行される順序(処理の流れ)を記述する必要があります。

　プログラミングにおいては、次の3つを組み合わせることによって、どのような処理の流れも記述できます。

✓順次

　処理を、上から並べた順に実行します。

✓分岐

　ある条件を満たせばこちら、そうでなければあちら、というように処理を2方向に分岐します。あるいは、分岐先を3つ以上に枝分かれさせることもあります。これを多分岐といいます。

✓繰り返し

　指定した処理を、繰り返して実行します。繰り返す条件を記述する方法には、いくつかのバリエーションがあります。

　シーケンスとフローチャートのどちらを使っても、上記の構造のすべてを表現できます。

処理の流れを制御するアクティビティ一覧

　表1に、処理の流れを制御するアクティビティの一覧を示します。分岐と多分岐を構成するためのアクティビティは、シーケンスとワークフローで異なるので注意してください。

　本書では、便宜上、各アクティビティに丸数字で番号を振りました。参照にお役立てください。

◆表1

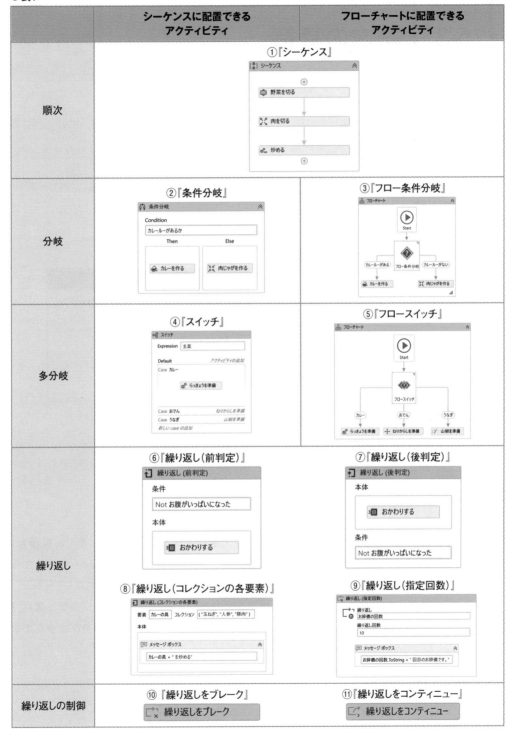

	シーケンスに配置できる アクティビティ	フローチャートに配置できる アクティビティ
順次	①『シーケンス』	
分岐	②『条件分岐』	③『フロー条件分岐』
多分岐	④『スイッチ』	⑤『フロースイッチ』
繰り返し	⑥『繰り返し(前判定)』 ⑧『繰り返し(コレクションの各要素)』	⑦『繰り返し(後判定)』 ⑨『繰り返し(指定回数)』
繰り返しの制御	⑩『繰り返しをブレーク』	⑪『繰り返しをコンティニュー』

5-3 順次の構造

① 『シーケンス』

　順次の構造を作るには、『シーケンス』を配置します。シーケンスの中にも、フローチャートの中にも、『シーケンス』を配置できます。

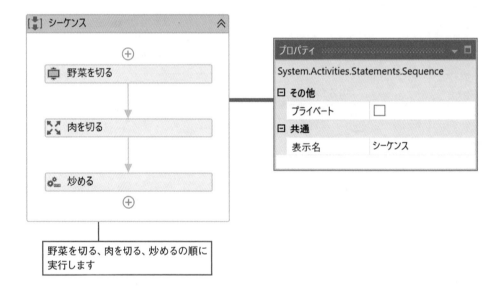

　順次の構造は『フローチャート』を使っても作成できますが、矢印を接続したり、配置したアクティビティのレイアウトを揃えたりする手間がかかってしまいます。シーケンスなら、そのような面倒はありません。

　そこで、『フローチャート』の中に順次の構造を作りたいときは、そこに『シーケンス』を配置しましょう。これは『フローチャート』の中に順次の構造を作るときの必須テクニックです。

5-4 分岐の構造

②『条件分岐』

条件として設定した式の値によって処理を分けます。この条件式は、Boolean型^(ブーリアン)の値で記述します。Boolean型の値は、必ずTrue（真）かFalse（偽）のどちらかになります。Boolean型については、7-5節の「論理型（Boolean）」で詳細に扱います。

シーケンスの中に分岐の構造を作るには、『条件分岐』を配置します。

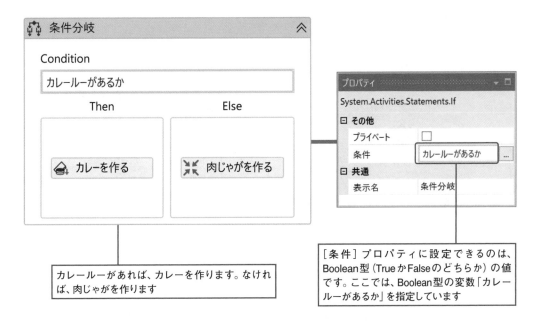

カレールーがあれば、カレーを作ります。なければ、肉じゃがを作ります

［条件］プロパティに設定できるのは、Boolean型（TrueかFalseのどちらか）の値です。ここでは、Boolean型の変数「カレールーがあるか」を指定しています

『条件分岐』の［条件］プロパティには、Boolean型の変数を指定します。この値がTrue（真）のときにはThenに配置したアクティビティが、この値がFalse（偽）のときにはElseに配置したアクティビティが実行されます。

Thenの中に直接配置できるアクティビティの数は1つだけですが、ここに『シーケンス』を配置すれば、その中に複数のアクティビティを並べることができます。配置したいアクティビティがなければ、ThenあるいはElseを空のままにして構いません。Boolean型の値をうまく扱う方法については、Chapter07の「基本的な型」で詳細に扱います。

なお、Studio 21.4以降では空のElse節を非表示にできます。空にするならElseの方にしましょう。

③『フロー条件分岐』

フローチャートの中に分岐の構造を作るには、『フロー条件分岐』を配置します。

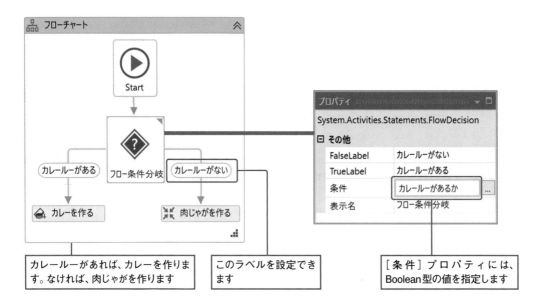

前節で説明した『条件分岐』と同様に、［条件］プロパティにはBoolean型の値を指定します。

［TrueLabel］プロパティと［FalseLabel］プロパティで、矢印の上に表示されるラベルのテキストを指定できます。これはワークフローを読みやすくするためだけのもので、ここにどんなテキストを指定しても『フロー分岐』の振舞いは変わりません。

ただし、このラベルに間違ったテキスト（上図では、TrueLabelに「カレールーがない場合」とか「砂糖がある場合」など）を表示すると、見つけにくいバグのもとになってしまいます。ラベルには、［条件］に指定した式を正しく説明するテキストを指定するようにしてください。なお、分岐した各ノードの後ろに、ほかのアクティビティを配置してつなげていくこともできます。

5-5 多分岐の構造

④『スイッチ』

シーケンスの中に多分岐の構造を作るには、『スイッチ』を配置します。

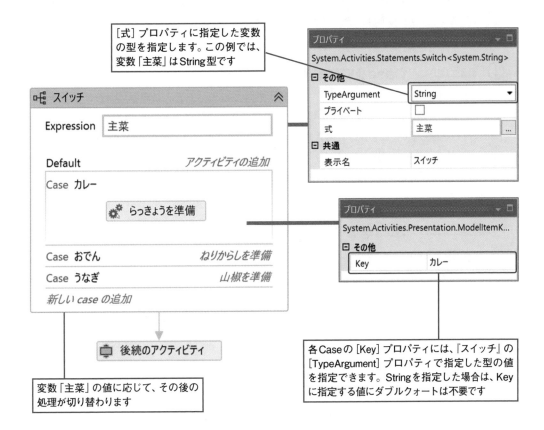

[式] プロパティに指定した変数の型を指定します。この例では、変数「主菜」はString型です

変数「主菜」の値に応じて、その後の処理が切り替わります

各Caseの [Key] プロパティには、『スイッチ』の [TypeArgument] プロパティで指定した型の値を指定できます。Stringを指定した場合は、Keyに指定する値にダブルクォートは不要です

『スイッチ』は、[式]プロパティに指定した値に応じて、処理を切り替える（スイッチする）ことができます。『スイッチ』には、1つのDefaultと複数のCaseを指定できます。[式]プロパティに指定した変数の値に応じて、DefaultもしくはCaseの中のどれか1つだけが選択されて実行されます。

前ページの例では、変数「主菜」の値が「カレー」の場合には、「Case カレー」の部分が実行されます。もし、その値のCaseが見つからない場合には、Defaultが実行されます。

なお、[TypeArgument]プロパティには、[式]プロパティに指定したい変数の型を指定する必要があります。たとえば、[式]プロパティに指定した変数がString型（テキスト）であれば、[TypeArgument]にはStringを指定します。これにより、各Caseの[Key]プロパティにString型の値を指定できるようになります。

⚠OnePoint　Default

Default（デフォルト）とは、日本語で「既定の」とか「何もしない」という意味です。このほか、変数の既定値のことを英語でDefault Valueといいます。なお、経済用語としての「デフォルト」は、「債務不履行」（何もしない、借金を返さない）という意味です。

⚠OnePoint　Caseを空にする

あるCaseを空のままにすることで、式の値がそのCaseだったときに限って何もしないワークフローを簡単に作れます。ただしその場合でも、そのCaseには『コメント』を配置して、「この場合には何も処理しない」旨を書いておきましょう。こうしておけば、後でこのワークフローを見た人が「あれ？このCaseは空っぽだけど、何かを書き忘れたのかな？」と勘違いすることがありません。このような工夫により、ワークフローの可読性を高めることができます。

⚠OnePoint　String型のプロパティ

テキストを指定するプロパティには、ダブルクォートが必要なものと、そうでないものがあります。これは、**プロパティの型で判別**できます。プロパティの型は、このプロパティ名の上にマウスポインターをホバーすると次のように表示されます。

> プロパティの名前: **プロパティの型**
> プロパティの説明（あれば）

◉例1『シーケンス』の[表示名]プロパティ

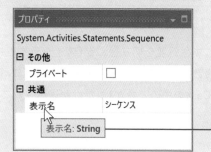

型名にInArgumentがつかないプロパティには、変数を指定できません（指定しても変数としては解釈されず、アクティビティにはその変数名のテキストがそのまま渡されます）。このようなString型のプロパティに文字列リテラルを指定するときは、ダブルクォートは不要です。この例では、[表示名]プロパティに『シーケンス』を設定しています

● 例2『メッセージボックス』の［キャプション］プロパティ

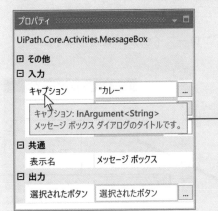

型名にInArgumentがつくプロパティには、変数を指定できます。このプロパティに文字列リテラルを指定するときは、ダブルクォートが必要です。さもないと、指定した文字列（この例では「カレー」）が変数名として解釈されてしまうからです。もちろん、「カレー」という名前の変数を指定したいときは、ダブルクォートは不要です

! OnePoint　プロパティの型

　前述のように、各プロパティの型は、プロパティパネルでマウスポインターをホバーすることにより確認できます。この型について、下の表に整理します。表中のTには、StringやInt32などの任意の型（Type）が入ります。

プロパティの種別	プロパティパネルでホバーして確認できるプロパティの型	このプロパティに指定できる型	リテラル値の指定	変数の指定
入力プロパティ	T	T	○（※1）	×
	InArgument<T>	T	○	○
	InArgument	任意（※2）		
出力プロパティ	OutArgument<T>	T	×	○
	OutArgument	任意（※2）		
入出力プロパティ	InOutArgument<T>	T		
	InOutArgument	任意（※2）		

（※1）前ページの例1で見たように、TがStringの場合にはダブルクォートは不要です。

（※2）この型は、そのアクティビティの実行時の動作によって変化するため、適切な型をえらんで指定する必要があります。このような入力プロパティをもつアクティビティには『代入』や『メッセージボックス』などがあります。このような出力プロパティをもつアクティビティには『セルを読み込み』や『行項目を取得』などがあります。『行項目を取得』の使用例は、9-6節の「データテーブルの操作」で示しています。

⑤『フロースイッチ』

フローチャートの中に多分岐の構造を作るには、『フロースイッチ』を配置します。

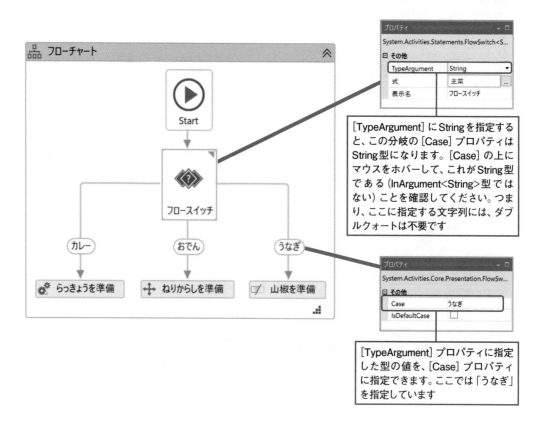

プロパティ

System.Activities.Statements.FlowSwitch<S...

☐ その他

TypeArgument	String
式	主菜
表示名	フロースイッチ

[TypeArgument]にStringを指定すると、この分岐の[Case]プロパティはString型になります。[Case]の上にマウスをホバーして、これがString型である（InArgument<String>型ではない）ことを確認してください。つまり、ここに指定する文字列には、ダブルクォートは不要です

プロパティ

System.Activities.Core.Presentation.FlowSw...

☐ その他

| Case | うなぎ |
| IsDefaultCase | ☐ |

[TypeArgument]プロパティに指定した型の値を、[Case]プロパティに指定できます。ここでは「うなぎ」を指定しています

　［式］プロパティと、［TypeArgument］プロパティの使い方は、前節の『スイッチ』と全く同じですが、Caseの作り方が違います。

　『フロースイッチ』から出した矢印をクリックして選択し、プロパティパネルを見ると［Case］プロパティと［IsDefaultCase］プロパティを確認できます。この［Case］プロパティには、『フロースイッチ』の［TypeArgument］プロパティで指定した型の値を設定します。［IsDefaultCase］プロパティにチェックをつけると、この矢印がDefaultのケースとして機能するようになります。Defaultのケースは、［式］プロパティに指定した値がほかのどのCaseにも合致しないときに実行されます。

　なお、分岐した各ノードの後ろに、ほかのアクティビティを配置してつないでいくこともできます。

⚠OnePoint　フローチャート内部の制御の終端

『フローチャート』の内部に配置した任意のノードが行き止まりになると、この『フローチャート』の実行は完了し、この『フローチャート』の後続のアクティビティ（あれば）に制御が移ります。なお、『フローチャート』の直後に後続のアクティビティを配置するには、この『フローチャート』を『シーケンス』もしくは別の『フローチャート』の中に配置しておく必要があります。これは、ルートアクティビティの直後にほかのアクティビティを配置することはできないからです。

⚠OnePoint　『条件分岐』と『スイッチ』

②『条件分岐』と④『スイッチ』はシーケンスの中に配置すると説明しましたが、実はこれらはフローチャートの中にも配置できます。しかしフローチャートの中に分岐構造を作るときには、③『フロー条件分岐』と⑤『フロースイッチ』を使う方がワークフローがわかりやすくなります。

Column　RPAのテスト② テストの進め方

RPAのテストを考えるコラムの第2回は、テストケースに基づいたテストの実施についてです。ソフトウェアのテストは、テストの手順を説明する「テストケース」というドキュメントを作成して行います。これは、ソフトウェアテストの実施には必須のものです。テストケースを準備せずにテストを実行すると、何をテストしたのか、テスト結果はどうだったのか、訳が分からなくなってしまうからです。

テストケースに基づくテストは、次の順で行います。

[1]テストケースの設計

いろんなケース（場合）を漏れなくテストできるように、複数のテストケースをどのように構成すべきか検討します。

[2]テストケースの作成

テスト設計に基づいて複数のテストケースを書き、それらを含むテストケースのセットを作ります。

[3]テストケースの実行

テストケースのセットに含まれるテストケースをすべて実行します。もし失敗したテストケースがあれば、バグ報告票をオープンしてプログラム（ワークフロー）を修正します。新しいバージョンのプログラムをテストして修正を確認したら、バグ報告票をクローズします。

⚠OnePoint　If演算子で多分岐をシンプルに記述する

　Visual BasicのIf演算子を使うと、複数の条件に応じて値を切り替える処理を簡潔に記述できます。If演算子は、次のように使います。

> If (条件式, 条件式がTrueのときの値, 条件式がFalseのときの値)

　たとえば、変数「点数」の値に応じて "優"、"良"、"可"、"不可" のいずれかを、変数「成績」に設定する処理を考えましょう。これは、『代入』の左辺値にIf演算子を入れ子にした式を設定することで、簡単に記述できます。

名前	変数の型	スコープ	既定値
成績	String	シーケンス	*VB の式を入力してください*
点数	Int32	シーケンス	*VB の式を入力してください*
変数の作成			

変数　引数　インポート　　　🖐　🔎　100%　⌄　🔀　🔲

A+B　代入

| 成績 | = If (点数 > 90, "優", |

変数「成績」には、変数「点数」の値に応じて、"優"、"良"、"可"、"不可" のいずれかが代入されます

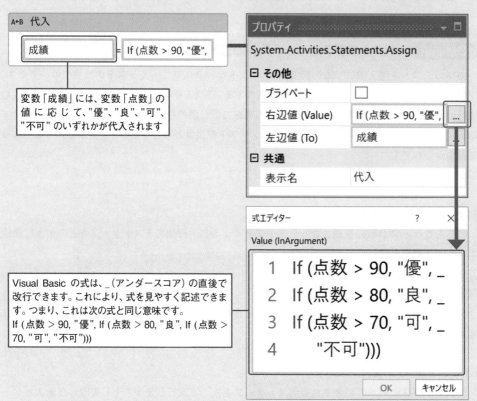

プロパティ　　　　　　　　　▼　◻

System.Activities.Statements.Assign

⊟ その他

プライベート	☐
右辺値 (Value)	If (点数 > 90, "優", ...
左辺値 (To)	成績

⊟ 共通

| 表示名 | 代入 |

式エディター　　　　　　　？　✕

Value (InArgument)

```
1  If (点数 > 90, "優", _
2  If (点数 > 80, "良", _
3  If (点数 > 70, "可", _
4     "不可")))
```

Visual Basic の式は、_(アンダースコア) の直後で改行できます。これにより、式を見やすく記述できます。つまり、これは次の式と同じ意味です。
If (点数 > 90, "優", If (点数 > 80, "良", If (点数 > 70, "可", "不可")))

OK　　キャンセル

　なお、式エディターで [Ctrl] キーを押下しながらマウスのホイールを操作すると、文字表示を拡大/縮小できます。

5-6 繰り返しの構造

繰り返しを構成するアクティビティ

繰り返しの構造を作るには、下記のいずれかのアクティビティを使います。これらはすべて、シーケンスとフローチャートのどちらにも配置できます。

⑥『繰り返し（前判定）』
⑦『繰り返し（後判定）』
⑧『繰り返し（コレクションの各要素）』
⑨『繰り返し（指定回数）』

⑥『繰り返し（前判定）』

指定した条件がTrueの間、本体を繰り返して実行します。

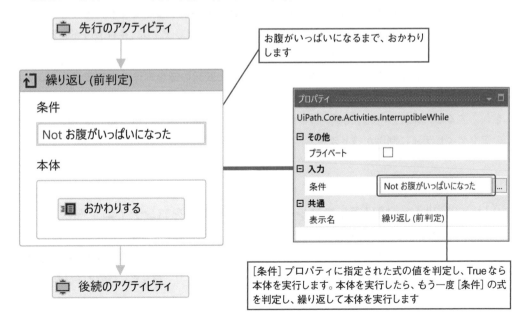

　［条件］プロパティに指定したBoolean型の式の値がTrueのとき、本体に配置されたアクティビティを繰り返して実行します。処理の流れとしては、次のようになります。

⬇図1

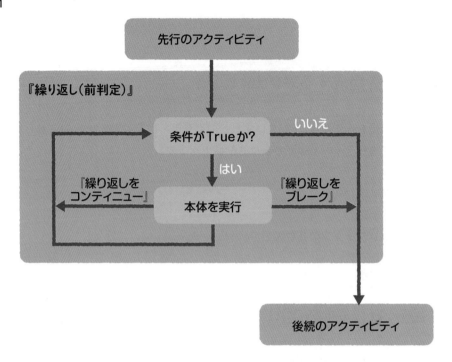

　ポイントは、**本体を実行する前に［条件］プロパティを判定する**ことです。そのため、このアクティビティの名前は『繰り返し(**前判定**)』となっています。最初に［条件］がFalseとなっていれば、本体は一度も実行されません。

　繰り返す必要がなくなったら、［条件］に指定された変数の値を本体の中で変更することにより、繰り返しを中断できます。上図の例では、『代入』で［お腹がいっぱいになった］にTrueを代入すると、条件［Not お腹がいっぱいになった］がFalseになり、繰り返しが中断して後続のアクティビティに制御が移ります。

> ⚠**OnePoint**　『繰り返しをブレーク』と『繰り返しをコンティニュー』
>
> 　以前は、『繰り返し(前判定)』と『繰り返し(後判定)』の中には『繰り返しをブレーク』と『繰り返しをコンティニュー』を配置できませんでした。(『繰り返し(コレクションの各要素)』の中にのみ配置できました。)しかし、Studio 2020.4から配置できるようになり、繰り返し構造をより柔軟に記述できるようになりました。

⑦『繰り返し (後判定)』

指定した条件がTrueの間、本体を繰り返して実行します。

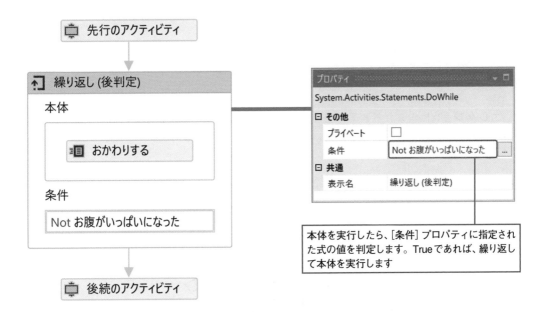

本体を実行したら、[条件] プロパティに指定された式の値を判定します。Trueであれば、繰り返して本体を実行します

[条件]プロパティに指定したBoolean型の式の値がTrueのとき、本体に配置されたアクティビティを繰り返して実行します。処理の流れとしては、次のようになります。

🔽図2

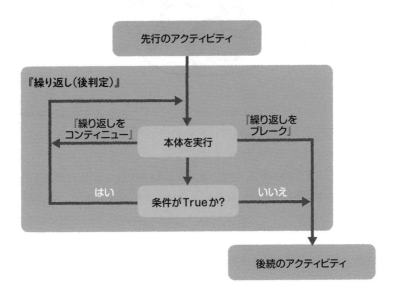

　ポイントは、**本体を実行した後に［条件］プロパティを判定する**ことです。そのため、このアクティビティの名前は『繰り返し（**後判定**）』となっています。最初に［条件］の値が何であっても、必ず本体が一度は実行されることになります。

　繰り返す必要がなくなったら、［条件］に指定した変数の値を本体の中で変更することにより、繰り返しを中断できます。これは、前述の『繰り返し（前判定）』と同様です。

⑧『繰り返し（コレクションの各要素）』

　コレクションに含まれる要素を、1つずつ取り出してすべて処理します。コレクションとは、同じ種類のデータを複数含んでいるデータ構造のことです。

⬤図3

　コレクションの例としては、整数の配列（Int32[]型）や、テキストのリスト（List<String>型）などがあります。配列については6-9節の「配列の使い方」で、コレクションについては9-7節の「コレクションデータを使う」で説明します。

　『繰り返し（コレクションの各要素）』は、どんなコレクションからも要素を取り出せますが、本節ではString[]（テキストの配列）から要素を取り出す例を示します。この要素の型はStringなので、『繰り返し（コレクションの要素）』の［TypeArgument］プロパティにはStringを指定します。

　なお、［現在のインデックス］プロパティにInt32型の変数を指定しておくと、この変数はルー

プ変数として機能します。繰り返すたびに、このループ変数は自動でカウントアップされるので便利です。なお、このループ変数はゼロベースである（0からカウントアップする）ことに注意してください。

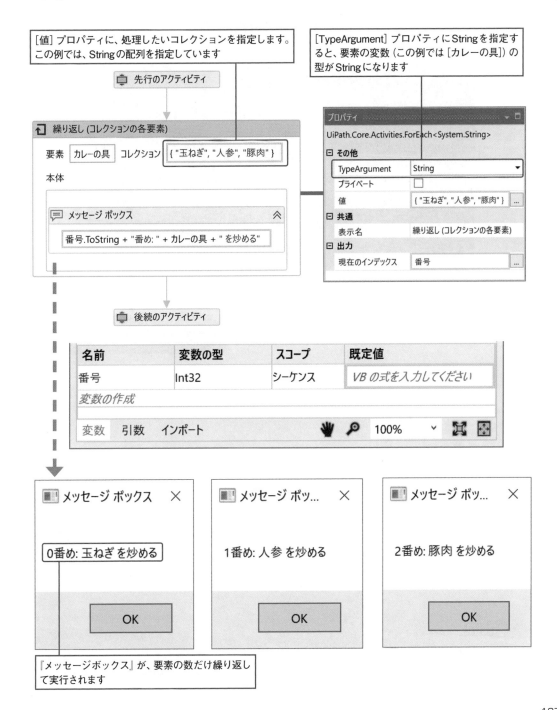

[値] プロパティに、処理したいコレクションを指定します。この例では、String の配列を指定しています

[TypeArgument] プロパティにStringを指定すると、要素の変数 (この例では [カレーの具]) の型がStringになります

繰り返し (コレクションの各要素)

要素 カレーの具 コレクション { "玉ねぎ", "人参", "豚肉" }

本体

メッセージ ボックス

番号.ToString + "番め: " + カレーの具 + " を炒める"

後続のアクティビティ

プロパティ	
UiPath.Core.Activities.ForEach<System.String>	
□ その他	
TypeArgument	String
プライベート	☐
値	{ "玉ねぎ", "人参", "豚肉" }
□ 共通	
表示名	繰り返し (コレクションの各要素)
□ 出力	
現在のインデックス	番号

名前	変数の型	スコープ	既定値
番号	Int32	シーケンス	VB の式を入力してください
変数の作成			

変数 引数 インポート   100%

メッセージ ボックス ✕

0番め: 玉ねぎ を炒める

OK

メッセージ ボッ... ✕

1番め: 人参 を炒める

OK

メッセージ ボッ... ✕

2番め: 豚肉 を炒める

OK

『メッセージボックス』が、要素の数だけ繰り返して実行されます

『繰り返し（コレクションの各要素）』の処理の流れは、次のようになります。

⬇図4

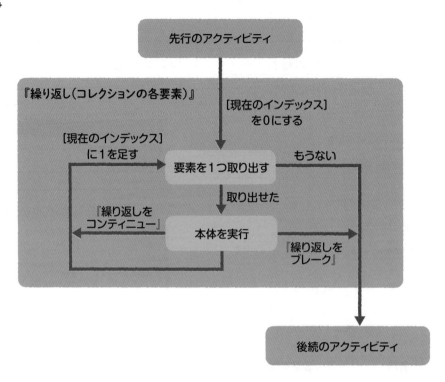

① OnePoint　コレクションから要素が取り出される順序

『繰り返し（コレクションの各要素）』が要素を取り出す順序については、処理するコレクションの型に依存します。要素の値が小さい順や大きい順に取り出されるコレクションもあれば、順不同になるコレクションもあります。詳細については、各コレクション型のドキュメントを確認してください。なお、配列から要素を取り出す場合には、先頭から順に取り出されます。

② Hint

このほかにも『繰り返し（フォルダー内の各ファイル）』や『繰り返し（フォルダー内の各フォルダー）』など、多くの繰り返しアクティビティが用意されています。ぜひ活用してください！

⑨『繰り返し (指定回数)』

　ある処理を決まった回数(たとえば10回)だけ繰り返したいときは、『繰り返し(指定回数)』を使います。このループ変数の型はInt32型で、処理を繰り返すたびに自動で1ずつ増えていきます。

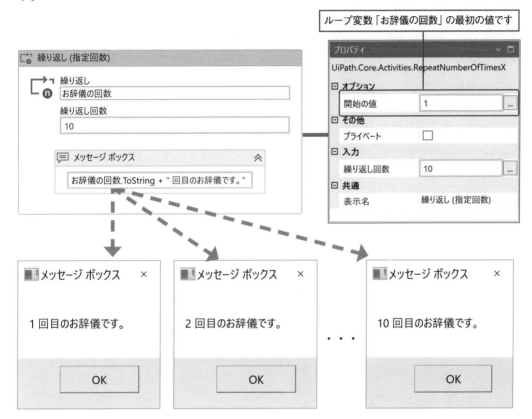

！OnePoint　ループ変数

　上記の「お辞儀の回数」のように、繰り返しの数を数えるための変数をループ変数といいます。ループ変数の名前には、伝統的にiがよく使われました。このiには、item(項目)のほか、index(配列の添え字)、integer(整数)、iteration(繰り返し)、increment(1を足す)などの意味が含まれます。しかし、上図に示した例「お辞儀の回数」のように、状況に合わせてよりわかりやすい名前をループ変数に付けることをお勧めします。

　なお、『繰り返し(コレクションの各要素)』の[現在のインデックス]プロパティに指定したInt32型の変数もループ変数として機能し、自動で0から1ずつ増えていきます。ぜひ活用してください。

5-7 繰り返しの制御

ブレークとコンティニューについて

前節の図4を、もう一度見てみましょう。

この図中のブレークとコンティニューの流れを作るには、『繰り返しをブレーク』と『繰り返しをコンティニュー』を使います。繰り返しの内部に『条件分岐』を配置して、条件を満たしたときにブレークもしくはコンティニューするようにできます。あるいは、この繰り返しの中で例外をキャッチしたときにブレークもしくはコンティニューするようにすることもできます。

> **① OnePoint ブレークとコンティニュー**
>
> 繰り返し構造の実行順序を制御するbreak文とcontinue文は、多くのプログラミング言語に用意されているものです。UiPathの『繰り返しをブレーク』と『繰り返しをコンティニュー』は、これらを模して動作します。プログラミングの経験がある読者には、お馴染みのものでしょう。Studio 2020.4では、これらを『繰り返し（前判定）』と『繰り返し（後判定）』の中にも配置できるようになりました。

⑩『繰り返しをブレーク』

『繰り返し（コレクションの各要素）』の処理中に、残りすべての要素の処理が不要になったら、『繰り返しをブレーク』を実行します。すると、この繰り返し処理の中から制御を脱出し、残りの要素の処理をすべてスキップできます。

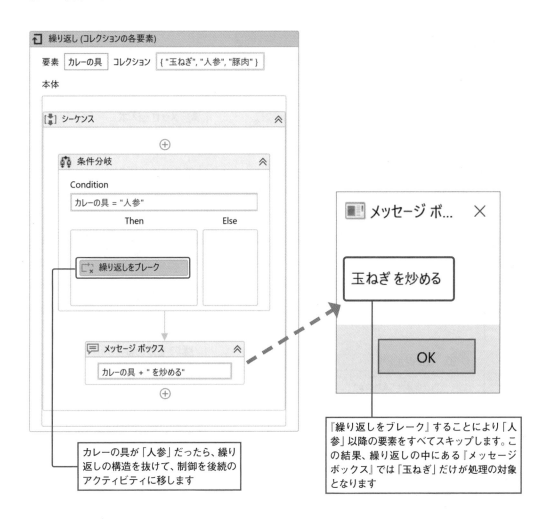

カレーの具が「人参」だったら、繰り返しの構造を抜けて、制御を後続のアクティビティに移します

『繰り返しをブレーク』することにより「人参」以降の要素をすべてスキップします。この結果、繰り返しの中にある『メッセージボックス』では「玉ねぎ」だけが処理の対象となります

⑪『繰り返しをコンティニュー』

『繰り返し（コレクションの各要素）』の処理中に、特定の要素の処理が不要となった場合には、『繰り返しをコンティニュー』を実行します。すると、この要素の処理をスキップします。繰り返しの先頭に制御が戻り、次の要素の処理から繰り返しを再開します。

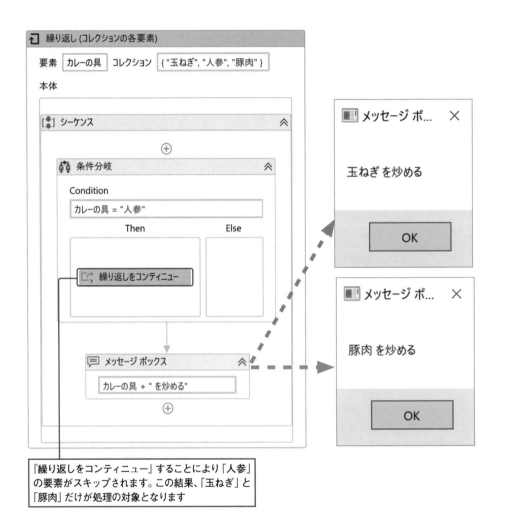

『繰り返しをコンティニュー』することにより「人参」の要素がスキップされます。この結果、「玉ねぎ」と「豚肉」だけが処理の対象となります

⚠OnePoint　『繰り返し（データテーブルの各行）』

　行と列で区切られた表形式のデータは、UiPathではDataTable型の変数で扱えます。たとえば『範囲を読み込み』により、Excelシートの表データをDataTable型の変数に読み込むことができます。この表データに含まれる複数の行データを1つずつ取り出すには、『繰り返し（データテーブルの各行）』が便利です。

　前節で説明した『繰り返し（コレクションの各要素）』は、任意のコレクション型の値から任意の型の要素を取り出せる、一般的な形式です。これに対して、『繰り返し（データテーブルの各行）』はDataTable専用にあつらえてある特殊な形式になっていて、DataTable型の変数からDataRow型の要素を取り出します。

　つまり、DataTable型は『繰り返し（コレクションの各要素）』を使っても処理できますが、『繰り返し（データテーブルの各行）』を使った方が簡単なのです。なお、このどちらにも⑨『繰り返しをブレーク』と⑩『繰り返しをコンティニュー』を配置できます。

　DataTable型の使い方については、9-6節の「データテーブルの操作」を参照してください。

　DataTable型の変数から1行ずつ取り出すとき、下記の2つは同じように動作します。

✓ 『繰り返し（データテーブルの各行）』を使う例

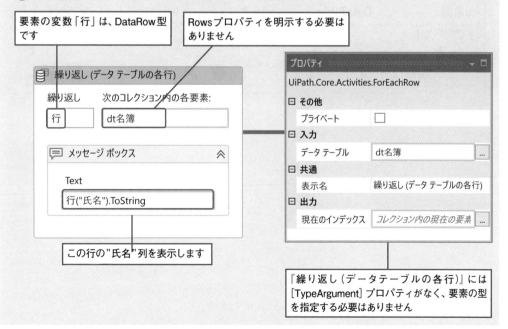

要素の変数「行」は、DataRow型です

Rowsプロパティを明示する必要はありません

この行の"氏名"列を表示します

『繰り返し（データテーブルの各行）』には[TypeArgument]プロパティがなく、要素の型を指定する必要はありません

✓ 『繰り返し（コレクションの各要素）』を使う例

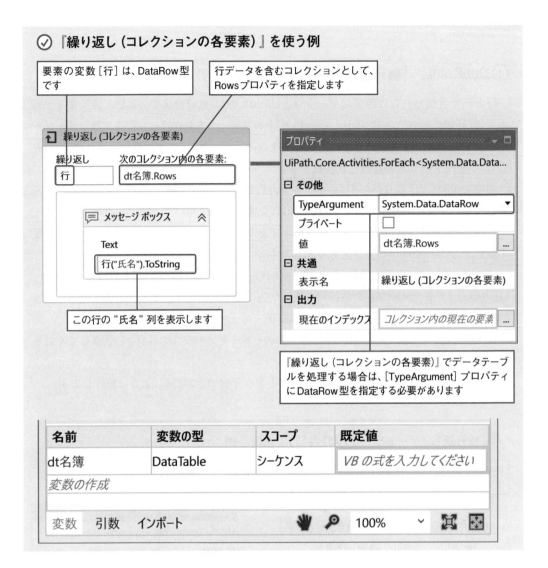

要素の変数［行］は、DataRow型です

行データを含むコレクションとして、Rowsプロパティを指定します

繰り返し（コレクションの各要素）

繰り返し
行

次のコレクション内の各要素:
dt名簿.Rows

メッセージ ボックス ≪

Text
行("氏名").ToString

この行の "氏名" 列を表示します

プロパティ

UiPath.Core.Activities.ForEach<System.Data.Data...

⊟ その他

TypeArgument	System.Data.DataRow ▼
プライベート	☐
値	dt名簿.Rows ...

⊟ 共通

| 表示名 | 繰り返し (コレクションの各要素) |

⊟ 出力

| 現在のインデックス | コレクション内の現在の要素 ... |

『繰り返し（コレクションの各要素）』でデータテーブルを処理する場合は、[TypeArgument] プロパティにDataRow型を指定する必要があります

名前	変数の型	スコープ	既定値
dt名簿	DataTable	シーケンス	*VB の式を入力してください*
変数の作成			

変数　引数　インポート　　　🖐 🔍　100%　∨　🔲 🔳

5-8　シーケンスとフローチャートを適切に使い分ける

シーケンスとフローチャートを使い分ける指針

シーケンスとフローチャートのどちらを使っても、順次・分岐・繰り返しの構造をすべて記述できます。このため、どちらを使っても構わないのですが、次の指針が役に立つでしょう。

✅順次を記述したいとき

シーケンスを使うべきです。フローチャートでは、矢印を接続したり、配置したアクティビティのレイアウトを揃えたりする手間が必要になります。シーケンスであれば、そのような手間はいっさい不要です。

✅分岐を記述したいとき

入れ子になった分岐や、多分岐などの複雑な処理を表現したいときには、フローチャートを使いましょう。ただし、単純な分岐であれば、シーケンスで『条件分岐』を使っても十分です。あるいは、5-5節のOnePoint「If演算子で多分岐をシンプルに記述する」で紹介したIf演算子の使用も検討してください。

✅繰り返しを記述したいとき

シーケンスとフローチャートのどちらを使っても構いません。繰り返しは、『繰り返し（コレクションの各要素）』などを配置するだけで簡潔に表現できるからです。これらの繰り返しのアクティビティは、シーケンスとフローチャートのどちらにも配置できます。

なお、フローチャート上で矢印を環状につないで繰り返し構造を表現するのはなるべく避けましょう。繰り返しのアクティビティを配置した方が、「繰り返して処理をする」という意図を明確にできます。また、どの部分が繰り返して実行される処理本体なのかも明確に表現できるため、読みやすいワークフローになります。

🔍Hint

Systemパッケージの21.10には『Else If』が追加されました。『条件分岐』を入れ子にしたいときに便利です。

5-9 シーケンスとフローチャートを適切に構成するコツ

『シーケンス』を入れ子(子ども)にするのを恐れない

前述の通り、順次の構造を作るには『シーケンス』が適しています。そこで、『フローチャート』の中に順次の構造を配置したいときは、この『フローチャート』の中に『シーケンス』を配置するとわかりやすくなります。

また、『シーケンス』の中にも、適切な単位で別の『シーケンス』を入れ子にして、処理の流れを構造化しましょう。

『フローチャート』を入れ子(子ども)にするのは慎重に

『シーケンス』の中に複雑な分岐構造を記述したいときは、この中に『フローチャート』を配置したくなりますが、これは慎重に行いましょう。その中には、さらに『シーケンス』を配置したくなるのが常なので、階層が深くなりがちだからです。このため、一般に『フローチャート』は上位の側に配置した方が使いやすい構造となります。たとえば、ハイレベルなビジネスロジックはフローチャートで記述し、一連の詳細なUI操作はシーケンスで記述する、といった形にするのがお勧めです。

それでも、『シーケンス』の中に『フローチャート』を配置することが良い選択肢となることもあるでしょう。以降のアドバイスも参考にしながら、慎重に判断してください。

[表示名]プロパティを適切に設定する

ほかのアクティビティにもいえることですが、特にコンテナーアクティビティである『シーケンス』と『フローチャート』には、[表示名]プロパティを使って適切な名前をつけることが大切です。わかりやすい[表示名]に思い当たることは、それほど簡単ではありません。もしも良い名前が見つからないときは、アクティビティを適切な単位で分割できていない可能性があります。ワークフローの設計を見直してみましょう。

　逆に、ぴったりの名前をつけることができたなら、それはおそらく良い設計となっているはずです。良い名前を探して［表示名］プロパティに設定することで、思考を整理しながらワークフローを開発できます。これによりワークフローの設計そのものが整理され、美しいワークフローを作ることができます。

　なお、良い名前の探し方については、3-2節の「ワークフローをきれいに保つ」も参考にしてください。

不自然な流れを作らないようにする

　どんな処理の流れも、前述の順次・分岐・繰り返しを組み合わせるだけで記述できます。しかし、フローチャートの矢印をごちゃごちゃと絡ませると、このうちのどれにも当てはまらないような不自然な流れを作ることもできてしまいます。

　しかし、これでは処理の意図が不明瞭になり、制御の流れがわかりにくくなってしまいます。あっちへ行ったりこっちへ行ったり、制御の流れがからまって訳がわからなくなってしまったプログラムを俗に「スパゲッティプログラム」といいます。そうならないように、順次・分岐・繰り返しを組み合わせて、理路整然とした制御の流れを作りましょう。

---

①OnePoint　『フローチャート』よりも『シーケンス』を使う

　お気づきのように、多くの場合で『シーケンス』を選択すべきです。慣れるまでは『シーケンス』の深い入れ子を面倒に感じるかもしれません。しかし、複雑な業務処理を自動化するとき、入れ子が深くなるのは自然なことです。もし違和感を感じたら、積極的に入れ子を組み替えましょう。適切な入れ子構造が見つかれば、とても読みやすいワークフローになります。

　一方で、『フローチャート』はアクティビティをきれいに並べる手間が必要ですし、変数も局所化できないため、使いどころは限られます。『条件分岐』を入れ子にしたくなったとき、『フローチャート』の使用を検討すると良いでしょう。

---

①OnePoint　悪のGoto文

　プログラミング言語によっては、Goto文という構文が用意されています。これは、プログラムの制御を好きな場所にジャンプして移動させる命令文です。しかし、これはプログラムをスパゲッティにしやすいため、多重ループからの脱出など、非常に限られた状況でのみ使うことが推奨されます。著名な計算機科学者であるダイクストラ先生は、1968年に「GoTo文は有害と思われる」（"Go To Statement Considered Harmful"）というタイトルの論文を発表しています。フローチャートはGoto文に近いことができてしまうため、注意が必要です。

5-10 ワークフローの分割と呼び出し

階層が異なる部分を別のワークフローに分割する

　3-3節の「プロセスの設計」で説明したように、1つのプロセスには複数のワークフローを含めることができます。

　トップダウンのアプローチでは、作成中のワークフローが大きくなりすぎたり、階層が深くなったりしたときに、その一部を意味のある単位で別のワークフローに切り出すことになります。

　ボトムアップのアプローチでは、何らかの機能(たとえば、ログインや印刷、ログ出力など)を実現するためのワークフローを部品として作成しておくことになります。このような形で作成したワークフローを、ほかのワークフローから呼び出すことができます。

1つのプロセスに、複数のワークフローを含める

　3-3節の図5を再掲します。

　あるワークフローから、ほかのワークフローを呼び出すには『ワークフローファイルを呼び出し』を使います。呼び出されたワークフローは、そのエントリポイントであるルートアクティビティから実行が開始されます。このワークフローの実行が最後まで終わったら、これを呼び出した『ワークフローファイルを呼び出し』の直後に制御が戻ります。最終的に、メインに設定されたワークフローの実行が完了すると、このプロセスは終了します。

●図5

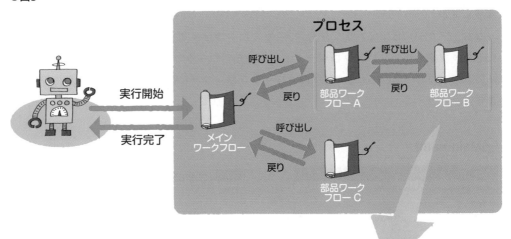

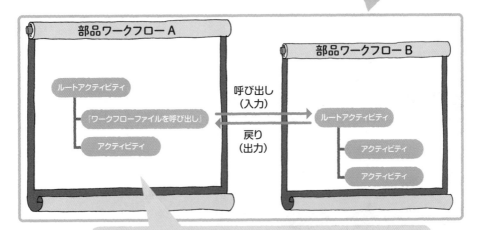

『ワークフローファイルを呼び出し』を使って、ほかのワークフローを呼び出します。呼び出されたワークフローは、そのルートアクティビティから実行を開始します。このワークフローの実行が終わったら、元のワークフローに戻って処理を継続します

『ワークフローファイルを呼び出し』

　分割したワークフローを呼び出すには、『ワークフローファイルを呼び出し』を使います。ここでは、メッセージボックスを表示するワークフローを作成して、これをMain.xamlから呼び出してみましょう。

　Studioの［デザイン］リボンにある［新規］ボタンから［シーケンス］を選択し、ワークフロー

を作成してください。これに「メッセージボックスを表示.xaml」と名前をつけて、次のように構成します。

　なお、アクティビティパネルから『ワークフローファイルを呼び出し』をデザイナーパネルにドロップする代わりに、プロジェクトパネルからワークフローファイルをデザイナーパネルにドロップしても、これを呼び出す『ワークフローファイルを呼び出し』を簡単に配置できます。

✓Main.xaml

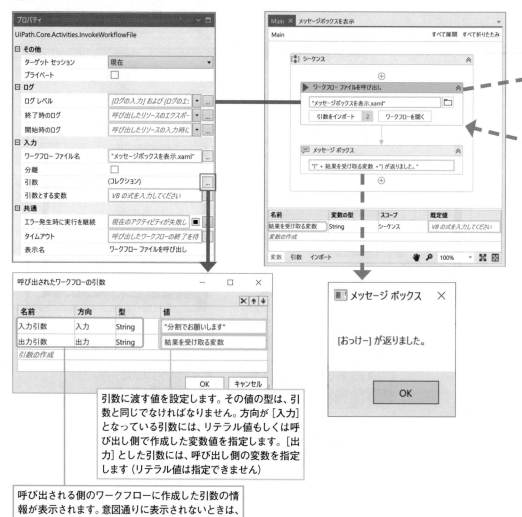

引数に渡す値を設定します。その値の型は、引数と同じでなければなりません。方向が［入力］となっている引数には、リテラル値もしくは呼び出し側で作成した変数値を指定します。［出力］とした引数には、呼び出し側の変数を指定します（リテラル値は指定できません）

呼び出される側のワークフローに作成した引数の情報が表示されます。意図通りに表示されないときは、呼び出される側のワークフローを保存してから再度このウィンドウを開いてください

Hint

前ページの「main.xaml」に配置された『ワークフローファイルを呼び出し』の前面にあるボタン 引数をインポート 2 をクリックして、引数に渡す値を構成してください。このボタンの右の数字は、構成した引数の数です。正しく構成されていれば青で、そうでなければオレンジで表示されます。

✅ メッセージボックスを表示.xaml

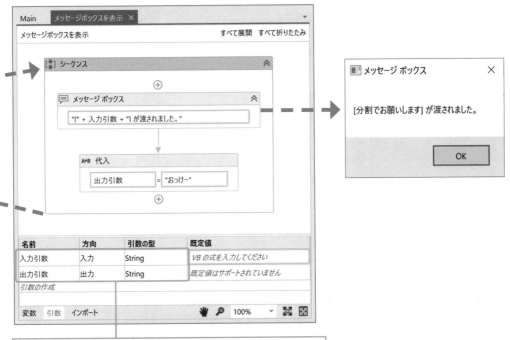

ここで、このワークフローの引数の名前、方向、型を定義します。[変数]パネルではなく、[引数]パネルで指定していることを確認してください。
引数の方向の意味は、次の通りです
(A) [入力] は、呼び出される側へ値を入力します。
(B) [出力] は、呼び出される側から値を出力します。
(C) [入力/出力] は、その両方の用途に使えます。

⚠️ OnePoint　Main.xamlの引数

　メインワークフローの入力引数は、そのプロセスへの入力引数になります。この引数に渡す値はAssistantウィンドウのプロセス設定画面で指定でき、指定した値は %AppData%¥UiPath¥store.json ファイルに保存されます。この既定値は、Orchestrator のプロセス編集画面で設定できます。この機能を使うときは、ワークフローの入力引数のIsRequiredプロパティを適切に設定すると良いでしょう。

！OnePoint　ポップアップメニューから、ワークフローを分割する

　ワークフローの中で、別のファイルに切り出したい部分が見つかったら、これを右クリックして[ワークフローとして抽出]を選択しましょう。ワークフローを簡単に分割できます。

	名前を変更 (F2)
	開く(O)
	折りたたむ(L)
	埋め込み先で展開(N)
✂	切り取り(T)
📋	コピー(C)
📋	貼り付け(P)
🗑	削除(D)
	注釈(N)　　　　　　　　　　▶
	イメージとしてコピー(I)
	イメージとして保存(S)
	変数の作成(V)
	自動整列
	囲んでいるシーケンスを削除
	トライ キャッチを使用して囲む (CTRL + T)
	ワークフローとして抽出
	ワークフローを開く
	アクティビティを有効にする (Ctrl + E)
	アクティビティを無効にする (Ctrl + D)
	ブレークポイントを切り替え
	ブレークポイントを編集
⊓	このアクティビティまで実行
⊔	このアクティビティから実行
⯈	アクティビティをテスト
	ヘルプ...

抽出したいシーケンス
3 回のアクション
ダブルクリックして表示

ここを選択すると、自動で新しいワークフローファイルに抽出されます

　抽出されたワークフローには、Studioが自動で引数も作成してくれるので、たいへん便利です。ただし、作成された引数が適切に構成されているかどうか、必ず引数パネルで確認するようにしてください。

5-11 分割したワークフローファイルの配置と共有

分割したワークフローは、必ず同じプロジェクトフォルダー内に配置する

　分割したワークフローファイルは、必ずプロジェクトフォルダー内に配置してください。プロジェクトフォルダーの外にあるワークフローファイルは、簡単にRobot端末に配布できないからです。

　プロジェクトフォルダーの配下(直下もしくは子孫サブフォルダー)にあるワークフローは、パブリッシュの操作により、プロセスパッケージファイルの中に圧縮・梱包されます。パッケージファイルは配布しやすく、バージョン管理も可能なので、たいへん便利です。

　『ワークフローファイルを呼び出し』は、ネットワーク上の共有フォルダーに配置したワークフローも呼び出せますが、管理が煩雑になるためお勧めできません。

> **⚠ OnePoint　パッケージが展開されるフォルダーの場所**
>
> 　Robotがプロセスを実行するときは、このパッケージファイルの内容が%UserProfile%¥.nuget¥Packagesに展開されます。Robotでプロセスを実行したら、このフォルダーの中身を確認してみてください。Robotの動作について、理解が深まるでしょう。
>
> 　なお、環境変数%UserProfile%は、C:¥Users¥<ユーザー名>に展開されます。

複数のプロセスに共通の部品となるワークフローは、ライブラリにして管理する

　複数のプロセスに共通の操作は、共通のワークフローとして部品化したいことがあります。

　たとえば、イントラネットにログインする(ログインページを開き、ユーザー名とパスワードを入力し、ログインボタンをクリックするなどの)一連の操作を、共通のワークフローにまとめれば便利です。このような**共通部品のワークフローは、ライブラリにして管理**しましょう。

　ライブラリの利用方法は15-3節の「Studioにおける各パッケージファイルの関係」で、作成方法は16-3節の「『はじめてのアクティビティ』の作成」で詳細に扱います。

⚠️**OnePoint**　**イントラネット**

　イントラネットとは、企業などの組織に閉じたネットワーク環境のことです。インターネットと同じ仕組みで構築されていますが、より強固なセキュリティ環境を得ることができます。

共通部品のワークフローは、各プロジェクトフォルダーにコピーすべきではない

　共通部品のワークフローを複数のプロセスから使いたいからといって、これを各プロジェクトフォルダーにコピペしてばらまくのはやめましょう。もし、この共通部品のワークフローを修正したくなったら、すべてのプロジェクトフォルダーにばらまかれたすべてのファイルを同じように修正しなければなりません。コピーされたファイルがプロジェクトごとに少しずつカスタマイズされていれば、この修正はたいへんな手間になってしまいます。

　前述のように、このようなときは共通部品をライブラリにして配布することを検討してください。

Column　**RPAのテスト③ テストケースの項目**

　一般に、テストケースには次のような項目が含まれます。

・このテストケースのタイトルや番号
・テストの入力条件（OS環境や、設定ファイルに記載する値の組み合わせなど）
・テストの実行手順（アプリを起動し、「ほえほえ」と入力してOKボタンを押すなど）
・期待される出力結果（画面に「ふがふが」と表示されるなど）
・実際のテスト結果（「成功」もしくは「失敗」などと記録）

　現在は、テストケースを管理するための専用のツールも多く利用可能になっていますが、Excelファイルで1行にひとつのテストケースを記述して管理するのも良いと思います。このとき、テスト結果の列名にはテスト対象としたソフトウェア（プロセスパッケージ）のバージョンを記載しておきましょう。このテストケースを別の（新しい）バージョンのソフトウェアに対して繰り返し実行するときは、テストケースの表にテスト結果の列を追加していくことができます。

5-12　ワークフローを分割する

ワークフローを分割して得られるメリット

ワークフローを分割することにより、次のようなメリットが得られます。

✅1つのワークフローで扱う問題を小さくする

　大きくて複雑な問題を1つのワークフローファイルだけで扱おうとすると、このファイル
も大きく複雑になり、内部の動作を管理できなくなってしまいます。適切な単位で分割する
ことにより、ワークフローを管理できる大きさに保つことができます。

✅ワークフローに良い名前をつける

　分割したワークフローは、適切なファイル名をつけることでより管理が容易になり、保守
が必要な場所を簡単に特定できるようになります。たとえば、あるプロセスでログイン処理
に問題が発生したら、このプロジェクトに含まれるワークフロー「ログインする.xaml」の処理
を確認すれば良いことになります。このように、ワークフローのファイル名には動詞を含め
ると、わかりやすい名前になります。

✅意味のある単位で、ワークフローを分割する

　ワークフローを分割するときには、意味のある単位に注目するとうまくいきます。設計が
整理され、どこに何が書いてあるのかが明確になり、その後の保守も容易になります。たと
えば、業務処理（ビジネスロジック）レイヤーと、画面（UI）操作レイヤーで、ワークフローを
分割できます。あるいは、操作対象のアプリケーションごとに、ワークフローを分割できます。

✅重複する処理を集約して、同一のワークフローとして部品化する

　ある同一の処理を、1つのプロセスの複数の場所で実行したいことがあります。それらの
場所に、同じ処理をコピペして記載しておくのはよくありません。コピペした内容に不具合
が見つかったら、そのすべてを同じように修正しなければならなくなります。この処理をワー
クフローに切り出しておけば、後で不具合が見つかっても1ヵ所を修正するだけで済むよう

になります。

　なお前述のように、部品化したワークフローを複数のプロセスで使いたくなったら、ライブラリパッケージにして配布してください。ライブラリの作成方法は、16-3節の「『はじめてのアクティビティ』の作成」で説明します。

✓ チーム開発を容易にする

　規模が大きいプロセスを開発するときは、複数人で同一のワークフローファイルを編集したいことがあります。しかし、同じファイルを同時に編集すると、お互いの編集を上書きして失ったりしてしまうので、このような状況はなるべく避けるべきです。ワークフローを分割しておけば、このような状況を避けやすくなります。この問題については、18-1節の「ソフトウェアの構成管理」も参考にしてください。

✓ ワークフロー単位で、テストができるようになる

　Studioでは、メイン以外のワークフローからもデバッグ実行を開始できるため、ワークフローを分割しておけばテストが容易になります。そのため、ワークフローを分割するときには、テストがやりやすい単位で分割するという観点も役に立ちます。

　Studio 21.10では、ワークフローを自動でテストするためのワークフローを作成できるようになりました。このワークフローをテストケースワークフロー、あるいは単にテストケースといいます。作成したテストケースは、テストエクスプローラーパネルからまとめて実行し、結果を確認できます。この手順については、8-18節の「テストエクスプローラーパネル」を参照してください。

⚠ OnePoint　コードが意図通り実行されることを表明する

　テストケースワークフローには、UiPath.Testing.Activitiesパッケージに含まれる検証アクティビティを配置して、テスト結果が期待したものであることを確認します。

　検証アクティビティには、意図通り動作すればTrueとなる条件式を記述します。このような条件式を表明（アサーション）といいます。たとえば、2+3の結果は5であることを表明するには、条件式 (2+3)=5を検証アクティビティに記述します。この条件式がFalseとなった場合には、表明に失敗（つまりテストに失敗）したことになります。

　たとえば、テスト対象のワークフローを実行したら「このUI要素が画面に表示されているはず」とか「Excelファイルにはこの値が記載されているはず」などが、実践的な表明として考えられるでしょう。前者の表明を構成するには『アプリのステートを確認』の[結果]プロパティが役に立ちます。

Chapter

6

変数の基礎

データ処理

データの入出力について

　前章では、プログラムの**制御の流れ**として「順次」「分岐」「繰り返し」の3種類があることを説明しました。

　プログラムの別の側面として、**データの流れ**があります。データの流れには、「入力」と「出力」があります。たとえば、プログラムで「2+3」を実行すると、「5」が得られます。これは、加算演算子の+に、2と3を入力したら5が出力されたということです。

　このように、何らかの処理に対して何らかの入力データを入れると、何らかの出力データが出てきます。

🔽図1

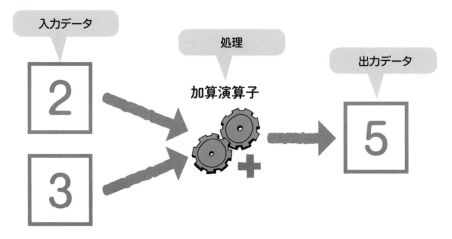

連続した処理に、データを流す

　プログラムにおいては、このようなデータの流れが連続して発生します。つまり、さまざまな処理が連続していて、これらの処理の中をデータが流れていきます。ある処理の出力デー

タは、そのまま次の処理の入力データになります。これを繰り返すことで、最終的にほしいデータが出力されます。

●図2

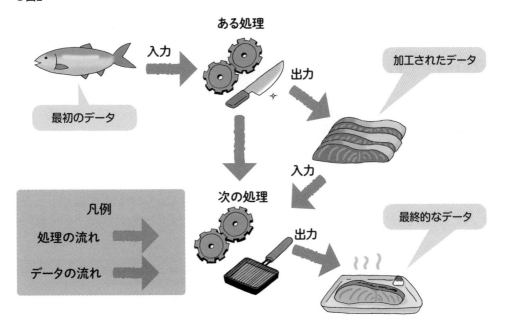

変数を使って、処理の間でデータを引き渡す

　処理と処理の間で引き渡されるデータは、それぞれを区別できるように、名前がついた箱に入れられます。この箱を**変数**といいます。変数といっても、数値とは限りません。テキスト（文字列）や日時など、いろいろな種類のデータを変数で扱うことができます。

　このようなデータの種類を、**型（Type）**といいます。データに種類があるように、変数にも型があります。この型が揃っていないと、データを変数に入れることはできません。

●図3

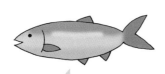

149

OnePoint　データの種類

入力データを処理したら、必ずしもデータの種類が変わる（例: 魚→切り身）というわけではありません。加算演算子の例で見たように、入力データと出力データの種類が同じになる場合もあります。たとえば、整数に整数を足すと整数になります。

プロパティで、アクティビティの入出力データを指定する

アクティビティも処理の一種として捉えることができます。アクティビティの入力データと出力データは、プロパティで指定します。

例として、次のワークフローを見てみましょう。『入力ダイアログ』が変数「あなたのお名前」に出力したテキストデータを、『メッセージボックス』の入力データにします。変数を作成するには、デザイナーパネルの下部にある変数タブをクリックし、［変数の作成］をクリックします。［変数の作成］が表示されない場合には、デザイナーパネルに配置済みの『シーケンス』を選択してください。

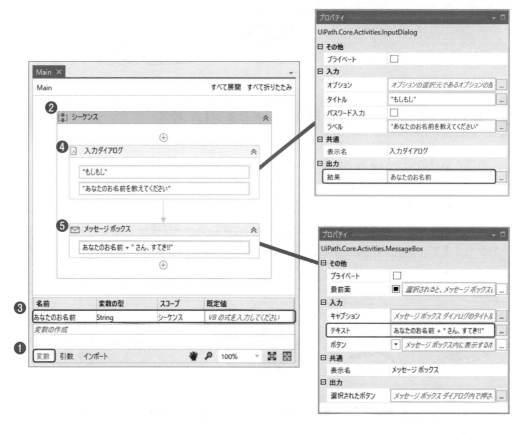

❶ デザイナーパネル下部の「変数」タブをクリックして、変数パネルを開きます

❷ デザイナーパネルに配置済みの『シーケンス』を選択します

❸ [変数の作成] をクリックして、作成する変数の名前を入力します

❹ 『入力ダイアログ』を配置します。この [結果] プロパティに変数「あなたのお名前」を設定し、出力データを受け取ります

❺ 『メッセージボックス』を配置します。この [テキスト] プロパティに変数「あなたのお名前」を設定し、入力データを渡します

⬇図4

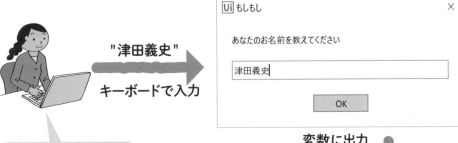

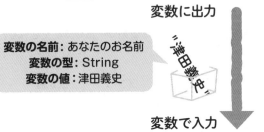

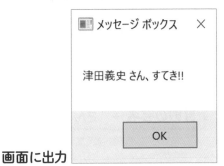

プロパティに変数を指定するときは、それがアクティビティへのデータ入力なのか、それともアクティビティからのデータ出力なのか、しっかり意識しましょう!

変数の名前：あなたのお名前
変数の型：String
変数の値：津田義史

凡例

データの流れ ➡

①OnePoint　変数名を変更する

　読みやすいワークフローを作成するには、変数に適切な名前をつけることがとても大切です。そのため、ワークフローを作成中により適切な変数名を思いついたので、その変数の名前を変更したくなることは頻繁にあります。その場合は、変数パネルでその変数名を変更しましょう。これにより、ほかの場所にある変数名も自動で一括して変更されるため、とても便利です。

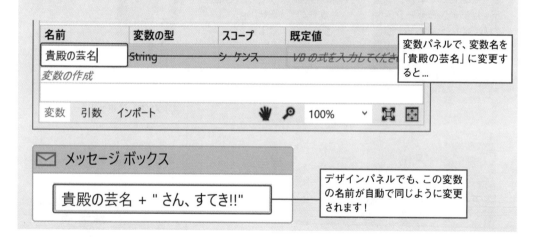

変数パネルで、変数名を「貴殿の芸名」に変更すると…

デザインパネルでも、この変数の名前が自動で同じように変更されます！

Column　オブジェクト指向プログラミング

　C#やJavaなどのオブジェクト指向をサポートするプログラミング言語では、プログラム本体をクラスとして定義します。このクラスは、プログラムのエントリポイントとなるMainメソッドをもちます。このほかにも多くのクラスを定義し、それらをNewして複数のオブジェクトを作成します。このプログラムの実行時には、それらのオブジェクトがメッセージを送り合いながら自律的に動作します。

6-2 変数に値を設定する

変数に値を設定するには

　前節では、『入力ダイアログ』の出力デ　タを受け取る形で、変数「あなたのお名前」に値を設定しました。より一般的には、変数に値を設定するには次の方法があります。

✅ 変数パネルの［既定値］で、変数の初期値を指定する

　ワークフローの制御がこのスコープに入ってこの変数が利用可能になるタイミングで、この変数は変数パネルで指定した既定値で初期化されます。

名前	変数の型	スコープ	既定値
あなたのお名前	String	シーケンス	"津田義史"
変数の作成			

この変数の初期値（最初の値）を、［既定値］で指定できます

変数　引数　インポート　　🖐　🔍　100%　∨

✅ 『代入』で、変数に値を代入する

　『代入』を使うと、好きなタイミングで好きな値を変数に代入できます。
　この場合でも、あらかじめ変数パネルでこの変数を作成しておく必要があります。

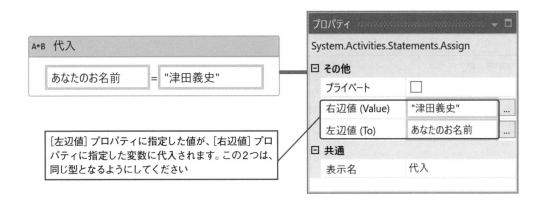

A+B 代入

あなたのお名前 ＝ "津田義史"

［左辺値］プロパティに指定した値が、［右辺値］プロパティに指定した変数に代入されます。この2つは、同じ型となるようにしてください

プロパティ

System.Activities.Statements.Assign

□ その他

プライベート	☐
右辺値 (Value)	"津田義史"
左辺値 (To)	あなたのお名前

□ 共通

表示名	代入

変数に設定できる値

変数パネルの既定値や、『代入』の右辺値に指定できる値には、次のようなものがあります。

⊘ リテラル値

　値を代入したい変数が基本型なら、対応するリテラル値を指定できます。たとえば、String型の変数「名前」には、String型のリテラル値 "津田義史" を代入できます。

⊘ ほかの変数を演算した結果の値

　ほかの変数を、算術演算子や論理演算子で処理した結果の値を指定できます。次の例は、Boolean型の変数「犬であるか」に、論理演算子の処理結果を代入します。

⊘ メソッドの返り値

　返り値をもつメソッド呼び出しを指定できます。次の例は、String型の変数「メッセージ」に、メソッド呼び出し "Hello".ToUpper() が返す値を代入します。

✅ New演算子で作成した値

リテラルを利用できない型の値は、New演算子で作成できます。Newの後には、型名と同じ名前のメソッド呼び出しを記述します。この特殊なメソッドのことを、コンストラクタといいます。値を作成（construct）するメソッドなので、コンストラクタというわけです。次の例は、Exception型の変数「例外」に、New演算子で作成した値を代入します。

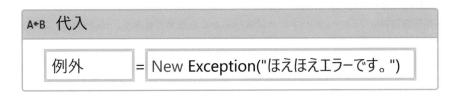

A←B　代入

| 例外 | = | New Exception("ほえほえエラーです。") |

⚠️OnePoint　アクティビティを使って、変数を初期化する

変数パネルの既定値や『代入』を使うほか、出力プロパティをもつアクティビティを使って変数を初期化することもできます。たとえば、DataTable型の変数の初期化には『データテーブルを構築』や『範囲を読み込み』を、Image型の変数の初期化には『画像を読み込み』を、UiElement型の変数の初期化には『画面上で指定』や『要素を探す』などを利用できます。

『複数代入』の活用

複数の変数にまとめて値を設定したいときは、『複数代入』が便利です。ぜひ活用してください。

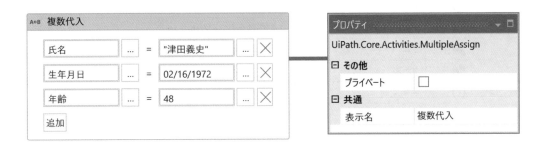

①OnePoint コード補完機能

Studioの中で式を記述できる任意の場所では、[Ctrl]+[Space]キーを押してコード補完機能を呼び出し、その場所で利用できる変数やメソッドを一覧表示できます。この候補の中にある項目をクリックすると、それが式の中に自動で入力されます。また、この候補を表示したままでキーボードから文字を入力すると、その文字から始まる項目だけがウィンドウに表示されます。この機能は、ワークフローの作成作業を強力に支援します。

このコード補完機能は、プロパティパネルや変数パネルでも利用できます。ぜひ活用してください！

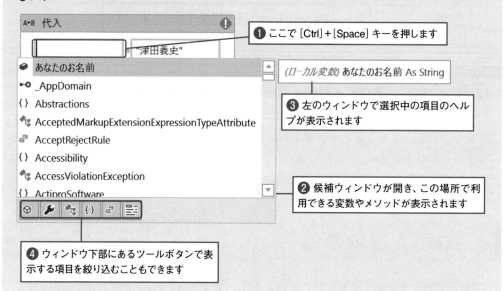

❶ ここで [Ctrl]+[Space] キーを押します

❷ 候補ウィンドウが開き、この場所で利用できる変数やメソッドが表示されます

❸ 左のウィンドウで選択中の項目のヘルプが表示されます

❹ ウィンドウ下部にあるツールボタンで表示する項目を絞り込むこともできます

アイコン	意味	説明
⬡	メソッド	型に含まれる手続き
⬡↓	ジェネリックメソッド	型引数をもつメソッド
🔧	プロパティ	クラスに含まれるデータ（属性）
✥	クラス	プロパティやメソッドを含む型
{ }	名前空間	クラスや構造体などを分類する空間
⊟	列挙型	定数値を含むクラス
▤	定数値	実行時に変化しない値
◪	構造体	プロパティのみを含むクラス
☰	キーワード	言語に組み込まれている命令など
⬢	ローカル変数	このスコープで利用できる変数
●—○	インターフェース	実装を含まないメソッド

6-3 変数のプロパティ

変数のプロパティについて

変数も、名前や型などの**プロパティ**をもっています。その多くは変数パネルでも指定できますが、変数のすべてのプロパティを確認するにはプロパティパネルを使います。

変数パネルで変数を選択した状態で、プロパティパネルを確認してください。変数を適切に使いこなせるように、これらのプロパティについて理解しましょう。

変数の名前（Nameプロパティ）

この変数の名前です。変数パネルの［名前］に対応します。この変数は、このプロパティに設定した名前で参照できるようになります。変数名に設定できる最大の長さは512文字です。アルファベットや日本語に加えて、数字も変数名に使えます。ただし、変数名を数字で始めることはできません。

変数の型（Typeプロパティ）

　この変数の型です。変数パネルの［変数の型］に対応します。UiPathで扱えるデータには種類（型）があります。データを変数で扱うには、そのデータと同じ型の変数を使う必要があります。

　たとえば、数値型の値を扱うには数値型の変数を、文字列型の値を扱うには文字列型の変数を使う必要があります。型にはとてもたくさんの種類があるので、項を改めて詳しく説明します。

変数のスコープ（Scopeプロパティ）

　この変数を利用できる範囲です。変数パネルの［スコープ］に対応します。ドロップダウンリストで選択できます。

　プログラムの制御がここで指定したスコープに入ると、この変数が作成されて利用可能になります。プログラムの制御が指定したスコープから出ると、この変数は破棄され、利用できなくなります。スコープの内側に作成された変数は、そのスコープの外側からは見えないため使えません。

変数の既定値（Defaultプロパティ）

　この変数の最初の値です。変数パネルの［既定値］に対応します。この変数が作成されたとき、この変数はDefaultプロパティに指定した値で初期化されます。

変数の修飾子（Modifiersプロパティ）

　この変数の性質を決めます。唯一、変数パネルでは設定できないプロパティです。ReadOnlyとMappedを選択できます。ReadOnlyを設定すると、この変数は定数（constant value）となり、値を代入できなくなります。もし、ReadOnlyとマークされた変数（定数）に『代入』で値を代入しようとすると実行時エラーになり、InvalidOperationExceptionがスローされます。定数に値を設定するには、その値を既定値（Defaultプロパティ）に指定します。

　なお、MappedはWindows Workflow Foundationに出来するもので、UiPathでは使いません。

6
変数の基礎

①OnePoint　[Ctrl]+[K]キーを押して、新規に変数を作成する

　上述のように、変数を使う手順は ①変数パネルに変数を作成し、②式を書く場所でそれを参照する、になります。このとき①の代わりに、式を書く場所で[Ctrl]+[K]キーを押しても変数を作成できます。たとえば、『メッセージボックス』の[キャプション]プロパティを編集中に[Ctrl]+[K]キーを押し、新規に作成したい変数の名前を入力して[Enter]キーを押します。これにより、自動で変数パネルに変数が作成されます。この変数には、自動で型とスコープが設定されるため、とても便利です。ただし、それらが意図した内容になっているか、必ず変数パネルで確認してください。

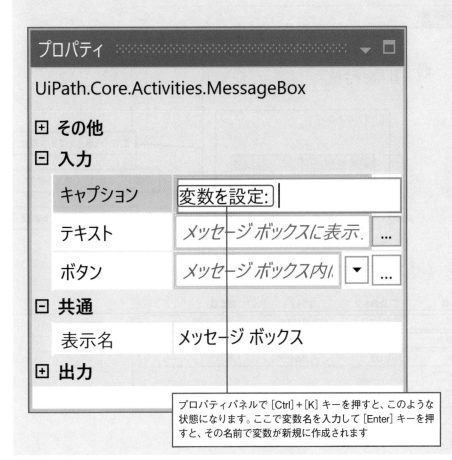

プロパティパネルで [Ctrl]+[K] キーを押すと、このような状態になります。ここで変数名を入力して [Enter] キーを押すと、その名前で変数が新規に作成されます

6-4 変数のスコープと既定値

サンプルワークフローの作成

　サンプルのワークフローを作成しながら、変数の作成とスコープの設定方法を覚えましょう。前述のように、変数は設定されたスコープ内でのみ使えます。下記のワークフローを見てください。3つの『シーケンス』が入れ子で配置されており、それぞれに変数が1つずつ作成されています。これと同じ内容で、ワークフローを作成してみてください。

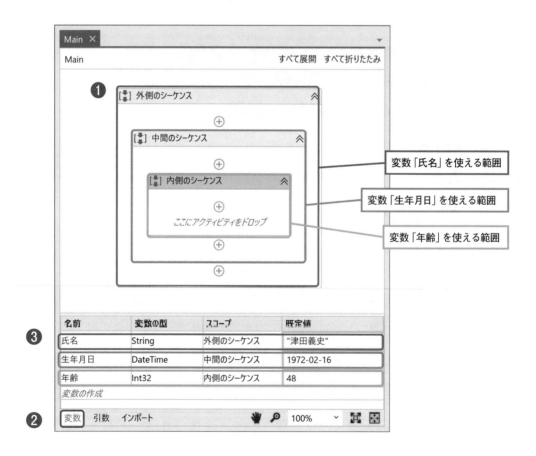

❶ ワークフローに3つの『シーケンス』を入れ子にして配置します。配置したら、[表示名] プロパティを適切に修正します。

❷ [変数] タブをクリックして変数パネルを開き、変数 [氏名] を作成します。外側のシーケンスを選択してから [変数の作成] を選択し、この変数のプロパティを適切に設定します。

❸ ほかの変数 [生年月日] と [年齢] も、同じように作成します。型にDateTimeを指定するには、リストから [型の参照...] をクリックし、system.datetimeを検索します。この詳細は6-8節の「型ブラウザー」で後述します。

サンプルワークフローの動作

このワークフローは、次のように動作します。

[1] 制御が『外側のシーケンス』に入ったタイミングで、変数「氏名」が作成されます。既定値 "津田義史" で初期化され、この変数が利用可能になります。

[2] 制御が『中間のシーケンス』に入ったタイミングで、変数「生年月日」が作成されます。既定値1972-02-16で初期化され、この変数が利用可能になります。

[3] 制御が『内側のシーケンス』に入ったタイミングで、変数「年齢」が作成されます。既定値48で初期化され、この変数が利用可能になります。

[4] 制御が『内側のシーケンス』から出ると、変数「年齢」は破棄され、使用できなくなります。

[5] 制御が『中間のシーケンス』から出ると、変数「生年月日」は破棄され、使用できなくなります。

[6] 制御が『外側のシーケンス』から出ると、変数「氏名」は破棄され、使用できなくなります。

ⓘ **OnePoint   ステップインで実行を確認する**

[デバッグ] リボンの [ステップイン] を連続してクリックすると、このワークフロー内部の実行順序を確認できます。このとき、ローカルパネルを使ってデバッグ中の各変数の値を確認したり、書き換えたりすることもできます。[デバッグ] リボンの詳細な使い方は、8-4節の「Studioのデバッグ機能」で説明します。

6

変数の基礎

6-5 スコープを設定するときのコツ

スコープの範囲は、可能な限り狭くする

　不必要に広いスコープを設定すると、変数パネルに不要な変数がたくさん表示されることになり、誤って別の変数を操作するバグが入りやすくなります。

　一方で、狭いスコープを適切に設定しておけば、この変数が定義された『シーケンス』をデザイナーパネル内でカット＆ペーストなどの操作で移動させると、その変数も一緒にくっついてくるので、ワークフローの編集が簡単になります。

　このため、変数のスコープは可能な限り狭くしておくことが、保守しやすいワークフローを作成するコツです。変数パネルのドロップダウンリストでは、狭いスコープが上の方に表示されます。なるべく上に表示されるスコープを設定しましょう。

名前	変数の型	スコープ	既定値
氏名	String	外側のシーケンス	"津田義史"
生年月日	DateTime	中間のシーケンス	1972-02-16
年齢	Int32	内側のシーケンス	48
変数の作成		内側のシーケンス	
		中間のシーケンス	
		外側のシーケンス	

狭い　　　広い

変数　引数　インポート　　　　🖐 🔍 100% 　⤢ ⛶

変数を使うアクティビティを選択してから、変数を作成する

　変数を作るときは、それに先立ってその変数を使うアクティビティをデザイナーパネルで選択しておくと便利です。この状態で変数を作成すると、選択したアクティビティを含む一番狭いスコープが、変数のスコープとして自動的に設定されます。

作成したはずの変数が表示されないときは

　適切に作成したはずの変数が、変数パネルに表示されなくなることがあります。それは、あるスコープに作成された変数は、そのスコープの外側からは見えず、利用できないからです。そのため、デザイナーパネルで『外側のシーケンス』を選択した状態では、その内側で作成された変数「生年月日」と「年齢」は表示されません。『内側のシーケンス』を選択すると、変数「生年月日」と「年齢」が変数パネルに表示されるようになります。

スコープとして設定したいアクティビティ名が、変数パネルに表示されないときは

　これも前節と同じ理由によります。『外側のシーケンス』を選択している状態では、『内側のシーケンス』は変数パネルのドロップダウンリストに表示されません。デザイナーパネルでスコープとして設定したいコンテナーアクティビティを選択してから、変数パネルのドロップダウンリストを開き直してみましょう。変数パネルのスコープに、そのアクティビティ名がリスト表示されるようになります。

作成したばかりの変数が行方不明になったら

　誤って不適切なスコープに変数を作成してすぐに、この変数が行方不明になってしまうことがあります。そんなときは、［デザイン］リボンにある［未使用の変数を削除］ボタンをクリックして、その変数を削除してしまいましょう。改めて、適切な場所に変数を作成し直した方が手間がかかりません。行方不明の変数を探し出して、適切なスコープを設定し直すのは面倒です。

---

①OnePoint　変数を探す

　ある変数がどこに作成されているかを探すには、ユニバーサル検索が便利です。これには、Studioで［Ctrl］＋［F］を押して、探したい変数の名前を入力します。4-5節のOnePoint「コマンドパレットの活用」も参考にしてください。

　また、Studio 2020.10からは変数パネルの右クリックメニューに「参照を検索」が追加されました。これは当該の変数を使っている場所をまとめて一覧表示できるので、とても便利です。

6-6 変数の型とメソッド

UiPathで使えるデータの型について

UiPathで扱う値や変数には、.NETで定義されている型がそのまま使えます。前述のとおり、変数の型とはデータの種類のことです。.NETでは、たいへん多くの型が用意されており、それぞれに固有の**メソッド**とよばれる処理が定義されています。このメソッドを呼び出すことで、型に応じたさまざまな処理を簡単に呼び出せます。本節では、型とメソッドについて説明します。

①OnePoint .NETで定義されている型の種類

.NETで定義されている型の種類は数千にも及びますが、全部を把握する必要はまったくありません。必要最低限知っておくべき型は、数値型や文字列型など、ほんの少しだけです。これらの基本的な型の使い方については、Chapter07の「基本的な型」で説明します。

型とは何か

型とは、プログラムで扱えるデータの種類のことです。それぞれの型の中には、データの内部構造と合わせて、そのデータを扱うための手続き（処理）が含まれています。この手続きを呼び出すことで、データの内部構造を知らなくても、そのデータを安全に操作できます。この手続きを**メソッド**といいます。

メソッドは、データに対するメッセージ

過去のプログラミング言語が扱う型の内部には、データの構造だけが定義されており、そのデータを操作するための手続きは含まれていませんでした。つまり、データと手続きが切り離されていたのです。このため、データを操作するときは、その内部構造をプログラマー

（データの利用者）がよく理解しておく必要がありました。

　たとえば、データとして「ねこ」型と「ごはん」型があるとします。それぞれを温める手続きとして「こたつ」手続きと「電子レンジ」手続きがあるとします。このとき、「ねこ」型データを温めるのに誤って「電子レンジ」手続きを使ったら、たいへんなことになってしまいます。

🔻図5

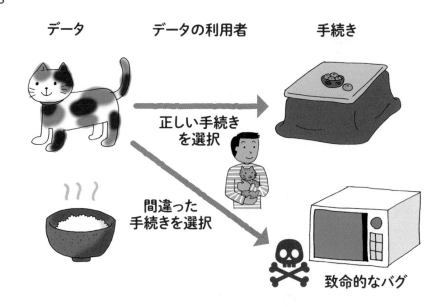

　そこで、モダンなプログラミング言語の多くは、データの内部構造と、そのデータを操作する手続きの両方をまとめたものを、型として扱えるようになっています。ねこ型のデータに対して「温まってね」とメッセージを送ると、このねこは自分でこたつに入ります。ごはん型のデータに同じメッセージを送ると、このごはんは自分で電子レンジに入ります。このため、データの内部構造を知らなくても、データにメッセージを送る方法さえ知っていれば、これらのデータを安全に操作できるというわけです。

　ただし、あるデータに対して、どんなメッセージでも送れるわけではありません。送れるのは、あらかじめその型に用意されているメッセージだけです。たとえば、文字列型には文字列を操作するためのメッセージが用意されています。日時型には、日時を操作するためのメッセージが用意されています。このようなメッセージをデータに送ることを、**メソッドを呼び出す**といいます。データの型によって、呼び出せるメソッドが異なるということです。

　そのため、ある型に対して呼び出せるメソッドにどのようなものがあるか、あるていど把握しておくと良いでしょう。しかし、これらはStudioのコード補完機能が一覧表示してくれるので、すべてを知っておく必要はありません。

◉図6

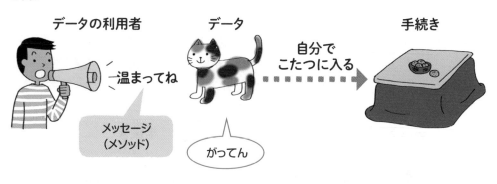

データの利用者　　　　　データ　　　　　　　　手続き

「温まってね

自分で
こたつに入る

メッセージ
（メソッド）

がってん

!OnePoint　**型とクラス**

　型のことを、「クラス」(Class)ともいいます。学校のクラスが同じ学力の生徒をグループ分けするように、プログラムのクラスは同じ種類のデータをグループ分けします。

◉図7

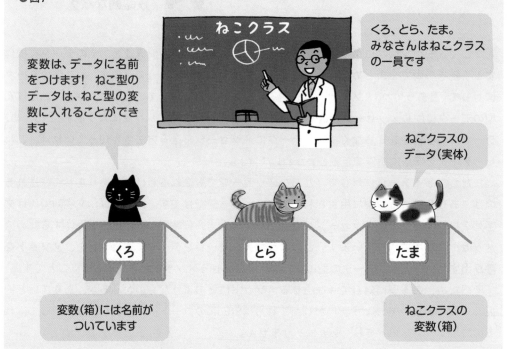

ねこクラス

くろ、とら、たま。
みなさんはねこクラス
の一員です

変数は、データに名前
をつけます！ ねこ型の
データは、ねこ型の変
数に入れることができ
ます

ねこクラスの
データ（実体）

くろ

とら

たま

変数（箱）には名前が
ついています

ねこクラスの
変数（箱）

メソッドを呼び出す例

　返り値をもつメソッドは、式を記述できる任意の場所で、次のように呼び出せます。これは、文字列型（String型）のデータに対してToUpper()メソッドを呼び出す例です。

◉図8

String型データ

メソッドの名前

"Hello".ToUpper()

このメソッド呼び出しの結果、この式全体の値が "HELLO" になります。この値 "HELLO" は、ToUpper() メソッドが返した値（返り値）です

　メソッドを呼び出すには、データに続けてピリオドとメソッド名を記述します。これは「String型のデータ"Hello"に対して、ToUpper()というメッセージを送っている」と解釈できます。ToUpper()メソッドは、元のString型データに含まれるすべてのアルファベットを大文字にした文字列を、別のString型データにして返します。この値は、メソッド呼び出しを含む式全体の値として呼び出し側に返されます。

①OnePoint　大文字と小文字

　英語では、大文字と小文字の区別をCaseといいます。大文字は Upper Case、小文字はLower Caseです。String型には、含まれるデータを小文字に変換するToLower() メソッドも用意されています。

①OnePoint　メソッドの引数

　メソッドごとに、受け取る引数の数と型が決められています。引数を受け取るメソッドは、メソッド名の直後の( )の中に引数を「,」(カンマ)で区切って指定します。なおVisual Basicの式では、引数を1つも受け取らないメソッドを呼び出すときは、この( )を省略することもできます。

この値を、String型の変数「メッセージ」に『代入』し、これを『メッセージボックス』で表示してみましょう。次のようになります。

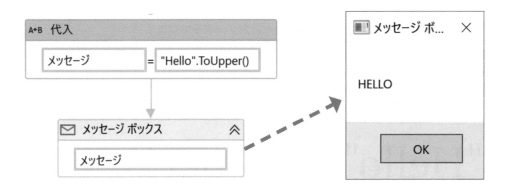

名前	変数の型	スコープ	既定値
メッセージ	String	シーケンス	*VB の式を入力してください*
変数の作成			

変数　引数　インポート　　　　　🖐　🔎　100%　　∨　　⛶　⬚

⚠OnePoint　値を返すメソッドと、値を返さないメソッド

メソッドには、値を返すものと返さないものがあります。値を返すメソッドは、『代入』のほか、変数パネルの既定値やプロパティパネルの中など、式を記述できる任意の場所で呼び出せます。一方で、値を返さないメソッドや、出力引数（値が返る引数）をもつメソッドを呼び出すには、『メソッドを呼び出し』を使う必要があります。コード補完機能で表示されるヘルプ（メソッドのシグニチャ）を確認してください。『メソッドを呼び出し』の使用例は、13-8節にあります。

値を返すメソッドの例（先頭はFunction、末尾のAsに返す値の型を表示）：

```
Function Integer.ToString(format As String) As String
```

値を返さないメソッドの例（先頭はSub、末尾にAsなし）：

```
Sub SpeechSynthesizer.Speak(textToSpeak As String)
```

出力引数をもつメソッドの例（引数名の直前にByRef_{参照渡し}）：

```
Function Integer.TryParse(s As String, ByRef result As Integer) As Boolean
```

6-7 リテラル

リテラル値について

リテラルとは、変数を使わずに、ワークフローに直接記載されたデータ値のことです。本来、リテラル(literal)とは「文字どおり」という意味で、文字(letter)と同じく、ラテン語のlittera(文字)に由来します。

リテラルは、変数パネルの既定値や、プロパティパネルの中に直接記入できます。

⬇**表1**

データの種類	型	リテラル値の例	補足
整数リテラル	Int32	3	
浮動小数点数リテラル	Double	3.1	
文字列リテラル	String	"ほえほえ"	文字列リテラルは、ダブルクォートで括る必要があります。ダブルクォートは、[Shift]+[2]キーで入力できます
論理リテラル	Boolean	False	
期間リテラル	TimeSpan	13.03:57:32.011	13日間と3時間57分32秒と11ミリ秒
日時リテラル	DateTime	2020/7/24	2020年7月24日

⚠**OnePoint　文字列リテラルにダブルクォートを含める**

Visual Basicの式において、文字列リテラルにダブルクォートを含めるには、そのリテラルの中に「""」(ダブルクォートを2つつなげる)で記載します。

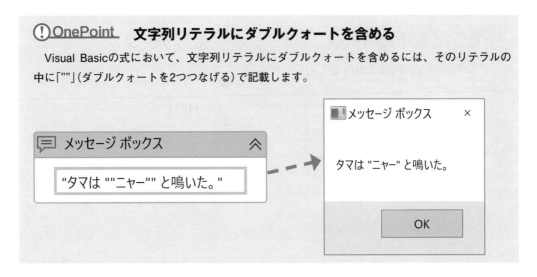

リテラル値に対するメソッドの呼び出し

　論理リテラルと文字列リテラルに対しては、メソッドを直接呼び出せます。それ以外の型のリテラルに対しては、メソッドを直接呼び出すことはできません。いちど変数に代入してから、その変数名に対してピリオドとメソッド名を続けることにより、メソッドを呼び出すことができます。

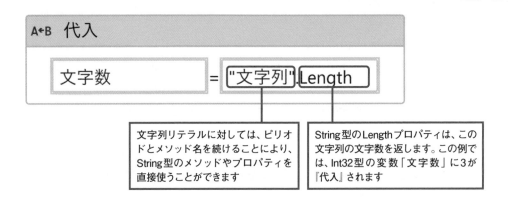

A←B　代入

| 文字数 | = | "文字列".Length |

文字列リテラルに対しては、ピリオドとメソッド名を続けることにより、String型のメソッドやプロパティを直接使うことができます

String型のLengthプロパティは、この文字列の文字数を返します。この例では、Int32型の変数「文字数」に3が『代入』されます

⚠OnePoint　メンバーアクセス演算子

　メソッドを呼び出すときに使うピリオド.は、メンバーアクセス演算子といいます。ほかの演算子と同じように、連続して使った場合には左側から順に評価されます。それぞれの演算子が返す値の型に注意しましょう。

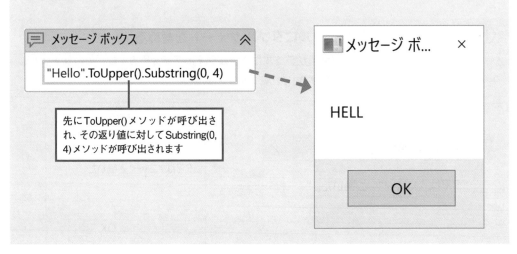

💬 メッセージ ボックス　　　　　　⌄

"Hello".ToUpper().Substring(0, 4)

先にToUpper()メソッドが呼び出され、その返り値に対してSubstring(0, 4)メソッドが呼び出されます

■ メッセージ ボ...　　×

HELL

OK

6-8 型ブラウザー

型ブラウザーについて

変数パネルの［変数の型］ドロップダウンリストにある［型の参照...］をクリックすると、［参照して.Netの種類を選択］ウィンドウが開きます。これを**型ブラウザー**といいます。型ブラウザーには、.NETで利用できる型が表示されます。

これを初めて見たときは、表示される型の数が多すぎて、圧倒されてしまうかもしれません。しかし、UiPathで頻繁に使う型はごくわずかしかなく、それらは次章で詳細に紹介するので心配には及びません。本節では、型ブラウザーの使い方を補足します。

①OnePoint　利用したい.NETの型が、型ブラウザーに表示されないときは

そのワークフローファイルをメモ帳などのテキストエディターで開いて、当該の.NETの型が定義されている.DLLファイルのファイル名を追加してください。16-13節に示した例では、音声合成する型SpeechSynthesizerを利用するためにSystem.Speech.dllを追加しています。

```
<AssemblyReference>System.Speech</AssemblyReference>
```

型の長い名前について

前節では、基本的なデータを表すための変数の型名をいくつか紹介しましたが、実はそれらの型の正式な名前はもっと長いものです。正しい型名を表2に示します。

⌄表2

型	型の短い名前	型の正式な（長い）名前
整数型	Int32	System.Int32
文字列型	String	System.String
論理型	Boolean	System.Boolean
期間型	TimeSpan	System.TimeSpan
日時型	DateTime	System.DateTime

　変数の型は**名前空間**の中に分類されており、この名前空間は「.」（ピリオド）で区切られたツリー構造になっています。型の正式な名前は、この名前空間を含んだものです。この長い正式な名前のことを、完全修飾名といいます。普段はこの長い名前ではなく、短い名前で型を参照しているのです。

⌄図9

正式な、長い型名（完全修飾名）

System.Int32

名前空間　　　　省略された、短い型名

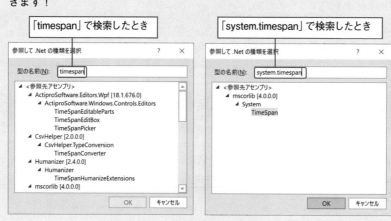

🔍Hint

　型ブラウザーで短い型名を検索すると、関係ない型がたくさん表示されて困ってしまうことがあります。そのようなときは、長い名前で検索しましょう。目的の型をすぐに見つけることができます！

名前空間のインポート

　型を使うときに、いつも長い名前を入力しなければならないのは面倒です。そこで、**名前空間**をインポートしておくと、短い名前で型を参照できるようになります。

　たとえば、名前空間[System]がインポートされていれば、「Int32」と書くだけで「System.Int32」を意味するようになります。名前空間をインポートするには、デザイナーパネルの下部にあるインポートパネルを使います。

　なお、これはプロジェクト内で共通の設定ではなく、ワークフローファイルごとの設定であることに注意してください。

ここで、ワークフローにインポートしたい名前空間を指定できます。インポートした名前空間は、下部のパネルに表示されます

名前空間を入力または選択してください ▼
インポートされた名前空間
Microsoft.VisualBasic
Microsoft.VisualBasic.Activities
System
System.Activities
System.Activities.Expressions
System.Activities.Statements
System.Activities.Validation
System.Activities.XamlIntegration

変数　引数　**インポート**　🖐 🔍 100% ⌄ 🔳 ✛

実は[System]は既定でインポートされているので、Int32と記載するだけでSystem.Int32型を使うことができます。このほか、多くの名前空間が既定でインポートされています

ⓘ OnePoint　変数名の衝突

　違う型なのに、短い型名が同じとなる場合があります。たとえば、System.Windows.Window型と UiPath.Core.Window 型は違う型ですが、短い型名はどちらも Window です。そのため、この短い型名 Window を型引数などに指定すると、どちらの型を参照したいのか不明となりエラーになってしまいます。これは、型名を完全修飾名で指定することで回避できます。

6-9 配列の使い方

配列について

配列とは、同じ型の値をまとめて扱う方法です。任意の型について、配列変数を作成できます。これには、変数パネルの[変数の型]ドロップダウンリストで、[Array of [T]]をクリックし、[型の選択]ダイアログで配列にしたい型を選択します。

たとえば、ここでInt32を選択すると、Int32[]型(つまりInt32の配列型)の変数を作成できます。

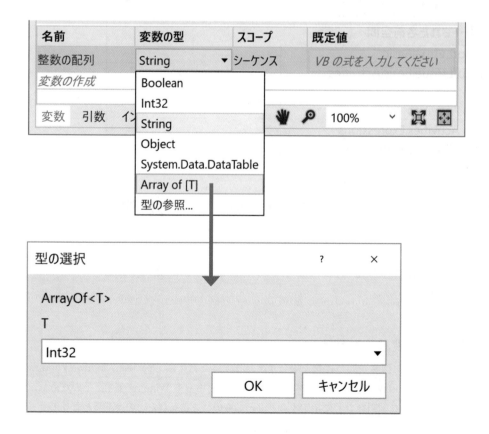

各要素の値を指定して、配列変数を初期化する

　変数パネルに作成した配列変数は、次のように初期化して使えるようになります。このとき、各要素はNull値（Nothing）で、（要素の型がInt32などの値型であればゼロで）初期化されます。かっこ内の数字は、この配列で使いたい要素の数（添え字の最大の大きさ）です。この配列変数を使うときに指定する添え字として、Newで指定したよりも大きい数字を指定するとIndexOutOfRangeException例外が発生します。

名前	変数の型	スコープ	既定値
整数の配列	Int32[]	シーケンス	New Int32(3){}
文字列の配列	String[]	シーケンス	New String(3){}
変数の作成			

変数　引数　インポート　　🖐　🔎　100%　∨　⛶　⛶

　各要素の値を指定して配列変数を初期化するには、この要素を{ }（中かっこ）の中に「,」（カンマ）で区切って並べます。

名前	変数の型	スコープ	既定値
整数の配列	Int32[]	シーケンス	{ 3, 1, 4 }
文字列の配列	String[]	シーケンス	{ "赤", "青", "黄色" }
変数の作成			

変数　引数　インポート　　🖐　🔎　100%　∨　⛶　⛶

「整数の配列」という名前でInt32型の変数を作成し、{ 3, 1, 4 }で初期化しています。また、「文字列の配列」という名前でString[]型の変数を作成し、{ "赤", "青", "黄色" } で初期化しています。これらの配列変数に含まれる要素には、次のようにアクセスできます

●図10

文字列の配列

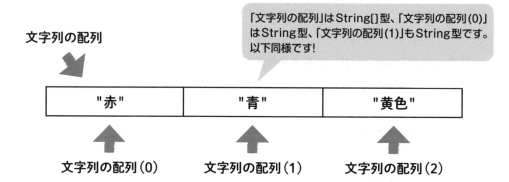

「文字列の配列」はString[]型、「文字列の配列(0)」はString型、「文字列の配列(1)」もString型です。以下同様です!

"赤"　　　　"青"　　　　"黄色"

文字列の配列(0)　　文字列の配列(1)　　文字列の配列(2)

●図11

整数の配列

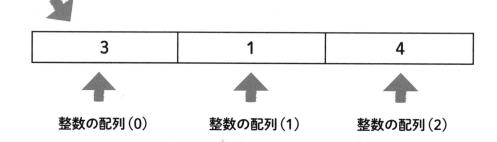

3　　　　1　　　　4

整数の配列(0)　　　整数の配列(1)　　　整数の配列(2)

「整数の配列」はInt32[]型、「整数の配列(0)」はInt32型、「整数の配列(1)」もInt32型です。以下同様です!

⚠ **OnePoint**　**配列変数の名前**

配列やコレクションなどの変数の名前には、末尾（サフィックス）に「一覧」もしくは「リスト」などをつけると便利です。変数名が英語なら、複数形を示す「s」をつけましょう。これにより、配列とそうでない変数を簡単に名前で区別できます。

名前	変数の型	スコープ	既定値
カレーの具一覧	String[]	シーケンス	{ "玉ねぎ", "人参", "豚肉" }
変数の作成			

| 変数 | 引数 | インポート | | 🖐 | 🔍 | 100% | ⌄ | | |

配列の各要素を取り出す

上図に示したように、配列変数からは、先頭からの番号を添えて各要素を取り出せます。この番号を、配列の**添え字(index)**といいます。Visual Basicでは、添え字は配列変数の直後に()でくくって指定します。

最初の要素の添え字は「1」ではなく「0」であることに注意してください。

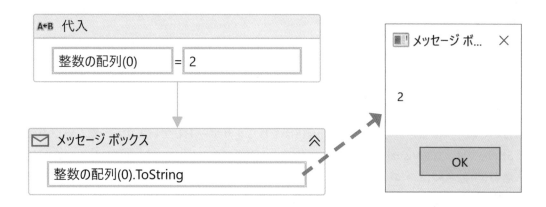

6
変数の基礎

---

①OnePoint **配列変数に含まれるすべての要素を列挙する**

配列変数に含まれるすべての要素を1つずつ処理するには、『繰り返し(コレクションの各要素)』を使うと便利です。この[値]プロパティにその配列変数を、[TypeArgument]プロパティに各要素の型を指定します。詳細は、5-6節の「⑧『繰り返し』(コレクションの各要素)」を参照してください。

6-10　ジェネリック型

ジェネリック型について

　ジェネリック型とは、型引数を与えることで型として利用できるようになるデータ型のことです。**型引数**とは、型名を引き渡す引数です。これに対して、これまでに説明した引数は値を引き渡すものなので、**値引数**ともいいます。

　C#でのプログラミング経験がある読者は、UiPathでもジェネリック型と型引数を活用したいと思うでしょう。もちろん、UiPathはこれらをサポートしています。注意したいのは、Studioでは、式をVisual Basicの形式で指定する必要があることです。C#では型引数を<引数名#1, 引数名#2, ...> のように角かっこでくくって指定しますが、Visual Basicでは型引数を(Of 引数名#1, 引数名#2, ...) のように指定します。

　ジェネリック型については本書の範囲を超えるのでこれ以上は扱いませんが、興味のある読者はほかの技術記事や書籍を探してみてください。なお、ここで説明したジェネリック型は、GenericValue型とはまったく別のものなので注意してください。GenericValue型については、9-2節にあるOnePoint「GenericValue型」を参照してください。

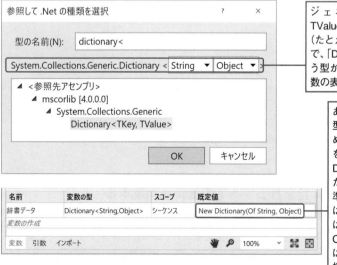

ジェネリック型「Dictionary<TKey, TValue>」の型引数に、それぞれ型名（たとえばStringとObject）を渡すことで、「Dictionary<String, Object>」という型が利用可能になります。この型引数の表記は、C# に準じたものです

ある型のデータを作成するには、「New 型名」と書く必要があります。そのため［変数の型］に表示されている型名を見ると、この既定値には「new Dictionary<String, Object>()」と書きたくなりますが、それはC#の構文に準じたものであり、VBプロジェクトではエラーになってしまいます。正しくは、「New Dictionary(Of String, Object)」とする必要があります。これはVisual Basicで型引数を渡すときの構文です

⊕Hint

　実は、『繰り返し（コレクションの各要素）』は、ジェネリック型ForEach<TypeArgument> で実装されており、その型引数は [TypeArgument]プロパティです。このプロパティに型名を指定するたびに、Studioは新しいタイプの『繰り返し（コレクションの各要素）』をその場で生成しているのです。[TypeArgument]プロパティに別の型を指定すると、プロパティパネルの上部に表示されるこのアクティビティの本当の名前もあわせて変わることを確認してください。

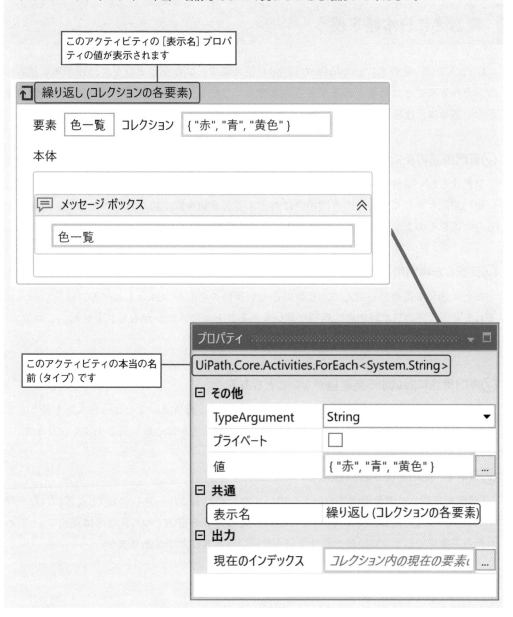

このアクティビティの [表示名] プロパティの値が表示されます

このアクティビティの本当の名前（タイプ）です

6-11 変数名に日本語を使うことの是非

変数名に日本語を使う

UiPathでは、変数名に日本語（かな漢字）が使えます。プログラミングの経験がある読者には、そうすることに抵抗があるかもしれません。しかし、海外に開発を外注するなどの事情がない限りは、積極的に日本語を使うべきです。これには、多くの理由があります。

⊘専門用語の英訳が煩雑

自動化したい業務には、金融、建築、医療、法律など、さまざまな業種があり、それぞれに専門用語があります。この専門用語に対応する英単語を探すのはたいへんです。母語である日本語をそのまま使う方が、開発のスピードや品質が向上します。

⊘英訳した専門用語の邦訳も煩雑

たとえ適切な英単語を選んで、変数に正しい英語の名前をつけたとしても、後日別の人がそれを見て、元の日本語の専門用語に思い当たることができないかもしれません。これでは、何のために英訳したのかわかりません。

⊘専門用語に対応する英単語がないこともある

その専門用語が日本に固有のものであって、対応する英単語がないなら日本語を使うしかありません。その場合は、ローマ字よりかな漢字で書く方がはるかに読みやすくなります。

⊘日本で、英語を使う必然性はない

「明日から新しい開発環境でコードを書いてね。変数名はルーマニア語で」と言われたら理不尽です。それと同じように「明日からUiPathでコードを書いてね。変数名は英語で」と言われたら不条理でしょう。英語が話せない人に強いるべきことではありません。

⊘読みやすいワークフローを工夫する余地が広がる

英語が読めない人は、英語の変数名に無頓着になりがちです。どう工夫しても、英語は読

めないのですから。しかし日本語なら、どのような変数名を選べばよりわかりやすいワークフローになるか、意識できるようになります。

⊘プログラミング言語の予約語と衝突する心配がない

プログラミング言語には、変数名として使えない単語があります。これを**予約語**といいます。UiPath（Visual Basic）でもDate、Loop、If、Sharedなど多くの語が予約語となっていますが、これらはすべて英語です。日本語を使えば、これらの予約語と衝突する心配はありません。

ぜひ、日本語の変数名を試してみてください。きっと、ワークフローがとても読みやすくなることに驚くことでしょう。しかしながら、やはり変数名を英語で記述すべき状況もあります。慎重に検討した上で、みなさんのチームで変数名の統一ルールを定めてください。

> ### 🔍Hint
>
> UiPathは、2005年に元MicrosoftのエンジニアであるDanielDinesがルーマニアのブカレストで起業しました。UiPathの本社は2017年にニューヨークに移転しましたが、現在でもブカレストにはUiPathの開発拠点があります。

> ### ①OnePoint　**スーパープログラマーを目指すには**
>
> 本気でプログラマーを目指すなら、やはり英語は読めた方が有利です。良い技術文書は、みんな英語で書いてあるからです。これと比べて、日本語で書かれた情報はとても少ないのです。しかし、多くの新しいことを同時に取り組むのは難しいものです。まずはプログラミングの基礎から始めて、必要になったときに英語に取り組むのも良い方法だと思います。

6-12 変数名に英語を使うとき

変数名のケースについて

前述のように、変数名には日本語を使うことを強くお勧めします。しかし、英語を使わざるを得ないこともあるでしょう。そのときは、**ケース**（アルファベットの大文字と小文字）の使い方を統一しておくとワークフローが読みやすくなります。ただし、Visual Basicの式では、大文字と小文字を区別しないことに注意してください。

ケースの統一には次のような方法があります。

✓アッパーキャメルケース（UpperCamelCase）

英単語をつなげて、各単語の先頭の文字を大文字にします。PascalCaseともいいます。なお、Pascalは、プログラミング教育のために開発されたプログラミング言語です。Pascalで書かれたプログラムでは、UpperCamelCaseがよく使われました。Camelとはラクダという意味です。アルファベットの大文字を、ラクダのコブに似せています。

✓ロワーキャメルケース（lowerCamelCase）

ロワーキャメルケースは、dromedaryCase（ヒトコブラクダケース）ともいいます。アッパーキャメルケースと同様ですが、先頭の文字は小文字にします。一般に、単にキャメルケースといえばこちらのことです。

✓スネークケース（snake_case）

英単語をアンダースコアでつなぐ方法です。アンダースコアを、地面をはう蛇に似せています。

✓コンスタントケース（CONSTANT_CASE）

スネークケースと同様ですが、アルファベットをすべて大文字にします。これは、定数値（constant value）の定義によく使われます。

✓ タイトルケース (Title Case)

英単語を空白文字でつなぐ方法です。各単語の先頭は大文字にします。

✓ ケバブケース (kebab-case)

英単語をハイフン（マイナス記号）でつなぐ方法です。ケバブとは、トルコの串焼き料理です。ハイフンを、串焼きの串に似せています。

6
変数の基礎

> **🔍 Hint**
>
> タイトルケースとケバブケースは変数名には使えませんが、プロジェクト名などに使うことがあります。

Column　カプセル化

カプセル化とは、データとそれを処理する手続きをひとつのオブジェクトとしてまとめ、その中身を見えないようにすることです。現代のプログラミングでは多くのパラダイムが活用されますが、その中でもカプセル化はオブジェクト指向の起源ともいえる重要な考え方です。C#やJavaなどのモダンな言語の多くは、クラスを作成することでカプセル化をサポートします。UiPathではクラスは作成できませんが、カスタムアクティビティを作成して、データ（変数）と処理（アクティビティ）をカプセル化できます。この方法は、16-3節の「『はじめてのアクティビティ』の作成」で説明します。

6-13　ハンガリアン記法

ハンガリアン記法について

　ハンガリアン記法とは、その型を意味するプリフィックスを変数名につける命名規則です。この例を、表3に示します。「_」(アンダースコア)を挟むなどのバリエーションがありますが、使用するならチーム内でルールを統一しておきましょう。

▼表3

型	プリフィックスの例	変数名の例
Boolean	b is can has should exists	bカレーを食べたか isEmpty canDance hasTitle shouldStop nameExists
String	s str	sコックさんの名前 str年齢
Int32	i int	i日数 int年齢
ワークフローの入力引数	in_	in_sファイル名
ワークフローの出力引数	out_	out_i計算結果

　ハンガリアン表記は、今でも多くのソフトウェア開発企業で使われているようです。しかし、このルールをすべての変数名に適用することはあまりお勧めできません。本節では、その理由を紹介しましょう。

(!)OnePoint　プリフィックス

　プリフィックスとは、名前の先頭につける部分のことで、日本語では接頭語といいます。これに対して、名前の最後につける部分をサフィックスといいます。日本語では接尾語といいます。

ハンガリアン記法の由来

　この命名規則を使い始めたのは、Microsoft社でExcelの開発に携わっていたプログラマー、Charles Simonyi氏です。これは不適切な計算式を、見てすぐ発見できるようにすることを意図していました。

　たとえば、長さを時間で割ると速度になりますが、長さと時間を足しても意味はありません。長さと長さを足すときも単位を揃えないと、意味のある結果が得られません。このほか、円とドルを足したり、x軸とy軸の値を足したりするのも誤った計算です。

　このようなエラーをすぐに発見できるように、Charles Simonyi氏は物理量の種類や単位を変数名の先頭につけました。これは実際にバグを減らす効果があり、Charles Simonyi氏がハンガリー出身だったことから「これがハンガリー風のやり方か！」としてMicrosoft社内で流行したのがハンガリアン記法(ハンガリーの命名規則)です。

アプリケーションハンガリアンとシステムハンガリアン

　前述のように、もともとハンガリアン記法は、変数に格納された値の単位や種類、絶対値や相対値の別などをプリフィックスにすることを意図していました。これをアプリケーションハンガリアンといいます。しかし、このType(種類)がType(型)と誤解され、Int32型ならintをつける、String型ならstrをつけるなどの形に変化しました。これがシステムハンガリアンです。現在、広く使われているのは、システムハンガリアンのようです。

ハンガリアン記法の是非

　システムハンガリアンには、さほどのメリットはありません。変数の型が合っていないとき、多くのソフトウェア開発環境は自動で設計時エラーを報告してくれるので、これを人間が目で見て発見する必要はないからです。

　逆に、ある変数の型を変更したいときは、その変数名も合わせて変更しなければならないので手間がかかってしまうデメリットがあります。このため、すべての変数にシステムハンガリアンを適用することはお勧めできません。Microsoft社は、現在はハンガリアン記法を推奨していません。

　ただし、システムハンガリアンが役に立つ状況もあります。同じ内容を、型を違えて複数の変数に格納したいときなどです。たとえば、設定ファイルにある設定値をString型で読み

込んでから、それをInt32型に変換するときは、「str年齢」「int年齢」のような変数名が便利です。

アプリケーションハンガリアンも必要に応じて活用すると良いでしょう。長さを扱う変数には、「cm距離」や「km距離」、通貨を扱う変数には「yen代金」や「dol代金」などの変数名が役に立ちます。ハンガリアン記法は、状況に応じて活用するのがお勧めです。

Hint

Charles Simonyi氏は、宇宙旅行に2回行ったことでも有名な人ですね！

Column RPAのテスト④ RPAのためのテストケース

UiPathで作成した自動化プロセスをテストするときも、テストケースのセットを準備して行いましょう。なお、自動化プロセスのテストの実行手順は「プロセスの開始ボタンを押す」だけですから、RPAのためのテストケースの「テストの実行手順」に記載すべきことは多くないはずです。この手順は、ある意味でRPAが自動化した業務手順そのものだからです。

RPAのためのテストケースでは「テストの入力条件」がより重要であろうと思います。つまり、テスト実行の前に整えておくべき環境の条件（設定ファイルに記載する値の組み合わせや、メールボックスに入れておくメッセージなど）が、RPAの自動化のためのテストケース本体といえます。作成するプロセスに合わせて、これらを漏れなく設計してください。

なおStudio 21.10からは、あるワークフローを自動でテストするためのテストケースを、別のワークフローで書くことができるようになりました。これについては、8-18節の「テストエクスプローラーパネル」を参照してください。

基本的な型

7-1 UiPathで使う基本的な型

基本データ型

　UiPathを使いこなすには、まずは下記の型について理解しておけば十分です。これらの型を基本データ型(Elementary Data Types)といいます。組み込み型(Built-in Types)とか、素朴な型(Primitive Types)ということもあります。本章では、これらの型について説明します。

　なおUiPathで変数を作成するときは、.NETにおける型名を使います。ただし、コード補完機能で表示されるポップアップヘルプには表1に示した型の別名が表示されるので、適宜.NETにおける型名に読み替えてください。また、.NETにおける型名のSystem.は省略できます。これについては、6-9節の「型の長い名前について」を参照してください。

●表1

| | .NETにおける型名 | 型の別名 | |
		Visual Basic	C#
整数型	System.Int32	Integer	int
	System.Int64	Long	long
小数型	System.Decimal	Decimal	decimal
	System.Double	Double	double
文字列型	System.String	String	string
論理型	System.Boolean	Boolean	bool
期間型	System.TimeSpan	TimeSpan	TimeSpan
日時型	System.DateTime	Date	DateTime

①OnePoint　Visual BasicとC#

　Studio Pro 2020.10からはC#の式も使えるようになりました。C#とは、Visual Basicと同じく、.NET(Windowsのアプリケーション開発/実行環境)上で利用できるプログラミング言語の1つです。これについては2-2節のOnePoint「UiPathのプロジェクトで利用できるプログラミング言語」を参照してください。なお、本書ではVisual Basicの使用を前提として説明しています。

7-2 数値型

整数型 (Int32、Int64)

　数値データを扱うときには、扱いたい値の範囲や、整数か小数点数か、符号つきか符号なしかなどによって、複数の型を使い分ける必要があります。通常、整数ならInt32型を、浮動小数点数ならDoubleを使えば十分です。

　整数データを扱うときには、Int32型を使います。IntはInteger（整数）を、32はこのデータの大きさが32bitであることを意味しています。1bitの数は、2^1で2通りの値（0か1）を表現できる大きさです。Int32のデータは2^{32}で、4,294,967,296通りの値(-2,147,483,648から2,147,483,647まで)を表現できます。この数は、32bit OSと64bit OSの両方で効率よく処理できる大きさです。

　通常はInt32を使えば十分ですが、これで日本の国家予算を扱うと桁が足りなくなってしまいます。このような場合には、Int64型を使いましょう。

　あるいは、より財務や金融の計算に適した型として、Decimal型を利用することもできます。これは、最小値と最大値の幅は後述のDouble型より小さいですが、有効桁数が大きく設定されており、誤差が生じにくくなっています。また、Decimal型は小数も表現できるので、ドルもうまく扱えます。

小数型 (Double、Decimal)

　小数を扱うときにはDouble型（ダブル）という64bit長のデータを使います。このダブルとは倍精度浮動小数点数のことで、単精度浮動小数点数型（Single型という32bit長のデータ）よりも倍の大きさという意味です。

　また、浮動小数点数とは、小数点の位置は動く（浮動する）けれども、その有効桁数は同じ長さのままで利用できる数、ということです。たとえば、有効桁数が4桁のデータがあるとしたら、これは12340000も0.00001234も問題なく扱えますが、12340000.00001234を扱うには有効桁数が足りないので、その小さい桁は丸められてしまうことになります。

整数と小数の型一覧

　整数を保持する型を表2に、浮動小数点数を保持する型を表3に整理します。なお、UInt32のUはUnsigned(符号なし)を意味します。

🔽表2

型名	データの長さ	表現できる最小値 (別名)	表現できる最大値 (別名)
Int32	32bit (4byte)	-2,147,483,648 (Int32.MinValue)	2,147,483,647 (Int32.MaxValue)
Int64	64bit (8byte)	-9,223,372,036,854,775,808 (Int64.MinValue)	9,223,372,036,854,775,807 (Int64.MaxValue)
UInt32	32bit (4byte)	0 (UInt32.MinValue)	4,294,967,295 (UInt32.MaxValue)
UInt64	64bit (8byte)	0 (UInt64.MinValue)	18,446,744,073,709,551,615 (UInt64.MaxValue)

🔽表3

型名	データの長さ	表現できる最小値 (別名)	表現できる最大値 (別名)	有効桁数
Double	64bit (8byte)	約 -1.7×10^{308} (Double.MinValue)	約 1.7×10^{308} (Double.MaxValue)	15 〜 17
Decimal	128bit (16byte)	約 -7.9×10^{28} (Decimal.MinValue)	約 -7.9×10^{28} (Decimal.MaxValue)	28 〜 29

とても大きな数を扱う (BigInteger)

　最小値と最大値の限界がない整数型として、BigInteger型というのもあります。これはメモリが許す限り、どんな大きさの数でも扱えます。BigInteger型の変数を、整数リテラルでは表現できない値(Int64.MaxValueより大きい値など)で初期化したい場合には、BigInteger.Parse("9999999999") のようにします。

数値型の既定値

数値型の変数に既定値を指定しない場合には、この変数は0で初期化されます。

①OnePoint　データの大きさの単位

　0か1かを表せるデータの大きさを1bitといいます。これはコンピュータが扱うデータ長の最小単位です。8bitを1byteといいます。1byteは、2^8で256通りの値を表現できます。ファイルエクスプローラーには、各ファイルのサイズがKBという単位で表示されますが、これはキロバイトという単位です。

1,000Byte = 1KB（キロバイト）
1,000KB = 1MB（メガバイト）
1,000MB= 1GB（ギガバイト）
1,000GB = 1TB（テラバイト）

　なお、Microsoft Windowsは1,024（＝2^{10}）バイトを1キロバイトとして表示しますが、これはMicrosoftによる方言です。国際単位系では1,000バイトを1キロバイトとしています。この2つを区別するため、1,000バイト=1kB、1,024バイト=1KBと表記することがあります。

●図1

ビットはちょびっと!

日本語では、万、億、兆...と4桁ずつ区切りますよね!

3桁で区切ると、読みやすいです!

1,020,303,004,050Byte

| 1テラ | 20ギガ | 303メガ | 4キロ | 50バイト |

数値型の算術演算子

数値型は、次の演算子で処理できます。

⬇表4

演算子	意味	演算結果値の型	例	例が返す値
+	足し算（加算）	整数 もしくは 浮動小数点数	13 + 4	17
-	引き算（除算）		13 - 4	9
*	掛け算（乗算）		13 * 4	52
/	割り算（除算）	浮動小数点数	13 / 14	3.25
¥	整数同士の割り算 （余りを切り捨て）	整数	13 ¥ 4	3
Mod	割った余り（剰余）	整数	13 Mod 4	1
^	べき乗（累乗）	浮動小数点数	13 ^ 4	28561

　なお、算術演算子のほかにも比較演算子や論理演算子などが利用できます。これらの使い方は本章で後述します。

括弧で演算子の優先順位を制御

　UiPathで利用できる演算子には、算術演算子のほか、比較演算子や論理演算子があります。これらには、すべて優先順位が厳密に定められています。優先順位が同じ演算子は、左側から順に評価されます。
　たとえば、次の式は、次の順で評価されます。

⬇評価する式

```
3 + - 2 * 5
```

　まず、単項演算子「-」が最初に評価されます。

⬇評価された式（その1）

```
3 + (-2) * 5
```

　すべての単項演算子の評価が終わったら、2項演算子の評価を開始します。この式に残っている演算子で一番優先順位が高いのは「*」です。

●評価された式(その2)

```
3 + (-10)
```

　最後に、残った「+」を評価します。

●最終的な評価値

```
-7
```

　このように、式における演算子は、優先順位が高いものから順に評価されます。この優先順位を把握していないと、意図した計算が行えません。しかし、これらの演算子の優先順位を覚える必要はまったくありません。

　なぜなら、優先順位が一番高いのは括弧だからです。書いた式の中に複数の演算子が含まれているときは、括弧を使ってその優先順位を明確にしましょう。元の式は、次のように書かれるべきです。この例では括弧をつけなくても結果は変わりませんが、開発者が意図した通りに動作することが明確で、バグが入りにくく、保守しやすい式になります。

```
3 + (-2 * 5)
```

　括弧で優先順位を明示するテクニックは、後述する比較演算子や論理演算子などにも同じように使えます。これはわかりやすい式を書くためにとても重要なので、ここでしっかり印象に残しておきましょう。

数値を文字列に変換する

　数値を文字列に変換する機会は、とても頻繁にあります。たとえば、数値をダイアログボックスで表示したり、ログなどのファイルに書き込んだりするときには、その数値を文字列に変換してから処理する必要があります。これには、ToString()メソッドを使います。引数を指定しない場合には、単純にこの数値を文字列に変換します。

　また、引数で書式を指定することもできます。次のような書式を指定できます。

⬇表5

書式	意味	例		
		数値の型	数値の値	結果
"D5"	10進数表記（Decimal） 数字は桁数	Int32	123	"00123"
"X4"	16進数表記（Hexadecimal） 数字は桁数	Int32	123	"007B"
"N1"	カンマ区切り（Number） 数字は小数部の桁数	Double	1234567.89	"1,234,567.9"
"P1"	パーセンテージ（Percentage） 数字は小数部の桁数	Double	0.1234	"12.3 %"

　表5に示したもの以外にも、利用できる書式がいくつかあります。詳細は下記を参照してください。

⬇標準の数値書式指定文字列

https://docs.microsoft.com/ja-jp/dotnet/standard/base-types/standard-numeric-format-strings

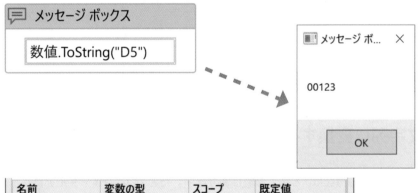

名前	変数の型	スコープ	既定値
数値	Int32	シーケンス	123
変数の作成			

変数　引数　インポート　　✋　🔍　100%　∨　🔲　🔳

⚠OnePoint　ToString()メソッド

　データを文字列に変換するメソッドToString()は、.NETで用意されたすべての型に対して利用できるので、とても便利です。ただし、型によっては意図した文字列表現が得られないこともあるので、気をつけましょう。

7-3　文字列型（String）

文字列型の操作について

　文字列（テキスト）データを扱うには、String型を使います。String型には多くのプロパティやメソッドが用意されており、高度な操作が簡単に行えます。本書ですべてを紹介することはできませんが、特に使用頻度が高いものについて紹介します。

・字数を数える（Lengthプロパティ）
・ほかの文字列が含まれるか（Containsメソッド）
・含まれる文字列が始まる位置（IndexOfメソッド）
・含まれる文字列を置換（Replaceメソッド）
・指定の文字列で始まるか（StartsWithメソッド）
・含まれる文字列を切り出す（SubStringメソッド）
・前後の空白文字を除去（Trimメソッド）

　String型の完全なドキュメントは、下記にあります。

●Stringクラス

https://docs.microsoft.com/ja-jp/dotnet/api/system.string

　なお、本節ではメソッド呼び出しとその結果の例をわかりやすく示すために、String型のリテラルに対してメソッドを呼び出していますが、実際にはString型の変数に対してメソッドを呼び出すことが多くなるでしょう。

⚠️**OnePoint**　『テキストを変更』と『テキストを左右に分割』

　Systemパッケージの20.10から、『テキストを変更』と『テキストを左右に分割』が利用可能になりました。文字列の置換やトリミングなどの操作が簡単に行えるので、ぜひ活用してください。

⊘字数を数える（Lengthプロパティ）

String型データに含まれる文字数を返します。

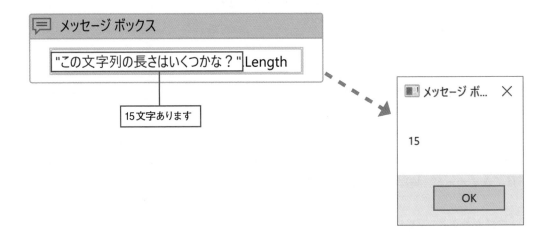

⊘ほかの文字列が含まれるか（Containsメソッド）

String型データが指定の文字列を含んでいれば、Trueを返します。

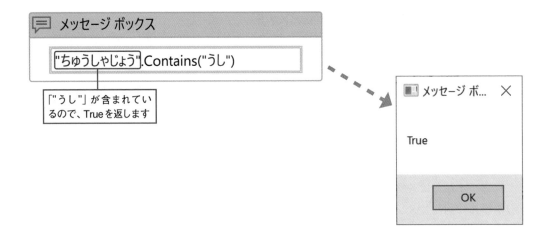

---

①OnePoint　文字列データの先頭から、文字を1字ずつ取り出す

　String型は、Char型（文字型）の配列として扱えます。そのため、String型データの先頭から1字ずつを取り出すには、この文字列を『繰り返し（コレクションの各要素）』の［値］プロパティに指定し、［TypeArgument］プロパティにChar型を指定します。

✅ 含まれる文字列が始まる位置 (IndexOfメソッド)

String型データの中で、指定の文字列が始まる位置を返します。見つからなかった場合には、-1を返します。

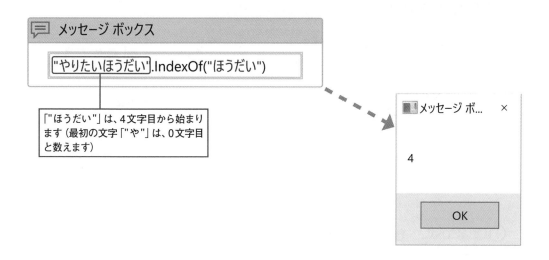

✅ 含まれる文字列を置換 (Replaceメソッド)

String型データに含まれる文字列をすべて置換します。

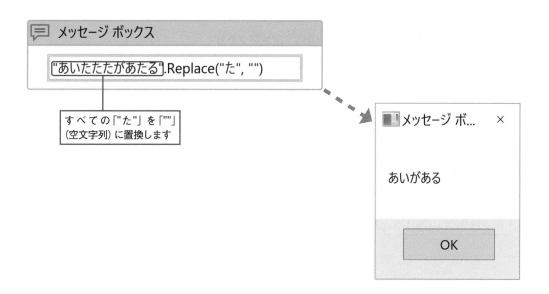

✅ 指定の文字列で始まるか（StartsWithメソッド）

String型データが指定の文字列で始まっていれば、Trueを返します。

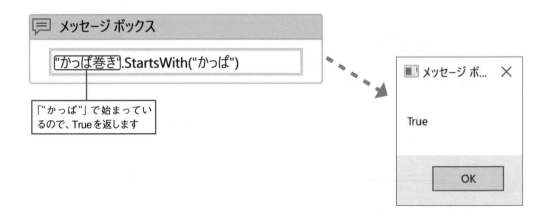

💬 メッセージ ボックス

"かっぱ巻き".StartsWith("かっぱ")

「"かっぱ"」で始まっているので、Trueを返します

■ メッセージ ボ... ✕

True

OK

⚠️ OnePoint　自動的な型変換

String型のLengthプロパティは、Int32型の値を返します。また、StartsWithメソッドは、Boolean型の値を返します。これらを『メッセージボックス』の［テキスト］プロパティに指定すると、実行時に自動でString型の値に変換される（実は内部で暗黙にToString()メソッドが呼び出される）ので、上記のような実行結果が得られます。

✅ 含まれる文字列を切り出す（SubStringメソッド）

String型データに含まれる部分文字列を取り出します。このメソッドの引数には、取り出しを開始する位置と、取り出す文字数を指定します。

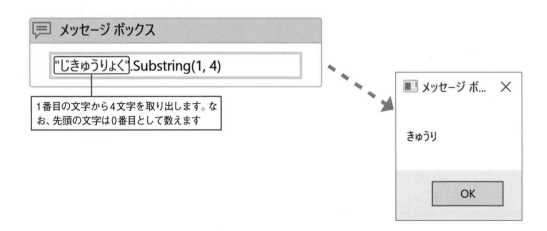

💬 メッセージ ボックス

"じきゅうりょく".Substring(1, 4)

1番目の文字から4文字を取り出します。なお、先頭の文字は0番目として数えます

■ メッセージ ボ... ✕

きゅうり

OK

✓前後の空白文字を除去（Trimメソッド）

String型データの前後にある空白文字を取り除きます。

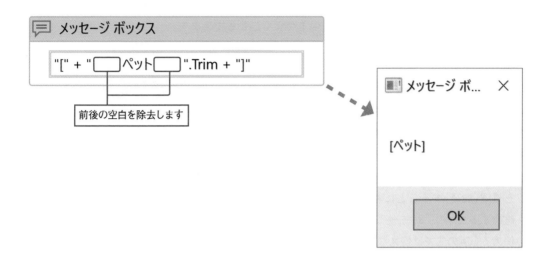

前後の空白を除去します

[ペット]

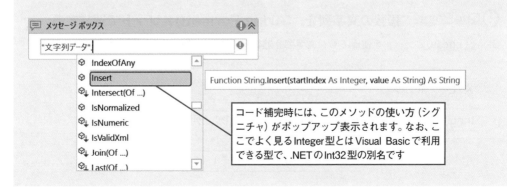

① OnePoint コード補完機能で、必要なメソッドやプロパティを探す

　データ値の直後にピリオドを入力すると、このデータ値に対して利用できるメソッドやプロパティの一覧が自動で表示されます。この一覧ウィンドウを手動で開くには、ピリオドを入力後に[Ctrl]+[Space]キーを押します。一覧の中から、欲しいものを探してください。

　たとえば、次の画面の例では、Insertという名前のメソッドが表示されていますが、これは文字列のstartIndexの位置にvalueを挿入するメソッドだと想像がつきます。「string insert vb」などでWebを検索して、それを確かめてみましょう（vbはVisual Basicを意図しています）。詳細なドキュメントがMicrosoft社のWebサイトに見つかるはずです。

コード補完時には、このメソッドの使い方（シグニチャ）がポップアップ表示されます。なお、ここでよく見るInteger型とはVisual Basicで利用できる型で、.NETのInt32型の別名です

String型の連結演算子

2つのString型データは、連結演算子でつなぐことができます。これを連続して使えば、3つ以上のString型データを1つの式の中でつなぐこともできます。

🔽**表6**

演算子	意味	演算結果の値の型	備考
+	2つの文字列を連結	String	2つの数値を加算することもできる
&	2つの文字列を連結	String	数値を加算することはできない

この2つの演算子の違いですが、「&」は文字列だけを処理（連結）するのに対し、「+」は数値を処理（加算）することにも使えることです。文字列を連結したいときは、その式の意図を明確にするために「&」を使うのも選択肢です。ただし、この&演算子はVisual Basicの式でのみ使える（C#の式では使えない）ことに注意してください。

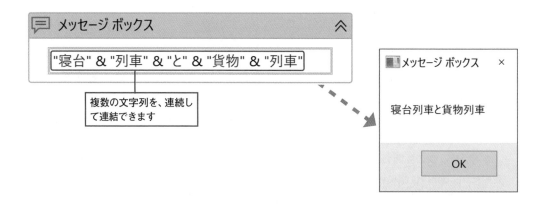

複数の文字列を、連続して連結できます

⚠️**OnePoint**　　**複数の文字列を、String.Format()メソッドで連結する**

String.Format()メソッドを使っても、文字列を連結できます。これについては後述します。

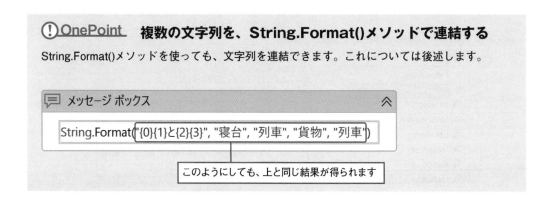

このようにしても、上と同じ結果が得られます

文字列を数値に変換

　文字列を数値に変換する機会は、とても頻繁にあります。たとえば、設定ファイルから読み取ったテキストを、数値に変換するなどです。これには、Convert.ToInt32()メソッドを使います。

　ただし、文字列を数値に変換する操作は、失敗することがあるので注意が必要です。たとえば、"35"は35に変換できますが、"ほえほえ"は数値に変換できません。このように、変換できない文字列をConvert.ToInt32()メソッドに渡した場合には、例外がスローされます。必要に応じてこの例外をキャッチし、適切に処理してください。ここでは、簡単な例を示しておきます。例外処理の詳細は、Chapter4の「例外処理」を参照してください。

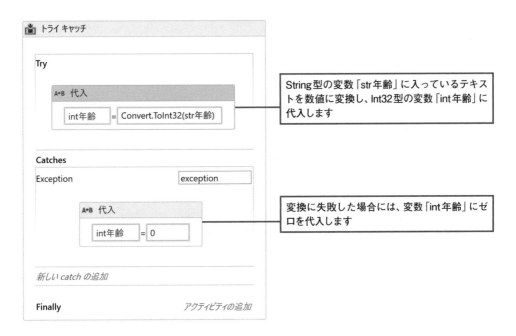

String型の変数「str年齢」に入っているテキストを数値に変換し、Int32型の変数「int年齢」に代入します

変換に失敗した場合には、変数「int年齢」にゼロを代入します

「str年齢」に数字以外の文字が含まれる可能性があるなら、上記のような例外処理が必要となります

「str年齢」や「int年齢」のように、変数名の先頭にその型名をつける命名規則をハンガリアン記法といいます。これについては、Chapter06の「変数の基礎」にあるハンガリアン記法の節を参照してください。

文字列をさまざまな型の値に変換

Convert型は、前節で紹介したToInt32()メソッドのほかにも、多くのメソッドを備えています。この一部を下記に整理します。どれも例外をスローする可能性があるので、前節と同様に処理してください。

🔽 **表7**

メソッド名	返り値の型
Convert.ToInt32(文字列)	Int32
Convert.ToDouble(文字列)	Double
Convert.ToDecimal(文字列)	Decimal
Convert.ToBoolean(文字列)	Boolean
Convert.ToDateTime(文字列)	DateTime

任意の型の変数を、まとめて文字列に変換

ワークフローの中で、文字列データの書式を整形したい、という機会は多いでしょう。整形とは、文字列をきれいにして別の文字列を作成することです。これにはString.Format()メソッドがとても便利です。このメソッドには、1個以上の引数を指定します。最初の引数は書式文字列です。続けて、複数の値（変数またはリテラル値）を指定できます。これらの値は、指定した書式に沿って、書式文字列の中に埋め込まれます。

この書式は、**{引数の順番, 文字数:書式指定子}** の形式で記述します。以下に書式文字列の例を示します。

なお、ここでは文字数の指定は省略しています。

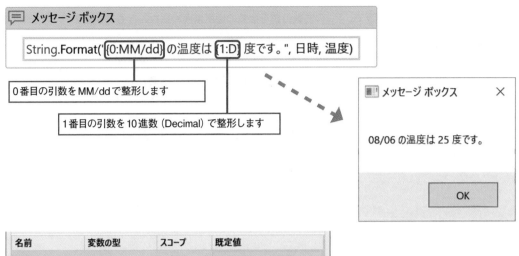

上の画面では、DateTime型の変数「日時」の書式に"MM/dd"を指定しています。DateTime型に使えるこのほかの書式は、7-9節の表23にあります。

また、Int32型の変数「温度」の書式に"D"を指定しています。Int32型に使えるこのほかの書式は、7-2節の表5にあります。

⚠️OnePoint　なぜ、書式の中で引数の順を指定する必要があるの？

自然言語（日本語や英語など）によって、語順が異なる場合に対応できるようにするためです。言語に応じて書式文字列を切り替えるようにしておけば、多言語に対応したワークフローを簡単に作成できます。

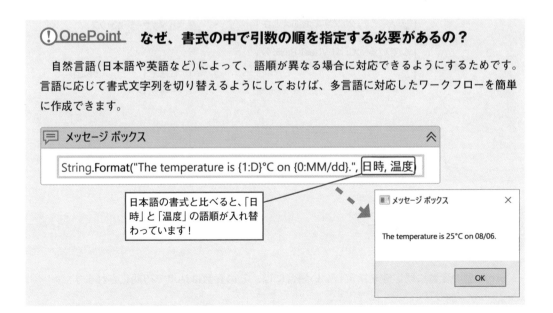

このほか、同じ仕組みで、1つの変数の値を複数の箇所に埋め込むこともできます。

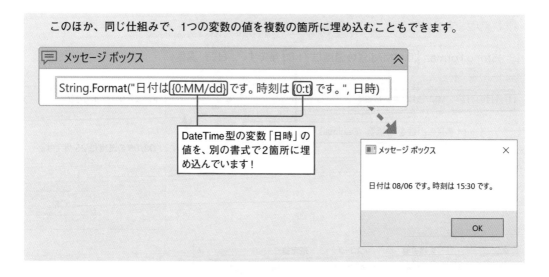

DateTime型の変数「日時」の値を、別の書式で2箇所に埋め込んでいます！

⚠️OnePoint　文字数の指定

文字数を正数で指定すると右揃え、負数で指定すると左揃えになります。なお、元の文字列の長さが指定した文字数を超える場合には、この文字数の指定は無視されます。

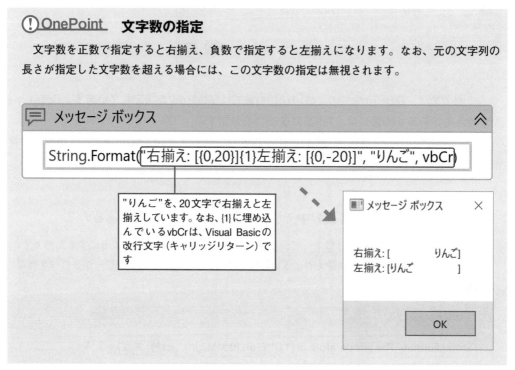

"りんご"を、20文字で右揃えと左揃えしています。なお、{1}に埋め込んでいるvbCrは、Visual Basicの改行文字（キャリッジリターン）です

String型の既定値

String型の変数に既定値を指定しない場合には、この変数はNullで初期化されます。

7-4　Null値

Null値について

　Nullは、この変数が空っぽであることを示す特殊な値です。String型の変数に既定値を指定しない場合には、この変数はNullで初期化されます。Null値が入っている変数には、データの実体は含まれていません。このため、Null値が入った変数に対してメソッドを呼び出すと、実行時エラーになります。

　このエラーを避けるためには、変数は必ず何らかのデータを代入してから操作してください。

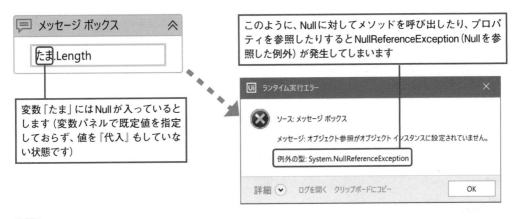

このように、Nullに対してメソッドを呼び出したり、プロパティを参照したりするとNullReferenceException（Nullを参照した例外）が発生してしまいます

変数「たま」にはNullが入っているとします（変数パネルで既定値を指定しておらず、値を『代入』もしていない状態です）

⚑図2

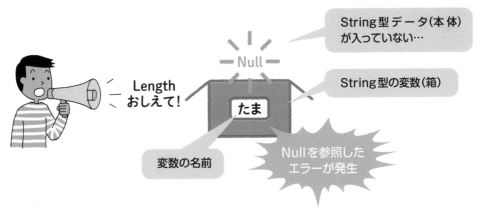

　変数「たま」に「""」（空文字列）が格納されていれば、実行結果は次のように変わります。このように、Null値と空文字列は違うものであることに注意しましょう。

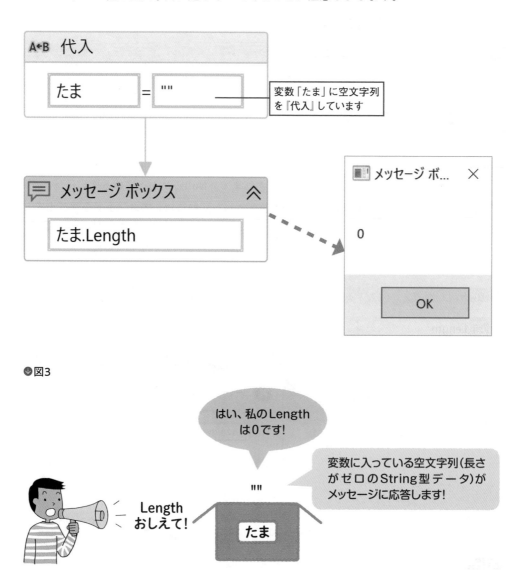

●図3

変数の値がNullかどうかを確認するには

　NullReferenceException例外の発生を避けるためには、対象の変数にNullが入っているかどうかを確認する手段が必要です。しかし、これは通常のメソッドでは実現できません。Null値が入っている変数に対して「誰かいますか？」ときいたら、NullReferenceException例外が発生してしまうでしょう。

　そこで、変数XがNullかどうかを確認するには、Is演算子もしくはIsNot演算子を使います。これで、確認したい変数とNothingキーワードを比較すればOKです。

◉表8

論理式	意味
X Is Nothing	XがNullならTrue
X IsNot Nothing	XがNullでなければTrue

　Nothingは、Visual BasicでNullを意味するキーワードです。変数値とNothingを比較するときは、必ずIs演算子もしくはIsNot演算子を使います。Nothingを＝や<>などの比較演算子で比べると、一貫した結果が得られません。「""」(空文字列)はNullではないのに、論理式「(""= Nothing)」はTrueと評価されてしまいます。

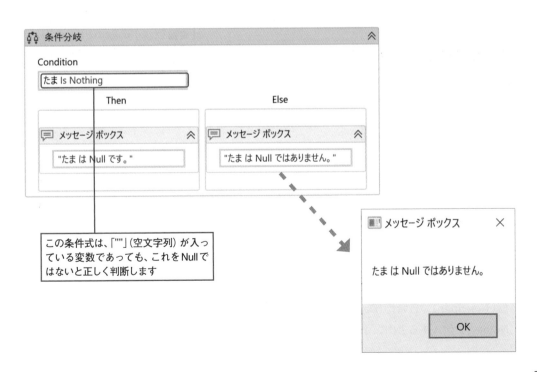

この条件式は、「""」(空文字列)が入っている変数であっても、これを Null ではないと正しく判断します

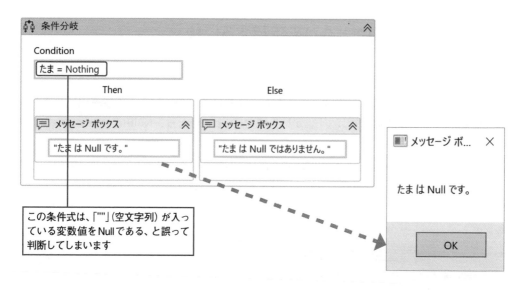

この条件式は、「""」(空文字列)が入っている変数値をNullである、と誤って判断してしまいます

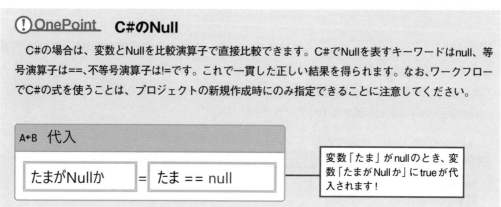

①OnePoint　C#のNull

　C#の場合は、変数とNullを比較演算子で直接比較できます。C#でNullを表すキーワードはnull、等号演算子は==、不等号演算子は!=です。これで一貫した正しい結果を得られます。なお、ワークフローでC#の式を使うことは、プロジェクトの新規作成時にのみ指定できることに注意してください。

変数「たま」がnullのとき、変数「たまがNullか」にtrueが代入されます!

Null値になれる型

　String型の変数は参照型なので、Null値を保持できます。既定値で初期化していない変数や、Nothingを代入した変数の値はNullになります。このため、String型の変数のメソッドやプロパティを使うときは、NullReferenceExceptionが発生しないように注意する必要があります。(変数を必ず初期化してから使う、もしNullになっている可能性があれば前節の方法で確認し、Nullでない場合に限りメソッドを呼び出すなどの配慮をしてください。)

　一方で、本章で説明するほかの型のすべて、数値型(Int32など)、論理型(Boolean)、期間型(TimeSpan)、日時型(DateTime)は値型なのでNull値を保持できません。数値型の変数にNothingを代入すると0に、論理型の変数にNothingを代入するとFalseになります。このため、

値型の変数を操作するときには、NullReferenceExceptionが発生することはありません。

String型の値が空かどうかを確認する

String型の値がNullもしくは空文字列("")になっているかを確認するには、String.IsNullOrEmpty(value)メソッドが便利です。引数valueに文字列型の変数を渡すと、この変数の中身がNullもしくは長さがゼロの文字列のときにTrueを返します。

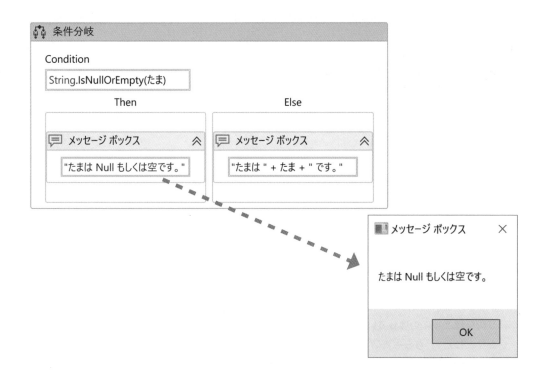

<table>
<tr><td>7-5</td><td></td></tr>
</table>

7-5 論理型（Boolean）

論理型について

論理型（Boolean型）の値は、真もしくは偽のどちらかになります。これは、処理の流れを分岐させるための条件式として『条件分岐』や『フロー条件分岐』に指定する機会があります。Boolean型の完全なドキュメントは、下記にあります。

⬇Boolean

https://docs.microsoft.com/ja-jp/dotnet/api/system.boolean

Boolean型のリテラル値

Boolean型のリテラルは、TrueもしくはFalseです。これを下の表に整理します。

⬇表9

リテラル値	意味
False	偽
True	真

🔍Hint

ふた昔ほど前のプログラミング言語の多くは論理型が用意されておらず、整数のゼロを偽と、非ゼロを真として処理していました。これらは、真値の不適切な扱いによりバグが混入することもありました（どちらも真値を意図した1と-1をそのまま比較してしまい、異なると判定してしまうなど）。モダンなプログラミング言語の多くは論理型を導入することで、より安全で洗練されたプログラムを記述できるようになっています。

Boolean型の既定値

Boolean型の変数に既定値を指定しない場合には、この変数はFalseで初期化されます。

比較演算子

2つの値を比較して、結果をBoolean型で返します。たとえば、数値と数値（Int32やDouble）を比べたり、文字列と文字列（String）を比べたりできます。

なお、文字列を比較したときは、辞書順に並べて先にくる方を小さいと判断します。

⬇️表10

演算子	意味	Trueを返す条件	Trueを返す例	Falseを返す例
=	等価	左側と右側が等しい	3 = 3	3 = 4
<>	不等価	左側と右側が等しくない	"ほげ" <> "ふが"	"ほげ" <> "ほげ"
<	未満	左側が右側より小さい	3.1 < 4.7	3.1 < 2.8
>	大きい	左側が右側より大きい	5 > 2	3 > 5
<=	以下	左側が右側より小さいか等しい	"3文字".Length <= 3	"3文字".Length <= 0
>=	以上	左側が右側より大きいか等しい	"愛情" >= "愛情"	"恋心" >= "愛情"

論理演算子

論理演算子は、2つの論理型の値を比較して、結果をBoolean型で返します。Not演算子は、1つの（Notの右側にある）論理型の値を評価して、その反対の値を返します。

⬇️表11

演算子	意味	Trueを返す条件	Trueを返す例	Falseを返す例
And	論理積	左側と右側の両方がTrue	(True) And (True)	(True) And (False)

Or	論理和	左側と右側の どちらかがTrue	(True) Or (False)	(False) Or (False)
Xor	排他的論理和	左側と右側の 一方だけがTrue	(False) Xor (True)	(True) Xor (True)
Not	論理否定	右側がFalse	Not (False)	Not (True)

ショートカット論理演算子

　論理演算子AndとOrの代わりに使えるのがショートカット論理演算子です。こちらを使っただけでちょっぴり処理速度が早くなる、夢のような演算子です。

　前述の論理演算子は、必ず左側と右側の値の両方を評価します。でも、左側を評価するだけで、全体の評価値を確定できる場合があります。たとえば、（False) And ...ときたら、その右側以降は見なくても全体の評価値はFalseだとわかります。

　あるいは、（True) Or...ときたら、その右側が何であれ全体の評価値はTrueです。このようなとき、ショートカット論理演算子では右側以降の評価を省略して、全体の評価値を判断します。

🔻表12

演算子	意味	Trueを返す条件	Trueを返す例	Falseを返す例
AndAlso	論理積	左側と右側の 両方がTrue	(True) AndAlso (True)	(True) AndAlso (False)
OrElse	論理和	左側と右側の どちらかがTrue	(True) OrElse (False)	(False) OrElse (False)

①OnePoint　副作用

　式を評価することにより生じる効果を副作用（side effect）といいます。次の例では、「テキスト.Contains("うし")」が副作用を生じさせる部分です。ここではAndAlsoを使っているので、変数「テキスト」がNull（Nothing）の場合にはContainsメソッドは呼び出されず、例外がスローされることはありません。このように、ショートカット論理演算子では右側の式の副作用が発生しない場合があります。この副作用が必ず必要なときは、通常の論理演算子を使ってください。

A←B　代入

| うしを含むか | = | (テキスト IsNot Nothing) AndAlso テキスト.Contains("うし") |

7-6 論理式を簡潔に書く

論理式をわかりやすく書くには

　論理式をわかりやすく書くには、いくつかのポイントがあります。本節では、それらを紹介しましょう。

　たとえば、お酒を飲む場合と飲まない場合について、処理を分岐するための条件式を書いています。この式がTrueならお酒を飲まない処理に、Falseならお酒を飲む処理に分岐させたいのですが、いろいろやっているうちに訳がわからなくなってしまいました。この論理式を、簡単な形に書き直すことにしましょう。

◉書き直す前の、だめな論理式

Not (Not (年齢 < 20) And Not お酒が好きじゃない=True And (運転者 <> True Or 今日車で帰る = False))

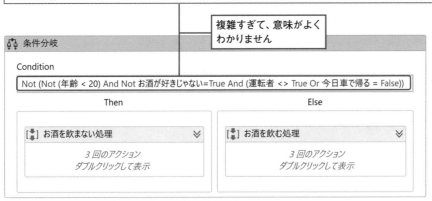

213

　この論理式を見た読者は、「おえっ」と思うかもしれません。でも、論理式の変形は機械的に行えるので、この式の意味を理解する必要はありません！　次の手順で、少しずつ分かりやすい形に変形していきます。

手順① リテラル値と比べている比較演算子は、除去する
手順② ド・モルガンの法則で、Notを減らす
手順③ 二重否定は、肯定に書き直す
手順④ 新しい変数を導入して、分解する
手順⑤ 『条件分岐』のThenとElseを適切に選択する

手順① リテラル値と比べている比較演算子は、除去する

　論理式を、論理リテラル値(TrueもしくはFalse)と比べるのは、冗長な表現です。次のように書き換えましょう。

●表13

元の式	同じ意味の式
論理式 = True	論理式
論理式 <> True	Not 論理式
論理式 = False	Not 論理式
論理式 <> False	論理式

　論理式は、単体で評価するだけでTrueかFalseになるのですから、これをわざわざTrueと比較したりする必要はありません。

●図4

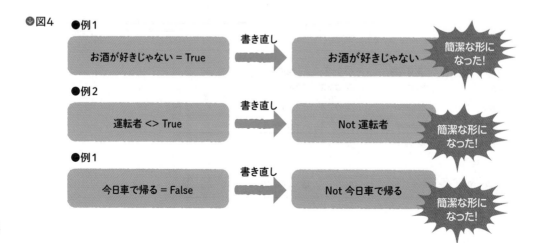

214

◉書き直す前の論理式

Not (Not (年齢 < 20) And Not お酒が好きじゃない=True And (運転者 <> True Or 今日車で帰る = False))

◉書き直した後の論理式

Not (Not (年齢 < 20) And Not お酒が好きじゃない And (Not 運転者 Or Not 今日車で帰る))

手順② ド・モルガンの法則で、Notを減らす

ド・モルガンの法則を使うと、論理式の意味は変えないで、表現を機械的に書き直せます。ド・モルガンの法則とは、集合代数の記号であらわすと次のようになります。ここで、∩は論理積(And)、∪は論理和(Or)、上の棒線は補集合(否定)を表します。この等号の左辺と右辺は同じ意味ですが、どちらが読みやすいかは状況によるので、その都度、検討してください。

◉表14

ド・モルガンの法則	Visual Basicの演算子で書き直した式
$\overline{(A \cap B)} = (\overline{A} \cup \overline{B})$	Not (A And B) = (Not A) Or (Not B)
$\overline{(A \cup B)} = (\overline{A} \cap \overline{B})$	Not (A Or B) = (Not A) And (Not B)

この書き直しの手順は次の通りです。

❶論理式の全体をひっくり返す

全体を括弧で括り、先頭にNotをつけます。もし元の論理式にNotがついていれば、このNotを取ればOKです。

❷論理式に含まれる各項の論理値をひっくり返す

論理値を構成する比較演算子を取り替えて、論理値をひっくり返します。この方法は、表15を参照してください。

◉表15

元の論理値	逆の論理値
A = B	A <> B
A < B	A >= B
A > B	A <= B
A	Not A

❸各項を連結するAndとOrを、すべて入れ替える

式の中にあるすべてのAndをOrに取り替えます。また、すべてのOrをAndに取り替えます。

以上の操作で変形した式は、元の式と同じ意味になります。

◆図6

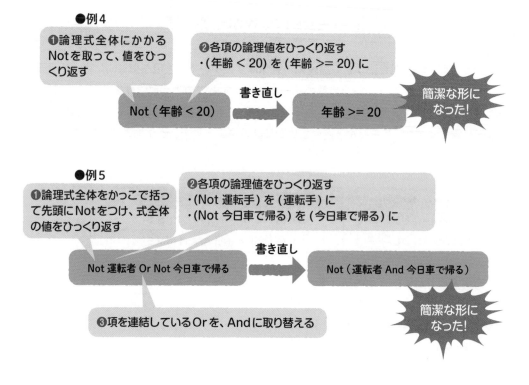

◆書き直す前の論理式

Not (Not (年齢 < 20) And Not お酒が好きじゃない And (Not 運転者 Or Not 今日車で帰る))

◆書き直した後の論理式

Not (年齢 >= 20 And Not お酒が好きじゃない And (Not (運転者 And 今日車で帰る)))

⬇図7

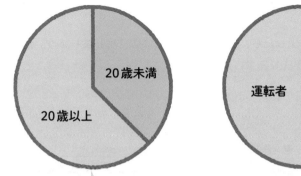

「20歳未満」は、
「Not (20歳以上)」と同じです!

「(Not 運転者) Or (Not 今日車で帰る)」は、
「Not (運転者 And 今日車で帰る)」と同じです!

手順③ 二重否定は、肯定に書き直す

　否定の否定は、肯定に書き直しましょう。Boolean型の変数を作成するときは、変数名を（否定ではなく）肯定の内容を指すようにした方が、わかりやすくなります。必要に応じて新しい変数を作成し、元の変数値を代入しましょう（たとえば、変数「お酒が好き」を作成して、これに「Not お酒が好きじゃない」を代入します）。

⬇図8

●例6

| Not お酒が好きじゃない | 書き直し | お酒が好き | 簡潔な形になった! |

2つの否定を取る

⬇書き直す前の論理式

Not (年齢 >= 20 And Not お酒が好きじゃない And (Not (運転者 And 今日車で帰る)))

⬇書き直した後の論理式

Not (年齢 >= 20 And お酒が好き And (Not (運転者 And 今日車で帰る)))

手順④ 新しい変数を導入して、分解する

　論理式の中に意味のある単位を見出したら、それは別の変数に切り出しましょう。前節と同様に、新しいBoolean型の変数を作成します。

●図9

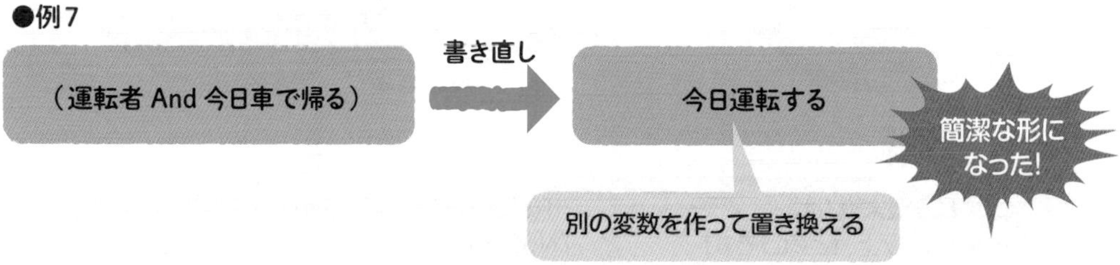

●例7

| （運転者 And 今日車で帰る） | → 書き直し | 今日運転する | 簡潔な形になった！ |

別の変数を作って置き換える

●書き直す前の論理式

Not (年齢 >= 20 And お酒が好き And (Not (運転者 And 今日車で帰る)))

●書き直した後の論理式

Not (年齢 >= 20 And お酒が好き And (Not 今日運転する))

手順⑤ 『条件分岐』のThenとElseを適切に選択する

　この論理式は、もともとはTrueのときにお酒を飲まない処理へ、Falseのときにお酒を飲む処理へ分岐することを意図していました。しかし、Trueのときには肯定の処理（つまりお酒を飲む処理）、Falseのときには否定の処理（つまりお酒を飲まない処理）に進む方が自然な流れになります。

　そこで、先頭のNotを取って論理式の意味を反転させ、分岐の方向を入れ替えましょう。

◉書き直す前の論理式

Not (年齢 >= 20 And お酒が好き And (Not 今日運転する))

◉書き直した後の論理式

年齢 >= 20 AndAlso お酒が好き AndAlso (Not 今日運転する)

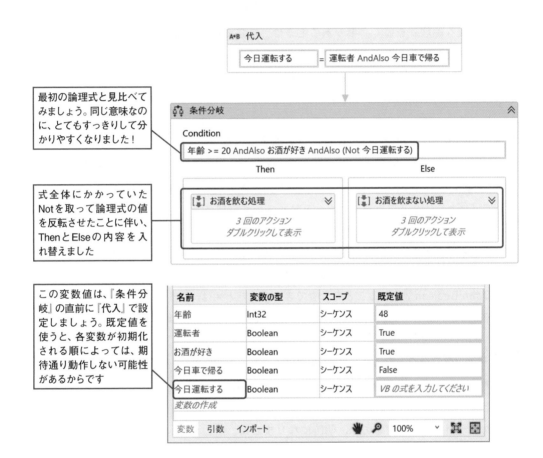

A•B 代入

今日運転する　＝　運転者 AndAlso 今日車で帰る

最初の論理式と見比べて
みましょう。同じ意味なの
に、とてもすっきりして分
かりやすくなりました！

条件分岐

Condition

年齢 >= 20 AndAlso お酒が好き AndAlso (Not 今日運転する)

Then　　　　　　　　　　　　　Else

式全体にかかっていた
Notを取って論理式の値
を反転させたことに伴い、
ThenとElseの内容を入
れ替えました

お酒を飲む処理　　　　　　　お酒を飲まない処理

3 回のアクション　　　　　　　3 回のアクション
ダブルクリックして表示　　　　ダブルクリックして表示

この変数値は、『条件分
岐』の直前に『代入』で設
定しましょう。既定値を
使うと、各変数が初期化
される順によっては、期
待通り動作しない可能性
があるからです

名前	変数の型	スコープ	既定値
年齢	Int32	シーケンス	48
運転者	Boolean	シーケンス	True
お酒が好き	Boolean	シーケンス	True
今日車で帰る	Boolean	シーケンス	False
今日運転する	Boolean	シーケンス	*VB の式を入力してください*
変数の作成			

変数　引数　インポート　　　　　　　✋　🔍　100%

そのほか、論理式を書くときのアドバイス

前節まででカバーできなかった論理式に関する話題について補足します。

✓括弧をつけて、優先順位を明確にする

複数の論理演算子を含む複雑な論理式は、その中に積極的に括弧をつけて、読みやすくし

ましょう。括弧がないと、優先順位がわかりにくくなり、バグの元になります。たとえばNot (A And B)を意図するなら、そのように書きましょう。この括弧を横着してNot A And Bと書くと、(Not A) And Bの順で評価されてしまいます。これは、AndよりNotの方が演算の優先順位が高いからです。

✅ 項をすべてAndで連結するか、すべてOrで連結するか、どちらかにする

　長く複雑な論理式を書く必要があるときは、括弧で括った項をすべてAndで連結するか、すべてOrで連結するかのどちらかにすると、AndとOrの優先順位を気にしなくてすむため、わかりやすい論理式になります。逆にいえば、AndとOrが混在する論理式は、その一部を括弧で括る必要があるということです。

✅ Boolean型の変数に、わかりやすい名前をつける

　Boolean型の変数に英語で名前をつけるときは、その先頭にisをつけるのが定番です。たとえば、変数名をisEmptyとかisActiveなどとして『条件分岐』の［条件］プロパティに指定すると、もし空っぽなら、もしアクティブならと読めるので好都合です。(isEmpty = True)などとせず、ただisEmptyとだけ書いても違和感がありません。このほか、先頭にhasもしくはcanをつけるのも定番です。hasAccessとすればアクセス権があるか、canDeleteとすれば削除できるか、という意味の変数名になります。日本語で命名するなら、最後に「か」をつけることで、その変数がBoolean型であることを示唆できます。たとえば、空っぽか、アクセス権があるか、削除できるか、などの名前がBoolean型の変数に使いやすいでしょう。

✅ 「チェックフラグ」のような名前は避ける

　前項と関連しますが、「チェックフラグ」とか「年齢チェック」のような名前をBoolean型の変数につけるのは避けましょう。これでは、そのBoolean値がTrueのときとFalseのときにそれぞれどういう意味となるのか、明確になりません。たとえば「成人した年齢か」のように、その値の意味することが明確になるような名前にしましょう。

✅ 数の範囲を論理式で書くときは、数直線と不等号の向きを合わせる

　たとえば、ある数値xの範囲が5以上かつ30未満であればTrueとなる条件式を考えます。これは、(x >= 5 And x < 30)と書くこともできますが、(5 <= x And x < 30)として、数直線の向きをイメージできるようにする方が読みやすいでしょう。

　同じように、ある数値xが5未満もしくは30以上であればTrueとなる条件式は、(x < 5 Or x >= 30)と書くよりも(x < 5 Or 30 <= x)としましょう。あるいは、Not (5 <= x And x < 30)と書くこともできます。

7-7　時間を表す型（期間と日時）

時間を表す型について

　UiPathでは、期間をTimeSpan型で、日時をDateTime型で表します。日時と日時の差分が、期間です。

◉図10

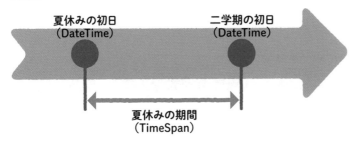

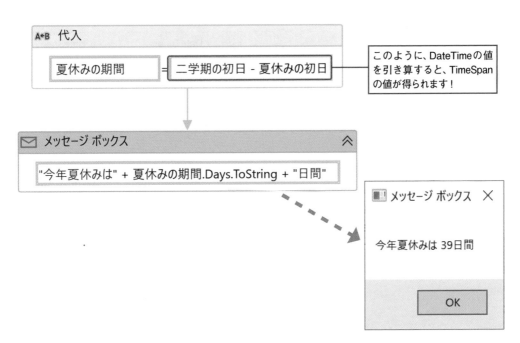

A*B　代入

| 夏休みの期間 | = | 二学期の初日 - 夏休みの初日 |

> このように、DateTimeの値を引き算すると、TimeSpanの値が得られます！

☐ メッセージ ボックス　⌃

"今年夏休みは" + 夏休みの期間.Days.ToString + "日間"

■ メッセージ ボックス　✕

今年夏休みは 39日間

OK

名前	変数の型	スコープ	既定値
夏休みの初日	DateTime	シーケンス	2020-07-24
二学期の初日	DateTime	シーケンス	2020-09-01
夏休みの期間	TimeSpan	シーケンス	*VBの式を入力してください*
変数の作成			

変数　引数　インポート　　　　　　　✋　🔑　100% ˅　⛶ ✛

期間と日時の算術演算子

期間と日時を操作する算術演算子を、次の表に整理します。

🔽**表16**

	演算子の左側にある値の型	演算子	演算子の右側にある値の型	演算結果の値の型
(A)	TimeSpan	+ -	TimeSpan	TimeSpan
(B)	DateTime	+ -	TimeSpan	DateTime
(C)	DateTime	-	DateTime	TimeSpan

(A) 期間に期間を加減算すると、期間が得られます。たとえば、5日間に3日間を足すと8日間になります。

(B) 日時に期間を加減算すると、日時が得られます。たとえば、3月3日に51日間を足すと、4月23日になります。

(C) 日時から日時を減算すると、期間が得られます。たとえば、4月23日から3月3日を引くと、51日間になります。

(D) 日時に日時を加算しても、意味のある結果は得られません。たとえば、3月3日と4月23を足しても、7月26日にはなりません。このため、日時と日時を加算しようとすると、設計時エラーになります。

期間（TimeSpan型）の比較演算子

TimeSpan型の値は、比較演算子で比較できます。この結果、TrueかFalseが得られます。なお、期間が長い方が大きく、短い方が小さくなります。

⏷表17

比較演算子の 左側の値の型	比較演算子	比較演算子の 右側の値の型	演算結果の値の型
TimeSpan	=	TimeSpan	Boolean
	<>		
	<		
	>		
	<=		
	>=		

日時（DateTime型）の比較演算子

DateTime型の値は、比較演算子で比較できます。この結果、TrueかFalseが得られます。なお、過去の日時の方が小さく、未来の日時の方が大きくなります。

⏷表18

比較演算子の 左側の値の型	比較演算子	比較演算子の 右側の値の型	演算結果の値の型
DateTime	=	DateTime	Boolean
	<>		
	<		
	>		
	<=		
	>=		

🔍**Hint**

　Systemパッケージの21.4から、『日付を変更』が利用可能になりました。前ページのような演算のほか、月はじめの日付や、次の水曜の日付などを簡単に求めることができます。

<h1>7-8　期間型（TimeSpan）</h1>

期間型について

期間型（TimeSpan型）は時間的な距離を表すもので、『待機』の［待機期間］プロパティの値を指定するときなどに使います。TimeSpan型の完全なドキュメントは、下記にあります。

⬇TimeSpan

https://docs.microsoft.com/ja-jp/dotnet/api/system.timespan

TimeSpan型のリテラル値

TimeSpan型のリテラルは、日数.時間:分:秒.ミリ秒の形式で記述できます。以下に例を示します。

⬇表19

リテラル値の例	意味
3:22:11	3時間22分11秒
15:10:00.1	15時間10分と100ミリ秒
-35.02:00:28	マイナス35日間と2時間28秒

⚠OnePoint　**負のTimeSpan値**

TimeSpan型は、負（マイナス）の値を保持することもできます。先頭にマイナス記号をつけることで、負の値を表現できます。

TimeSpan型データの作成

TimeSpan型のデータ値は、次のいずれかの方法で作成できます。

✅ リテラルを利用する

あらかじめ決まった値であれば、リテラルを使って変数を初期化できます。

名前	変数の型	スコープ	既定値
期間	TimeSpan	シーケンス	03:22:11
変数の作成			

> 3時間22分11秒で変数「期間」を初期化します

変数　引数　インポート　　　　✋ 🔑　100%　∨　⛶ ⊡

✅ New演算子で、TimeSpanのデータ値を作成する

時間、分数、秒数の3つの整数からTimeSpan型データを作成するには、次のようにします。

A+B　代入

期間　＝ New TimeSpan(時間, 分数, 秒数)

> New TimeSpan()として、この引数に3つのInt32型の値を指定します

名前	変数の型	スコープ	既定値
期間	TimeSpan	シーケンス	*VB の式を入力してください*
時間	Int32	シーケンス	1
分数	Int32	シーケンス	22
秒数	Int32	シーケンス	33
変数の作成			

変数　引数　インポート　　　　✋ 🔑　100%　∨　⛶ ⊡

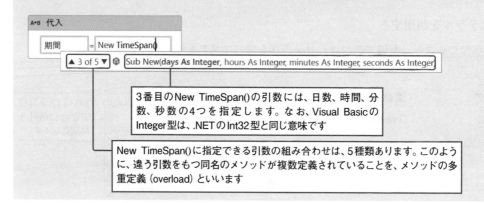

⚠️OnePoint コード補完機能で、指定できる引数の組み合わせを確認する

New TimeSpan()には、ほかの引数の組み合わせを指定することもできます。コード補完機能が表示するポップアップで、利用できる引数の組み合わせを確認してください。

3番目のNew TimeSpan()の引数には、日数、時間、分数、秒数の4つを指定します。なお、Visual BasicのInteger型は、.NETのInt32型と同じ意味です

New TimeSpan()に指定できる引数の組み合わせは、5種類あります。このように、違う引数をもつ同名のメソッドが複数定義されていることを、メソッドの多重定義（overload）といいます

✅文字列をTimeSpan型のデータ値に変換する

リテラルと同じ書式の文字列から、TimeSpanのデータ値を作成できます。これには、TimeSpan.Parse()メソッドを使います。

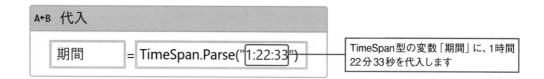

TimeSpan型の変数「期間」に、1時間22分33秒を代入します

TimeSpan型の値を文字列に変換する

TimeSpan型の値は、ToString()メソッドで文字列に変換できます。また、その引数で書式を指定することもできます。

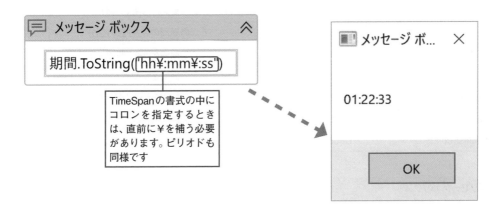

TimeSpan型のToStringメソッドに指定できる書式文字列は、次の表の通りです。

🔽表20

書式	意味	結果の例
"c"	いつもの書式（constant format）	"01:22:33"
"dd" 〜 "dddddddd"	日数（days）	"13" 〜 "00000013"
"h"	時間数（hours）	"1"
"hh"		"01"
"m"	分数（minutes）	"2"
"mm"		"02"
"s"	秒数（seconds）	"3"
"ss"		"03"
"ff"	ミリ秒数（fractional）	"00"
"fffffff"		"0000000"

TimeSpan型で利用できるプロパティ

TimeSpan型の値に対しては、次のプロパティを参照できます。

●表21

プロパティ名	型	意味
Days	Int32	この期間の日数の部分
Hours	Int32	この期間の時間数の部分
Minutes	Int32	この期間の分数の部分
Seconds	Int32	この期間の秒数の部分
Milliseconds	Int32	この期間のミリ秒数の部分
TotalDays	Double	この期間を日数だけで表す
TotalHours	Double	この期間を時間数だけで表す
TotalMinutes	Double	この期間を分数だけで表す
TotalSeconds	Double	この期間を秒数だけで表す
TotalMilliseconds	Double	この期間をミリ秒数だけで表す

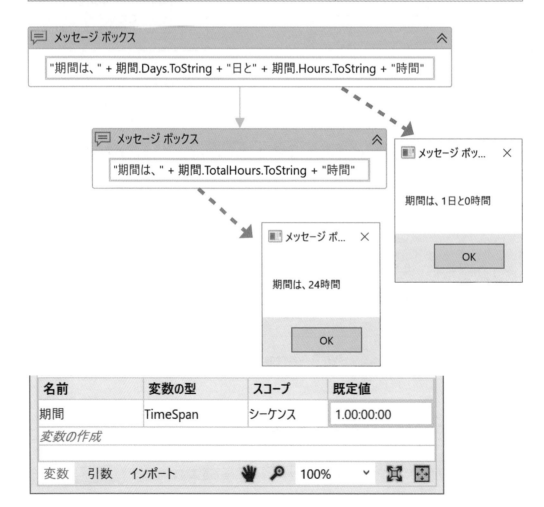

7-9　日時型（DateTime）

日時型について

　日時型（DateTime型）は、特定の日付と時刻を表します。DateTime型の完全なドキュメントは、下記にあります。

🔗**DateTime**
https://docs.microsoft.com/ja-jp/dotnet/api/system.datetime

DateTime型のリテラル値

　DateTime型のリテラルは、何年-何月-何日 時:分:秒の形式で記述できます。ハイフン（マイナス記号）のほか、スラッシュを使っても記述できます。以下に例を示します。

🔗**表22**

リテラル値の例	意味
2020/7/24	2020年7月24日
09/01/2020 15:00:00	2020年9月1日15時0分0秒

DateTime値の作成

　DateTime値は、次のいずれかの方法で作成できます。

⊘ リテラルを利用する

あらかじめ決まった値であれば、リテラルを使って変数を初期化できます。

図中の注釈：2020年7月24日で変数「夏休みの初日」を初期化します

⊘ New演算子で、DateTimeのデータ値を作成する

年、月、日の3つの整数からDateTime型データを作成するには、次のようにします。

A+B 代入

夏休みの初日 = New DateTime(年, 月, 日)

図中の注釈：2020年7月24日で変数「夏休みの初日」を初期化します

⚠ OnePoint　コード補完機能で、指定できる引数の組み合わせを確認する

このほか、New DateTime()には、年、月、日、時間、分、秒の6つの引数を指定することもできます。コード補完機能を使って、利用できる引数の組み合わせを確認してください。

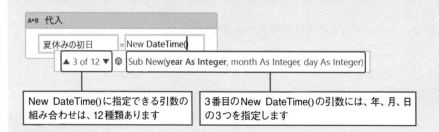

A+B 代入

夏休みの初日 = New DateTime()

▲ 3 of 12 ▼　Sub New(year As Integer, month As Integer, day As Integer)

New DateTime()に指定できる引数の組み合わせは、12種類あります

3番目のNew DateTime()の引数には、年、月、日の3つを指定します

✅ DateTime.Nowプロパティで、現在の日時を参照する

Nowは、（値でなく）型名にピリオドを続けて利用できる特殊なプロパティです。これは、現在の日時を表すDateTime値を返します。

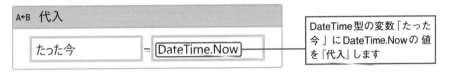

A←B 代入	
たった今	= DateTime.Now

DateTime型の変数「たった今」にDateTime.Nowの値を『代入』します

✅ DateTime.Todayプロパティで、現在の日付を参照する

DateTime.Todayプロパティも、Nowと同様のプロパティです。これは、現在の日付で時刻の成分が00:00:00となっているDateTime値を返します。

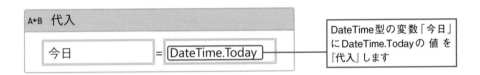

A←B 代入	
今日	= DateTime.Today

DateTime型の変数「今日」にDateTime.Todayの値を『代入』します

DateTime値を、文字列に変換

ToString()メソッドで文字列に変換できます。この引数に、書式を指定することもできます。

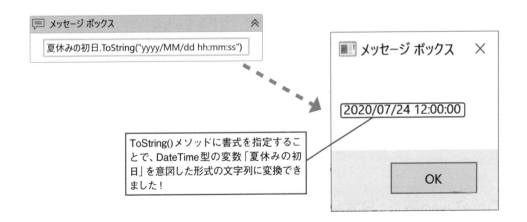

💬 メッセージ ボックス ⌃
夏休みの初日.ToString("yyyy/MM/dd hh:mm:ss")

■ メッセージ ボックス ✕
2020/07/24 12:00:00
OK

ToString()メソッドに書式を指定することで、DateTime型の変数「夏休みの初日」を意図した形式の文字列に変換できました！

DateTime型のToString(書式文字列)に指定できる書式文字列は、次の表の通りです。

●表23

書式	意味	結果の例
"gg"	年号	"A.D. "
"d"	日付（短い形式）	"07/24/2020"
"D"	日付（長い形式）	"Friday, 24 July 2020"
"f"	日時（短い形式）	"Friday, 24 July 2020 23:30"
"F"	日時（長い形式）	"Friday, 24 July 2020 23:30:00"
"t"	時刻（短い形式）	"23:30"
"T"	時刻（長い形式）	"23:30:00"
"MMM"	月（短い形式）	"Jul"
"MMMM"	月（長い形式）	"July"
"ddd"	曜日（短い形式）	"Fri"
"dddd"	曜日（長い形式）	"Friday"
"yyyy/MM/dd"	年/月/日	"2020/07/24"
"HH:mm:ss"	時:分:秒（24時間表示）	"23:30:00"
"hh:mm:ss"	時:分:秒（12時間表示）	"11:30:00"
"hh:mm:ss.fff"	時:分:秒.ミリ秒	"11:30:00.000"

①OnePoint　文字列に変換するメソッド

　DateTime値を文字列に変換するには、次のメソッドを呼び出すこともできます。これらの日時の書式は、DateTimeFormatInfoクラスで定義されています。

・日付（短い形式）：ToShortDateString()

・日付（長い形式）：ToLongDateString()

・時刻（短い形式）：ToShortTimeString()

・時刻（長い形式）：ToLongTimeString()

DateTime値を、日本語の文字列に変換

　地域の形式に［日本語（日本）］("ja-JP")を指定すると、西暦や曜日を日本語に変換できます。このとき、Windowsのコントロールパネルで設定した日時の形式が反映されます。

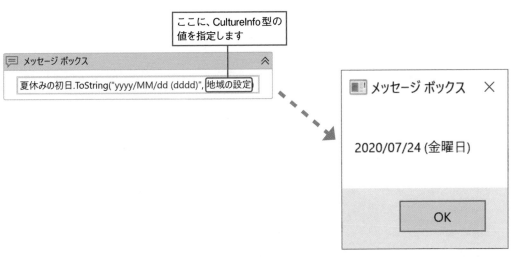

ここに、CultureInfo型の
値を指定します

1番めの引数は "＜言語＞-＜国
名＞" を指定します

2番めの引数は、Trueでコン
トロールパネルでユーザーが
設定した書式にし、Falseで指
定の言語と国名で既定の書式
にします

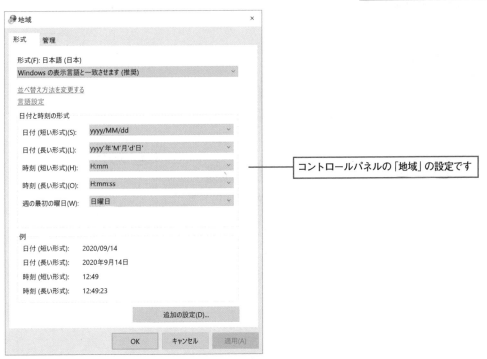

コントロールパネルの「地域」の設定です

地域に日本を指定したときの、書式文字列の動作は、次の表の通りです。

● 表24

書式	意味	結果の例
"gg"	年号	"西暦"
"d"	日付（短い形式）	"2020/07/24"
"D"	日付（長い形式）	"2020年7月24日"
"f"	日時（短い形式）	"2020年7月24日 23:30"
"F"	日時（長い形式）	"2020年7月24日 23:30:00"
"MMM"	月（短い形式）	"7"
"MMMM"	月（長い形式）	"7月"
"ddd"	曜日（短い形式）	"金"
"dddd"	曜日（長い形式）	"金曜日"
"yyyy/M/dd"	年/月/日	"2020/7/24"
"HH:mm:ss"	時:分:秒（24時間表示）	"23:30:00"
"hh:mm:ss"	時:分:秒（12時間表示）	"11:30:00"

DateTime値を、和暦を含む文字列に変換

地域に加えて、暦に日本を指定すると、和暦が扱えるようになります。

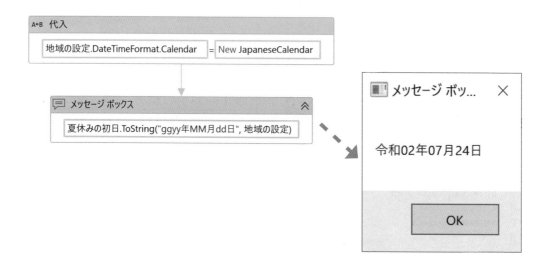

名前	変数の型	スコープ	既定値
夏休みの初日	DateTime	シーケンス	2020-07-24
地域の設定	CultureInfo	シーケンス	New CultureInfo("ja-JP", True)
変数の作成			

変数　引数　インポート　　　　　　　　🖐 🔍 100% ⌄ 🔲 🔳

文字列を、DateTime値に変換

　7-3節の「文字列をさまざまな型の値に変換」で紹介したConvert.ToDateTime()を使えば、さまざまな書式の文字列をDateTime値に変換できます。しかし、元の文字列の書式によっては例外が発生し、うまく変換できないこともあります。そのようなときには、DateTime.ParseExact()を使いましょう。これは元の文字列の日時の書式を指定できます。

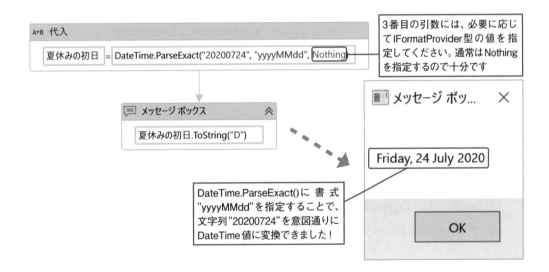

A+B 代入

夏休みの初日 = DateTime.ParseExact("20200724", "yyyyMMdd", Nothing)

3番目の引数には、必要に応じてIFormatProvider型の値を指定してください。通常はNothingを指定するので十分です

📨 メッセージ ボックス　　　　　　　〰

夏休みの初日.ToString("D")

■ メッセージ ボッ...　　　　×

Friday, 24 July 2020

OK

DateTime.ParseExact()に 書 式"yyyyMMdd"を指定することで、文字列"20200724"を意図通りにDateTime値に変換できました！

DateTime型のプロパティ

DateTime型の値には、次のプロパティがあります。これらを使って、年や日などの成分を数値型で参照することができます。

⚫表25

名前	型	意味
Year	Int32	年
Month	Int32	月
Day	Int32	日
Hour	Int32	時
Minute	Int32	分
Second	Int32	秒
Millisecond	Int32	ミリ秒
DayOfYear	Int32	今年、何日経過したか（1から366までの値）
DayOfWeek	DayOfWeek	今週、何日経過した分（0から6までの値で曜日を表す）
Date	DateTime	この日時の日付成分（時刻を00:00:00にクリアした値）
TimeOfDay	TimeSpan	この日時の時刻成分（同じ日の00:00:00からの経過時間）
Tick	Int64	この日時を0001/01/01 00:00:00からの経過時間で表した数字（単位は100ナノ秒）
Kind	DateTimeKind	この日時が世界標準時かローカル時かを示す

①OnePoint　DayOfWeek型

DayOfWeek型は曜日を表します。この型がとりうる値は以下です。

⚫表26

意味	整数値	列挙値
日曜日	0	DayOfWeek.Sunday
月曜日	1	DayOfWeek.Monday
火曜日	2	DayOfWeek.Tuesday
水曜日	3	DayOfWeek.Wednesday
木曜日	4	DayOfWeek.Thursday
金曜日	5	DayOfWeek.Friday
土曜日	6	DayOfWeek.Saturday

DateTime値の演算

DateTime値を進めるには、DateTime値のAddYears(年数)やAddMonth(月数)などのメソッドを『代入』で呼び出します。これらの引数には、負値も指定できます。あるいは7-7節で紹介したように、DateTime値にTimeSpan値を算術演算子(+/-)で加減算もできます。より簡単な方法として、Systemパッケージの21.4で新しく追加された『日付を変更』もあります。

⚠️OnePoint　ある年のある月が、何日間かを調べる

指定の年と月が何日間かを調べるには、DateTime.DaysInMonth(年, 月)メソッドを『代入』で呼び出します。28〜31のいずれかの整数が返ります。

⚠️OnePoint　うるう年を判定する

ある年がうるう年かどうか判定するには、DateTime.IsLeapYear(年)メソッドを『代入』で呼び出します。この引数に指定した年がうるう年なら、Trueが返ります。

タイムゾーン

DateTime型のデータは、自身がUTC時刻を表すのか、ローカル時刻を表すのかをKindプロパティに保持します。KindプロパティはDateTimeKind型です。この型がとりうる値は次のいずれかです。

⬇️表27

列挙値	意味
DateTimeKind.Unspecified	指定なし
DateTimeKind.Utc	UTC時刻（世界標準時）
DateTimeKind.Local	ローカル時刻

DateTime値を作成するときに、上記のいずれも指定しなかった場合には、そのKindプロパティにはDateTimeKind.Unspecifiedが設定されます。

一方で、DateTime.Nowで取得したDateTime値のKindプロパティには自動でLocalが設定されています。

これらのデータを混在して扱うときには、扱うDateTime型の値のすべてにDateTimeKind.Localを設定しておくとよいでしょう。

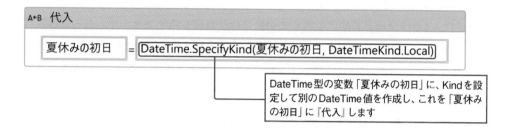

A+B　代入
夏休みの初日　= DateTime.SpecifyKind(夏休みの初日, DateTimeKind.Local)

DateTime型の変数「夏休みの初日」に、Kindを設定して別のDateTime値を作成し、これを「夏休みの初日」に『代入』します

Kindプロパティが適切に設定されたDateTime値に対しては、ToUniversalTime()メソッドやToLocalTime()メソッドが正しく動作するようになります。

なお、DateTime値自体には、時差（タイムゾーン）の情報は含まれていません。ToLocalTime()メソッドの動作は、Windows OSに設定されている日付と時刻の設定に依存します。

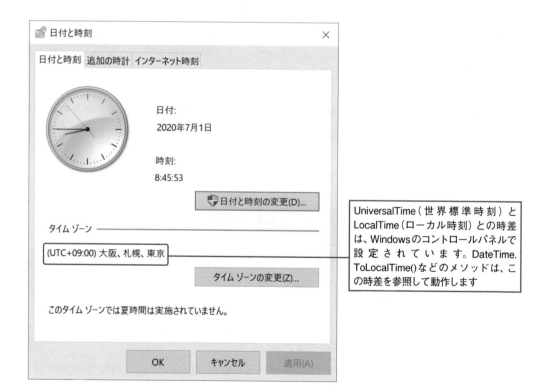

UniversalTime（世界標準時刻）とLocalTime（ローカル時刻）との時差は、Windowsのコントロールパネルで設定されています。DateTime.ToLocalTime()などのメソッドは、この時差を参照して動作します

Chapter

8

デバッグの技術

8-1　バグとデバッグ

バグについて

　プログラムに含まれる誤りのことを、**バグ**といいます。本来、バグ（bug）とは虫のことです。
　世界初のコンピュータは、1940年代にアメリカで開発されたENIAC（エニアック）だと言われています（諸説あります）。これは半導体ではなく、真空管でできていました。あるとき、ENIACが動かなくなったので調べたところ、真空管に虫が挟まっているのが見つかりました。この虫を取り除いたところ、問題なく動作するようになりました。それ以来、プログラムの誤りをバグとよぶようになった、という故事が伝わっています。
　バグを取り除いて、プログラムが期待通り動作するように修正することを**デバッグ**（debug）といいます。

［出典］U.S.Army Photo

⚠OnePoint　本物のバグレポート

Webで「eniac bug」を検索してみましょう。歴史的なバグレポートの写真が見つかります。この
レポートには、歴史的な虫（バグ）が貼り付けられています。

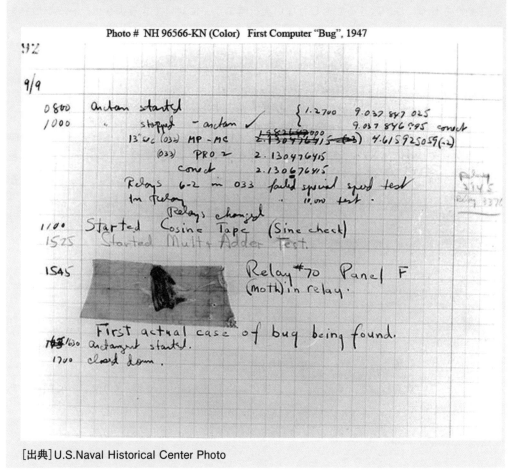

[出典] U.S.Naval Historical Center Photo

8-2 エラーの種類

エラーの種類について

エラーには、大きく分けて**設計時エラー**（Design-time error）と**実行時エラー**（Run-time error）の2つがあります。

設計時エラーは、ワークフローの記述誤り（バグ）が原因で発生しますが、実行時エラーは必ずしもワークフローのバグにより発生するとは限りません。しかし、ワークフローを安定して動作させるには、起きるかもしれない実行時エラーに対処できるようにワークフローを構成しておく必要があります。

設計時エラー（Design-time error）

ワークフローに誤りがあるため、この実行やパブリッシュができないエラーです。設計時エラーがある場合には、その原因となっているアクティビティの右上にアイコン ❶ が表示されます。このアイコンの上にマウスカーソルをもっていくと、そのエラーに関するヘルプが表示されます。

設計時エラーを取り除くには、一番内側にある ❶ アイコンを探して、その上にマウスカーソルをもっていきましょう。この例では、次のように表示され、『代入』の使い方に問題があることがわかります。

式 "3" の処理中にコンパイル エラーが発生しました。
Option Strict On で 'Integer' から 'String' への暗黙の型変換はできません。

　つまり、String型の変数に整数値を代入しようとしたためにエラーが発生していたのです。
代入の左辺を整数型の変数にするか、右辺をString型にするか、どちらかをして型を揃えれば、
このエラーを取り除くことができます。

　このほか、プロパティパネルに指定した値の型が不適切だったり、変数パネルに作成した
変数に不備がある（変数名に使えない文字を使っていたり、変数の型と既定値の型が揃ってい
なかったりするなど）ことによっても設計時エラーが発生します。デザイナーパネルの中にエ
ラーが見つからないときは、プロパティパネルや変数パネルの内容も確認してください。

---

①OnePoint　コンパイル時エラー

　設計時エラー（Design-time error）のことを、コンパイル時エラー（Compile-time error）というこ
ともあります。コンパイルとは、プログラムから実行可能なファイルを生成する処理のことです。
このときに発生してコンパイルを失敗させてしまうエラーなので、コンパイル時エラーというわ
けです。なお、Studioでは「コンパイル」に相当する処理（Robotで実行可能なプロセスパッケージ
ファイルを生成する操作）のことを「パブリッシュ」といいます。

⊕Hint

　エラーの発生場所がわからないときは、後述するエラーリストパネルに表示されるエラー項目
をダブルクリックしてみましょう。エラーの発生場所にジャンプすることができます！

実行時エラー（Run-time error）

　実行時の環境に起因して発生するエラーです。たとえば、オープンしたい名前のファイル
がディスク上に見つからなかったり、操作したいUI要素が指定のセレクターで画面上に見つ
からなかったりしたときです。このようなエラー発生に対処できるワークフローにしておく
必要があります。さもないと、実際に実行時エラーが発生した場合には、プロセスは例外を
漏らして異常終了してしまいます。

　例外を漏らさずに処理する方法は、Chapter14の「例外処理」で説明します。

8-3

ワークフローファイルの検証と分析

静的な検証と分析について

　ワークフローの動的な（実行時の）検証を行う前に、静的な（設計時の）検証と分析を済ませておきましょう。これは、[デザイン]リボンにある[🩺 ファイルを分析]ボタンをクリックして行えます。

　「検証」は、設計時エラーを検出します。「分析」は、ワークフローの可読性や保守性を下げてしまう要因などをすべて検出します。

　なお、設計時エラーがゼロになっていないと「分析」はされません。見つかった問題は、エラーリストパネルに表示されます。ワークフローを実行する前に、これらの問題をすべて取り除くようにします。

ファイルを検証・プロジェクトを検証

　ワークフローファイルを検証して、設計時エラーを見つけます。[ファイルを検証]は、現在デザイナーパネルで開いているワークフローを検証します。[プロジェクトを検証]は、プロジェクトフォルダーに含まれるワークフローのすべてを検証します。「検証」は、「分析」よりも短い時間で実行できますが、設計時エラーしか検出しません。

ファイルを分析・プロジェクトを分析

　ワークフローをワークフローアナライザーで分析し、設定された複数のルール項目についてOK/NGを判定します。NGとなった項目は、エラーリストパネルに表示されます。

　［ファイルを分析］は、現在デザイナーパネルで開いているワークフローを分析します。［プロジェクトを分析］は、プロジェクトフォルダーに含まれるワークフローのすべてを分析します。

　ワークフローの開発時には、頻繁に［ファイルを分析］しながら作業を進めると良いでしょう。また、パブリッシュの前には必ず［プロジェクトを分析］を実行し、検出された問題はすべて解消しましょう。

ワークフローアナライザーの設定

　ワークフローアナライザーが判定する、各ルール項目（検査項目）を設定できます。チーム内で、適用するルールのセットを統一しておくと良いでしょう。Chapter18の「チーム開発の支援」のOnePoint「ガバナンスについて」も参照してください。

245

エラーリストパネルのお手入れ

エラーリストパネルを上手に活用するコツは、ここにメッセージがまったく表示されない状態を維持することです。この分析と検証は継続して頻繁に行い、**エラーリストパネルに、1つのメッセージも残さないこと**が大切です。

もし、ワークフローを修正する必要はないと思われるメッセージが表示されたら、前述の［ワークフローアナライザーの設定］を変更することで、そのメッセージを消しましょう。このお手入れを怠ると、久しぶりに分析してみたら大量のメッセージが表示されてしまい、それらをすべて除去することが難しくなってしまいます。

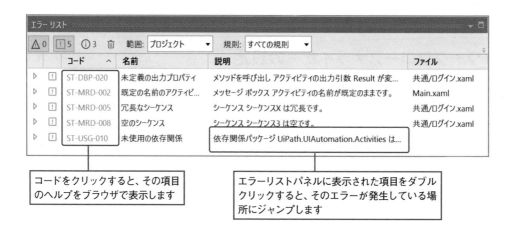

ワークフローアナライザーのメッセージレベル

ワークフローアナライザーの設定では、各メッセージのレベルを設定できます。

Errorレベルのメッセージが出力されたら、すぐに取り除きましょう。既定でErrorレベルとなっている項目には「空のcatchブロック」などがあります。パブリッシュ時になってから取り除くのは面倒なものも多いため、設計時エラーと同様に扱って、すぐにワークフローを修正しましょう。

Warningレベルのメッセージは、いったんはそのままでも構いません。既定でWarningレベルとなっている項目には「未使用の変数」や「空のシーケンス」などがあります。これらは、ワークフローの開発中にはそのままにしたいこともあるでしょう。しかし、パブリッシュ時にはこれらのメッセージが出力されないようにワークフローを修正してください。

InfoもしくはVerboseレベルのメッセージは、ワークフロー開発時の参考情報としてください。これらのメッセージは、エラーリストパネルの上部にあるツールボタンでフィルターし

て隠しておけば十分であり、普段はワークフローを修正する必要はありません。

　前述のルールに従えない項目については、無効にしたりレベルを変更したりするなどして、ルールを守れる現実的な設定を作成してください。いい感じの設定を構築できたら、チーム内で共有すると良いでしょう。

8
デバッグの技術

Column　**C#によるカスタムルールの作成**

　ワークフローアナライザーには、読者が独自のルールを作成して追加できます。本書では、その詳細な開発手順は説明しませんが、ここに概要だけを示しておきます。

[1] Microsoft Visual Studioで、C#のクラスライブラリプロジェクトを作成

[2] このプロジェクトに、UiPath.Activities.Apiパッケージを追加

　　メニューから ツール → NuGet パッケージマネージャ → パッケージマネージャコンソール を開き、Install-Package UiPath.Activities.Api と入力

[3] IRegisterAnalyzerConfigurationを実装するpublicなクラスを実装し、このInitialize()メソッドでカスタムルールを実装するクラス(Rule<IWorkflowModel>もしくはRule<IActivityModel>など)のインスタンスをサービスに登録

[4] プロジェクトをビルドして.dllファイルを作成

[5] この.dllファイルをStudioインストールディレクトリ配下のRuleディレクトリに配置

　なおUiPath.Activities.Apiパッケージにより、プロジェクト設定ダイアログに表示されるカスタム設定項目や、[デザイン]リボンに表示されるカスタムウィザードボタン([レコーディング]や[画面スクレイピング]などと同様のボタン)なども作成できます。これらは、当該の(読者が作成した)カスタムアクティビティパッケージをプロジェクトにインストールすると利用可能になります。たとえば、プロジェクト設定ダイアログの既定の設定項目の一部や、リボンの[レコーディング]ボタンなどは、UIAutomationパッケージをインストールすると利用可能になるのと同様です。詳細は、下記を参照してください。

🔽カスタムルールの作成(UiPath Studioガイド)

https://docs.uipath.com/studio/docs/building-custom-rules

🔽Activities SDKについて(UiPath Developerガイド)

https://docs.uipath.com/developer/docs/about-studio-activities-sdk

---

<table>
<tr><td>8-4</td><td># Studioのデバッグ機能</td></tr>
</table>

デバッグ機能について

　本節より、Studioの**デバッグ機能**について説明します。この機能を使うと、ワークフローに配置されたアクティビティを1つずつ実行しながら、制御の流れる方向や変数値の変化などを確認したり、変数値の内容を書き換えたりできます。

　ここでは、3-1節の「ワークフローの設計」で作成した「カレーを作る」ワークフローを動かしながら、Studioのデバッグ機能を使ってみます。デバッグ実行中は、ワークフローを編集できないので注意してください。なお、デバッグ中に可能な操作（ステップ実行など）は、キーボードショートカットで操作すると大変作業しやすいので、ぜひ覚えましょう。

Studioの強力なデバッグ機能は、[デバッグ] リボンから操作できます！

⊘ ファイルをデバッグ（[F6] キー）

　Studioでは、どのワークフローからデバッグを開始するか、[デバッグ]リボンにある[デバッグ]ボタンをドロップダウンして選択できます。このボタンは[デザイン]リボンにもあります。

　また、[↓ ステップ イン ステップ イン]ボタンをクリックしてもデバッグを開始できます。この場合は、デザイナーパネルで表示しているワークフローから実行が開始されます。[ステップ イン]ボタンについては後述します。

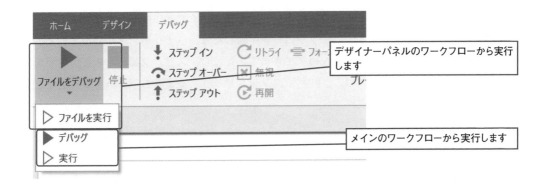

● 表1

		Studioのデバッグ機能	
		利用可能（処理は少し遅い）	利用不可（処理は高速）
エントリポイント	デザイナーパネルで開いているワークフロー	▶ ファイルをデバッグ [F6]	▷ ファイルを実行 [Ctrl+F6]
	メインのワークフロー	▶ デバッグ [F5]	▷ 実行 [Ctrl+F5]

※ ライブラリプロジェクトではメインワークフローがないため、［デバッグ］と［実行］は使えません。

> ① OnePoint　［ファイルをデバッグ］ボタンの既定の動作
>
> ［ファイルをデバッグ］ボタンの既定の動作は、StudioのBackstageビューの［設定］タブにある［デザイン］カテゴリで変更できます。

✓ 中断（［Pause］キー）

デバッグ中は、［ファイルをデバッグ］ボタンが［ ❚❚ 中断］ボタンに変わります。これをクリックすると、デバッグ中のワークフローが中断します。

　ワークフローの処理がタイムアウト待ちなどで滞っているときに中断することで、その場所を特定することができます。ワークフローを中断したら、ウォッチパネルやイミディエイトパネルでプロパティや変数の値を確認できます。ただし、ステップ実行をしたい場所があらかじめわかっているときには、［中断］ボタンをクリックするよりもブレークポイントを活用して中断した方が便利です。

✅続行（[F5] キー）

　デバッグが中断した状態では、前述のボタンは［▶ 続行］ボタンに変わります。これをクリックすると、中断している場所からデバッグ実行を続行します。

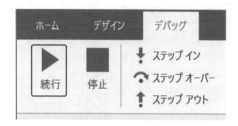

✅停止（[F12] キー）

　Studioで実行中のワークフローを停止します。停止したデバッグ実行は再開できないため、次にデバッグ実行を開始したときは、またワークフローの最初からになります。ワークフローを実行もしくはデバッグ中でないと使えません。

Column　RPAのテスト⑤ テストケースの設計

　RPAのテストケースを設計するときには、その自動化プロセスの実行に影響を与える要因（設定ファイルに記載する設定値の種類や、対向システムに登録されているデータなど）をすべて洗い出します。そして、その値の組み合わせを入力条件としたケース（場合）を、包括的に列挙します。

　ただし、実際にあり得る設定値の組み合わせをすべて列挙すると星の数ほどになってしまいます（これをテストケース数の爆発といいます）し、それらをすべてテストする意味もほとんどありません。

　このため、テストの設計においてはより少ないテストケースで、より高いカバレッジ（網羅性）を確保するための作戦を考えることになります。これには、同値分割や境界値分析、ペアワイズ法などのテスト設計手法が役に立ちます。単純にテストケースの数を増やすだけでは、テストのカバレッジは高くならないことに注意してください。

8-5　ステップ実行

ステップ実行について

　ステップ実行とは、ワークフローに配置されたアクティビティを1つずつ実行して中断する機能です。ワークフローが期待通りの経路で動作できているかを簡単に確認できます。

　また、中断のたびにウォッチパネルやイミディエイトパネルを確認できるため、プロパティや変数の値が期待通り変化しているかを確認することもできます。

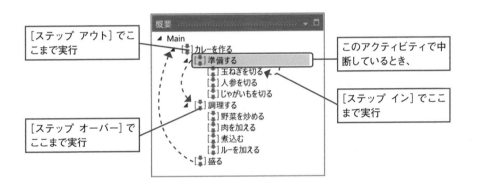

⊘ステップ イン（[F11] キー）

　[🔽 ステップ イン　ステップ イン]は、現在のアクティビティからその最初の子アクティビティに制御が移ります。現在のアクティビティに子アクティビティがないときは、ステップオーバーと同じ動作になります。

⊘ステップ オーバー（[F10] キー）

　[⤴ ステップ オーバー　ステップ オーバー]は、現在のアクティビティと、その子アクティビティをすべて実行し、後続のアクティビティに制御が移ります。後続のアクティビティがないときは、ステップアウトと同じ動作になります。

⊘ ステップ アウト（[Shift] + [F11] キー）

［⬆ ステップアウト　ステップ アウト］は、現在のアクティビティと後続のアクティビティをすべて実行し、現在のアクティビティの親アクティビティに制御が移ります。親アクティビティがない（現在のアクティビティがルートアクティビティの）ときは、このワークフローの実行が終了します。

⊘ フォーカス（[Alt] + [F10] キー）

［➡ フォーカス　フォーカス］は現在、実行を中断しているアクティビティを選択（フォーカス）します。中断しているときに、ほかのワークフローファイルを開いて内容を確認したりすると、現在どこまで実行したのかわからなくなってしまうことがあります。そのようなときに、デザイナーパネルを中断した場所に戻すために使います。

---

①OnePoint　お風呂のあひるデバッグ

　ワークフローが思い通りに動かないとき、処理の流れを誰かに説明することで考えが整理され、問題を解決できることがあります。その誰かは誰でもいいのです。そこで、ゴムのあひるに話をきいてもらいながらデバッグすることを、お風呂のあひるデバッグ（rubber duck debugging）といいます。これは『達人プログラマー システム開発の職人から名匠への道』（ピアソンエデュケーション刊）という書籍で紹介された、由緒ある方法です。

　実際のところ、ワークフローは思い通りには動きません。書いた通りに動きます。このため、（思ったことではなく）書いたことをあひるに説明しましょう。

8-6　例外発生時の操作

例外発生時の操作について

デバッグ中に例外がスローされると、デバッグは自動的に中断します。中断した後の動作を、下記のボタンで制御できます。なお、これらのボタンは例外がスローされてデバッグが中断したときに利用可能になります。

✓ リトライ（[Ctrl] + [Shift] + [R] キー）

［ 🔄 リトライ　リトライ］は、例外をスローしたアクティビティをもう一度実行します。例外の原因となったエラーを手動で解消できる場合に便利です。

たとえば、発生した例外がFileNotFoundException（ファイルが見つからなかった例外）なら、当該のファイルを手動で配置してから再試行できます。SelectorNotFoundException（セレクターが指すUI要素が見つからなかった例外）なら、当該のUI要素（ウィンドウなど）を手動で表示させてから再試行できます。エラーを解消せずに［リトライ］すると、同じアクティビティが同じ例外をスローすることになるので注意が必要です。

✓ 無視（[Ctrl] + [Shift] + [I] キー）

［ ✖ 無視　無視］は、スローされた例外を無視します。この例外はスローされなかったことになります。これにより、例外をスローしたアクティビティの直後のアクティビティから、実行が継続されます。

✓ 再開（[Shift] + [F5] キー）

［ 🔄 再開　再開］は、このデバッグを停止して、最初からデバッグをやり直します。直前のデバッグを開始したのと同じ場所から、新しいデバッグが開始されます。

> ⓘ OnePoint　**例外とは**
>
> 　例外とは、実行時エラーが発生したことをアクティビティが親アクティビティに通知するための仕組みです。例外は、Chapter14の「例外処理」で詳しく扱います。

8-7 ブレークポイント

ブレークポイントについて

　ブレークポイントとは、デバッグ実行を中断するポイントです。任意のアクティビティにブレークポイントを設定しておくと、デバッグ実行中にそのアクティビティを通過するところで中断します。

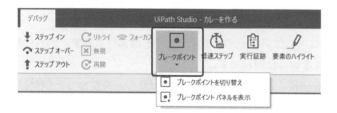

✓ ブレークポイントを切り替え（[F9] キー）

　[ブレークポイントを切り替え]は、アクティビティのブレークポイントの設定を次のように切り替えます。デバッグ実行中にブレークポイントが有効になったアクティビティに到達すると、実行が中断されます。ブレークポイントが無効の状態では、ブレークポイントが設定されていない状態と同じく、到達しても自動で実行が中断することはありません。

　ただし、ブレークポイントが無効のアクティビティはブレークポイントパネルに表示されるので、これを簡単に有効に戻すことができます。

●図1

（ブレークポイントが設定されていない状態）

（ブレークポイントが無効になった状態）　　（ブレークポイントが有効になった状態）

ブレークポイントを切り替えたときの動作

⊘ブレークポイント パネルを表示（[Ctrl] + [Shift] + [B] キー）

［ブレークポイント パネルを表示］は、ブレークポイントパネルを表示します。このパネルでは、より便利なブレークポイントを設定できます。

⊘ブレークポイントパネルとブレークポイントの設定ウィンドウ

ブレークポイントが設定されている場所を一覧表示します。各ブレークポイントについて、詳細な設定ができます。

Ⓐブレークポイントの状態を表示します。クリックすると、有効／無効が切り替わります
Ⓑ選択したブレークポイントを削除します
Ⓒすべてのブレークポイントを削除します
Ⓓすべてのブレークポイントを有効にします
Ⓔすべてのブレークポイントを無効にします
Ⓕダブルクリックすると、このブレークポイントが設定された場所をデザイナーパネルで開きます
Ⓖブレークポイントの設定ウィンドウを開きます
Ⓗこのブレークポイントを通過するたびにこの条件（Boolean値）を判定し、Trueだったら中断します

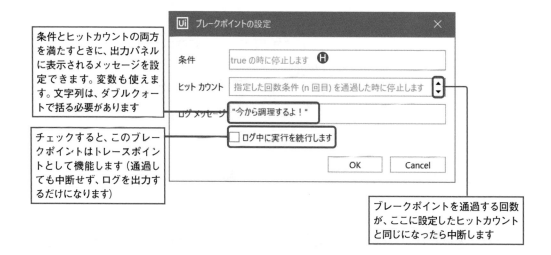

条件とヒットカウントの両方
を満たすときに、出力パネル
に表示されるメッセージを設
定できます。変数も使えま
す。文字列は、ダブルクォー
トで括る必要があります

チェックすると、このブレー
クポイントはトレースポイン
トとして機能します（通過し
ても中断せず、ログを出力す
るだけになります）

ブレークポイントを通過する回数
が、ここに設定したヒットカウント
と同じになったら中断します

🔽表2

アイコン	有効/無効	条件もしくはヒットカウントの設定	ログメッセージの設定
●	有効	なし	なし
○	無効	なし	なし
➕	有効	あり	なし
⊕	無効	あり	なし
◆	有効	なし	あり
◇	無効	なし	あり
◈	有効	あり	あり
◈	無効	あり	あり

> **ⓘ OnePoint　ブレークポイントのアイコン**
>
> 種類が多くてややこしいですが、下記の組み合わせを覚えれば簡単です。
>
> ・赤は有効、白抜きは無効です。
> ・+記号は、条件もしくはヒットカウントの設定あり。
> ・◇は、ログメッセージの設定あり。

8-8 ブレークポイントの使い方

中断したところから、ステップ実行を開始する

　ステップ実行は大変強力な機能ですが、ワークフローの最初からステップ実行を開始するのはつらいものがあります。興味のある場所にたどり着くまでに時間がかかったり、間違えて興味のある部分を通り過ぎたりしてしまうことがあるからです。

　そこで、ブレークポイントの出番です。興味のある場所にブレークポイントを設定してから、デバッグを開始しましょう。すると、ブレークポイントで自動で中断するので、そこからすぐにステップ実行を開始できます。

ヒットカウントを設定して、繰り返しを中断する

　繰り返し構造の中をステップ実行するときは、ヒットカウントの設定が役に立ちます。

　たとえば、最初のうちは問題なく動作するのに、繰り返しが1000回目になったときには謎のエラーが発生するようなときです。単純に、繰り返し構造の中にブレークポイントを設定すると、繰り返しのすべてで中断してしまい、［続行］ボタンを1000回クリックしなければなりません。

　このようなときは、そのブレークポイントのヒットカウントを1000に設定しましょう。1000回目に到達したときに限って、デバッグを中断できます。中断したら、ステップ実行で動作を確認し、謎のエラーを調査できます。

条件をつけて、バグを捕らえる罠を仕掛ける

　条件つきブレークポイントは、バグを捕まえるための罠として機能します。

　たとえば、ワークフローの中に「年齢」という変数を作って使っているとします。この変数は年齢ですから、マイナスの値になるはずはありません。ところが、ワークフローのどこかで、そうなってしまうようです。調べてみても、どこでマイナスになってしまうのか、なかなか

わかりません。このようなときは、このワークフロー内の複数の箇所にブレークポイントを
設定し、それらの条件に「年齢＜0」を設定します。すると、「年齢＜0」のときに自動で中断す
るので、すみやかにこの原因を特定できます。

　これは、ワークフローの中に多くの『メッセージをログ』を配置して変数「年齢」の値を追跡
するよりも、ずっとスマートな方法です。

⊙図2

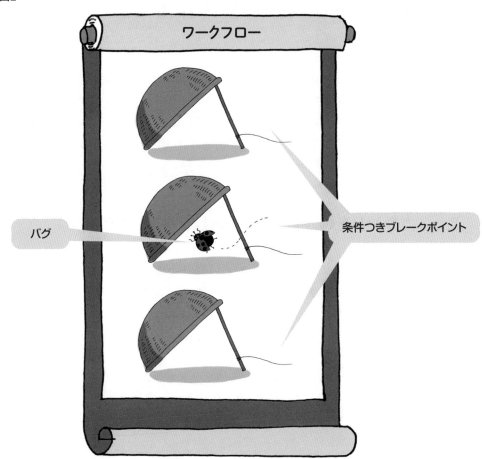

> ⚠OnePoint　**不変条件**
>
> 　変数が常に満たすべき条件を「不変条件」といいます。本文中の例でいえば、不変条件は「年齢
> >= 0」です。ブレークポイントに設定すべきは、これに反する条件「Not (年齢>=0)」（つまり「年齢
> ＜0」）です。このほか、ある処理を実行前に満たしておくべき条件を「事前条件」、ある処理を実行
> 後に満たされるべき条件を「事後条件」といいます。このような条件を使って設計の安全性を高め
> る技法を「契約による設計」（DbC：Design by Contract）といいます。

8-9 低速ステップ

低速ステップについて

ステップイン実行を繰り返し操作するのが面倒なときは、[低速ステップ]を有効にしてデバッグ実行しましょう。あたかもステップイン実行を自動で操作しているように、ゆっくり実行できます。

[低速ステップ]ボタンをクリックすると、次の順で設定が切り替わります。

⬇図3

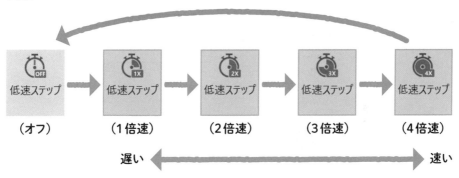

8-10　実行証跡

実行証跡について

　［実行証跡］を有効にすると、デバッグ中に実行したアクティビティに印がつきます。作成したワークフローをテストするときは、配置したアクティビティの実行経路すべてが実行されたことを確認する必要がありますが、実行証跡の印によりそれを簡単に確認できます。

　この印はデバッグ実行が完了しても表示されたままとなるので、すべての経路が実行済みとなるまで、デバッグ実行を繰り返すことができます。この印をクリアするには、実行証跡の機能を無効にします。

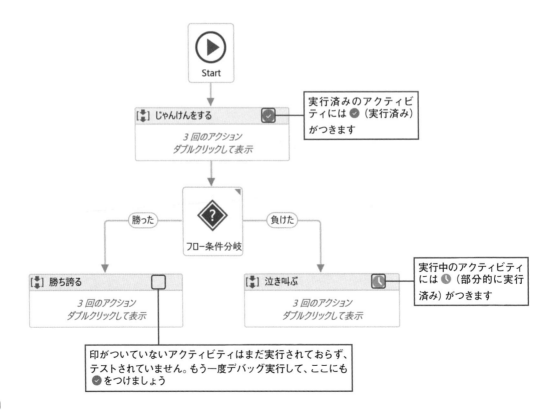

Hint

　例外を漏らしたアクティビティには❗(失敗)がつきます。この印を追跡することで、例外が漏れた経路を簡単に確認できます。

Column　**RPAのテスト⑥ テストの自動化**

　テストケースの設計と実装は、なかなかに創造的な仕事です。一方で、作成したテストケースに基づきテストを実行するのは、なんとも単調でつまらない作業です。そのため、テスト実行の自動化は、RPAという言葉が流行するよりずっと以前からソフトウェア開発の現場で実践されてきました。実はRPAの技術そのものは新しいものではなく、もともとはテストを自動化する用途に使われてきた背景があります。

　ほかのソフトウェア製品のテストを自動化するために、UiPathを活用することも当然の流れとしてあります。また、UiPathで作成したプロセス (ワークフロー) のテストを自動化することも、今後は一般的になっていくでしょう。8-18節の「テストエクスプローラーパネル」を参照してください。

　UiPathは、このようなテストの自動化を支援するために、UiPath Test Suiteという製品を2020年7月に発売しました。今後の活用が期待されています。

8-11 # 要素の強調表示

要素の強調表示について

　［要素を強調表示］を有効にすると、デバッグ中に操作中のUI要素が強調表示されます（以前は「ハイライト」でしたが、Studio 21.10から「強調表示」に変更されました）。

　たとえば、メモ帳の編集領域を操作しているとき、この編集領域の周りには次のような緑枠が表示されます。操作対象のUI要素を確認したいときに便利です。

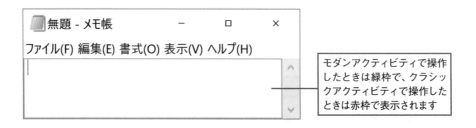

モダンアクティビティで操作したときは緑枠で、クラシックアクティビティで操作したときは赤枠で表示されます

⚠OnePoint　アクティビティをログ

　［アクティビティをログ］を有効にすると、デバッグ時にはワークフローに配置したすべてのアクティビティが自動でトレースログを出力するようになります。この詳細は13-3節の「ログレベル」で説明します。

8-12　例外発生時に続行

例外発生時に続行について

　［例外発生時に続行］を有効にすると、例外が発生しても、デバッグが自動で中断しないようになります。

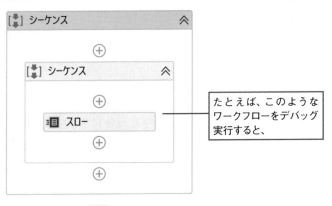

たとえば、このような
ワークフローをデバッグ
実行すると、

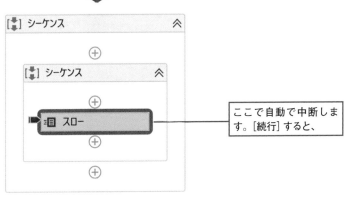

ここで自動で中断しま
す。［続行］すると、

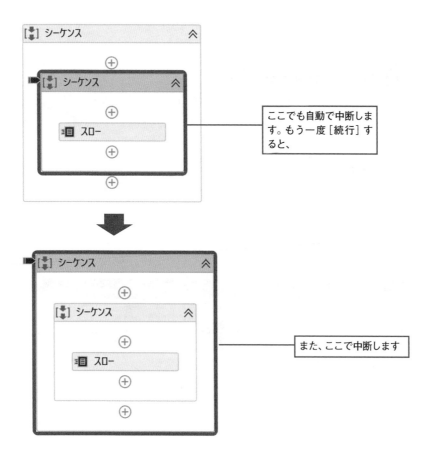

　この動作は、スローされた例外が伝播していく様子を確認するには便利ですが、この例外をキャッチする『トライキャッチ』までが遠く離れているとき、いちいち中断するのでは操作が煩雑となり面倒です。このようなときは［例外発生時に続行］を有効にしましょう。例外がスローされたときに、自動で中断しないようになります。その場合は、当該の『トライキャッチ』のキャッチブロックにブレークポイントを設定しておくと良いでしょう。

　なお、例外の扱い方は、Chapter14の「例外処理」で詳しく説明します。

8-13 ログを開く

ログを開くについて

［ログを開く］をクリックすると、ワークフロー実行ログやStudioログなどのログファイルが出力されるフォルダーを、ファイルエクスプローラーで開きます。

この詳細は、Chapter13の「ログ出力」を参照してください。

！OnePoint　ピクチャ イン ピクチャ

　これは2020.4で実験的に実装され、2020.10で正式にリリースされた新機能です。これを有効にした状態でプロセスを実行すると、小さなデスクトップウィンドウが開き、この中でプロセスが実行されます。ユーザーとAttended Robotの画面上の操作が干渉しなくなるため、Attended Robotが実行中にもユーザーが同じマシン上で作業できます。ただし、同じファイルを開いて編集するような作業はやはり干渉してしまうので、注意が必要です。

　この機能を活用すると、Attended Robotが真のアシスタントとして、みなさんをお手伝いできるようになるでしょう。これは、Windowsの子セッションという機能を活用して実装されました。この機能については、1-5節の「ピクチャ イン ピクチャ」も参照してください。

8-14　ワークフローを途中から実行する

ワークフローを途中から実行する

　デザイナーパネルに配置済みの任意のアクティビティを指定して、そこからデバッグ実行を開始できます。そのアクティビティより前にあるアクティビティの実行を省略できるので、効率よくデバッグ作業を進めることができます。この手順は、次の通りです。

[1]デザイナーパネルに配置したアクティビティを右クリックして、[このアクティビティから実行]を選択します。
[2]必要に応じて、ローカルパネルで変数の値を設定します。
[3][デバッグ]リボンの[続行]もしくは[ステップイン]をクリックします。

ワークフローを途中まで実行する

　デザイナーパネルに配置済みの任意のアクティビティを右クリックして[このアクティビティまで実行]を選択すると、そのワークフローの先頭からデバッグ実行を開始します。指定したアクティビティまで実行したら自動で中断するので、そこからデバッグ実行を続けることができます。ブレークポイントを設定してからデバッグ実行を開始するよりも、手軽な方法です。

指定のアクティビティだけを実行する

　配置済みの任意のアクティビティを右クリックして[アクティビティをテスト]を選択すると、このアクティビティだけをデバッグ実行できます。前述の「ワークフローを途中から実行する」と同様に、必要に応じてローカルパネルで変数の値を設定したら、[デバッグ]リボンの[続行]もしくは[ステップイン]をクリックしてください。デバッグが開始されます。
　これを[シーケンス]などのコンテナーアクティビティに対して実行すると、その中に含まれる一連のアクティビティだけを実行できます。デバッグにたいへん便利なので、ぜひ活用してください。

8-15 デバッグ時に、変数値を確認する

ローカルパネル

実行中の場所からアクセスできる変数と、アクティビティのプロパティの値を一覧表示します。変数を表示する行の右端をクリックすると変数の値を変更することもできます。

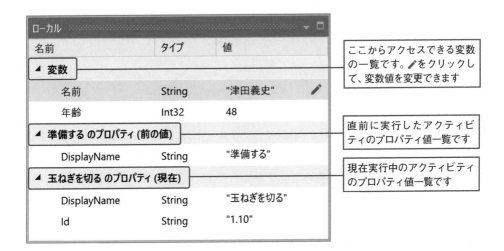

ここからアクセスできる変数の一覧です。✎をクリックして、変数値を変更できます

直前に実行したアクティビティのプロパティ値一覧です

現在実行中のアクティビティのプロパティ値一覧です

Hint

Studio 21.10からは、プロパティ値もデバッグ中にローカルパネルで変更できるようになりました！

OnePoint　ローカルパネルのローカルとは

ローカルパネルは、ローカル変数の値を表示するのでローカルパネルといいます。ローカル変数については、8-16節の「コールスタックパネル」を参照してください。

ウォッチパネル

ウォッチパネルは、監視（ウォッチ）したい式を手動で追加できるパネルです。変数の名前をそのままウォッチ式として追加もできますが、変数のプロパティや条件式などもウォッチ式として追加できます。ただし、変数の値を変更することはできません。

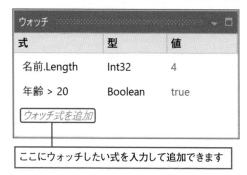

ここにウォッチしたい式を入力して追加できます

イミディエイトパネル

このパネルに式を入力すると、それが即時（イミディエイト）に評価され、値が表示されます。またウォッチパネルとは異なり、評価した式の値の履歴も表示されます。

パネル内のメッセージにある「現在のコンテキスト」とは、現在のワークフローの実行状態のことを指しています。本来、コンテキスト（context）とは文脈という意味です。

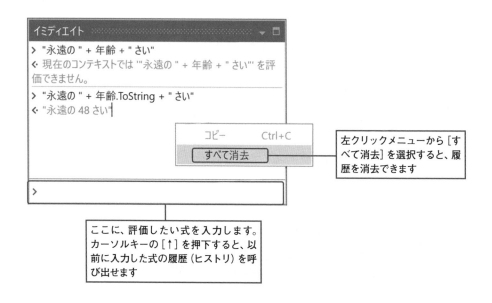

左クリックメニューから［すべて消去］を選択すると、履歴を消去できます

ここに、評価したい式を入力します。カーソルキーの［↑］を押下すると、以前に入力した式の履歴（ヒストリ）を呼び出せます

8-16　コールスタックパネル

コールスタックパネルについて

　親アクティビティから子アクティビティへの呼び出しの履歴を表示します。コールスタックの「コール」は呼び出しを、「スタック」は積み重ねたものを意味します。

　親アクティビティが子アクティビティを呼び出すときは、呼び出し元の親アクティビティの場所を（Studioが）覚えておかねばなりません。さもないと、呼び出された子アクティビティの実行が完了したときに、どこに戻ればいいのかわからず、迷子になってしまうからです。複数のワークフローの間を『ワークフローファイルを呼び出し』で行ったり戻ったりすることもありますから、どうにかして呼び出し元の親アクティビティの場所を（Studioが）記録しておく必要があります。そのための仕組みがコールスタックです。

　Studioはアクティビティの実行を開始する前に、その名前を書いたお皿をスタックの一番上に重ねておきます。そのアクティビティの実行が完了したら、そのお皿をスタックから取り除きます。すると、その下のお皿には、戻るべき親アクティビティの名前が書いてあるというわけです（そのお皿は、親アクティビティの実行を開始する前に重ねておいたものです）。

⟱図4

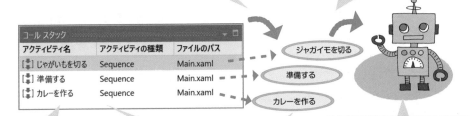

①スタックの一番上に、現在実行中のアクティビティの名前を書いたお皿を重ねます

②現在のアクティビティの実行が完了したら、お皿を一枚取り除いて、戻るべき親アクティビティの場所を確認します

えーと、「じゃがいもを切る」が終わったから、次は…「準備する」に戻るのだな

アクティビティ名をダブルクリックすると、それをデザイナーパネルで開けます

コールスタック（呼び出し履歴）

　コールスタックパネルに表示されたアクティビティ名のそれぞれをダブルクリックすると、その場所をデザイナーパネルで開くことができます。これを使って、現在実行を中断したアクティビティに到達した経路を確認できます。

Hint

　ややこしく感じるかもしれませんが、コールスタックパネルの内容をデバッグ実行しながら確認してみてください。これは、ワークフローを実行中のRobotのための「ぱんくずリスト」のように振る舞い、実行中のアクティビティの場所を指し示します。すぐに、その便利さがわかるはずです！

OnePoint　コールスタックとローカル変数

　実は、コールスタックのお皿に書いてあるのはアクティビティの名前と場所だけではありません。実は、そのスコープで作成された変数の値も、このお皿に書かれています。そのお皿がスタックに積まれていなければ、その変数は使えません。アクティビティが実行中にならないと、そのスコープの変数も使えるようにならないのはこういうわけなのです。このようにコールスタックで管理される変数のことを、プログラミングの世界ではローカル変数といいます。このローカルとは限られた場所からのみアクセスできるという意味で、日本語では局所変数といいます。

OnePoint　スタック

　先に入れたものを後に出す、先入れ後出し（FILO：First-In Last-Out）のデータ構造を、コンピュータ科学の世界では一般にスタックといいます。図4の例では、最初に入れた「カレーを作る」のお皿を、最後に出すことになります。このようなデータ構造をワークフロー内の変数で使いたいときは、System.Collections.Generic.Stack<T>型が便利です。

OnePoint　グローバル変数

　ローカル変数（局所変数）に対して、プログラムのどこからでも利用できる変数のことをグローバル変数（大域変数）といいます。グローバル変数は、どこからでも好き勝手に値を書き換えられてしまうため、バグが入りやすく、そのバグを取り除くのも大変です。そのため、グローバル変数は特別な事情がない限り使うべきではありません。

　UiPathでは、プロセス内の任意のワークフローから利用できるグローバル変数は定義できません。しかし、ルートアクティビティとして配置した『シーケンス』をスコープとする変数は、そのワークフロー内のどこからでも利用できてしまいます。これはグローバル変数と同じ問題を導入しやすいので、なるべく避けましょう。ワークフローを保守しやすくするため、変数にはできるだけ狭いスコープを設定しましょう。6-5節「スコープを設定するときのコツ」も参照してください。

8-17 リモートデバッグ

リモートデバッグについて

リモートデバッグは、現在、Studioで開いているプロジェクトをリモートのRobot端末上でデバッグ/実行する機能です。

ワークフローをUnattendedマシン上でデバッグするのは難しいものです。Windowsアカウントは開発者用とロボット用で異なるのが普通ですし、マシンがサーバールームにあってモニタやキーボードが付いていないこともあります。そもそも、UnattendedマシンにはStudioをインストールせず、Robotのみをインストールすることも多いでしょう。

そんな場合でもスムーズに開発できるように、Studio v21.10にはリモートデバッグ機能が追加されました。リモートデバッグを使うと、コードを修正するたびにそれを運用環境に持ち込む必要もなくなりますし、Linux上でのプロセスのデバッグにも威力を発揮します。ぜひ活用してください。

リモートデバッグを構成する

まず、デバッグしたいプロジェクトをStudioで開いてください。このリモートデバッグを構成するには、[デバッグ]リボンの[リモートデバッグ]ボタンをクリックして[リモートデバッグ設定]ウィンドウを開きます。

[接続の種類] は「Unattended ロボット」もしくは「リモートマシン」を選択できます

⊘Unattendedロボット

リモートマシンがOrchestratorに接続済みなら、こちらを使いましょう。すぐにリモートデバッグを開始できます。

（すべてStudioマシン上で操作します）

[1]Studioを、リモートマシンが割り当てられたフォルダーに接続します。Studioの接続先フォルダーは、Studioのメインウィンドウの右下で選択できます。

[2][リモートデバッグ]ボタンをクリックし、リモートデバッグを構成してください。Unattendedが有効で、かつ接続先フォルダーに割り当てられたユーザー名、同じフォルダーに割り当てられたマシンテンプレート名、そのマシンテンプレートで接続中のマシンのホスト名を選択できます。

[3][保存]をクリックし、リモートデバッグ設定ウィンドウを閉じます。

[4][ステップイン]などをクリックして、リモートデバッグを開始できます。Unattendedロボットが指定のユーザーでリモートマシンにログインし、デバッグが開始されます。デバッグを終えたら、ロボットは自動でリモートマシンからログアウトします。

⊘リモートマシン

リモートマシンがOrchestratorに接続されていない場合に使います。

（以下の手順は、リモートマシン上で操作します）

[1]開発者が、手動でリモートマシンにログインします。このときのアカウントは任意で構いませんが、Unattendedロボット用のWindowsアカウントを使うと良いでしょう。

[2][Win+R]cmd[Enter]と入力して、コマンドプロンプトを開きます。

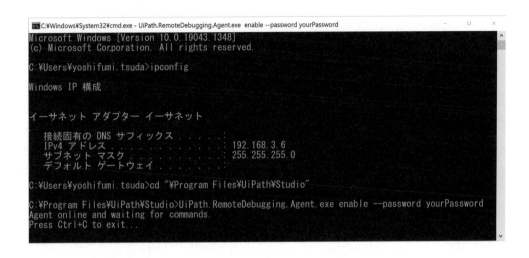

[3]ipconfig[Enter]と入力して、このマシンのIPアドレスを確認してください。画面の例では、192.168.3.6となります。

[4]cdコマンドでStudioのインストールディレクトリに移動します。

[5]UiPath.RemoteDebugging.Agent.exeを実行します。このとき、好きなパスワードを指定してください。Windowsファイアウォールの警告が表示されたら、アクセスを許可してください。

（以下の手順は、Studioマシン上で操作します）

[6][リモートデバッグ]ボタンをクリックし、リモートデバッグを構成してください。先の手順で確認したIPアドレスとパスワードを、それぞれ[ホスト]と[パスワード]に設定します。

[7][保存]をクリックし、リモートデバッグ設定ウィンドウを閉じます。

[8][ステップイン]などをクリックして、リモートデバッグを開始できます。

🔍 Hint

　Unattended Robot接続では、ロボットはそのマシン上で構成されたフィードから必要なパッケージをダウンロードします。リモートマシン接続では、Studioが提供するフィードから必要なパッケージをダウンロードします。

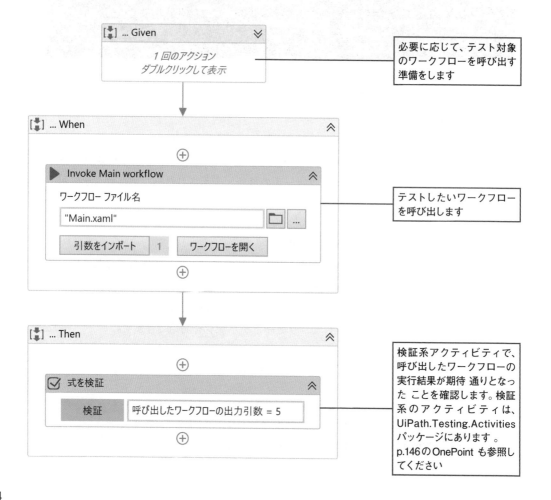

8-18 テストエクスプローラーパネル

テストエクスプローラーパネルについて

テストエクスプローラーパネルを使うと、ワークフローを効率よくテストできます。プロジェクトパネルで、テストしたいワークフローを右クリックして[テストケースを作成]し、次のように構成してください。作成したテストケースは、テストエクスプローラーパネルからまとめて実行でき、その結果はテスト対象のワークフローでまとめて表示されます。

[⬇] ... Given

1 回のアクション
ダブルクリックして表示

必要に応じて、テスト対象のワークフローを呼び出す準備をします

[⬇] ... When

⊕

▶ Invoke Main workflow

ワークフロー ファイル名

"Main.xaml"

| 引数をインポート | 1 | ワークフローを開く |

⊕

テストしたいワークフローを呼び出します

[⬇] ... Then

⊕

☑ 式を検証

| 検証 | 呼び出したワークフローの出力引数 = 5 |

⊕

検証系アクティビティで、呼び出したワークフローの実行結果が期待 通りとなった ことを確認します。検証系のアクティビティは、UiPath.Testing.Activitiesパッケージにあります 。p.146のOnePoint も参照してください

274

Chapter

9

さまざまなアクティビティ

9-1 アクティビティ

アクティビティについて

アクティビティは、ワークフローを構成し、Robotに何らかの処理をさせるための部品です。本章では、頻繁に使う機会があるアクティビティの使い方を紹介します。

なお、UiPathでは大変多くのアクティビティが利用できるため、これらすべてを本書で解説することはできません。UiPathの標準アクティビティの詳細な使い方については、下記を参照してください。

🌐**UiPath Activitiesガイド**

https://docs.uipath.com/activities/lang-ja

モダンアクティビティとクラシックアクティビティ

Studio 20.10からモダンアクティビティが導入され、古い（クラシックの）『クリック』とは別に、モダンの『クリック』も利用可能になりました。クラシックの方が手軽に使えますが、モダンの方がより洗練されており、保守しやすく高機能です。このほかのモダンアクティビティには、『文字を入力』や『テキストを取得』などがあります。これらモダンの使い方については、10-1節の「オブジェクトリポジトリ」を参照してください。

本章では、主にクラシックアクティビティについて扱います。プロジェクトパネルの上部から［プロジェクト設定］ウィンドウを開き、［モダンデザインエクスペリエンス］を「いいえ」に設定してください。

!OnePoint **アクティビティの表記**

本書では、アクティビティの名前を『』で括って表記しています。

9-2 基本的な画面操作

『メッセージボックス』

　メッセージボックスのダイアログを表示します。Attendedプロセスでは使う機会が多いでしょう。[ボタン]プロパティで、ダイアログに表示するボタンを変更できます。ユーザーがクリックしたボタンの種類は、[選択されたボタン]プロパティで取得できます。

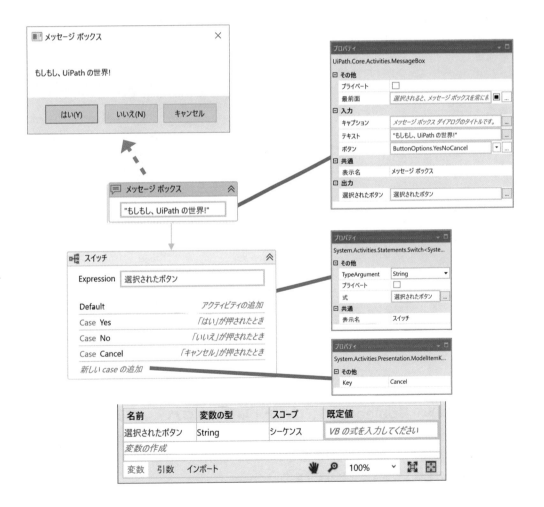

そのほかのダイアログ

　このほかにも『ファイルを選択』や『入力ダイアログ』など、さまざまなダイアログを表示するためのアクティビティがあります。アクティビティパネルで［システム］→［ダイアログ］カテゴリを確認してください。ダイアログ（dialog）とは「対話」という意味で、ダイアログボックスとは人とコンピューターが対話するためのUI要素です。ちなみに、モノローグ（monolog）は「ひとり言」です。

『クリック』

　画面上のUI要素をクリックしたいときは、『クリック』を使います。セレクターで指定した操作対象のUI要素によっては、うまくクリックできないことがあります。その場合には、プロパティパネルの［オプション］カテゴリにある［クリックをシミュレート］をチェックしてください。それでも動作しない場合には、［ウィンドウメッセージを送信］をチェックしてください。

　両方をチェックした場合には、設計時エラーとなります。

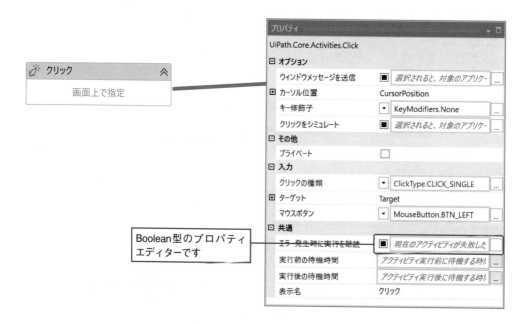

Boolean型のプロパティ項目のプロパティエディター

　このチェックボックスをチェックしてTrueを、アンチェックしてFalseを、簡単に設定できます。どちらもしない場合は、指定なし（既定値）となります。このほか、となりのエディットボックスでBoolean型の変数を設定することもできます。

これらのオプションプロパティの構成方法について、簡単な指針を表1に示します。対象のUI要素をクリックできれば、これらのプロパティをどのように構成しても構いませんが、[クリックをシミュレート]を使うのが処理速度の面で有利でしょう。

既定では人間との操作と同様にハードウェアイベントを発生させるので確実に動作しますが、対象のUI要素が画面上に見えている必要があります。

表1

プロパティ	手作業との互換性	バックグラウンドプロセスで利用	処理速度
クリックをシミュレート	99%（ウェブアプリ）	できる	100%
	60%（デスクトップアプリ）		
ウィンドウメッセージを送信	80%	できる	50%
チェックなし（既定）	100%	できない	50%

これらのオプションの内部動作についてより詳細に知りたい方は、下記を参照してください。

UI Automation（UiPath Studioガイド）

https://docs.uipath.com/studio/lang-ja/v2019/docs/ui-automation

①OnePoint 『ダブルクリック』

『ダブルクリック』というアクティビティもあります。これは『クリック』とまったく同じものですが、[クリックの種類]プロパティの既定値が「CLICK_DOUBLE」となっているだけのものです。

『テキストを設定』

画面上のテキストボックスにテキストを設定するには、『テキストを設定』を使います。これは使い方としては簡単で、次の手順で動作します。

[1][画面上で指定]リンクから対象のUI要素を指定する
[2]設定したいテキストを[テキスト]プロパティに指定する

後述の『文字を入力』よりも高速に実行でき、安定して動作します。ただし、対象のUI要素によっては期待通りにテキストを設定できないこともあります。また、キーボードショートカットを操作することはできません。このようなときは、『文字を入力』を使います。

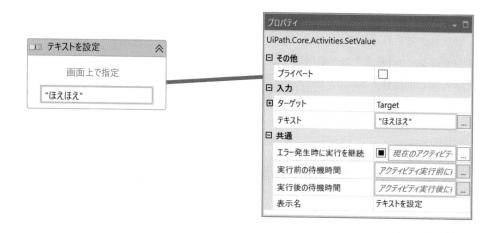

『文字を入力』

　画面のUI要素に対して、キーボードから文字を入力する操作をRobotに行わせるときに使います。前述の『テキストを設定』が設定したテキストを一括して対象のUI要素に設定するのに対して、『文字を入力』は1字ずつ対象のUI要素に入力します。

　たとえば、次の図の例では[テキスト]プロパティに"ほえほえ"を設定したので、「ほ」「え」「ほ」「え」と1字ずつ入力します。また、この例では[キー入力の待機時間]プロパティに1000を指定しているので、それぞれの文字入力の間に1000ミリ秒ずつ待機します。このプロパティの既定値は10ミリ秒で、指定できる最大の値は1000ミリ秒(1秒)です。

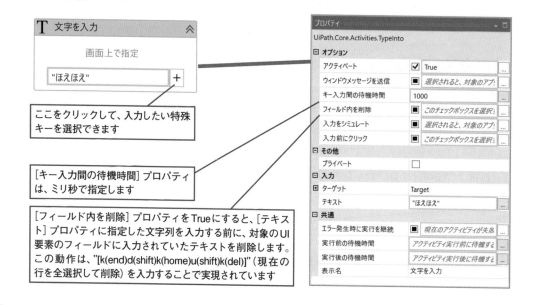

　『文字を入力』は、[Ctrl]キーや[Shift]キーなどの特殊キーも押下できます。アクティビティに表示されている[+]ボタンをクリックして特殊キーを選択してください。

　たとえば「shift」は[Shift]キー、「rshift」は右側の[Shift]キー、「lshiftは」左側の[Shift]キーです。シフトキーを押して離すには、[テキスト]プロパティに"[k(shift)]"と記載します。シフトキーを押しっぱなしにするには"[d(shift)]"、押したシフトキーを離すには"[u(shift)]"です(それぞれkeyのk、downのd、upのuです)。このように、シフトキーを使って大文字のAを入力するには"[d(shift)]a[u(shift)]"とします。もちろん、シフトキーを使う必要がなければ、"A"と記載するだけで大丈夫です。

---

①OnePoint　オプションプロパティとホットキー

　『文字を入力』には、『クリック』と同様のオプションプロパティがあります。もし『文字を入力』が期待通りに動作しないときは、9-2節の表1を参考に、これらのオプションプロパティを調整してください。なお、[入力をシミュレート]をTrueにした場合には、特殊キーは入力できない(指定の文字が字面通りに入力される)ことに注意してください。

『チェック』

　画面上のチェックボックスを操作するときは『チェック』を使います。対象のチェックボックスにチェックを付けたいときは[操作]プロパティをCheckに、チェックを外したいときはUncheckにします。現在の状態から反転させたい(チェックが付いていれば外す、外れていれば付ける)ときはToggleにします。

　なお『クリック』でチェックボックスをクリックすることもできますが、この場合は必ずチェック状態を反転(トグル)させる動作となってしまうので不便です。チェックボックスを安定して操作するには、『クリック』ではなく『チェック』を使いましょう。

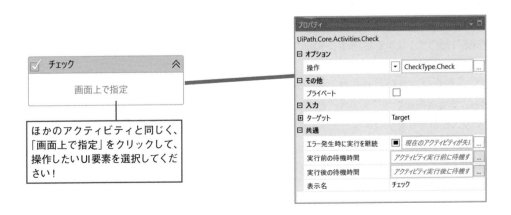

ほかのアクティビティと同じく、「画面上で指定」をクリックして、操作したいUI要素を選択してください!

281

『テキストを取得』

画面上のテキストを読み取るときは『テキストを取得』を使います。[値]プロパティには、String型の変数を指定してください。この変数に、画面から読み取ったテキストが返ります。

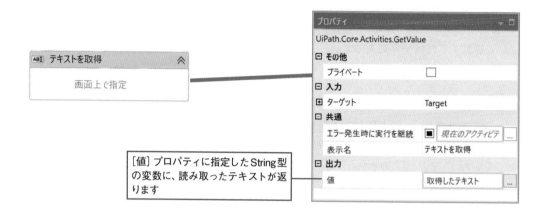

[値]プロパティに指定したString型の変数に、読み取ったテキストが返ります

① OnePoint　GenericValue型

Studioのバージョンによっては、プロパティパネルで[Ctrl]+[K]キーを押下して作成した変数の型がGenericValue型になる場合があります。一般にGenericValue型よりもString型の方が使いやすいので、変数パネルでString型に変更しましょう。『テキストを取得』に限らず、任意のアクティビティでGenericValue型よりもString型を使う方が便利です。新しいバージョンのStudioでは、[Ctrl]+[K]キーを押下する操作でString型の変数が作成されるようになっています。

① OnePoint　Webアプリ上のテキストを取得する

アプリ上のテキストを取得したい場合、ほとんどのケースで『テキストを取得』や『属性を取得』が期待通り動作するはずです。モダンの『テキストを取得』の[スクレイピングメソッド]プロパティを変更してみましょう。

もしうまくいかない場合には、Webアプリであればウィンドウ内のテキストを[Ctrl+A][Ctrl+C]で全選択してクリップボードにコピーし、そこから正規表現により当該の部分を抽出するという大技があります。『ホットキーを押下』『クリップボードから取得』『一致する文字列を取得』を続けて配置します。

最後の手段として『OCRでテキストを取得』などの画像ベースの方法もありますが、安定して動作させるのは難しい場合があります。

『属性を取得』

　画面上のテキストを『テキストを取得』で取得できない場合には、『属性を取得』を試してみましょう。操作対象のUI要素に設定されている属性(プロパティ)の名前を、アクティビティの前面で選択できます。

　この属性名は、UI Explorerに表示される[プロパティエクスプローラー]パネルで確認してください。取得した属性値は、[結果]プロパティに設定したString型の変数に返ります。

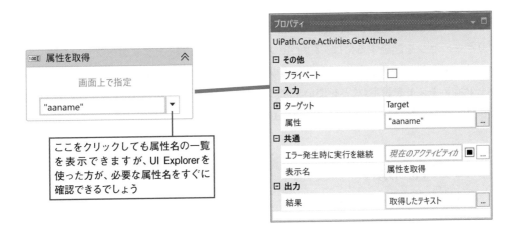

ここをクリックしても属性名の一覧を表示できますが、UI Explorerを使った方が、必要な属性名をすぐに確認できるでしょう

①OnePoint　UI Explorer

　UI Explorerを起動するには、まずアクティビティ前面に表示されている[画面上で指定]をクリックし、操作対象としたUI要素を選択します。次に、アクティビティに表示されるハンバーガーメニュー ≡ から[UI Explorerで開く]をクリックします。利用可能な属性の一覧は、UI Explorerに表示される[プロパティエクスプローラー]パネルで確認できます。

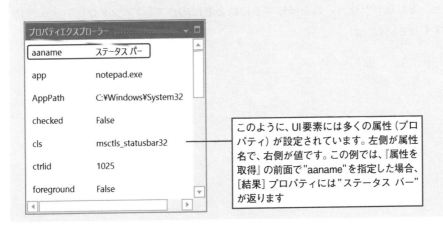

このように、UI要素には多くの属性(プロパティ)が設定されています。左側が属性名で、右側が値です。この例では、『属性を取得』の前面で"aaname"を指定した場合、[結果]プロパティには"ステータス バー"が返ります

9-3 アプリケーションウィンドウの操作

アプリケーションウィンドウの操作について

　アプリケーションを起動して、そのウィンドウにあるボタンなどのUI要素を操作できます。アプリケーションを起動するには、『プロセスを開始』もしくは『アプリケーションを開く』を使います。起動済みのアプリケーションのウィンドウ内にあるUI要素を操作するには、『クリック』や『テキストを設定』などを使います。同じウィンドウ内にあるUI要素を連続して操作するには、それらを『ウィンドウにアタッチ』の中に配置します。

『プロセスを開始』

　実行ファイル名がわかっているアプリケーションや、ドキュメントに関連づけられたアプリケーションを起動したいときは、『プロセスを開始』を使います。これは、指定したファイルを起動します。アプリケーション（拡張子が.exeのファイル）のほか、ドキュメントファイル（拡張子が.docxや.xlsxなどのファイル）を指定して、そのドキュメントに関連づけられたアプリケーションを起動することもできます。

　また、アプリケーション起動時の引数や作業ディレクトリをプロパティで指定することもできます。ただし、『プロセスを開始』はコンテナーアクティビティではないので、対象のアプリケーションを起動した後、これを操作するには必要に応じて『ウィンドウにアタッチ』などを活用してください。

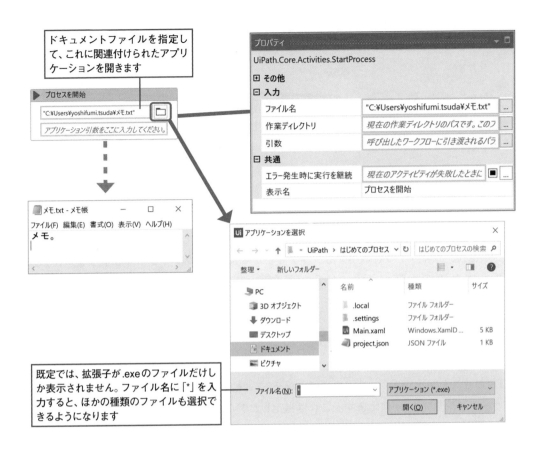

ドキュメントファイルを指定して、これに関連付けられたアプリケーションを開きます

既定では、拡張子が.exeのファイルだけしか表示されません。ファイル名に「*」を入力すると、ほかの種類のファイルも選択できるようになります

『ウィンドウにアタッチ』

　プロセスを実行時には、操作したいアプリケーションがすでに起動済みとなっているため、ワークフローから起動する必要がないときは『ウィンドウにアタッチ』を使います。Attachとは、「結びつける」という意味です。このアクティビティは、対象のウィンドウを捉えて自身と結びつけます。

　このほか、ウィンドウを取得するアクティビティには『アクティブウィンドウを取得』もあります。これは、アクティブなウィンドウ（最前面に表示されているウィンドウ）を取得します。

『アプリケーションを開く』

　『プロセスを開始』と『ウィンドウにアタッチ』を連続して配置したいときは、代わりに『アプリケーションを開く』が使えます。これは指定したアプリケーションを起動したら、自動でそのメインウィンドウにアタッチします。ただし、『プロセスを開始』と異なり、この[ファイル名]プロパティにはドキュメントのファイル名を指定することはできません。

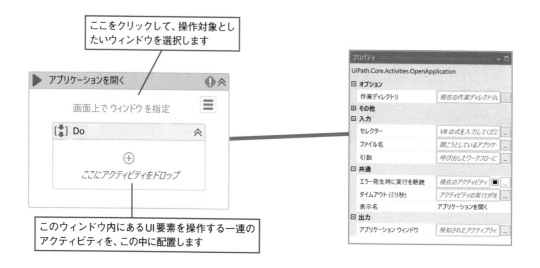

　このアクティビティをデザイナーパネルに配置したら、当該のアプリケーションを手動で

起動し、このウィンドウを『アプリケーションを開く』の［画面上でウィンドウを指定］で指定
してください。これにより、［ファイル名］プロパティと［セレクター］プロパティが自動で設
定されます。［ファイル名］に指定されたアプリケーションは、『アプリケーションを開く』の
実行時に自動で起動されます。

ウィンドウを操作するアクティビティ

『ウィンドウにアタッチ』や『アプリケーションを開く』などのウィンドウのスコープアク
ティビティを配置したら、このウィンドウを操作するアクティビティをその中に配置できま
す。これらは自動で当該のウィンドウを参照し、操作します。

　これらのアクティビティは、アクティビティパネルの［UI Automation］の下にある［ウィン
ドウ］カテゴリにあります。

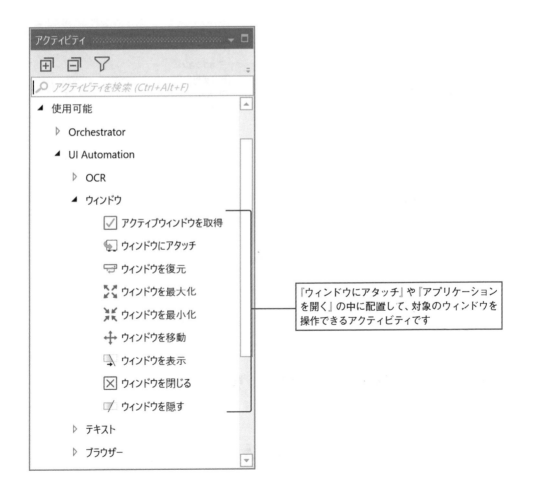

『ウィンドウにアタッチ』や『アプリケーション
を開く』の中に配置して、対象のウィンドウを
操作できるアクティビティです

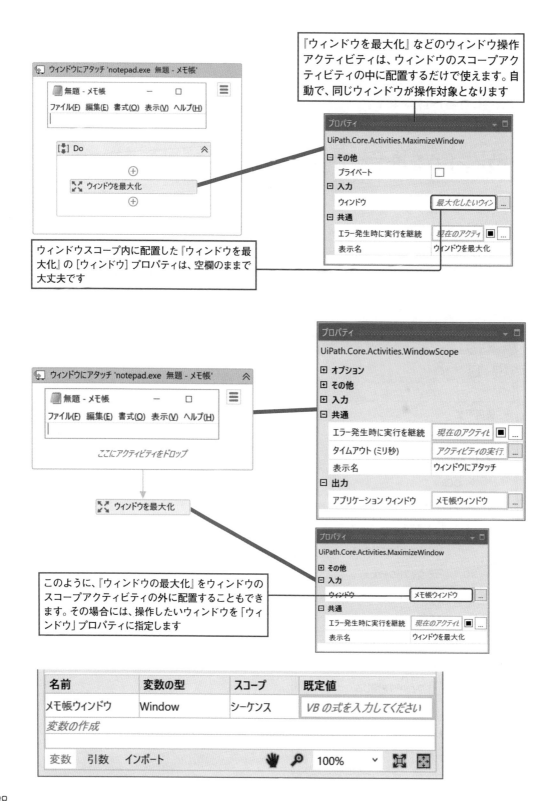

『ウィンドウを最大化』などのウィンドウ操作アクティビティは、ウィンドウのスコープアクティビティの中に配置するだけで使えます。自動で、同じウィンドウが操作対象となります

ウィンドウスコープ内に配置した『ウィンドウを最大化』の [ウィンドウ] プロパティは、空欄のままで大丈夫です

このように、『ウィンドウの最大化』をウィンドウのスコープアクティビティの外に配置することもできます。その場合には、操作したいウィンドウを「ウィンドウ」プロパティに指定します

⚠️OnePoint　ワークフローを適切な単位で分割する

『ウィンドウにアタッチ』の［アプリケーションウィンドウ］プロパティに出力されるウィンドウ変数（前ページの例では［メモ帳ウィンドウ］）を引数にして、ワークフロー間で引き渡すこともできます。これにより、ワークフローをより適切な単位で分割することができます。

⬇️図1

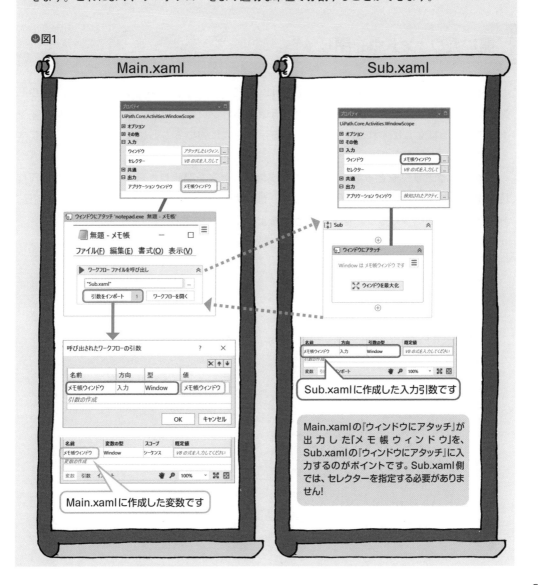

Main.xamlに作成した変数です

Sub.xamlに作成した入力引数です

Main.xamlの『ウィンドウにアタッチ』が出力した「メモ帳ウィンドウ」を、Sub.xamlの『ウィンドウにアタッチ』に入力するのがポイントです。Sub.xaml側では、セレクターを指定する必要がありません！

ウィンドウ内にあるUI要素を操作する

　ウィンドウスコープのアクティビティ内にも、『クリック』や『文字を入力』などを配置できます。これらのセレクターで、ウィンドウスコープに指定したウィンドウの内部にあるUI要素を指定した場合には、このウィンドウからの部分セレクターになります。これにより、より安定した動作が期待でき、保守性も高まります。

　なお、部分セレクターと完全セレクターについては、10-16節の「完全セレクターと部分セレクター」を参照してください。

開いたウィンドウを閉じる

　ウィンドウを閉じるには、『ウィンドウを閉じる』を使います。自動化プロセスで開いたウィンドウは、必ず閉じてから終了するのがお行儀の良いプロセスです。実行するたびにウィンドウを開きっぱなしにすれば、これを閉じる手間を人に強いることになり、操作を自動化する目的に反してしまいます。

　PCのデスクトップをとっ散らかしたまま次のプロセスを開始したら、うまく動かない可能性も出てきます。どんな例外が発生しても、開いたウィンドウを閉じてから終了する例は、14-10節の「Finallyブロックが必ず実行されるようにする」を参照してください。

9-4

ブラウザーの操作

ブラウザーの操作について

　ブラウザーウィンドウと、その内部にあるUI要素（ボタンやテキストボックスなど）を操作するには、まずブラウザーのスコープアクティビティを配置し、その中にブラウザーやそのUI要素を操作するアクティビティを配置します。ブラウザーのスコープアクティビティには、『ブラウザーを開く』や『ブラウザーにアタッチ』があります。この使い方は、ウィンドウのスコープアクティビティとまったく同じです。

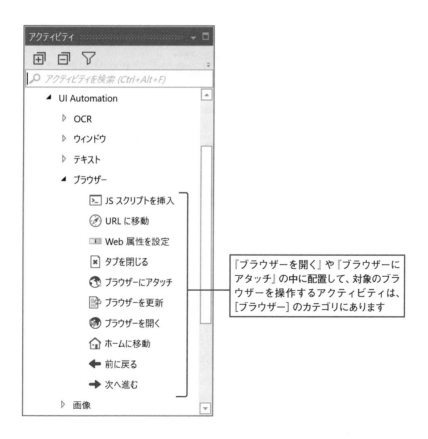

『ブラウザーを開く』や『ブラウザーにアタッチ』の中に配置して、対象のブラウザーを操作するアクティビティは、[ブラウザー]のカテゴリにあります

! OnePoint　ChromeやFirefoxを操作したいときは

　ChromeやFirefoxなどのブラウザーをUiPathで操作したい場合には、対応する拡張機能をインストールする必要があります。これはStudioのBackstageビューにある［ツール］タブから行えます。これらの拡張機能はWindowsのユーザーごとにインストールが必要ですが、インストール時に端末の管理者権限は不要です。なお、このほかの拡張機能にはそうでない（一度のインストールでこの端末のユーザーすべてに有効になるが、インストールには端末の管理者権限が必要となる）ものもあるので注意してください。

! OnePoint　ブラウザーをうまく操作できないときは

　拡張機能をインストールしたのにブラウザーを操作できないときは、まずはいつものようにUIフレームワークの切り替えを試してください。それでもうまくいかないときは、ブラウザーの拡張機能の設定画面を開いてください。この設定画面の開き方は、ブラウザーの種類によって異なるので、ブラウザーのヘルプを確認してください。設定画面を開いたら、UiPath Web Automationの設定を確認し、［ファイルのURLへのアクセスを許可する］などのオプションを有効にしてください。そのほかの拡張機能の設定の詳細については、UiPathのWebサイトにあるユーザーガイドを参照してください。

『ブラウザーを開く』

　操作したいブラウザーウィンドウをワークフローから起動したいときは『ブラウザーを開く』を使います。このアクティビティを実行すると、指定したURLをブラウザーで開き、そのウィンドウ（タブ）をBrowser型の変数に取得します。

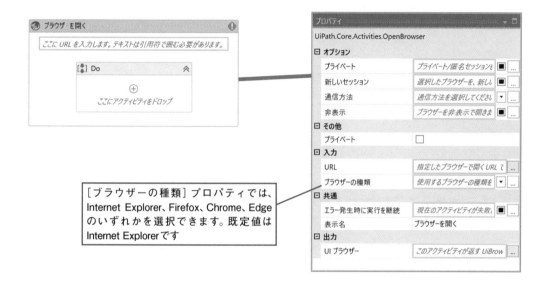

[ブラウザーの種類]プロパティでは、Internet Explorer、Firefox、Chrome、Edgeのいずれかを選択できます。既定値はInternet Explorerです

『ブラウザーにアタッチ』

　前述の『ウィンドウにアタッチ』と同様に、起動済みのブラウザーウィンドウにアタッチします。

　[ブラウザー]入力プロパティと[UIブラウザー]出力プロパティは、9-3節の[ウィンドウを操作するアクティビティ]で説明した『ウィンドウにアタッチ』の[ウィンドウ]入力プロパティと[アプリケーションウィンドウ]出力プロパティに対応します。これと同様に、ワークフローの分割に活用できます。

⊕Hint

　クラシックの『ブラウザーを開く』と『ブラウザーにアタッチ』では、実行時に使うブラウザーの種類をプロジェクトの設定で切り替えることができます！　ただし、<wnd>タグで始まるセレクターに対しては動作しないので注意してください。

ブラウザーを操作するアクティビティ

　ブラウザーのスコープアクティビティ内には、アクティビティパネルの[ブラウザー]カテゴリにあるアクティビティを配置できます。『ホームに移動』や『前に戻る』などのようなブラウザーに固有の操作をしないなら、前節に紹介したウィンドウスコープのアクティビティを使ってブラウザーを操作しても問題ありません。

　しかし、ブラウザーの[ホーム]や[戻る]ボタンを操作するなら、『クリック』よりも『ホームに移動』や『前に戻る』などを使う方が安定した動作を期待できます。

ブラウザーウィンドウ内にあるUI要素を操作するアクティビティ

　前節に紹介したアクティビティのほか、『クリック』や『文字を入力』などのアクティビティも、ブラウザーのスコープアクティビティ内に配置できます。これは、ウィンドウのスコープアクティビティと同様です。

⚠️OnePoint　ブラウザーウィンドウをウィンドウ用アクティビティで操作する

　ブラウザースコープの中に『ウィンドウを最大化』や『強調表示』などを配置するだけで、そのブラウザーウィンドウを操作できます。しかし、9-3節の「ウィンドウを操作するアクティビティ」で示した例のように、ブラウザーウィンドウを引数で渡したいこともあるでしょう。『ブラウザーにアタッチ』の[UIブラウザー]プロパティから取り出せる変数はBrowser型なので、そのままではWindow型の引数には渡せません。その場合には、Browser型の（この例では[UIブラウザー]プロパティから取り出した）変数のElementプロパティをWindow型の引数に渡すことができます。

ブラウザーウィンドウを閉じる

　ブラウザーウィンドウを閉じるには、ブラウザーのスコープアクティビティの中で『タブを閉じる』を使います。この自動化プロセスで開いたブラウザーウィンドウは、必ず閉じてからプロセスを終了することを心がけましょう。これは9-3節の「開いたウィンドウを閉じる」で説明したのと同様です。

⚠️OnePoint　WebDriver

　『ブラウザーを開く』では、[通信方法]プロパティでNativeとWebDriverのどちらかを選択できます。これは、『ブラウザーを開く』がブラウザーと通信するときの方法を設定するものです。WebDriverは、ブラウザーの操作を自動化するために以前より活用されてきたテクノロジーで、これを使うとより安定した動作を期待できます。これをChromeで使うにはChromeDriver.exeを、Firefoxで使うにはGeckoDriver.exeを、Edgeで使うにはmsedgedriver.exeを、入手してインストールする必要があります。これらのドライバーは、ブラウザーのバージョンと整合するものを使うようにしてください。なお、WebDriverを利用する場合には拡張機能のインストールは不要です。

◉参考: 設定手順（WebDriverプロトコル）

https://docs.uipath.com/studio/lang-ja/v2020.10/docs/webdriver-configuration-steps

⚠️OnePoint　『ダウンロードを待機』

　UiPath.System.Activitiesパッケージのバージョンv20.4.0には『ダウンロードを待機』が追加されました。このスコープアクティビティの中に、アプリケーションからファイルをダウンロードする操作を配置すると、そのダウンロードが完了するまでワークフローの処理を待機させることができます。

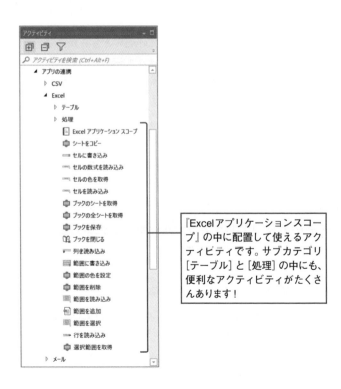

9-5

Excelの操作

Excelの操作について

Excelファイルを操作するには、大きく2つの方法があります。1つは、アクティビティパネルの［アプリの連携］→［Excel］（以下Excel）カテゴリに分類されているアクティビティ群を使う方法です。もう1つは、［システム］→［ファイル］→［ワークブック］（以下ワークブック）カテゴリに分類されているアクティビティ群を使う方法です。

　［ワークブック］のアクティビティは、この端末にExcelがインストールされていなくても使えますが、Excelがインストールされている端末であれば、［Excel］カテゴリにあるアクティビティを使うことをお勧めします。本節では、［Excel］カテゴリにあるアクティビティの使い方を簡単に紹介します。

『Excelアプリケーションスコープ』の中に配置して使えるアクティビティです。サブカテゴリ［テーブル］と［処理］の中にも、便利なアクティビティがたくさんあります！

『Excelアプリケーションスコープ』

ワークフローでExcelファイルを読み書きするには、まず『Excelアプリケーションスコープ』を配置して、プロパティに読み書きしたいファイルのパスを設定します。ウィンドウやブラウザーのスコープアクティビティと同様に、この『Excelアプリケーションスコープ』の中にExcelを操作するアクティビティを配置できます。このスコープを抜けると、Excelは自動でクローズします。

ただし、開いたExcelファイル（ブック）を［ブック］プロパティで変数に取り出すと、スコープを抜けてもExcelが即時ではクローズしないようになります。明示的にブックをクローズするには、『ブックを閉じる』を使います。

この中に配置したExcelのアクティビティは、［ブックのパス］プロパティで指定したExcelファイルを操作します

⚠ **OnePoint** ［既存のブック］プロパティ

ある『Excelアプリケーションスコープ』が出力した［ブック］プロパティの値を、ほかの『Excelアプリケーションスコープ』の［既存のブック］に指定できます。その場合には、［ブックのパス］プロパティを指定する必要はありません。これは、前述したウィンドウスコープアクティビティの［ウィンドウ］プロパティや、ブラウザースコープアクティビティの［ブラウザー］プロパティと同様です。

Excelファイルを配置するフォルダー

『Excelアプリケーションスコープ』の［ブックのパス］プロパティには、操作対象とするExcelファイルのパスを指定します。このパスをどこにすべきか、検討する必要があります。いくつかの選択肢があります。

（A）Excelファイルを、プロセスプロジェクトフォルダー内に配置する
（B）Excelファイルを、ドキュメントフォルダーやデスクトップ上に配置する
（C）Excelファイルを、ネットワーク上の共有フォルダーに配置する

（A）Excelファイルを、プロセスプロジェクトフォルダー内に配置する

プロジェクトフォルダー内にExcelファイルを配置し、そのファイル名（プロジェクトフォルダーからの相対パス）を［ブックのパス］プロパティに指定します。これは、プロセスの設定ファイルの用途に適した方法です。このファイルは、プロジェクトをパブリッシュして作成されるプロセスパッケージファイル（拡張子が.nupkgとなっているが、実際には.zip形式のファイル）に含まれます。Robotは、このパッケージを解凍してワークフローとExcelファイルを取り出し、プロセスを実行します。そのため、このExcelファイルのプロジェクトフォルダーからの相対パスを指定しておくだけで、うまく処理できます。

🔽図2

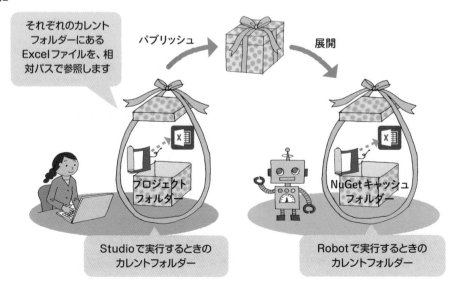

　この選択肢の欠点は、2つあります。1つは、プロセスパッケージの解凍先であるNuGet
キャッシュフォルダーが人から見て分かりにくい場所にあることです。この場所は、次の通
りです。

C:¥Users¥ユーザー名¥.nuget¥packages¥プロセス名¥プロセスバージョン

　Excelファイルもここに解凍されるので、人が読み書きすることを意図したExcelファイル
は、プロジェクトフォルダー内に配置すべきではないでしょう。

　もう1つの欠点は、このプロジェクトをパブリッシュし直して新しいバージョンのプロセ
スパッケージを作成すると、Excelファイルも置き換わってしまうことです。つまり、これま
で読み書きしていたExcelファイルは使われなくなってしまいます。これは前述の通り、プロ
セスパッケージを解凍するフォルダーの名前には、そのプロセスのバージョン番号が含まれ
ているからです。

(B)Excelファイルを、ドキュメントフォルダーやデスクトップ上に配置する

　このExcelファイルを端末の任意の場所（人から見てわかりやすい場所）に配置し、その絶対
パス（ドライブ文字とルートディレクトリから始まるパス）を［ブックのパス］プロパティに指
定する方法です。ドキュメントフォルダーなどに配置すれば、このファイルをユーザーが探
して編集することも容易になるでしょう。

🔽図3

Excelファイルを絶対パスで参照します。Robotが同じ端末上で
動作する場合、同じExcelファイルを読み書きすることになります

　なお、ドキュメントフォルダーやデスクトップの絶対パスは、『特殊フォルダーのパスを取得』で取得するとよいでしょう。これは、それらの絶対パスが現在Windowsにログインしているユーザーごとに異なるためです。

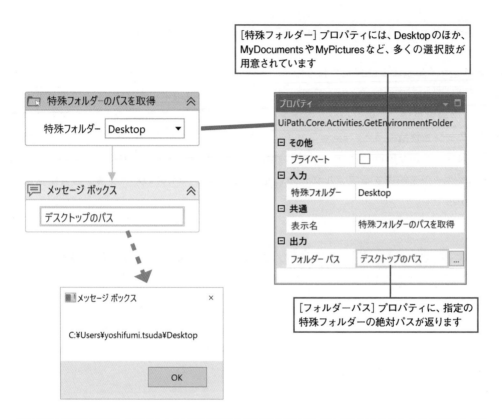

[特殊フォルダー] プロパティには、Desktopのほか、MyDocumentsやMyPicturesなど、多くの選択肢が用意されています

[フォルダーパス] プロパティに、指定の特殊フォルダーの絶対パスが返ります

名前	変数の型	スコープ	既定値
デスクトップのパス	String	シーケンス	*VB の式を入力してください*
変数の作成			

変数　引数　インポート　　　　　🖐️ 🔍 100% ⌄ ⛶ ✥

　たとえば、読み書きするExcelファイルをデスクトップ直下の「UiPath」フォルダーに配置すると決めたら、『Excelアプリケーションスコープ』の[ブックのパス]プロパティには次のように指定できます。

デスクトップのパス + "¥UiPath¥設定.xlsx "

(!)OnePoint　相対パスと絶対パス

相対パスとは、あるフォルダーからの相対位置です。絶対パスとは、ドライブ文字（C:など）から始まる完全なパスです。

●相対パスの例

```
"data¥設定.xlsx"
```

これは、現在のフォルダーの直下にある「data」フォルダーに配置された「設定.xlsx」ファイルを相対パスで参照する例です。現在のフォルダー（カレントディレクトリ）は、実行中のプロセスごとに異なるため、状況に応じて別のファイルを参照できます。なお、プロセス実行時の現在のフォルダーを取得するには、Directory.GetCurrentDirectory()を『代入』から呼び出します。

●絶対パスの例

```
"C:¥Users¥yoshifumi.tsuda¥Desktop"
```

これは、デスクトップのフォルダーを絶対パスで参照する例です。このように、絶対パスはドライブ文字から始まっているため、プロセスの現在のフォルダーがどこであるかに関わらず、必ず同じ場所を参照できます。よく使うフォルダーの絶対パスを取得するには、『特殊フォルダーのパスを取得』が便利です。

なお、相対パスと絶対パスのどちらを使っても、フォルダーとファイルのいずれかを参照できます。

(!)OnePoint　フォルダーのパス文字列を安全に連結する

パス文字列に含めるフォルダー名は、1文字の「¥」で区切らなければいけません（¥が2つ以上連続してはいけません）。複数のフォルダー名を連結して1つにしたいとき、各フォルダー名の最後に¥が付いているかどうかわからないときは、Path.Combine()メソッドが便利です。これは、¥文字の過不足を自動で直してくれるので、フォルダー名を連結する処理を簡潔に記述できます。このほかにも、Path型にはパス文字列を操作するための便利なメソッドがあります。

```
A+B 代入

連結したパス = Path.Combine(デスクトップのパス, 設定ファイル名)
```

3つ以上のパス文字列を指定して連結することもできます！

⚠️OnePoint　デスクトップ上にExcelファイルを配置する

　(B)を選択してExcelファイルをデスクトップ上に配置する場合でも、このファイルのテンプレート(初期ファイル)としてプロジェクトフォルダーにExcelファイルを入れておくのは良い方法です。下記は、デスクトップに「設定.xlsx」ファイルがないとき、プロジェクトフォルダーに配置したテンプレートファイル「設定.xlsx」を、デスクトップにコピーする例です。

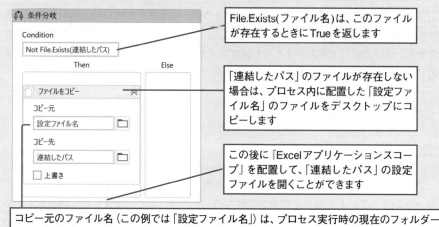

File.Exists(ファイル名)は、このファイルが存在するときにTrueを返します

「連結したパス」のファイルが存在しない場合は、プロセス内に配置した「設定ファイル名」のファイルをデスクトップにコピーします

この後に『Excelアプリケーションスコープ』を配置して、「連結したパス」の設定ファイルを開くことができます

コピー元のファイル名(この例では「設定ファイル名」)は、プロセス実行時の現在のフォルダーからの相対パスとなります。プロセス実行時の現在のフォルダーは、

・Studioで実行したとき：プロセスプロジェクトのフォルダー
・Robotで実行したとき：NuGetキャッシュフォルダー

になります

名前	変数の型	スコープ	既定値
連結したパス	String	シーケンス	"C:¥Users¥yoshifumi.tsuda¥Desktop¥設定.xlsx"
設定ファイル名	String	シーケンス	"設定.xlsx"
変数の作成			

変数　引数　インポート　　　　　　　　　✋ 🔍 100%　　⌄　⬚ ⬚

🔍Hint

　Studio/RobotがOrchestratorに接続されているなら、Excelファイルをストレージバケットに保存する選択肢もあります。これについては、17-10節の「ストレージバケットを使う」を参照してください。

（C）Excelファイルを、ネットワーク上の共有フォルダーに配置する

　このファイルを複数の端末のRobotで共有したいときには、ネットワーク上の共有フォルダーに配置するのが選択肢となります。

　ただし、このファイルをほかのユーザーやRobotが開いているときは、ファイルのオープンに失敗することがあります。そのため、ファイルをオープンして内容を読み込む処理全体（『Excelアプリケーションスコープ』とその中に配置した一連のアクティビティ）を『リトライスコープ』の中に入れたり、内容を読み込んだらすぐにファイルをクローズしたりすることを習慣にすると良いでしょう。

　また、その必要がなければ、『Excelアプリケーションスコープ』の［読み込み専用］プロパティをチェックし、［自動保存］プロパティはアンチェックすることで、問題の発生頻度を少なくできます。

　［新しいファイルを作成］プロパティがTrueのとき、指定のファイルが存在しない場合は新規にExcelファイルを作成します。この場合、ネットワーク上のファイルを開くときにネットワークが不調だと、まれに既存のファイルの存在を検出できず新規ファイルを作成して上書きしてしまうことがあります。そのため、必要がなければ［新しいファイルを作成］プロパティもFalseにしておくと良いでしょう。

⊕図4

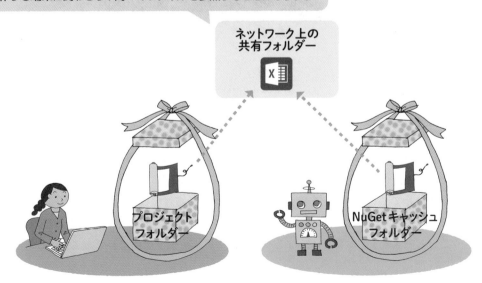

ネットワーク上のExcelファイルを絶対パスで参照します。Robotが
動作する端末に関わらず、同一のファイルを参照することになります

ネットワーク上の
共有フォルダー

プロジェクト
フォルダー

NuGetキャッシュ
フォルダー

9-6　データテーブルの操作

データテーブルの操作について

　UiPathでは、2次元の表形式のデータをDataTable型の変数で扱えます。このような表形式のデータはExcelファイルやCSVファイルのほか、Microsoft SQL ServerやPostgreSQLなどのリレーショナルデータベース製品などでも広く使われています。

　これらのさまざまなデータソースにあるデータは、すべてDataTable型の変数に読み込めます。これを『繰り返し（各行）』で1行ずつ処理してから各データソースに書き戻したり、違うデータソースに転送したりできます。

●図5

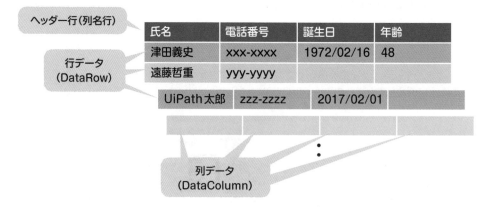

　DataTable型は、上記のような表形式のデータを簡単に扱えます。この型はたいへん高機能で、そのすべてを解説しようとすると1冊の本がかけてしまうほどです。

　たとえば、クエリを実行して行をフィルターしたり、DataSet型の変数に複数のDataTable値を格納してリレーションを定義したりするなどの複雑な操作も行えます。このような操作のいくつかについては、UiPathのデータテーブルアクティビティを配置するだけで簡単に行うこともできます。本書では、なるべく簡潔に、よく使う操作にしぼって説明します。

Excelファイルを DataTable 型で読み書きする

Excelファイルを DataTable 型の変数に読み込むには、『範囲を読み込み』を前述の『Excelアプリケーションスコープ』の中に配置します。画面上でUI操作を自動化することによりデータを更新するよりも、一度データを DataTable 型の変数に読み込んで操作する方が、高速に安定して処理を行えます。

更新した DataTable 型の変数を Excel ファイルに書き戻すには、同様に『範囲に書き込み』を『Excelアプリケーションスコープ』の中に配置します。

『範囲を読み込み』を使うときは、［ヘッダーを追加］プロパティを True に設定するのがコツです。これにより、指定範囲の最初の行が列名（ヘッダー行）として扱われるため、読み込んだデータテーブルが扱いやすくなります。

CSVファイルを DataTable 型で読み書きする

CSVファイルとは、Comma Separated Value の略で、各列の値をカンマもしくはタブ文字などで区切ったテキストファイルのことです。CSVファイルを DataTable 型の変数に読み込むには、『CSVを読み込み』を使います。DataTable 型の変数を CSV ファイルに書き込むには、『CSVに書き込み』もしくは『CSVに追加』を使います。

これらのアクティビティは、区切り文字としてカンマ以外の文字（タブやセミコロンなど）を指定することもできます。次に CSV テキストの例を示します。

```
氏名,電話番号,誕生日,年齢
津田義史,xxx-xxxx,1972/02/16,48
遠藤哲重,yyy-yyyy,,
UiPath太郎,zzz-zzzz,2017/02/01,
```

データテーブルを構築する

ワークフローの中で表（テーブルの列）を定義し、行データを作成して新規に DataTable 型の値を作成するには、『データテーブルを構築』を使います。このアクティビティ前面にある［データテーブル...］ボタンをクリックすると［データテーブルを構築］ウィンドウが開き、ここでデータテーブルの列を定義したり、このデータテーブルに格納したい行データをワークフロー内に作成（ハードコード）したりできます。作成したテーブルデータは、［データテーブル］プロパティに指定した DataTable 型の変数に格納されます。

9

さまざまなアクティビティ

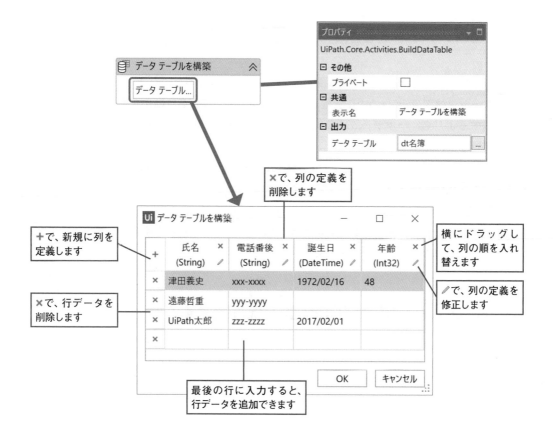

+で、新規に列を
定義します

×で、列の定義を
削除します

横にドラッグし
て、列の順を入れ
替えます

×で、行データを
削除します

／で、列の定義を
修正します

最後の行に入力すると、
行データを追加できます

Nullable<T>型で、Null値をエレガントに扱う

Nullは、値が設定されていないことを示す特別な値です。ほとんどのデータベースで、Null値を利用できます。.NETのDataTable型も、Null値を扱えます。

しかし、.NETにおけるInt32やDateTimeなどの値型の変数にはNull値を代入できません（Visual Basicでは代入してもエラーにはなりませんが、それぞれの型の既定値であるゼロと0001/1/1がセットされるので、Null値と区別できなくなってしまいます）。

そこで用意されているのがNullable<T>型（Null許容型）です。Null-ableとは、Nullを可能にするという意味です。この型引数TにInt32やDateTimeなどの型名を渡すことで、Null値を代入できる新しい型が利用できるようになります。

たとえば、Nullable<Int32>やNullable<DateTime>型として作成した変数には、Null（Visual Basicの式ではNothing）を代入できます。このとき、その変数のHasValueプロパティはFalseになります。HasValueプロパティがTrueのとき、そのValueプロパティにアクセスして値を取り出せます。Nullable<T>型のValueプロパティは、T型となることがポイントです。

つまり、Nullable<Int32>型のValueプロパティはInt32型、Nullable<DateTime>型のValueプロパティはDateTime型です。この具体的な使い方は、次節で示します。

Nullable<T>型の変数を定義するには、変数パネルの［変数の型］から［型の参照...］を選択して型ブラウザーを開き、「nullable<」を検索します。Nullable<T>型が見つかるので、このウィンドウの上部で型パラメーターに必要な型（たとえばInt32やDateTimeなど）を指定してください

①OnePoint　Nullable<T>

Nullable<T>は、Nullを代入できる特殊な値型（ValueType）です。この型引数Tには、Int32やBooleanなどの値型の型名を指定できます。このような型引数をとる型を、ジェネリック型といいます。6-9節にあるOnePoint「ジェネリック型」も参照してください。

データテーブルを1行ずつ処理する

DataTable値の先頭から1行ずつ取り出してその列にアクセスするには、『繰り返し（各行）』の中に『行項目を取得』を配置します。この出力値はNullable<T>型の変数で受け取るようにします。さもないと、データにNullが入っていた場合に例外がスローされてしまいます。

①OnePoint　列値を簡潔に取り出す

Nullを考慮する必要がなければ、次のようにして行から列値を簡潔に取り出せます。

```
繰り返し (各行)
要素  行    コレクション  dt名簿
本体
   メッセージ ボックス                          ⌃
   行("氏名").ToString + "さんは " + 行("年齢").ToString
```

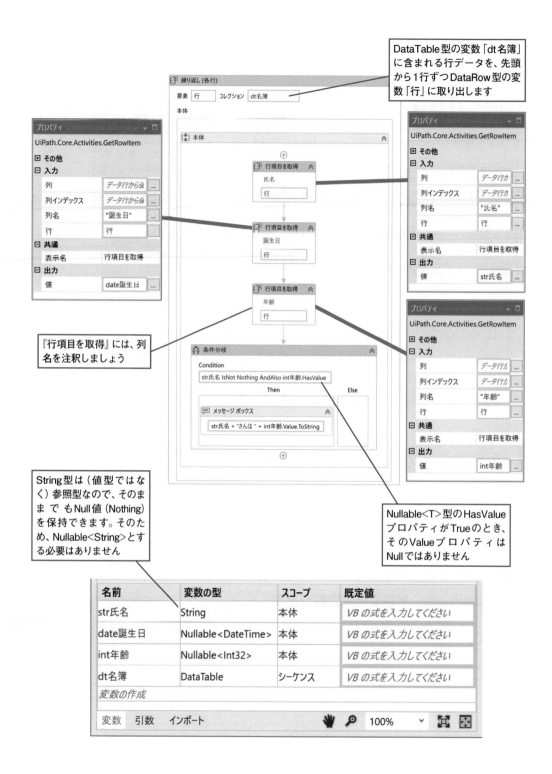

DataTable型の変数「dt名簿」に含まれる行データを、先頭から1行ずつDataRow型の変数「行」に取り出します

繰り返し (各行)

要素 行　コレクション dt名簿

本体

本体

行項目を取得
氏名
行

行項目を取得
誕生日
行

行項目を取得
年齢
行

条件分岐

Condition
str氏名 IsNot Nothing AndAlso int年齢.HasValue

Then　　　　　　　　　　　　Else

メッセージ ボックス
str氏名 + "さんは " + int年齢.Value.ToString

プロパティ
UiPath.Core.Activities.GetRowItem
⊞ その他
⊟ 入力
　列　　　　　　　データ行から値
　列インデックス　データ行から値
　列名　　　　　　"誕生日"
　行　　　　　　　行
⊟ 共通
　表示名　　　　　行項目を取得
⊟ 出力
　値　　　　　　　date誕生日

プロパティ
UiPath.Core.Activities.GetRowItem
⊞ その他
⊟ 入力
　列　　　　　　　データ行力
　列インデックス　データ行力
　列名　　　　　　"氏名"
　行　　　　　　　行
⊟ 共通
　表示名　　　　　行項目を取得
⊟ 出力
　値　　　　　　　str氏名

プロパティ
UiPath.Core.Activities.GetRowItem
⊞ その他
⊟ 入力
　列　　　　　　　データ行力
　列インデックス　データ行力
　列名　　　　　　"年齢"
　行　　　　　　　行
⊟ 共通
　表示名　　　　　行項目を取得
⊟ 出力
　値　　　　　　　int年齢

『行項目を取得』には、列名を注釈しましょう

String型は（値型ではなく）参照型なので、そのままでもNull値（Nothing）を保持できます。そのため、Nullable<String>とする必要はありません

Nullable<T>型のHasValueプロパティがTrueのとき、そのValueプロパティはNullではありません

名前	変数の型	スコープ	既定値
str氏名	String	本体	*VB の式を入力してください*
date誕生日	Nullable<DateTime>	本体	*VB の式を入力してください*
int年齢	Nullable<Int32>	本体	*VB の式を入力してください*
dt名簿	DataTable	シーケンス	*VB の式を入力してください*
変数の作成			

変数　引数　インポート　　　🖐 🔍 100% ⌄

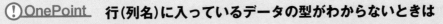

OnePoint　行（列名）に入っているデータの型がわからないときは

保持している値の型が不明な変数に対して、GetTypeメソッドを呼び出すとその型を確認できます。GetTypeメソッドは、どんな型の値に対しても使えます。これはToStringメソッドと同様です。

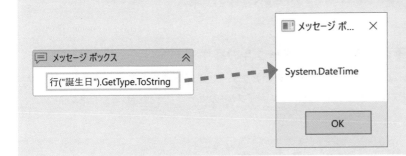

データテーブルに1行追加する

データテーブルに1行追加するには、次のようにします。

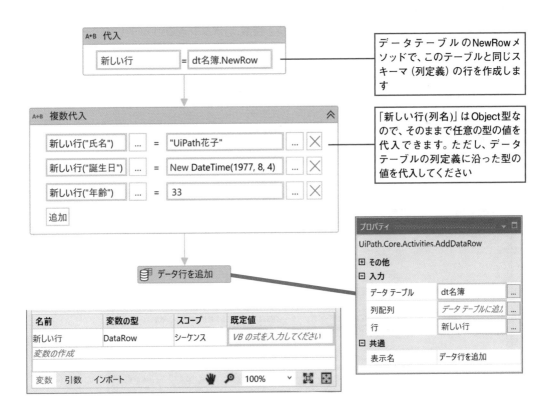

リレーショナルデータベースの操作

　Microsoft SQL Serverなどのデータベースは、UiPath.Database.Activitiesパッケージに含まれる一連のアクティビティで操作できます。接続したいデータベースのODBCドライバを入手してインストールしたら、これをWindowsのコントロールパネルにある[ODBCデータソースのセットアップ（32ビット）]で構成してください。

　構成できたら、『接続』の前面にある[接続を構成...]ボタンをクリックして、データベース接続を作成できるようになります。

　なお、ODBCドライバには32bit版と64bit版があります。今のところStudioは32bit版しか提供されていないので、必ず32bit版のドライバが必要となります。

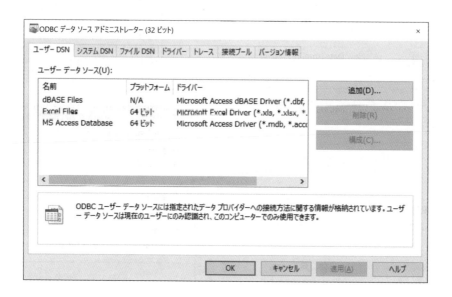

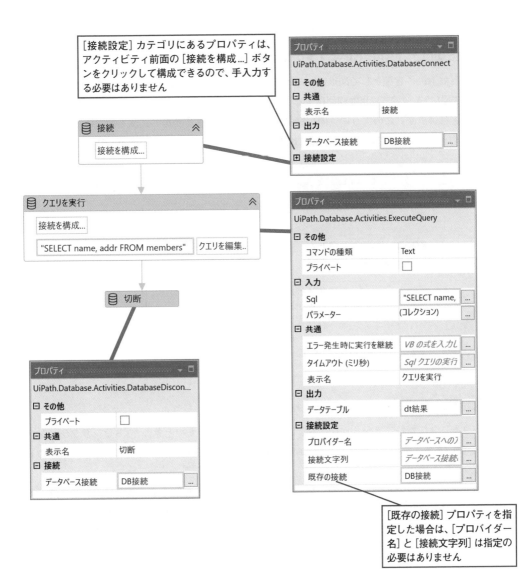

[接続設定] カテゴリにあるプロパティは、アクティビティ前面の [接続を構成...] ボタンをクリックして構成できるので、手入力する必要はありません

接続　⌃

接続を構成...

プロパティ　▾ □
UiPath.Database.Activities.DatabaseConnect
⊞ その他
⊟ 共通
　表示名　　　　　　接続
⊟ 出力
　データベース接続　DB接続　　　...
⊞ 接続設定

クエリを実行　⌃

接続を構成...

"SELECT name, addr FROM members"　クエリを編集..

プロパティ　▾ □
UiPath.Database.Activities.ExecuteQuery
⊟ その他
　コマンドの種類　　Text
　プライベート　　　☐
⊟ 入力
　Sql　　　　　　　"SELECT name,　...
　パラメーター　　　(コレクション)　...
⊟ 共通
　エラー発生時に実行を継続　VB の式を入力し　...
　タイムアウト (ミリ秒)　Sql クエリの実行　...
　表示名　　　　　　クエリを実行
⊟ 出力
　データテーブル　　dt結果　　　　...
⊟ 接続設定
　プロバイダー名　　データベースへのフ　...
　接続文字列　　　　データベース接続　...
　既存の接続　　　　DB接続　　　　...

切断

プロパティ　▾ □
UiPath.Database.Activities.DatabaseDiscon...
⊟ その他
　プライベート　　　☐
⊟ 共通
　表示名　　　　　　切断
⊟ 接続
　データベース接続　DB接続　　　...

[既存の接続] プロパティを指定した場合は、[プロバイダー名] と [接続文字列] は指定の必要はありません

名前	変数の型	スコープ	既定値
DB接続	DatabaseConnection	シーケンス	VB の式を入力してください
dt結果	DataTable	シーケンス	VB の式を入力してください
変数の作成			

変数　引数　インポート　　　✋ 🔍　100%　∨　⛶ ✛

Nullable<T>の糖衣構文

9-6節では、Null許容型としてNullable<T>型を紹介しました。現在の.NETではその代替として、型名Tの末尾に?をつけてNull許容型にすることができます。たとえば、Nullable<Int32>の代わりにInt32?と書けます。このように、同じ意味のものを簡潔に書くための文法を糖衣構文（シンタックスシュガー）といいます。つまり、T?はNullable<T>を飲み込みやすく（理解しやすく）したものです。

Studioの型ブラウザーではInt32?を指定できないのでNullable<Int32>を使う必要がありますが、式エディターではInt32?を使えます。

名前	変数の型	スコープ	既定値
数値リスト	List<Nullable<Int32>>	シーケンス	New List(Of Int32?)
変数の作成			

> New List(Of Nullable(Of Int32))と書く代わりに、
> New List(Of Int32?) と書けます！

| 変数 | 引数 | インポート |

なおList<T>の使い方については、9-7節を参照してください。

トランザクション処理

データベースに対してアトミックなトランザクションを行いたいときは、『トランザクションを開始』を使います。この中に配置した『クエリを実行』などのデータベース操作は、すべて単一のトランザクション内で実行されます。

なお、アトミック（原子的）とは不可分（分割できない）という意味です。つまり、一連の処理をアトミックに実行するとき、この一連の処理はすべて成功するか、すべて失敗するかのどちらかになります。もしこの処理の途中で失敗することがあれば、それまでに成功した処理はロールバックされ、データは元の状態に戻ります。

Column　RPAのテスト⑦ 包括的なテストケースのセットを所有する

価値あるテストを実施するには、包括的に設計されたテストケースのセットを所有しておくことがとても大切です。このセットに含まれるテストケースをすべて通すことで、当該のソフトウェア（自動化プロセス）はリリース（本番環境で運用）して問題ない品質であることを確認できるからです。ワークフローを作成（修正）したら、必ずこのテストケースのセットをすべて実行し、パスすることを確認してから運用を開始（再開）してください。このような包括的なテスト実行イベントのことを、フルテストパスとか受け入れテスト（UAT; User Acceptance Testing）などといいます。このようなテストケースのセットを持っていなければ、包括的なテストイベントを実施できないため、運用中のワークフローを安心して編集することはできません。

9-7 コレクションデータを使う

連想配列

　通常の配列では、添え字に数字（先頭からの番号）を指定して各要素にアクセスします。これに対して、添え字に名前（キー）を使えるのが**連想配列**です。これはキーと値のペアを1つの要素として管理するコレクションです。キーを与えると、値を連想（associate）してくれることから連想配列といいます。辞書データということもあります。

　データテーブルよりも直感的に使うことができ、動作も高速です。次のように使います。

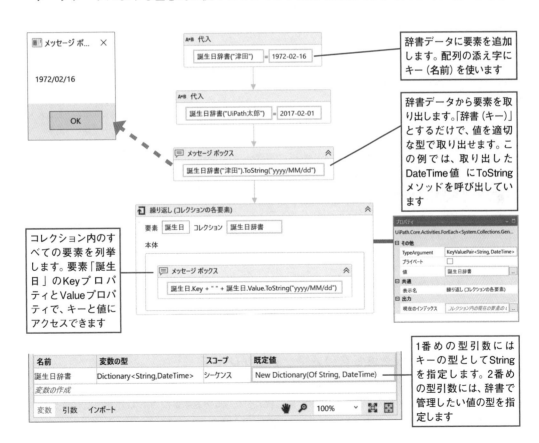

辞書データに要素を追加します。配列の添え字にキー（名前）を使います

辞書データから要素を取り出します。「辞書（キー）」とするだけで、値を適切な型で取り出せます。この例では、取り出したDateTime値にToStringメソッドを呼び出しています

コレクション内のすべての要素を列挙します。要素「誕生日」のKeyプロパティとValueプロパティで、キーと値にアクセスできます

1番めの型引数にはキーの型としてStringを指定します。2番めの型引数には、辞書で管理したい値の型を指定します

そのほかの便利なコレクション

　.NETでは、たいへん多くのコレクション型が利用可能です。この中でも代表的なものを次の表にまとめます。これらは、すべてCountプロパティで要素の数を確認できます。ここに紹介したメソッドはごく一部です。詳細な使い方については、MicrosoftのWebサイトにあるドキュメントを確認してください。

　また、これらのコレクションデータを操作するアクティビティもわずかですが用意されています。アクティビティパネルを「coll」で検索してください。

● 表2

型名	機能	代表的なメソッド
List<T>	通常の配列と同様だが、要素数をふやせる	・Addメソッドで後ろに入れる ・数字を添えて各要素にアクセス ・Sortメソッドで要素を昇順にソート
HashSet<T>	同じ値はふたつ以上入らない集合	・Addメソッドで入れる ・Containsメソッドで、指定の値が入っているか確認
SortedSet<T>	HashSetと同様だが、要素を昇順で保持	・『繰り返し(コレクションの各要素)』で全要素を取り出すと、昇順でソートされている
Queue<T>	先入れ先出しで要素を一列に管理	・Enqueueメソッドで後ろに入れる ・Dequeueメソッドで前から出す
Stack<T>	先入れ後出しで要素を一列に管理	・Pushメソッドで後ろに入れる ・Popメソッドで後ろから出す
Dictionary<TKey, TValue>	キーと値のペアを要素として管理する連想配列	・キーを添えて各要素の値にアクセス
SortedDictionary<TKey, TValue>	Dictionaryと同様だが、要素をキーの昇順で保持	・『繰り返し(コレクションの各要素)』で全要素を取り出すと、キーの昇順でソートされている

※ 型名に含まれる<T>は、型パラメータです。ここには、コレクションで管理したい要素の型(Type)を指定します。たとえばInt32型の複数の値をList<T>で管理したい場合は、List<Int32>型(Visual Basic形式ではList(Of Int32)型)を使います。

⚠️OnePoint　値を返さないメソッドを呼び出す

　List<T>のAddやQueue<T>のEnqueueなどのような、値を返さないメソッドを呼び出すには、『メソッドを呼び出し』を使う必要があります(『代入』は、値を返すメソッドしか呼び出せません)。なおAddメソッドについては、『メソッドを呼び出し』の代わりに『コレクションに追加』を使って簡単に呼び出せます。

9-8 パスワードを管理する

パスワードを安全に管理するには

　自動化プロセスにおいては、対向システムにユーザー名とパスワードを自動で入力したいことがよくあります。しかし、パスワードをExcelファイルなどに記載して管理するのは、ほかのユーザーに盗み見られてしまう危険があるので避けるべきです。本節では、パスワードを安全に保管する方法をいくつか紹介します。

パスワードを、ワークフロー内にハードコードする

　『パスワードを取得』を使うと、パスワードを安全にワークフローにハードコードできます。この[パスワード]プロパティに指定したテキストは、暗号化されてこのワークフロー（.xamlファイル）に保存されます。この元のテキスト（パスワード）は、実行時に[結果]プロパティに指定したString型の変数に取り出せます。

　なお、元のパスワードを復号化して取り出せるのは、そのパスワードをプロパティに設定した開発者（Windowsアカウント）だけです。それ以外のアカウントでこのワークフローを実行した場合には、Cryptographic例外がスローされます。

🔒 パスワードを取得

プロパティ	∨ □
UiPath.Core.Activities.GetPassword	
⊟ その他	
パスワード	********
プライベート	☐
結果	strパスワード ⋯
⊟ 共通	
表示名	パスワードを取得

パスワードを、Orchestrator上のクレデンシャルアセットに保存する

　RobotがOrchestratorに接続されていれば、資格情報(ユーザー名とパスワードの組み合わせ)をOrchestrator上のクレデンシャルアセットに保存できます。これには、Systemパッケージの21.10で追加された『ユーザー名/パスワードを取得』が便利です。この[資格情報ソース]プロパティを「Orchestrator」に設定して実行すると、指定した名前のクレデンシャルアセットから資格情報を読み取り、それを伴ってパスワード入力ダイアログを表示します。このダイアログの[保存された資格情報を更新]にチェックをつけると、ユーザーが入力したユーザー名とパスワードは自動でクレデンシャルアセットに保存されます。この使い方は、次セクションで示します。

　ただし『ユーザー名/パスワードを取得』はダイアログを表示しますから、Unattendedプロセスでは使えません。この場合には『資格情報を設定』と『資格情報を取得』を使います。これについては17-9節の「アセットを使う」を参照してください。

パスワードを、RobotマシンのWindows資格情報マネージャーに保存する

　Microsoft Windowsでは、Webページやネットワーク上の共有フォルダーなどのリソースにアクセスするとき、ユーザー名とパスワードの入力が必要となることがあります。このときユーザーが入力した資格情報は、Windowsが自動で資格情報マネージャーに保存します。これにより、次回以降はWindowsが自動でユーザー名とパスワードを画面に表示できます。

　前述の『ユーザー名/パスワードを取得』は、クレデンシャルアセットのほか、Windowsの資格情報マネージャーも同様に操作できます。この[資格情報ソース]プロパティを「CredentialsManager」に設定して実行すると、指定した名前の資格情報をWindows資格情報マネージャーから読み取り、それを伴ってパスワード入力ダイアログを表示します。このダイアログの[保存された資格情報を更新]にチェックをつけると、ユーザーが入力したユーザー名とパスワードは自動で資格情報マネージャーに保存されます。

　次ページに使用例を示します。このワークフローは、対向システムへのログインに失敗した場合には例外をスローして、『リトライスコープ』によりパスワード入力ダイアログを再表示します。

ＱHint

　次ページのワークフローを実行したら、Windowsのスタートメニューから資格情報マネージャーを起動してみてください。『ユーザー名/パスワードを取得』で保存した資格情報を画面上で確認できるはずです！

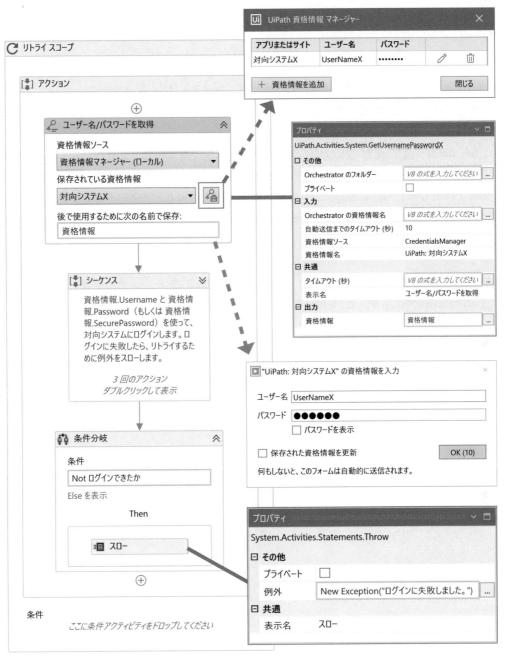

SecureString型について

『ユーザー名/パスワードを取得』で取り出したPasswordCredential値のSecurePasswordプロパティや、『資格情報を取得』の［パスワード］プロパティはSecureString型となっています。これを対向システムに入力するには、モダンの『文字を入力』の［セキュリティで保護されたテキスト］プロパティを使います。

　SecureString型の変数の内容は、ワークフローの中で簡単に取り出せないようになっており、デバッグリボンの［アクティビティをログ］を有効にしても中身が自動でログされたりすることはありません。しかし、これをメモ帳などに入力すると、その内容を確認できてしまうので注意が必要です。SecureString型の変数の内容は、入力内容をマスク表示するパスワード編集ボックスにのみ入力するようにしましょう。

　クラシックの『文字を入力』には［セキュリティで保護されたテキスト］プロパティがないため、SecureString型を扱えません。クラシックのアクティビティを使いたいときは、『SecureStringで文字を入力』を使います。

---

①OnePoint　ターミナルにパスワードを入力する

　そのほか、SecureString型の変数を使えるアクティビティには『キーを安全に送信』があります。これは、ターミナルにパスワードを入力するときに使うアクティビティです。UiPath.Terminal.Activitiesパッケージに含まれています。

9-9　クリップボードの操作

クリップボードについて

　Studioには、クリップボードのテキストを操作するアクティビティが同梱されています。クリップボードとは、アプリケーション間で簡単にデータをやりとりするためのWindowsの機能です。コピーしたいものを選択して［Ctrl］＋［C］キーを押すと、それをクリップボードにコピーできます。その内容は、［Ctrl］＋［V］キーを押してほかのアプリケーションに貼り付けることができます。

　この操作は、Windows上で動作するアプリケーションのほとんどがサポートしています。

クリップボードにコピーできるデータの種類

　Windowsのクリップボードには、テキストのほか、画像データやファイルなど、さまざまな種類のデータをコピーできます。.NETのクリップボードAPIを使うことにより、このすべてをワークフローから操作できますが、テキストデータについては専用のアクティビティが用意されているため、特に簡単に扱えます。

Attended Robotにおけるクリップボードの活用

　ユーザーとAttended Robotのプロセスが協調して作業するとき、データの受け渡しにはクリップボードを使うと便利です。

　たとえば、ユーザーは請求書番号や社内チケットシステムのID番号などをクリップボードにコピーして、Attended Robotを起動します。このプロセスはクリップボードに入っているテキストを正規表現で検索し、見つかったテキストの種類に応じて適切な処理を自動で開始できます。

　もし、クリップボードに複数の請求書番号が入っていれば、そのページをブラウザーで開いて金額を取得し、それらをまとめてクリップボードに返すことができます。ユーザーは、

その金額をメールなどの好きな場所に貼り付けることができます。プロセスがタブ文字区切りのデータをクリップボードに返せば、ユーザーはそれを好きなExcelファイルの好きな場所に貼り付けることができます。

このように、ユーザーとAttended Robotがデータをやりとりするための設定ファイルなどが不要になり、柔軟な操作を可能にし、プロセスをより使いやすくすることができます。

なお、クリップボードに含まれているURLをすべて取り出して、そのURLのみを含むテキストをクリップボードに返すサンプルをChapter11の「正規表現」の章末に紹介しています。ぜひ参考にしてください。

●図6

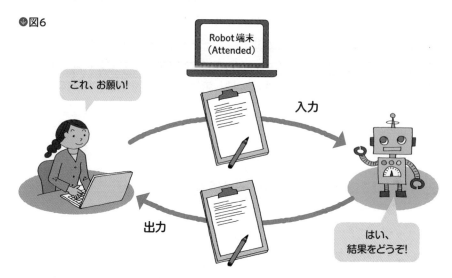

クリップボードで、Robotとデータをやりとりする

！OnePoint　バックグラウンドプロセス

　通常の手順で新規に作成したプロセスプロジェクトをパブリッシュすると、フォアグラウンドプロセスになります。これをバックグラウンドプロセスに変更するには、プロジェクトの設定で[バックグラウンドで開始]を[はい]にします。バックグラウンドプロセスは、同じ端末上で複数を同時に実行できます。しかし、この中で『クリック』や『文字を入力』などを使うと、同時に1つだけ実行できるフォアグラウンドプロセスと競合してしまい、画面操作に失敗してしまうおそれがあるので注意が必要です。もし、バックグラウンドプロセスで一時的に『クリック』などをしたいときは、それを『フォアグラウンドを使用』の中に配置してください。これは、ほかのプロセスがフォアグラウンドを使い終わるのを待ってフォアグラウンドを占有します。そして、この中に配置された『クリック』などの操作が完了したらフォアグラウンドを解放します。

　複数のプロセスを同じ端末上で同時に動かすときは、画面操作のほか、ファイルの操作なども競合しないように配慮してください。

9-10 『並列』と『キャンセルスコープ』

『並列』

　『並列』は、複数のアクティビティの実行を同時に開始できます。たとえば、『Excelアプリケーションスコープ』を実行したとき、Excelが起動時に何らかのエラーダイアログを表示すると、そのダイアログをクローズしないとワークフローに制御が戻らないため、次のアクティビティに進めないことがあります。

　このような場合には、その『Excelアプリケーションスコープ』と、エラーダイアログをクローズするための『クリック』を、『並列』で並べましょう。『Excelアプリケーションスコープ』の制御が戻らなくても、となりに並べた『クリック』が発動し、ダイアログをクローズできます。すると、『Excelアプリケーションスコープ』の制御も戻り、その子アクティビティの実行に進むことができます。

　なお、『並列』の[条件]プロパティをTrueにすると、並列に並べたアクティビティのうち1つでも実行が完了すれば、ほかのアクティビティの実行はすべてキャンセルされ、『並列』の後続のアクティビティに進みます。[条件]プロパティをFalseにすると、並列に並べたすべてのアクティビティの実行が完了しないと、後続のアクティビティに進みません。

　前述のエラーダイアログを閉じる用途では、[条件]プロパティをTrueにすると良いでしょう。これにより、エラーダイアログが表示されなかった場合でも、『並列』の後続の処理に進むことができます。

　なお、『並列』はマルチスレッドで動作しているわけではないので、中に並べたアクティビティがアイドル状態にならないと、となりのアクティビティを実行開始できないので注意してください。

『キャンセルスコープ』

　前述のように、任意のアクティビティはその親の『並列』からの要請により、実行をキャンセルする仕組みを備えています。あるアクティビティの実行がキャンセルされたときにほかのアクティビティを実行するには、『キャンセルスコープ』を使います。

　次のサンプルは、『要素を探す』を使って計算機とメモ帳のどちらかを探すサンプルです。先に計算機が見つかれば、メモ帳を探すことはキャンセルし、キャンセルハンドラーが「メモ帳を探すのは、やめました」と表示します。同様に、先にメモ帳が見つかれば、計算機を探すことはキャンセルし、キャンセルハンドラーが「計算機を探すのは、やめました」と表示します。このとき、『並列』の［条件］プロパティにはTrueを設定する必要があることに注意してください。なお、その必要がない限り『並列』の中に『キャンセルスコープ』を配置する必要はないことにもご留意ください。

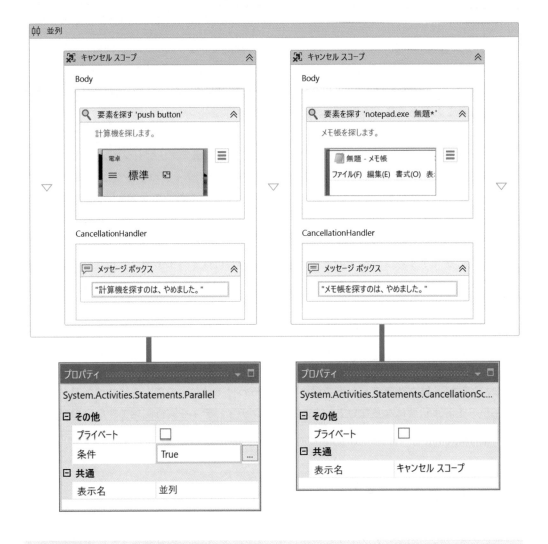

Chapter

10

オブジェクトリポジトリ

10-1　オブジェクトリポジトリ

オブジェクトリポジトリについて

　オブジェクトリポジトリは、『クリック』や『文字を入力』などで操作対象（ターゲット）にしたいUI要素を一元管理します。これにより、ワークフロー開発の生産性と保守性は飛躍的に高まります。オブジェクトという用語は、ソフトウェア開発ではさまざまな意味で使われますが、ここでは操作したいアプリケーションの画面やUI要素のことです。リポジトリとは、倉庫や格納庫です。つまりオブジェクトリポジトリとは、ターゲットとして操作したいUI要素の保管庫です。本章では、まずオブジェクトリポジトリの使い方を説明します。次に、セレクターがUI要素の位置を見つける仕組みについて詳細に説明します。

> **🔍 Hint**
>
> 　オブジェクトリポジトリとモダンデザインを使うには、プロジェクトパネルの[オブジェクトリポジトリ]をクリックし、プロジェクト設定の[全般]タブで[⚙ モダンデザインエクスペリエンス]をオンにします。

モダンアクティビティの使用手順

　『クリック』などのモダンアクティビティを使うには、それらを必ず『アプリケーション/ブラウザーを使用』の中に配置する必要があります。

✅ 『アプリケーション/ブラウザーを使用』を配置

　オブジェクトリポジトリから、操作したい画面（ウィンドウ）をワークフローにドラッグ&ドロップしてください。自動で『アプリケーション/ブラウザーを使用』が配置されます。

✅ 『クリック』などのモダンアクティビティを配置

　オブジェクトリポジトリから、操作したいUI要素（ボタンなど）を『アプリケーション/ブラ

ウザーを使用』の中にドラッグ&ドロップしてください。このUI要素を操作できるアクティビティ（『クリック』や『文字を入力』など）が一覧表示されるので、配置したいものを選択します。

　なお、オブジェクトリポジトリ内にターゲットアプリの画面（ウィンドウ）とUI要素を収集する手順は、次節より説明します。

モダンアクティビティについて

　『アプリケーション/ブラウザーを使用』の中に配置できる主なアクティビティです。このほかにも、ブラウザーやウィンドウを操作するアクティビティを配置できます。

⬇表1

アクティビティ名	説明
『クリック』	クリック。うまく動作しない場合は［入力モード］プロパティを調整。10-6節を参照
『テキストを取得』	テキストを取得して変数に設定。［スクレイピングメソッド］プロパティに「既定」を指定した場合は、自動で各メソッドを順に試行。期待する結果が得られない場合は、アクティビティ前面の ☰ メニューにある［◎ 抽出結果をプレビュー］から［スクレイピングメソッド］を手動で調整可能
『文字を入力』	編集ボックスに、指定の文字を入力。［入力モード］プロパティは、プロパティパネルの右にあるボタン 🖾 で自動調整可能
『アプリのステートを確認』	UI要素の出現/消滅を確認し、それに応じて何らかの処理。10-7節を参照
『チェック/チェック解除』	チェックボックスを操作
『強調表示』	外枠を強調表示
『ホバー』	このUI要素の位置に、マウスカーソルを移動
『キーボードショートカット』	特殊キーの組み合わせを送信。この組み合わせはアクティビティ前面でレコーディング可能
『スクリーンショットを作成』	画面写真を撮影し、ファイル、Image型変数、クリップボードのいずれかに保存
『マウススクロール』	UI要素が出現するまで、マウスホイールでスクロール
『属性を取得』	属性値をString型の変数に取得。主な属性の名前はアクティビティ前面で選択して指定可能
『項目を選択』	リストボックス内の指定の項目を選択。項目はアクティビティ前面で選択して指定可能

　次節より、操作したい画面（ウィンドウ）とUI要素を収集して、オブジェクトリポジトリパネルの中に管理する手順を説明します。

記述子

記述子について

前述のとおり、オブジェクトリポジトリはUI要素（メニューやボタンなど）の記述子を一元管理します。記述子はセレクターの上位セットであり、UI要素を画面から見つけるための情報（セレクターやアンカーなど）をまとめて記述するものです。複数のテクノロジーを同時に使ってそのUI要素を特定するため、UI記述子は非常に安定して動作し、修正や再利用も簡単に行えます。

UI要素の分類

実際の各アプリケーションには複数の画面があり、各画面には複数のUI要素があります。オブジェクトリポジトリは、これと同じ構造でUI要素を分類します。

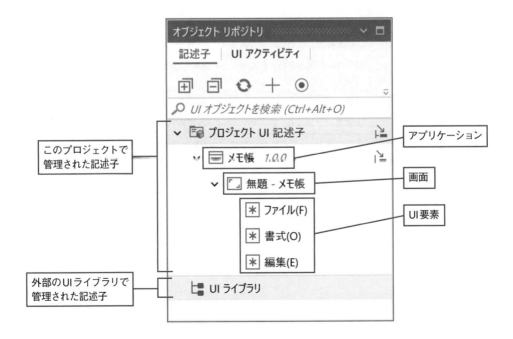

⊘アプリケーション

操作したいアプリに名前をつけ、そのバージョン番号を記録します。この下には、複数の画面があります。

⊘画面

操作したい画面に名前をつけ、その記述子を記録します。この記述子には、アプリを起動するコマンドと、その画面を特定するセレクターが含まれます。『アプリケーション/ブラウザーを使用』の上に配置して使います。この下には、複数のUI要素があります。

⊘UI要素

操作したいUI要素に名前をつけ、その記述子を記録します。この記述子には、そのUI要素を特定するセレクターやアンカー、画像一致検索のための画像データなどが含まれます。『クリック』や『文字を入力』などの上に配置して使います。

> **⊕Hint**
>
> UI要素とは、画面上に表示されるメニューやボタン、編集ボックスなどのことです。10-13節の「UI要素」で詳細に扱います。

> **！OnePoint　モダンアクティビティとクラシックアクティビティ**
>
> 『クリック』や『文字を入力』などのアクティビティは、UIAutomationパッケージの20.10で刷新され、完全に新しくなりました。これらをモダンアクティビティといいます。これに対して、従来の『クリック』などはクラシックアクティビティといいます。これらはオブジェクトリポジトリを使うことはできませんが、モダンアクティビティと一緒に使うことはできます。アクティビティパネルで▽をクリックし、[クラシックアクティビティを表示]してください。

> **！OnePoint　既定でモダンデザインを有効にする**
>
> モダンデザインはStudio 20.10で導入された機能ですが、既定で有効ではありませんでした。Studio 21.10以降は、新規プロジェクトのモダンデザインが既定で有効になります。この、既定で[新しいプロジェクトでモダンを使用]にする設定は、Backstageビューの[設定]の[デザイン]タブにあります。今後は、クラシックよりもモダンのアクティビティを使うことが強く推奨されます。

10-3 ［要素をキャプチャ］する手順

メモ帳のUI要素をキャプチャする

例として、Windowsメモ帳の画面上にあるUI要素をキャプチャしましょう。

手順① アプリケーションを追加する
手順② 画面をキャプチャする
手順③ UI要素をキャプチャする

手順① アプリケーションを追加する

アプリケーションを作成し、その下にメモ帳のUI要素を集める準備をします。

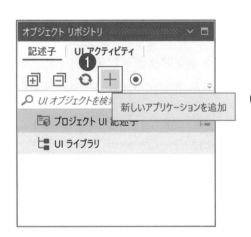

❶［プロジェクトUI記述子］を選択した状態でツールボタン＋をクリックし、［アプリケーショ
ンを作成］ウィンドウを開きます

❷アプリケーション名に「メモ帳」と入力します

❸［アプリケーションを作成］ボタンを押します

手順② 画面をキャプチャする

ここからは、対象のアプリを起動した状態で操作する必要があります。［Win+R］notepad
［Enter］と入力して、メモ帳を起動してください。

Hint
キャプチャした記述子をスニペット
に追加できます。追加された記述子
は、簡単にほかのプロジェクトにコ
ピペして使えます。ターゲットアプ
リのUI がバージョンアップなどで
変化する可能性があるときは、スニ
ペットは使いづらいのでUI ライブ
ラリにしましょう

Hint
Studio が Automation Cloud
に接続されていれば、コン
ピュータビジョンが検出し
たUI要素をすべて自動で
キャプチャできます。このと
き検出したUI要素のキャプ
チャ可否は、マウスのドラッ
グによる範囲選択で一括し
て指定／指定解除できます。
この機能の利用においては、
コンピュータビジョンのAPI
キーの払い出しも設定も不
要です。なお、コンピュータ
ビジョンが使われるのは
キャプチャ時だけであり、
ワークフローの実行時には
使われません

❹オブジェクトリポジトリ内に作成した「メモ帳」を右クリックし、ポップアップメニューから［◉ 要素をキャプチャ］を選択して［要素をキャプチャ］ウィンドウを開きます。なお［オブジェクトリポジトリ］パネル上部のツールボタン◉をクリックすると、後述の［要素を追加］ウィンドウが開いてしまいます。ここでは［要素をキャプチャ］ウィンドウを開くために、ポップアップメニューから操作してください

❺左側のペインに［メモ帳］が表示されていることを確認し、ウィンドウ上部の［◉ 要素をキャプチャ］をクリックして記録を開始します

❻操作対象のメモ帳ウィンドウをクリックし、画面としてキャプチャします

手順③ UI要素をキャプチャする

続けて、すぐにUI要素をキャプチャできる状態になります。メモ帳の実際の画面の中にあるメニューや編集領域を連続してキャプチャしてください。

❼メモ帳の［ファイル(F)］メニューをクリックしてキャプチャします

❽［保存して続行］ボタンを押し、キャプチャした要素を保存します。なお［保存して続行］の代わりに、ターゲットの下に表示される ☑ をクリックすることもできます

❾すぐに次のUI要素をキャプチャできる状態になるので、続けてメモ帳のほかのUI要素もキャプチャしてみましょう。キャプチャのたび、［保存して続行］ボタンを押してください

❿すべてをキャプチャしたら、▣ をクリックして保存し、このウィンドウを閉じます

> **🔍Hint**
>
> 「ファイル」メニューの中にある「新規」や「開く」などのサブメニュー項目をキャプチャするには、⑦で［F2］キーを押します。5秒間だけアプリを自由に操作できるので、この間に「ファイル」メニューを開き、キャプチャの準備をしてください。なお、キャプチャした「新規」などのサブメニュー項目を『クリック』で操作するには、その前に「ファイル」メニューを『クリック』で開いておく必要があることに注意しましょう。

> **🔍Hint**
>
> オブジェクトリポジトリ内の要素は画面の下のほか、ほかの要素の下にも配置できます。オブジェクトリポジトリ内で要素をドラッグして分類・整理してください。たとえば、複数のサブメニュー項目は、メニューグループを指す要素を作成してその下に分類すると良いでしょう。オブジェクトリポジトリ内の要素の親子関係は、その記述子の動作に影響を与えません。

アンカーの追加

アンカーとは錨という意味で、ターゲットを特定するための目印として使われます。いつもターゲットの近くに表示されるUI要素があれば、それをアンカーにしてターゲットをつなぎ留めましょう。セレクターが不安定になりやすいWeb画面の操作時に特に有効です。

❼でUI要素をキャプチャした直後に、アンカーを指定できる状態になります。［保存して続行］する前に、アンカーにしたいUI要素をクリックしてください。

なお、複数のアンカーを指定することもできます。これには、ターゲットの近くに表示される錨アイコンをクリックします。

メモ帳のようなデスクトップアプリでアンカーが必要となることはほとんどありませんが、参考までに［ファイル］メニューを探す目印として［書式］をアンカーにした例を示します。

［要素をキャプチャ］ウィンドウで、アンカーの設定を開きます

10-4

［要素を追加］する手順

UI要素を認識できないときは

　ここまでに示した［要素をキャプチャ］する手順は手軽で便利ですが、UI要素をうまく認識できないこともあります。その場合には、［要素を追加］する手順を使ってUIフレームワークを切り替えるなどのオプションを試しましょう。オブジェクトリポジトリに作成した画面を選択し、パネル上部にあるツールボタン ＋ で［要素を追加］ウィンドウを開きます。ここで［⟦ 要素を指定］をクリックすると、［選択オプション］ウィンドウが開きます。

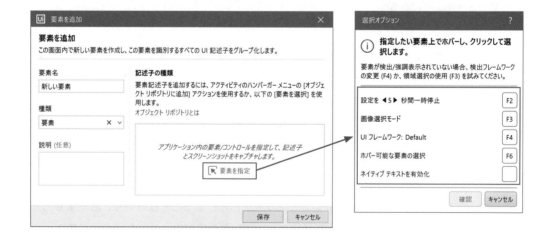

選択オプション

　キーボード上部のファンクションキーで、各機能を設定できます。

✓ 設定を5秒間一時停止 [F2]

　指定の秒数だけキャプチャを停止し、アプリを自由に操作できるようにします。

✅画像選択モード［F3］

要素を画像（矩形）で指定します。

✅UIフレームワーク［F4］

UIフレームワークを切り替えます。これについては後述します。

✅ホバー可能な要素の選択［F6］

マウスをホバーしたときのみ表示される要素を選択できるようにします。

✅ネイティブテキストを有効化

UI要素としては認識できないテキストも、選択できるようにします。

UIフレームワーク

UIフレームワークは、セレクターを動作させるための技術的な基盤です。UiPathには3種類のUIフレームワークが用意されており、要素のキャプチャ時に切り替えることで違うセレクターテキストを採取できます。なおUI要素によっては、切り替えても採取されるセレクターテキストが変化しないことがあります。この場合には、UIフレームワークの切り替えによる効果はありません。

✅既定（Default）

既定のUIフレームワークです。UiPathの自動化テクノロジーに基づいています。ほとんどの場合で問題なく動作します。

✅UI自動化（UIA：UI Automation）

Windowsで表示されるUI要素を特定するための、Microsoftのテクノロジーです。これは、Windowsの画面読み上げ（ナレーター）などの機能を有効にしたり、ほかのソフトウェア製品のテストを自動化する仕組みを実現したりするために導入されました。UIフレームワークをUI自動化として採取したセレクターは、このテクノロジーを利用してUI要素を特定します。

✅アクティブなアクセシビリティ（AA：Active Accessibility）

これは前項目で紹介したUI自動化の一世代前の、Microsoftのテクノロジーです。UI自動

化と互換性がありますが、一般にUI自動化の方がうまく動作します。既定値とUI自動化の両方がうまく動作しないときに、アクティブなアクセシビリティを試してください。

記述子の編集

　要素を右クリックして［編集］すると［選択オプション］ウィンドウが開き、記述子をより詳細に構成できます。

この記述子が機能するかどうか検証します

設定した内容を保存します

ターゲットを削除し、再選択できる状態にします。UI フレームワークを切り替えるには、いちどターゲットを削除する必要があります

各メソッドの有効／無効を切り替えます

セレクターは安定して動作しますが、ターゲットの変化に弱いのが弱点です。アンカーや、ほかのメソッドで補強しましょう

あいまいセレクターは、ターゲットのUI 要素が多少変化しても動作しますが、複数の似たUI 要素に合致してしまうことがあります。あいまいさの度合いは、［精度］で調整できます。［テキストを入力］しておくと、これを含むUI 要素のみに合致します

画像でターゲットを探します。［画像の精度］を1.0 にすると、完全一致で探します

10-5 収集したUI要素を操作する手順

メモ帳のUI要素を操作する

ここまでの手順で、複数の要素をオブジェクトリポジトリの中に収集しました。これらは『クリック』などのUIアクティビティの上に配置して使えます。

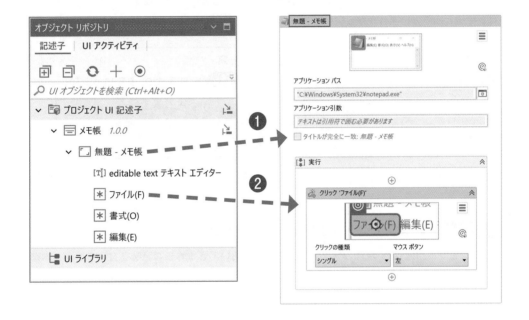

❶オブジェクトリポジトリ内の画面「無題 - メモ帳」をデザイナーパネルにドラッグ＆ドロップすると、自動で『アプリケーション/ブラウザーを使用』がワークフローに配置されます。この表示名は、自動で「無題 - メモ帳」になります

❷オブジェクトリポジトリ内の要素「ファイル」を、デザイナーパネルの「無題 - メモ帳」の中にある「実行」シーケンスにドラッグ＆ドロップすると、この要素を操作できるアクティビティが一覧表示されます。『クリック』を選択し、これを配置してください

ここまでで作成したワークフローを実行してみましょう。メモ帳のファイルメニューが自動でクリックされます！

操作するUI要素を変更する

　ワークフローに配置済みの『クリック』のターゲットを変更するには、オブジェクトリポジトリから当該の要素を『クリック』の上にドラッグ&ドロップします。同じように、配置済みの『アプリケーション/ブラウザーを使用』の上には、オブジェクトリポジトリから画面をドラッグ&ドロップできます。

⚠OnePoint　操作位置の変更

　既定では、操作位置はUI要素の中央です。この位置を変更したいときは、記述子を編集して中央にある的をドラッグして動かしてください。動かした距離は、[クリックのオフセット]プロパティに設定されます。オフセットとは、先頭(始点)からの距離という意味です。オフセットの始点は、中央と四隅のいずれかから選択できます。

(既定の操作位置)　　　　　　　　　　(操作位置を左上隅からのオフセットで指定)

Column　オブジェクトリポジトリとオブジェクト指向

　「オブジェクト指向」は、現代のソフトウェア開発においてさまざまな意味を含みますが、本来はオブジェクトを指向する(中心に考える)ことを指します。手続き指向では「温める(何を?)」のように手続きを先に考えますが、これでは6-6節で紹介したように「電子レンジ」を使いたくなり危険です。一方で、オブジェクト指向は「ねこをどうかする(どうする?)」のように、先に操作対象をオブジェクトとして捉えます。

　ワークフローを設計するとき、先に『クリック』などの操作を配置してから、次にその操作対象を選ぶのはうまくありません。そうではなく、先に操作対象をオブジェクトとして収集し、次にそれに対する操作を選ぶ方が直感的かつ安全に作業できます。これは、まさに洗練された設計体験(モダンデザインエクスペリエンス)です。

　ところで、Windowsの右クリックメニュー(コンテキストメニュー)もオブジェクト指向的といえます。先に操作対象を右クリックで指定すると、それに対して可能な操作がメニューに表示されるからです。コンテキストとは文脈という意味です。文脈(右クリックした場所)に応じてメニュー項目が変化するので、コンテキストメニューというわけです。

！OnePoint アクティビティ上で、ターゲットのUI要素を指定する

小さなワークフローの作成には、操作したいUI要素をアクティビティ上で直接指定するのもお手軽で便利です。ここで指定したUI要素は、後で簡単にオブジェクトリポジトリに追加できます。

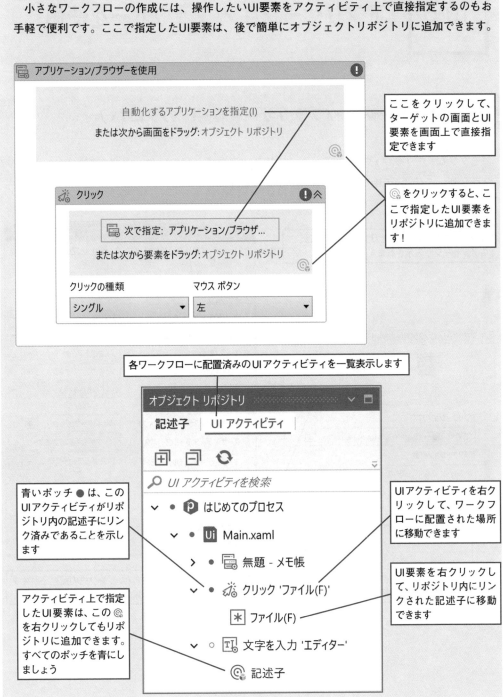

ここをクリックして、ターゲットの画面とUI要素を画面上で直接指定できます

@ をクリックすると、ここで指定したUI要素をリポジトリに追加できます！

各ワークフローに配置済みのUIアクティビティを一覧表示します

青いポッチ ● は、このUIアクティビティがリポジトリ内の記述子にリンク済みであることを示します

アクティビティ上で指定したUI要素は、この@を右クリックしてもリポジトリに追加できます。すべてのポッチを青にしましょう

UIアクティビティを右クリックして、ワークフローに配置された場所に移動できます

UI要素を右クリックして、リポジトリ内にリンクされた記述子に移動できます

『アプリケーション/ブラウザーを使用』

『アプリケーション/ブラウザーを使用』のプロパティ

モダンな『クリック』や『文字を入力』などのUIアクティビティは、必ず『アプリケーション/ブラウザーを使用』の中に配置する必要があります。

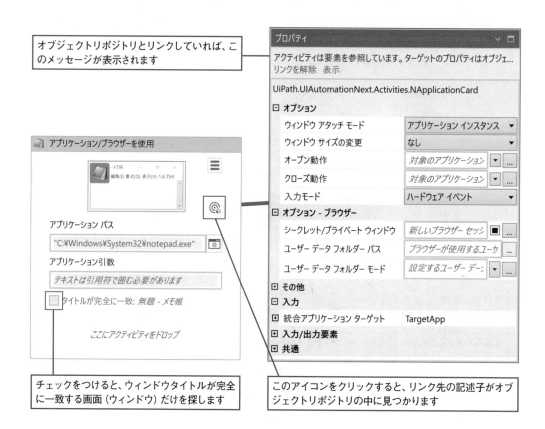

オブジェクトリポジトリとリンクしていれば、このメッセージが表示されます

チェックをつけると、ウィンドウタイトルが完全に一致する画面（ウィンドウ）だけを探します

このアイコンをクリックすると、リンク先の記述子がオブジェクトリポジトリの中に見つかります

［オプション］のプロパティ

⊘ ［ウィンドウアタッチモード］

この『アプリケーション/ブラウザーを使用』の中に配置されたUIアクティビティが、ターゲットのUI要素を探す範囲を指定します。既定値は「アプリケーションインスタンス」です。

⊕**表2**

値	意味
アプリケーションインスタンス	この画面を表示しているアプリケーションのインスタンス全体（親ウィンドウや子ウィンドウ、ポップアップウィンドウなど）から探します。同じアプリケーションであっても、別のインスタンスからは探しません。
単一ウィンドウ	このウィンドウ（画面）の中だけを探します。当該のアプリケーションが多くの画面を表示しているなら、この方が検索範囲が狭いため、すこし高速に安定して動作するかもしれません。

⊘ ［ウィンドウサイズの変更］

ターゲット画面のウィンドウサイズを変更できます。

⊘ ［オープン動作］

この『アプリケーション/ブラウザーを使用』の開始時に、ターゲットアプリを起動するかどうか指定します。既定値は「IfNotOpen」です。

⊕**表3**

値	意味
Never	アプリを起動しません。起動済みのアプリが見つからないときは、［タイムアウト］を待ってApplicationNotFound例外をスローします。
IfNotOpen	起動済みのアプリが見つからなければ、起動します。見つかれば、それを操作します。
Always	必ずアプリを起動します。

⊘ ［クローズ動作］

この『アプリケーション/ブラウザーを使用』の終了時に、ターゲットアプリを終了するかどうか指定します。既定値は「IfOpenedByAppBrowser」です。

⊕**表4**

値	意味
Never	アプリを終了しません。
IfOpenedByAppBrowser	この『アプリケーション/ブラウザーを使用』がアプリを起動した場合は、それを終了します。
Always	必ずアプリを終了します。

⊘ [入力モード]

ターゲットを操作する方法を設定します。ここで指定した値は、この『アプリケーション/ブラウザーを使用』の中に配置された『クリック』などの[入力モード]プロパティに反映されます。

⊕表5

値	意味
ハードウェアイベント	キーボードとマウスのドライバでハードウェアイベントを発生させることにより、すべてのデスクトップアプリを操作できます。ただし動作は遅く、バックグラウンドでは動作しません。『文字を入力』で指定した場合、指定のテキストを1文字ずつ送信します。
シミュレート	アクセシビリティAPIで操作します。ターゲットアプリが対応していれば、ハードウェアイベントよりも安定して動作し、ウィンドウメッセージよりも高速です。ブラウザーやJavaアプリ、SAPの操作に適しています。
Chromium API	ChromeベースのブラウザーをAPIで操作します。ターゲットにフォーカスが当たっていなくても動作します。
ウィンドウメッセージ	マウスやキーボードが操作された旨のWindowsメッセージを、ターゲットのUI要素（ウィンドウ）に送信して操作します。ドライバを経由しないので、ターゲットアプリが対応していれば、ハードウェアイベントよりも高速に安定して動作します。デスクトップアプリに適しています。
バックグラウンド	バックグラウンドで操作します。可能な場合は、シミュレートとChromium APIの両方を試します。バックグラウンドプロセス（ユーザーの操作と競合せず、背後で実行できるAttendedプロセス）を開発するときにとても便利です。ただし、これを指定しても「画像検索」と「ネイティブテキスト検索」はフォアグラウンドで動作するので注意してください。「実行を検証」を使うときにもお勧めの設定です。

[オプション - ブラウザー]のプロパティ

ブラウザーを操作するときに指定します。なお、ピクチャインピクチャについては1-5節の「UiPath Assistant」を参照してください。人が操作するデスクトップをメインセッション、Robotが操作するピクチャインピクチャのデスクトップをPiPセッションといいます。

⊘ [シークレット/プライベートウィンドウ]

Trueにすると、ブラウザーをシークレットモードで開きます。一般に、シークレットモードで開いたURLは、ブラウザーの閲覧履歴に残りません。

⊘ [ユーザーデータフォルダーモード]

このワークフローをPiPセッション内で実行するときの、ブラウザーのユーザーデータフォルダーを指定します。既定値はAutomaticです。通常、変更の必要はありません。

⬥表6

値	意味
Automatic	ワークフロー内で操作するブラウザーが使うユーザーデータフォルダーを、自動で切り替えます。 メインセッションではDefaultFolderを使います。 PiPセッションではCustomFolderを使います。
DefaultFolder	セッションによらず、現在のユーザーの既定のデータフォルダーを使います。 Edgeは "%LocalAppData%¥Microsoft¥Edge¥User Data" Chromeは "%LocalAppData%¥Google¥Chrome¥User Data"
CustomFolder	セッションによらず、[ユーザーデータフォルダーパス]プロパティに指定のフォルダーを使います。指定がないときは、下記を使います。 "%LocalAppData%¥UiPath¥PIP Browser Profiles¥<ブラウザー名>"

✓ [ユーザーデータフォルダーパス]

　上表のCustomFolderの場所を指定します。DefaultFolder（メインセッション内で人間ユーザーが操作するブラウザーのデータフォルダー）と違うフォルダーにしておけば、データの競合を避けることができ、PiPセッション内のブラウザーの動作が安定します。なお、ブラウザのセッションデータをエクスポートするには『ブラウザーのデータを取得』を、インポートするには『ブラウザーのデータを設定』を使います。

ⓘ OnePoint　[ターゲット]プロパティの設定

　『アプリケーション/ブラウザーを使用』の[統合アプリケーションターゲット]プロパティは、オブジェクトリポジトリ内の画面をこのアクティビティ上にドロップすることで設定できます。このプロパティはTargetApp（ターゲットアプリ）型です。

　同様に、『クリック』などのUIアクティビティの[ターゲット]プロパティは、オブジェクトリポジトリ内の要素をこのアクティビティ上にドロップすることで設定できます。このプロパティはTargetAnchorable（アンカー可能なターゲット）型です。

複数の画面を同時に操作する

　複数の画面（アプリケーションウィンドウ）を同時に操作したいときは、『アプリケーション/ブラウザーを使用』を入れ子にします。この中に配置したUIアクティビティは、どの画面を操作するかを指定できます。複数の同じアプリを起動して操作したいときなどは、特に便利です。なお、同じアプリケーションインスタンスの複数の画面にあるUI要素を連続して操作する場合には、入れ子にする必要はありません。[ウィンドウアタッチモード]プロパティに「アプリケーションインスタンス」を設定しましょう。

10
オブジェクトリポジトリ

341

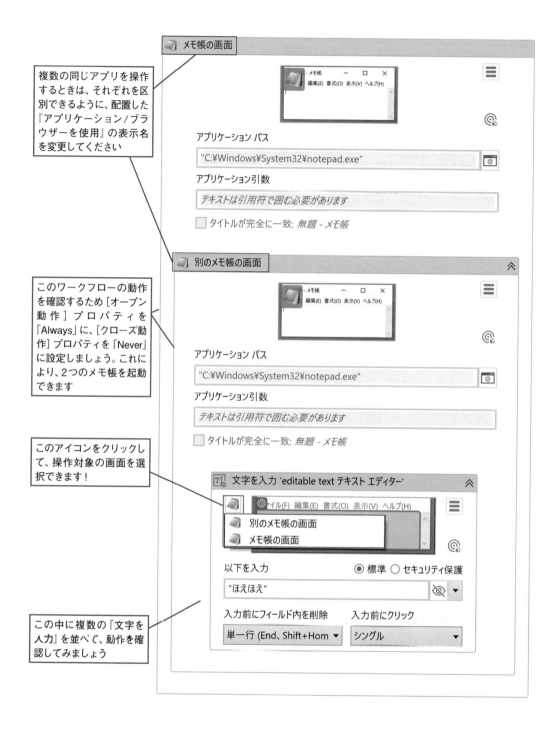

複数の同じアプリを操作するときは、それぞれを区別できるように、配置した『アプリケーション/ブラウザーを使用』の表示名を変更してください

メモ帳の画面

アプリケーション パス

"C:¥Windows¥System32¥notepad.exe"

アプリケーション引数

テキストは引用符で囲む必要があります

タイトルが完全に一致: 無題 - メモ帳

このワークフローの動作を確認するため [オープン動作] プロパティを「Always」に、[クローズ動作] プロパティを「Never」に設定しましょう。これにより、2つのメモ帳を起動できます

別のメモ帳の画面

アプリケーション パス

"C:¥Windows¥System32¥notepad.exe"

アプリケーション引数

テキストは引用符で囲む必要があります

タイトルが完全に一致: 無題 - メモ帳

このアイコンをクリックして、操作対象の画面を選択できます！

文字を入力 'editable text テキスト エディター'

別のメモ帳の画面

メモ帳の画面

以下を入力   ● 標準 ○ セキュリティ保護

"ほえほえ"

入力前にフィールド内を削除   入力前にクリック

単一行 (End、Shift+Hom ▼   シングル ▼

この中に複数の『文字を入力』を並べて、動作を確認してみましょう

| 10-7 | 失敗した操作を、成功するまで繰り返す |

自動リトライによる、ワークフローの安定化

　UiPathのアクティビティは、自動でターゲットのUI要素の出現を待ってから操作するので、とても安定して動作します。とはいえ、ターゲットアプリの状態によっては操作に失敗することもあるでしょう。でも大丈夫、モダンアクティビティは失敗した操作を自動でリトライするように構成できます！ 操作した結果を10秒間検証し、成功を確認できなければリトライします。この動作を30秒間続けて、それでも成功しなければ、諦めてVerifyActivityExecution例外をスローします。

失敗した操作を、成功するまで自動でリトライする

🔍Hint

　各アクティビティで結果を検証する時間は、プロパティパネルの[実行を検証]の下にある[タイムアウト]プロパティで変更できます。これを指定しない場合は、プロジェクトの設定の[UI Automationモダン]にある[実行を検証]に指定した[タイムアウト]値が適用されます。この既定値は10秒間です。

　また、リトライを続ける時間は各アクティビティのプロパティパネル直下の[タイムアウト]プロパティで変更できます。これを指定しない場合は、プロジェクトの設定の[UI Automationモダン]にある[一般]に指定した[タイムアウト]値が適用されます。この既定値は30秒間です。

［実行を検証］プロパティで、自動リトライを構成する

『クリック』などで自動リトライを構成するには、［実行を検証］プロパティで検証オプションを有効にします。ここで有効にできる検証オプションは、アクティビティにより異なります。構成したリトライを無効にするには、各オプションプロパティの中にある［リトライ］プロパティをFalseにします。

✓VerifyExecutionOptionsオプション

『クリック』『ホバー』『キーボードショートカット』で利用できる検証オプションです。これを有効にしたら、検証ターゲットにしたいUI要素をオブジェクトリポジトリからこのアクティビティにドロップしてください。あとは［要素の次の動作を検証］プロパティで「出現」「消滅」「テキストの変化」「表示の変化」のいずれかを選択するだけで、自動リトライを構成できます。それぞれ、検証ターゲットが「出現」したら成功、「消滅」したら成功、という意味です。

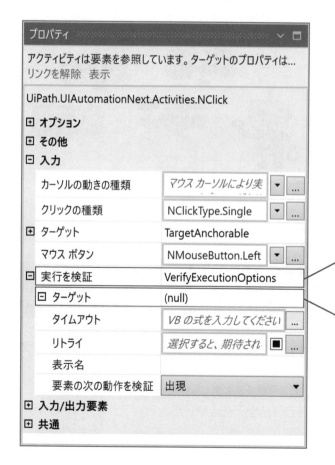

プロパティ	∨ □
アクティビティは要素を参照しています。ターゲットのプロパティは... リンクを解除　表示	

UiPath.UIAutomationNext.Activities.NClick

⊞ **オプション**
⊞ **その他**
⊟ **入力**

カーソルの動きの種類	*マウス カーソルにより実* ▼ ...
クリックの種類	NClickType.Single ▼ ...
⊞ ターゲット	TargetAnchorable
マウス ボタン	NMouseButton.Left ▼ ...
⊟ 実行を検証	VerifyExecutionOptions
⊟ ターゲット	(null)
タイムアウト	*VB の式を入力してください* ...
リトライ	*選択すると、期待され* ■ ...
表示名	
要素の次の動作を検証	出現 ▼

⊞ **入力/出力要素**
⊞ **共通**

［実行を検証］プロパティで、検証を有効にできます

検証［ターゲット］プロパティは、検証ターゲットにしたいUI要素をオブジェクトリポジトリからこのアクティビティの前面下にドラッグドロップすることで指定できます

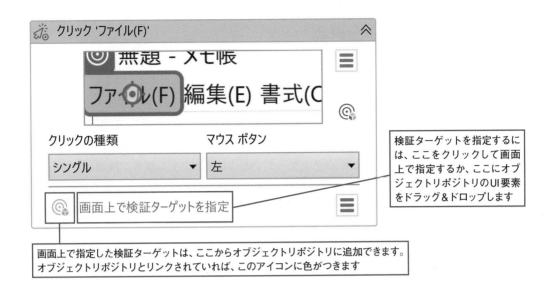

検証ターゲットを指定するには、ここをクリックして画面上で指定するか、ここにオブジェクトリポジトリのUI要素をドラッグ＆ドロップします

画面上で指定した検証ターゲットは、ここからオブジェクトリポジトリに追加できます。オブジェクトリポジトリとリンクされていれば、このアイコンに色がつきます

✅VerifyExecutionTypeIntoOptionsオプション

　『文字を入力』で有効にできる検証オプションです。『文字を入力』は、［テキスト］プロパティに指定された文字列をターゲットに入力するアクティビティです。この検証オプションを有効にするだけで、［テキスト］プロパティに指定した文字列と実際にターゲットに入力された文字列が一致するかが検証されます。一致しなければ、『文字を入力』は文字列の入力をリトライします。とても簡単ですね！なお、リトライが成功するように、［フィールド内を削除］プロパティを構成しておくと良いでしょう。文字を入力する前に、ターゲット内の既存のテキストを削除できます。

　また、［テキスト］プロパティで指定した以外の文字列で検証することもできます。その場合には、検証したい文字列を［期待されるテキスト］プロパティに指定します。

　このほか、前述のVerifyExecutionOptionsオプションと同様に、検証ターゲットの出現や消滅などによって成功を検証することもできます。［実行を検証］プロパティの下にある［ターゲット］プロパティを有効にすると、アクティビティの前面で検証ターゲットを指定できます。

10
オブジェクトリポジトリ

『アプリのステートを確認』

　このほか、検証ターゲットの状態（ステート）（出現や消滅）を確認するには『アプリのステートを確認』を使います。この結果に応じた処理を、この中のシーケンスに記述できます。あるいは、[結果]プロパティで受けた変数値を、後続に配置した『条件分岐』に指定します。

　ターゲットアプリがエラーダイアログを表示したらそれを閉じるようなワークフローを実装するには、当該のエラーダイアログをターゲットにします。もし複数の種類のエラーダイアログが表示される可能性があれば、『並列』の中に複数の『アプリのステートを確認』を並べると良いでしょう。『並列』を使わずに、複数の『アプリのステートを確認』を縦に並べても対処できますが、それでは全てがタイムアウトするまでに時間がかかってしまうためです。9-10節の「『並列』と『キャンセルスコープ』」を参照してください。

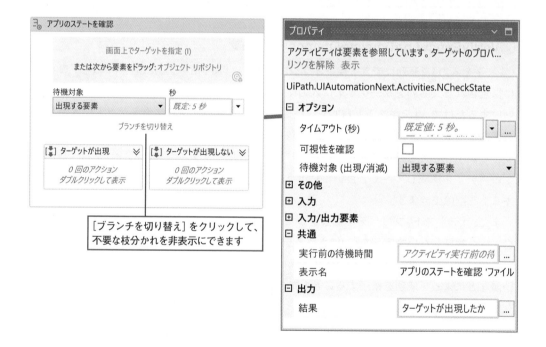

346

10-8 UIライブラリ

記述子を外部ファイルに切り出す

　このプロジェクト内に収集したUI記述子は、外に切り出してライブラリパッケージにできます。このパッケージファイルをUIライブラリといいます。これを複数のプロセスプロジェクトにインストールすることで、このUI記述子の一式を共有できます。

　もしターゲットアプリの画面が変更されても、UIライブラリに含まれるUI記述子を修正し、プロセス側ではこのUIライブラリのバージョンを更新するだけで対応できます。この場合、ワークフローは一切修正する必要がないので、プロセスの保守を安全に効率よく行うことができます。

　ライブラリの管理については、15-1節の「パッケージファイル」で説明します。

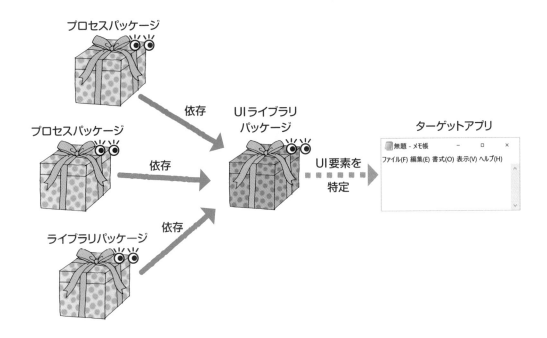

UIライブラリを作成して利用する手順

　次の手順で、オブジェクトリポジトリ内の[プロジェクトUI記述子]を外部のUIライブラリに切り出すことができます。

手順① UIライブラリプロジェクトを作成して開く
手順② UIライブラリプロジェクトをパブリッシュ
手順③ 元のプロセスプロジェクトに、UIライブラリをインストール
手順④ プロセスプロジェクトの既存の記述子を削除

✅手順① UIライブラリプロジェクトを作成して開く

　オブジェクトリポジトリで、UIライブラリにしたい部分の📑をクリックすると、[新しいUIライブラリ]ウィンドウが表示されます。そのまま[作成]ボタンをクリックして、このプロジェクトを開いてください。このとき、いま開いていたプロセスプロジェクトは自動で閉じられます。

✅手順② UIライブラリプロジェクトをパブリッシュ

　[デザイン]リボンの[パブリッシュ]ボタンをクリックして、このプロジェクトをパブリッシュします。パブリッシュ先にUIライブラリパッケージファイルが作成されることを確認してください。

✅手順③ 元のプロセスプロジェクトに、UIライブラリをインストール

　先ほど閉じたプロセスプロジェクトを開き、作成されたUIライブラリパッケージをインストールしてください。[デザイン]リボンの[パッケージを管理]ボタンからインストールできます。もし作成したライブラリが[すべてのパッケージ]に見つからないときは、[パッケージを管理]ウィンドウの[設定]で、先のパブリッシュ先フォルダーを[ユーザー定義のパッケージソース]に追加します。

✅手順④ プロセスプロジェクトの既存の記述子を削除

　UIライブラリに切り出した記述子は不要となるので、プロジェクトUI記述子から削除します。配置済みのUIアクティビティが、インストールしたUIライブラリの記述子とリンクしていることを確認してください。リンクされていれば、アクティビティ前面のアイコン@をクリックすると、オブジェクトリポジトリ内の対応する要素が自動で選択されます。

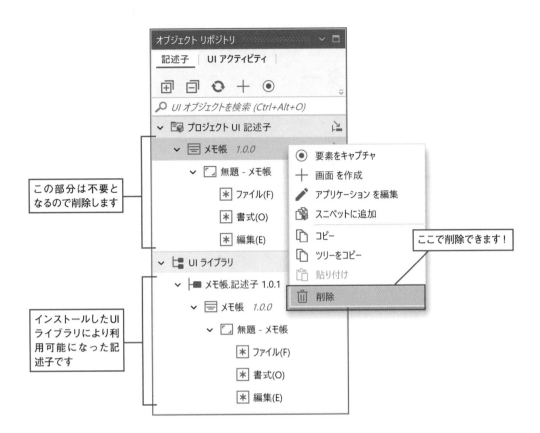

この部分は不要となるので削除します

ここで削除できます！

インストールしたUIライブラリにより利用可能になった記述子です

10-9 セレクター

セレクターについて

　本節からは、クラシックアクティビティを使ってセレクターについて詳細に説明します。プロジェクトパネルの⚙をクリックし、プロジェクト設定の[全般]タブで[モダンデザインエクスペリエンス]をオフにしてください。

　セレクターは、アクティビティが操作対象とするUI要素を特定するためのテキストデータです。操作したいUI要素を選択（セレクト）するから[セレクター]です。

　たとえば、『クリック』や『テキストを設定』などのUI操作を自動化するアクティビティは、みな[セレクター]プロパティを持っていて、このプロパティ値で操作対象のUI要素を指定します。

　Studioで対象のUI要素を選択することにより、それを指すセレクターが自動生成されます。このため、開発者は自分でセレクターを書く必要はありません。しかし、プロセスの動作が不安定なときは、自動生成されたセレクターを、人間が人の手で修正して調整することが必要になる場合があります。

　また、複数のUI要素を連続して操作したいときに、セレクター文字列に含まれるインデックス番号を実行時に（動的に）生成することで、ワークフローを簡潔に記述できる場合もあります。

　本章では、セレクターに関する知識を整理します。

⚠️OnePoint　セレクターはドメイン固有言語の1つ

　1-1節のOnePoint「ドメイン固有言語」で紹介したように、ある分野や領域（ドメイン）のために特別にあつらえた言語を、ドメイン固有言語といいます。

　たとえばChapter11で紹介する正規表現は、文字列を検索するためのドメイン固有言語です。これは、ややこしい条件文や処理を書くことなく、文字列を簡単に検索するための言語（文法）を提供します。同じように、セレクターはUI要素を選択するためのドメイン固有言語です。これは、ややこしい条件文や処理を書くことなく、画面上のUI要素を簡単に特定するための文法を提供します。

　UiPathが使いやすい理由の1つは、このセレクターが非常によく設計されており、うまく動作するからです。

10-10 セレクターの設定

セレクターを自動生成する

　ここでは、メモ帳に「ほえほえ」と入力するワークフローを作成し、メモ帳を指すセレクターが具体的にどのような形となっているか見てみましょう。新規にプロセスプロジェクトを作成し、Main.xamlに『テキストを設定』を配置してください。

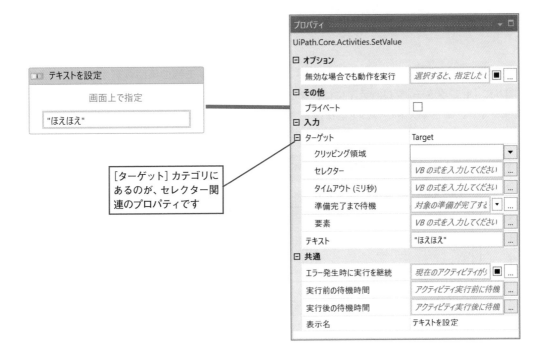

　デザイナーパネルに配置したばかりの『テキストを設定』の上には、［画面上で指定］というリンクが表示されています。これをクリックすると、操作対象のUI要素を選択できる状態になります。

　ここでは簡単に、メモ帳を手動で起動することにします。［Win+R］notepad［Enter］と入力して、メモ帳を起動してください。

> **①OnePoint メモ帳の起動を自動化する**
>
> 説明が煩雑にならないように、本文中ではメモ帳を手動で起動しましたが、この操作を自動化することもできます。自動化するには『アプリケーションを開く』を使います。

次に、『テキストを設定』の［画面上で指定］をクリックし、いま起動したメモ帳の編集エリアを選択します。画面が次のような状態になったらマウスを左クリックして、選択を完了してください。

すると、『テキストを設定』の前面には、いま選択したメモ帳の画面写真が表示されます。また、［セレクター］プロパティには、タグ付きのテキストが自動で設定されたことが確認できます。このテキストについては後述します。

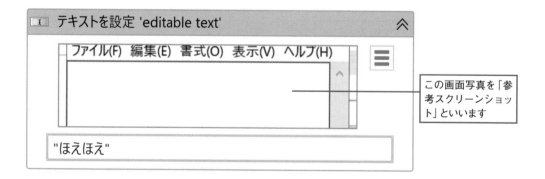

この画面写真を「参考スクリーンショット」といいます

ここまでできたら、Studioのデザインリボンにある［デバッグ］ボタンをクリックして、プロセスを実行してみましょう。メモ帳に「ほえほえ」と入力されるのが確認できます。

①OnePoint　参考スクリーンショット

　前述の手順でセレクターを設定すると、自動で参考スクリーンショットがキャプチャされてプロジェクトフォルダー直下にある「.screenshots」フォルダーに保存され、アクティビティの前面に表示されます。参考スクリーンショットは、ワークフローの動作を人に説明するための参考情報なので、削除してもワークフローの動作にはまったく影響ありません。これはアクティビティ前面にあるボタン ≡ から削除できます。しかし、参考スクリーンショットがあるとワークフローの処理が読みやすくなるので、なるべく削除せずにとっておきましょう。

　なお、セレクターをキャプチャーし直すと、使われていないスクリーンショットが「.screenshots」フォルダーにたまっていきます。これらは不要なので、定期的に削除しましょう。プロジェクトパネルの上部にある［▨ 未使用のスクリーンショットを削除］ボタンで削除できます。

『テキストを設定』のセレクターを確認する

　『テキストを設定』の［セレクター］プロパティに、自動で設定されたテキストを見てみましょう。『テキストを設定』をクリックして選択すると、このアクティビティのプロパティがプロパティパネルに表示されます。

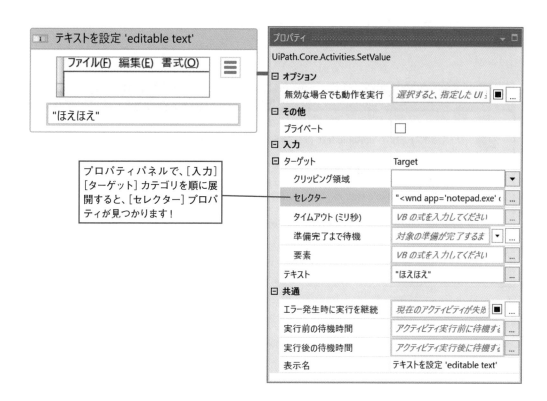

プロパティパネルで、［入力］［ターゲット］カテゴリを順に展開すると、［セレクター］プロパティが見つかります！

353

　セレクタープロパティには、次のようなテキストが自動で設定されていることが確認できます。みなさんの環境で採取したセレクターは少し別の形になっているかもしれません。

```
<wnd app='notepad.exe' cls='Notepad' title='無題 - メモ帳' />
<wnd aaname='水平' cls='Edit' />
<ctrl name='テキスト エディター ' role='editable text' />
```

セレクターが動かなくなる？

　先ほどのメモ帳ウィンドウを次の手順で操作し、「ほえほえ.txt」として保存してください。

[1]メモ帳のファイルメニューから［上書き保存］を選択します。あるいは［Ctrl］＋［S］キーを押します。
[2]［名前を付けて保存］ウィンドウが表示されるので、［ファイル名］に「ほえほえ.txt」と入力して［保存］ボタンをクリックします。

　この状態で、先ほど作成したサンプルをもう一度実行してみましょう。今度は、期待通りに動かないはずです。30秒後に、次のようなエラーが表示されて止まってしまいます。

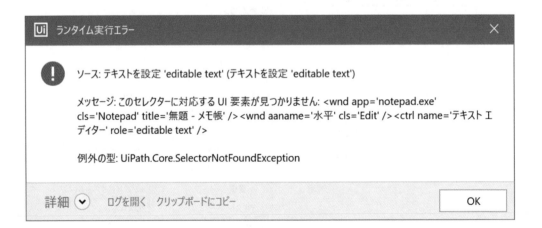

　エラーメッセージには、「このセレクターに対応するUI要素が見つかりません」とあります。さきほどはこのセレクターでUI要素（メモ帳）を見つけることができたのに、一体どうしたのでしょうか。

　実は、対象のメモ帳のウィンドウタイトルが変わってしまったために、現在のセレクターではこのメモ帳ウィンドウを見つけることができなくなってしまったのです。もう一度、今のセレクターをよく見てみましょう。

```
<wnd app='notepad.exe' cls='Notepad' title='無題 - メモ帳' />
<wnd aaname='水平' cls='Edit' />
<ctrl name='テキスト エディター ' role='editable text' />
```

　このセレクターには、メモ帳のウィンドウタイトル「無題 - メモ帳」が含まれていることがわかります。実際のメモ帳のウィンドウタイトルを確認してみましょう。

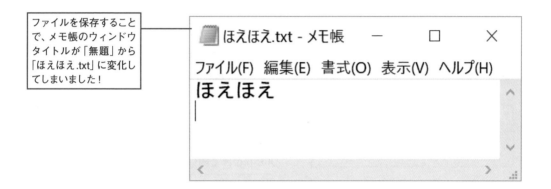

ファイルを保存することで、メモ帳のウィンドウタイトルが「無題」から「ほえほえ.txt」に変化してしまいました！

　起動したばかりのメモ帳のウィンドウタイトルは「無題 - メモ帳」でしたが、ファイルに名前を付けて保存したことによってウィンドウタイトルが変わったために、セレクターが動かなくなってしまったのです。

　このように、操作対象のアプリケーションウィンドウに表示される内容が変化してしまうことにより、いちど採取したセレクターが動作しなくなってしまうことはよくあります。

10-11 # セレクターエディターで、セレクターを修復する

セレクターエディターの起動

セレクターエディターを使って、動かなくなったセレクターを修復してみましょう。『テキストを設定』の右上に表示されているハンバーガーメニュー≡を開き、セレクターエディターを起動してください。

① OnePoint　プロパティパネルからセレクターエディターを起動する

セレクターエディターは、プロパティパネルからも起動できます。これには、[セレクター]プ
ロパティの右にあるボタンをクリックします。

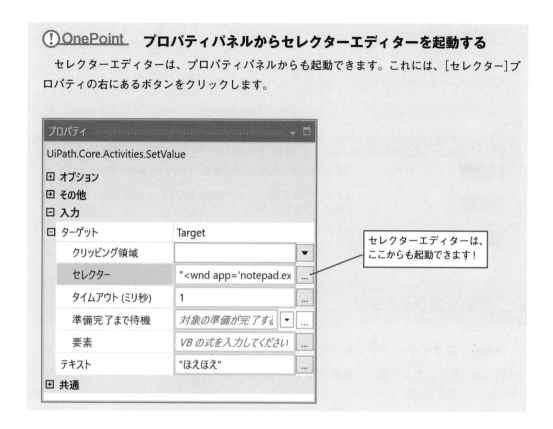

[セレクターエディターは、
ここからも起動できます！]

[セレクターを編集]ボックス

　現在設定されているセレクターが表示されます。前述のように、セレクターの値はString
型ですが、ここで編集するときは「"」(ダブルクォート)で括る必要はありません。

　この編集ボックスの中でセレクターを直接編集してもかまいませんが、この後に説明する
セレクターエディターの機能を活用しても修正できます。修正した内容は、自動で[セレクター
を編集]ボックスに反映されます。

［検証］ボタン

現在のセレクターが有効か（正しく動作するか）を確認するボタンです。

表7

ボタンの色	セレクターの状態	説明
✓ 検証	有効	現在のセレクターは画面上のUI要素を特定できる状態です
? 検証	不明	セレクターが修正されたため、状態は不明です。このボタンを押して、状態を確認してください
✕ 検証	無効	現在のセレクターは画面上のUI要素を特定できない状態です。このセレクターを修正もしくは修復するか、新しい要素を選択してください

［要素を選択］ボタン

［⬚ 要素を選択 要素を選択］ボタンをクリックすると、現在設定されているセレクター値のことは忘れて、新しくセレクターを採取し直します。［要素を選択］ボタンをクリックすると、操作したいUI要素を選択するモードになります。つまり、配置したばかりの『テキストを設定』の前面に表示されていた［画面上で指定］と同じことをします。

［要素を採取］ボタンをクリックして、ウィンドウタイトルが変わったメモ帳を選択すると、次のようなセレクターが採取されるでしょう。

```
<wnd app='notepad.exe' cls='Notepad' title='ほえほえ.txt - メモ帳' />
<wnd aaname='水平' cls='Edit' />
<ctrl name='テキスト エディター ' role='editable text' />
```

しかし、この［要素を選択］ボタンを使ってセレクターを採取し直すのはうまくありません。このセレクターは、もちろん今のメモ帳に対しては動作しますが、起動したばかりの（ウィンドウタイトルが「無題 - メモ帳」となっている）メモ帳に対しては期待通りに動かないからです。

このような場合には、次節に紹介する［修復］ボタンが役に立ちます。もしこのボタンで上記のセレクターを採取したなら、いちど［キャンセル］ボタンをクリックしてセレクターエディターを閉じ、このセレクターを破棄してください。

セレクターエディターを開き直して、セレクターが元の状態になっている（「無題 - メモ帳」を含んでいる）ことを確認したら、次に進みましょう。

[修復]ボタン

[回 修復 修復]ボタンをクリックすると、無効なセレクターを修復できます。現在のセレクターの状態が有効もしくは不明のときは、このボタンは淡色表示になり、クリックすることはできません。

ここまで読み進めてきた読者は、現在のセレクターは無効になっているはずですから、[修復]ボタンをクリックしてみましょう。UI要素を選択するモードになったら、ウィンドウタイトルが「ほえほえ.txt - メモ帳」となっているメモ帳の編集エリアを選択してください。セレクターが更新され、次のメッセージが表示されます。

更新されたセレクターを確認してください。次のような内容になっているはずです。

```
<wnd app='notepad.exe' cls='Notepad' title='* - メモ帳' />
<wnd aaname='水平' cls='Edit' />
<ctrl name='テキスト エディター ' role='editable text' />
```

title属性の値は、「* - メモ帳」となりました。この「*」(アスタリスク)は、セレクターにおいてワイルドカードとして機能します。実行するたびに変化してしまう部分をワイルドカードで指定することで、このセレクターは安定して動作するようになります。

たとえば、「title='* - メモ帳'」は、下記のいずれのウィンドウタイトルに対しても合致するようになります。

①「無題 - メモ帳」
②「ほえほえ.txt - メモ帳」
③そのほか「ぽよーん.txt - メモ帳」などの、任意のファイル名を伴うメモ帳ウィンドウのタイトル

［修復］ボタンがセレクターを修復する仕組み

　［修復］ボタンは、最初に設定されていたセレクターと、採取し直したセレクターを合成し、**違う部分**をワイルドカードに置き換えて新しいセレクターを生成します。下記、それぞれのtitle属性の値に注目してください。

🔵**Table 1 起動直後のメモ帳を選択するセレクター**

```
<wnd app='notepad.exe' cls='Notepad' title='無題 - メモ帳' />
<wnd aaname='水平' cls='Edit' />
<ctrl name='テキスト エディター ' role='editable text' />
```

🔵**Table 2 ファイルを保存したメモ帳を選択するセレクター**

```
<wnd app='notepad.exe' cls='Notepad' title='ほえほえ.txt - メモ帳' />
<wnd aaname='水平' cls='Edit' />
<ctrl name='テキスト エディター ' role='editable text' />
```

🔵**Table 3 ワイルドカードにより合成されたセレクター**

```
<wnd app='notepad.exe' cls='Notepad' title='* - メモ帳' />
<wnd aaname='水平' cls='Edit' />
<ctrl name='テキスト エディター ' role='editable text' />
```

　なお、最初に設定されていたセレクターと、［修復］ボタンで採取し直したセレクターが違いすぎて合成できない場合には、次のエラーが表示され修復できません。その場合には、［要素を選択］ボタンでセレクターを新しく設定し直してください。

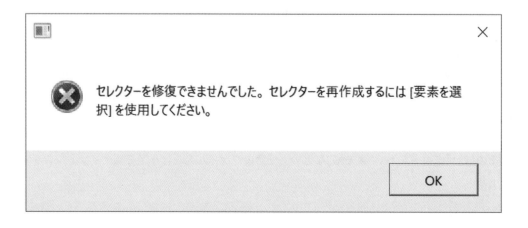

> **①OnePoint** **セレクターで利用できるワイルドカード**
>
> セレクターでは、2種類のワイルドカードを使えます。
>
> ・「*」(アスタリスク) …… 任意の長さのテキストと一致します。
> ・「?」(クエスチョンマーク) …… 任意の1文字と一致します。
>
> [修復]ボタンを使わずに、セレクター内にワイルドカードを手入力してもかまいません。

属性を編集

　[属性を編集]ボックスを使うと、セレクターの各属性値をわかりやすく編集できるほか、この属性をセレクターで考慮する(有効にする)かどうかをチェックボックスで設定できます。

　[セレクターを編集]ボックスにあるテキストを直接編集して、この属性を完全に削除してもいいのですが、そうしてしまうと元の状態に戻すにはセレクターを取り直さなければなりません。しかし[属性を編集]のチェックボックスで属性を無効に設定しておけば、有効に戻すことも簡単です。これは、チェックボックスで無効にした属性は、セレクター内で**omit**とマークされた状態で、削除されずに残るからです。omitとは、英語で除外するとか無視するという意味です。上手に活用していきましょう。

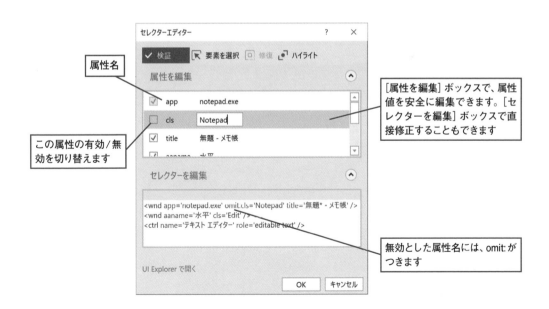

属性名

この属性の有効/無効を切り替えます

[属性を編集] ボックスで、属性値を安全に編集できます。[セレクターを編集] ボックスで直接修正することもできます

無効とした属性名には、omit: がつきます

　なお、ある属性値にワイルドカードだけを指定(たとえば「name='*'」)すると、この属性はUI要素の特定にまったく寄与しないので、その属性はアンチェックして無効にしておくとよいでしょう。

［強調表示］ボタン

　［強調表示］ボタンは、現在のセレクターが選択するUI要素の強調表示をオン/オフします。このボタンをオンにできるのは、セレクターが有効のときだけです。

　なお、UI要素の種類によっては強調表示されないこともあるので注意してください。

10-12 ターゲットカテゴリのほかのプロパティについて

ターゲットカテゴリにある、ほかのプロパティについて

　UIAutomationパッケージにあるアクティビティの多くは、セレクターのほかにもいくつか共通のプロパティがあります。本節では、それらについて補足します。

［クリッピング領域］プロパティ

　指定のUI要素の左上を原点(0, 0)として、このUI要素をクリッピングする領域を指定します。各アクティビティは、クリッピングされた領域の内側を操作します。

　UI要素の特定の箇所をピンポイントで操作したいときに設定してください。これにはアクティビティのハンバーガーメニュー≡から［画面上で指定］をクリックし、プレビューウィンドウで［F3］キーを押して領域を選択します。

　なお、セレクターエディターの［要素を選択］ボタンから同じ操作をしても、［クリッピング領域］プロパティは設定されないので注意してください。

［タイムアウト（ミリ秒）］プロパティ

　セレクタープロパティに指定したセレクターで対象のUI要素が見つからなくても、しばらくは同じセレクターでUI要素を探し続けます。しかし、［タイムアウト（ミリ秒）］に指定した時間が過ぎると、このセレクターに対応するUI要素が見つからない旨の例外（SelectorNotFoundException）がスローされます。

　このプロパティの既定値は30000ミリ秒（30秒）です。操作したいUI要素が画面に表示されるまでに30秒以上かかる場合があるなら、より長い時間を指定してください。あるいは、操作したいUI要素が画面に表示されていない場合は、30秒も待つことなくすぐにエラーであると判断したいなら、より短い時間を指定してください。

［準備完了まで待機］プロパティ

　操作対象とするUI要素が準備完了になるまで待機するかどうかを制御します。設定できるプロパティ値は3つのうちのいずれか1つです。対象のアプリケーションの種別によって、UiPath内部の動作が少々異なります。

　これを次の表にまとめました。安定して動作しないようならComplete側に、処理速度が遅いようならNone側に調整するとよいでしょう。

◉表8

設定できる プロパティ値	Webアプリ	デスクトップアプリ	SAP
None	待機しない		
Interactive	対象のUI要素が応答可能になるまで待機（<webctrl>タグのReadyStateがInteractiveになるまで待機）	対象のUI要素が応答可能になるまで待機（WM_NULLメッセージを送信して応答を確認）	対象のUI要素が応答可能になるまで待機（SAP APIでビジー状態を確認）
Complete	対象ページが読み込まれるまで待機（<webctrl>タグのReadyStateがCompleteになるまで待機）		

［要素］プロパティ

　［セレクター］プロパティの代わりに［要素］プロパティを使っても、操作対象としたいUI要素を指定できます。［要素］プロパティに指定した変数の名前は、アクティビティの前面に表示されます（このとき、参考スクリーンショットは削除してください）。この詳細については、10-19節の「セレクターをUiElement型の変数で指定する」を参照してください。

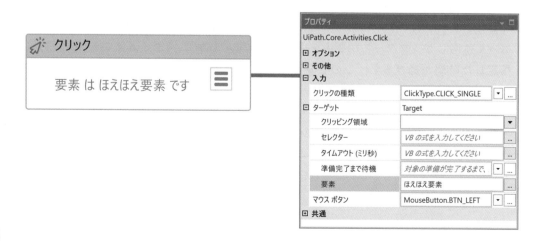

⚠️OnePoint　セレクターの動作を高速化する

　セレクターによるUI要素の特定が遅いときは、別のUIフレームワークを試してみましょう。処理が早くなる場合があります。

　また、ループ処理の中で同じUI要素を繰り返し操作する場合には、ループ処理に入る前に『要素を探す』でそのUI要素をUiElement型の変数にキャッシュしておき、ループ処理の中では（[セレクター]プロパティを使う代わりに）[要素]プロパティにキャッシュした変数を指定してみましょう。これによっても、処理が早くなる場合があります。

⚠️OnePoint　[実行前の待機時間]プロパティで、ワークフローを高速化する

　UIAutomationパッケージに含まれるアクティビティには、[実行前の待機時間]プロパティを装備しているものがあります。ここに指定した時間は必ず待機してから、各アクティビティ固有の処理を実行します。この既定値は200ミリ秒ですが、これを短くすることで、ワークフローがより高速に実行されるようになります。これは各アクティビティのプロパティで個別に指定することもできますが、プロジェクトパネルの上部にある ⚙ ボタンで表示される[プロジェクト設定]ウィンドウで一括して指定できます。各アクティビティのプロパティで個別に指定した場合には、その値が優先されます。

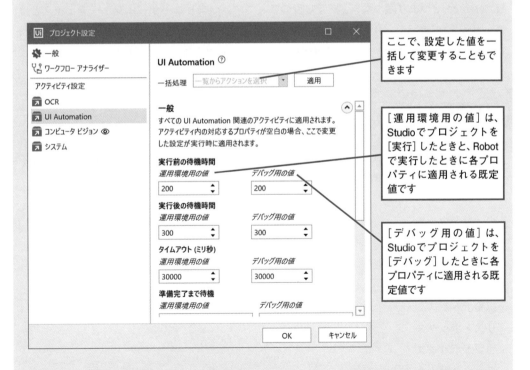

　なお、[タイムアウト（ミリ秒）]で指定するのはセレクターでUI要素を探し続ける最大の時間です。状況に応じて、これらのプロパティをうまく使い分けてください。

10-13 UI要素

UIとUI要素

期待通り動作するセレクターを作成するには、UI要素についてよく理解することが役に立ちます。本節では、UI要素について説明します。

UIとは

UIとは、ユーザーインターフェイス（User Interface）の略です。Interfaceとは顔と顔の間（inter-face）、つまり顔つなぎ、橋渡し役のことです。つまりユーザーインターフェイスとは、ユーザーとPCの間をとりもつ橋渡し役です。広義には、モニター、マウス、キーボードなどはすべてPCのUIですが、本書では画面に表示されるものを指してUIといいます。

UI要素とは

Windowsにおいて、ユーザーが認識したり操作したりできるものをUI要素といいます。WindowsにおけるUI要素には、たとえば次のようなものがあります。

- ウィンドウ
- ラベル
- ボタン
- メニュー
- 編集ボックス
- リストボックス
- コンボボックス
- チェックボックス
- ラジオボタン

・スクロールバー

・ステータスバー

　………

　このほかにも、大変多くの種類のUI要素があります。このほとんどが、Microsoft Windows上ではウィンドウとして実現されています。ウィンドウとは、ウィンドウメッセージに応答して何らかの動作をするコンポーネントのことです。UiPathは、これらのウィンドウに「マウスボタンを押したよ」などのウィンドウメッセージを送信することで、操作を自動化しています。

　なお、ウィンドウではないUI要素もあります。そのようなUI要素に対してもセレクターが動作するように、UiPathは複数のテクノロジー（UIフレームワーク）を搭載しています。それでもセレクターが動作しないUI要素に対しては、画像認識などの手段が用意されています。

UI要素の階層構造

　Windowsの画面に表示されるUI要素は、階層構造になっています。一番上の要素は、デスクトップウィンドウ（デスクトップの壁紙）です。この直下に各アプリケーションのトップウィンドウがあり、さらにその下にさまざまなUI要素がツリー状に並んでいます。そこで、この階層の経路を記録しておき、これをデスクトップウィンドウから順にたどれば、対象のUI要素を見つけることができます。

　つまりセレクターとは、アプリケーションのトップウィンドウから操作したいUI要素までの経路を示す、テキストデータ（XMLフラグメント）です。

●図1

デスクトップの中にメモ帳ウィンドウがあり、その中にメニューバーや編集ボックス、ステータスバーなどがあります。さらに、メニューバーの中にはファイルメニューや編集メニューなどがあります。WindowsのUI要素には、このようなツリー状の親子関係があります。この親子関係を上から［デスクトップ］→［メモ帳］ウィンドウ→［メニュー］バー→［編集］メニューのように辿ることで、各UI要素を特定できます

任意のUI要素は、デスクトップウィンドウから子要素をたどることで見つけることができます。逆に、任意のUI要素からその親のUI要素をたどっていくと、必ずデスクトップウィンドウに到達します。

ファイルパスとの類似性

セレクターのツリー構造は、ちょうどファイルシステムのパス文字列によく似ています。

図2に、ファイルシステムの例を示します。ファイルシステムでは、ルートフォルダーから複数のサブフォルダーを経由して対象のファイルを特定できます。同じ名前のファイルが複数あっても、違うフォルダーに配置されていれば、それらを区別できます。

図3に、ウィンドウの例を示します。Windowsでは、デスクトップ（ルートウィンドウ）から複数のUI要素を経由して対象のUI要素を特定できます。同じ名前のボタンが複数あっても、違うUI要素上に配置されていれば、それらを区別できるというわけです。

前述の、セレクターで利用できるワイルドカード「*」（アスタリスク）と「?」（クエスチョンマーク）は、ファイルパスで利用できるワイルドカードにヒントを得たもので、その機能もまったく同じです。アスタリスクは任意の長さのテキストと、クエスチョンマークは任意の1文字と、それぞれ一致します。

●図2

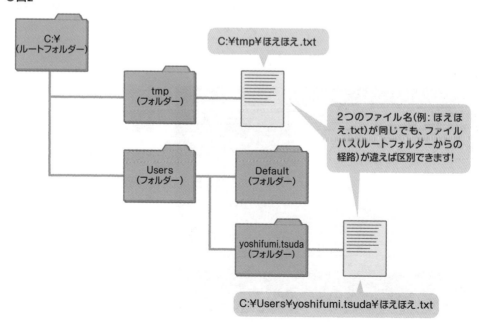

◆図3

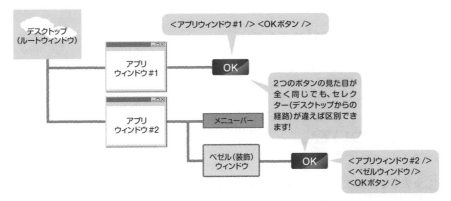

ⓘ OnePoint　コマンドプロンプトで利用できるワイルドカード

　Windowsのコマンドプロンプトを使うと、ファイルシステムとセレクターがよく似ていることを確認できます。[Win+R] cmd [Enter] と入力し、コマンドプロンプトを起動してください。たとえば、dirコマンドに「*」や「?」などのワイルドカードを含むファイル名を指定して実行してみましょう。セレクター内のワイルドカードも、同様に機能します。dirは、カレントディレクトリ（現在のフォルダー）にあるファイルやフォルダーを表示するコマンドです。cdコマンドで、現在のフォルダーを変更（change directory）できます。

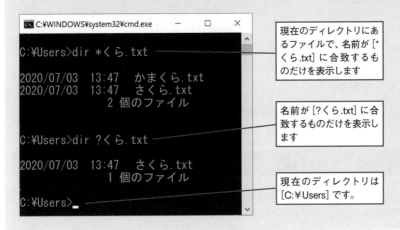

ⓘ OnePoint　ファイルパスとセレクターの違い

　ファイルパスとセレクターの大きな違いは、ファイルパスは途中のフォルダーを省略できないのに対して、セレクターは途中のUI要素タグを省略しても（ほかのタグに十分な情報があれば）問題なく動作できることです。たとえば、図3の例にある「<アプリウィンドウ#2 /><ベゼルウィンドウ/> <OKボタン /> 」は、「<アプリウィンドウ#2 /><OKボタン />」としても問題なく動作するでしょう。このように、変化しやすい部分のタグはまるごと削除しておくこともできます。

10-14 UI Explorer

UI Explorerについて

　UI要素の階層構造とセレクターとの対応をよく理解するには、UI Explorerというツールが役に立ちます。Explorerは探検家とか探査機器という意味です。

　Windows上で利用できるソフトウェアには、ほかにもファイルエクスプローラーやインターネットエクスプローラーなど、Explorerを称するものがありますね。UI Explorerを使うと、Windows PC上に表示されたUI要素を簡単に探索できるというわけです。本節では、UI Explorerを使いながらUI要素とセレクターについての理解を深めます。

UI Explorerの起動

　UI Explorerは、次の3つの方法のいずれかで起動できます。

✅UI Explorerボタンで起動

Studioのデザインリボンにある UI Explorerボタンで起動します。

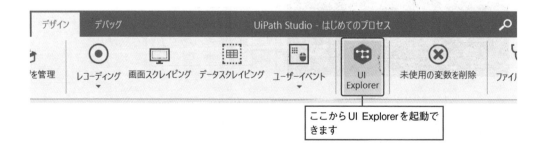

ここから UI Explorer を起動できます

⊘ ハンバーガーメニューで起動

デザイナーパネルに配置されたアクティビティのハンバーガーメニュー ☰ で起動します。

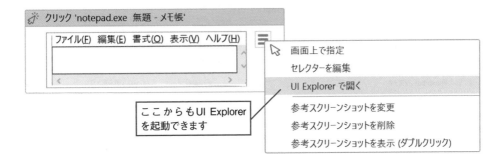

ここからも UI Explorer
を起動できます

⊘ リンクで起動

セレクターエディターのウィンドウ下部にあるリンクで起動します。

ここから起動することもでき
ます

🔍 Hint

　上記のいずれかの操作で、UI Explorerが起動します。セレクターエディターを内包するほか、
現在デスクトップに表示されているUI要素の階層構造をビジュアルツリーで確認できます！

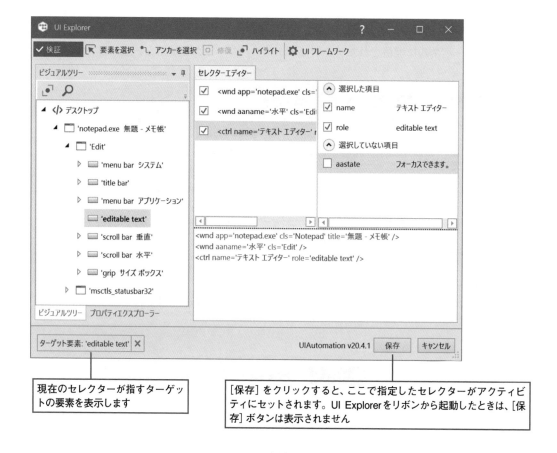

現在のセレクターが指すターゲットの要素を表示します

［保存］をクリックすると、ここで指定したセレクターがアクティビティにセットされます。UI Explorerをリボンから起動したときは、［保存］ボタンは表示されません

---

①OnePoint　UI要素の属性値を取得するには

UI Explorerのプロパティエクスプローラーパネルで確認できるUI要素の属性値は、『属性を取得』の［結果］プロパティで取得できます。その属性値の名前をプロパティエクスプローラーパネルで確認したら、これを『属性を取得』の［属性］プロパティに指定してください。

ビジュアルツリー

UI Explorerウィンドウ内のビジュアルツリーパネルには、現在PCに表示されているUI要素の一覧が表示されます。前述のとおり、これらのUI要素には親子関係があり、このルートは必ずデスクトップウィンドウです。アプリケーションを起動すると、そのトップウィンドウはデスクトップの直接の子要素になり、アプリ上の編集ボックスやボタンはその子孫要素になります。

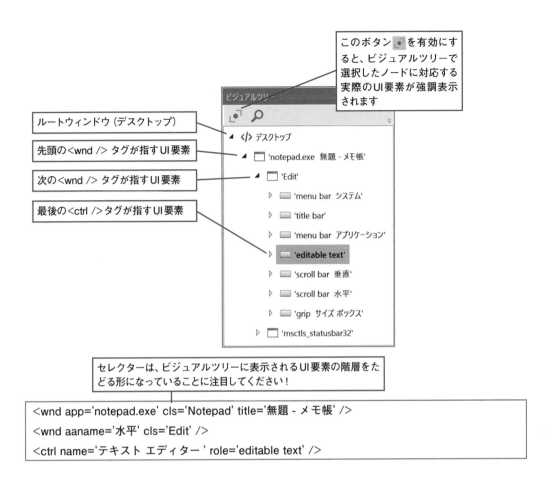

このボタン 🔘 を有効にすると、ビジュアルツリーで選択したノードに対応する実際のUI要素が強調表示されます

ビジュアルツリ

ルートウィンドウ（デスクトップ）

先頭の<wnd />タグが指すUI要素

次の<wnd />タグが指すUI要素

最後の<ctrl />タグが指すUI要素

</>デスクトップ
  'notepad.exe　無題 - メモ帳'
    'Edit'
      'menu bar　システム'
      'title bar'
      'menu bar　アプリケーション'
      'editable text'
      'scroll bar　垂直'
      'scroll bar　水平'
      'grip　サイズ ボックス'
    'msctls_statusbar32'

セレクターは、ビジュアルツリーに表示されるUI要素の階層をたどる形になっていることに注目してください！

```
<wnd app='notepad.exe' cls='Notepad' title='無題 - メモ帳' />
<wnd aaname='水平' cls='Edit' />
<ctrl name='テキスト エディター ' role='editable text' />
```

ターゲット要素を指定する

　アクティビティで操作対象としたいUI要素を、ターゲット要素といいます。UI Explorerでターゲット要素を指定するには、画面上部の［要素を選択］ボタンをクリックします。また、ビジュアルツリーのノードを右クリックして［ターゲット要素として設定］を選択しても、ターゲット要素を指定できます。

　指定したターゲット要素は、UI Explorerウィンドウの左下に表示されます。［検証］ボタンをクリックして、セレクターに問題がないことを確認したら、UI Explorer右下にある［保存］ボタンをクリックして、これをアクティビティのセレクタープロパティに保存してください。

　なお［保存］ボタンは、UI ExplorerをStudioの［デザイン］リボンから起動した場合は表示されないので注意してください。

アンカー要素を指定する

アンカー（Anchor）とは、船を固定する錨という意味で、ターゲット要素を特定するためのヒントとして使われます。ビジュアルツリーでは、ターゲット要素と同様の操作で、アンカー要素も指定できます。指定すると、ターゲット要素のセレクターは、アンカー要素からの相対位置で記述されるようになります。

アンカーの指定は必須ではありません。ターゲット要素を指す安定したセレクターの作成が難しい場合に、適切なアンカーを探してみましょう。下記は、メモ帳の[書式]メニューをアンカーとして、[編集]メニューをターゲットとしたときに、生成されるセレクターの例です。

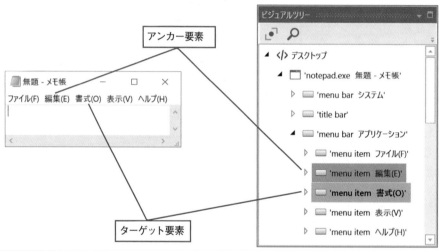

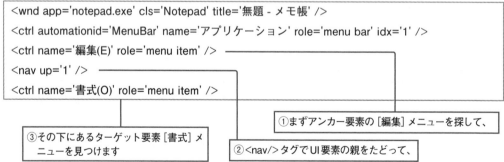

```
<wnd app='notepad.exe' cls='Notepad' title='無題 - メモ帳' />
<ctrl automationid='MenuBar' name='アプリケーション' role='menu bar' idx='1' />
<ctrl name='編集(E)' role='menu item' />
<nav up='1' />
<ctrl name='書式(O)' role='menu item' />
```

③その下にあるターゲット要素［書式］メニューを見つけます

①まずアンカー要素の［編集］メニューを探して、

②<nav/>タグでUI要素の親をたどって、

🔍 Hint

navはNavigate（誘導する）の略です。ターゲット要素のセレクター属性が変わりやすかったり、ターゲット要素とセレクターが似ている別のUI要素があったりするときは、アンカーとして利用できそうな、セレクターが安定したUI要素が近くにないか探してみましょう。

10-15 『アンカーベース』の活用

『アンカーベース』について

前節で説明したアンカーは、アンカー要素からUI要素のツリー構造を<nav/>タグで移動することで、ターゲット要素を見つけます。一方で『アンカーベース』は、アンカー要素からビジュアルに近い場所にあるターゲット要素を見つけます。

⊘ [アンカー]

アンカー要素を指定するアクティビティを配置します。『要素を探す』『テキスト位置を探す』『OCRでテキスト位置を探す』『画像を探す』などをここに配置できます。

⊘ [ここにアクションアクティビティをドロップ]

ターゲット要素を操作するアクティビティを配置します。『クリック』や『テキストを設定』など、多くのアクティビティを配置できます。この[セレクター]プロパティには、ターゲット要素を指すセレクターの末端のタグのみが設定されます。『アンカーベース』は、このタグに合致し、かつアンカー要素からビジュアルに近いUI要素を探してターゲット要素とします。

⊘ [アンカー位置] プロパティ

ターゲット要素から見て、アンカー要素がどの方向にあるかを指定します。ややこしいですが、Leftを指定するとアンカーの右側にあるUI要素を探してターゲット要素とします。Autoを指定するとアンカーから最も近いUI要素を、OnTopを指定するとアンカーと同じ位置に重なるUI要素を、ターゲット要素として探します。

10-16　完全セレクターと部分セレクター

完全セレクターと部分セレクターについて

　前述のとおり、ファイルシステムに絶対パス(ルートディレクトリから記述した完全なパス)と相対パス(カレントディレクトリからの相対位置を示す部分的なパス)があるように、セレクターにも完全セレクターと部分セレクターがあります。

　ファイルシステムの相対パスは、対象のファイルの位置を現在のディレクトリからの相対位置で示します。同様に、部分セレクターは、対象のUI要素の場所を現在のUI要素からの相対位置で示します。この、現在のUI要素の位置は、下記のコンテナーアクティビティで指定できます。

・『ウィンドウにアタッチ』
・『ブラウザーにアタッチ』
・『ブラウザーを開く』
・『アプリケーションを開く』

　部分セレクターは、これらのコンテナーアクティビティの中で機能します。

コンテナーアクティビティを配置して、部分セレクターを活用する

　同一のウィンドウに含まれる複数のUI要素を連続して操作する場合には、『ウィンドウにアタッチ』の中に一連のアクティビティ(『クリック』など)を配置するようにします。

　このとき、親アクティビティの『ウィンドウにアタッチ』にはこのウィンドウを指すセレクターを記述し、その子アクティビティの『クリック』などにはこのウィンドウからの相対位置を部分セレクターで記述できます。これにより、同じウィンドウ上にあるUI要素を操作する意図が明確になり、安定して動作し、保守もしやすいワークフローになります。

　たとえば、親ウィンドウのセレクターが変わってしまったときは、コンテナーアクティビティのセレクターだけを変更するだけで対応できます。また、セレクターに対応するUI要素

を画面から探すときに、すべてのトップレベルウィンドウを毎回列挙せずに済むので、実行時のPCへの負荷も少なくなります。

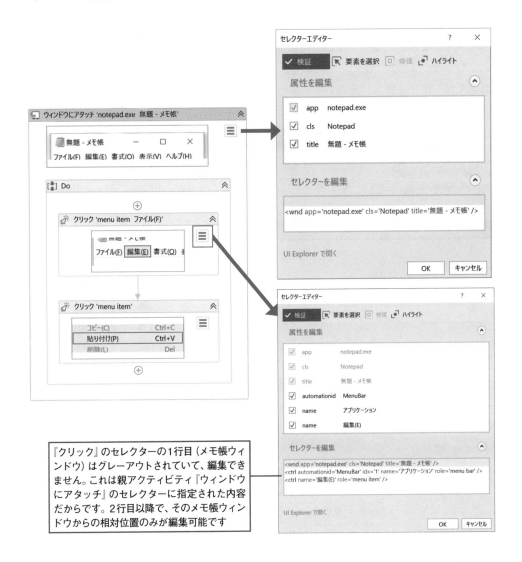

『クリック』のセレクターの1行目（メモ帳ウィンドウ）はグレーアウトされていて、編集できません。これは親アクティビティ『ウィンドウにアタッチ』のセレクターに指定された内容だからです。2行目以降で、そのメモ帳ウィンドウからの相対位置のみが編集可能です

部分セレクターを使う必要がない状況

あるウィンドウ（もしくは、そのウィンドウ上のUI要素）に対して行いたい操作が1つだけなら、『ウィンドウにアタッチ』にその操作をするアクティビティを1つだけ入れるよりも、その操作を行うアクティビティだけを配置して完全セレクターを指定した方が、『ウィンドウにアタッチ』を配置しない分だけ簡潔なコードになります。状況に応じて、『ウィンドウにアタッチ』を使用すべきか判断してください。

レコーディング機能が生成するセレクター

　Studioには高度なレコーディング機能があり、ユーザーが行った操作を自動で連続するアクティビティに変換し、ワークフロー内に配置できます。なお、この［レコーディング］ボタンは、プロジェクト設定で［モダンデザインエクスペリエンス］がオフのときに使えます。オンの状態では、より洗練され使いやすくなった［アプリ/Webレコーダー］が有効になります。

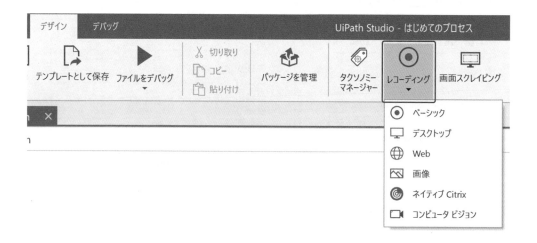

　このレコーディング機能にはいくつか種類があります。これらを表9にまとめます。

⊛表9

レコーダーの種類	説明
ベーシック	コンテナーアクティビティを配置せず、各アクティビティに完全セレクターを生成
デスクトップ	『ウィンドウにアタッチ』の中に各アクティビティを配置し、部分セレクターを生成
Web	『ブラウザーにアタッチ』の中に各アクティビティを配置し、部分セレクターを生成
画像	デスクトップレコーダーと同様だが、一連の操作をレコーディングするボタンの代わりに、画像認識や画面スクレイピングの機能を提供
ネイティブCitrix	デスクトップレコーダーと同様だが、Citrix拡張機能に対応したセレクターを生成
コンピュータビジョン	『CV画面スコープ』の中に、コンピュータビジョンに対応したアクティビティを配置

⊕Hint

　ある1つのUI要素を操作するならベーシックレコーダーを、ある同一のウィンドウに配置された複数のUI要素を連続して操作するならデスクトップレコーダーを使いましょう。適切なレコーダーを選択することで、より良い結果が得られます。

10-17 動的セレクターの活用

動的セレクターについて

　セレクター内にワイルドカードを指定すると、複数のUI要素に合致してしまうので困ることもあります。このようなときには、セレクターの中に変数を埋め込むことができます。このようなセレクターを**動的セレクター**といいます。動的セレクターでは、String型とInt32型の変数が利用できます。

> ⚠**OnePoint**　**動的とは**
>
> 　動的（dynamic）とは、実行時に変化し得ることを意味しています。動的セレクターは、実行時に変数の値によって変化するので、動的セレクターというわけです。動的に対して、パブリッシュ時（コンパイル時）に決まり、実行時には変化しないものを静的（static）といいます。

セレクター内の可変部分をString型の変数で指定する

　実行時に変化する部分を、変数で指定するように変更しましょう。

　セレクターエディターの［セレクターを編集］ボックス内で、可変部分を選択して右クリックし、ポップアップメニューを表示してください。ここで［変数を作成］を選択すると、範囲選択した部分に変数が埋め込まれます。範囲選択した部分に基づき、既定値も自動で設定されます。

　あるいは、あらかじめ［変数パネル］に作成した変数の名前を、セレクター内に手作業で｛｛変数名｝｝として書き入れてもかまいません。このようなセレクターの編集は、［セレクターを編集］ボックス内のポップアップメニューにある［変数を選択］を選択しても簡単に行えます。

> 🔍**Hint**
>
> 　動的セレクターが利用できるのは、UIAutomationパッケージのバージョン19.4.1以降からです。以前のバージョンでも、セレクター内に String 型の変数を ＋ 演算子で連結して埋め込むことはできますが、そうした場合はセレクターエディターを利用できなくなります。

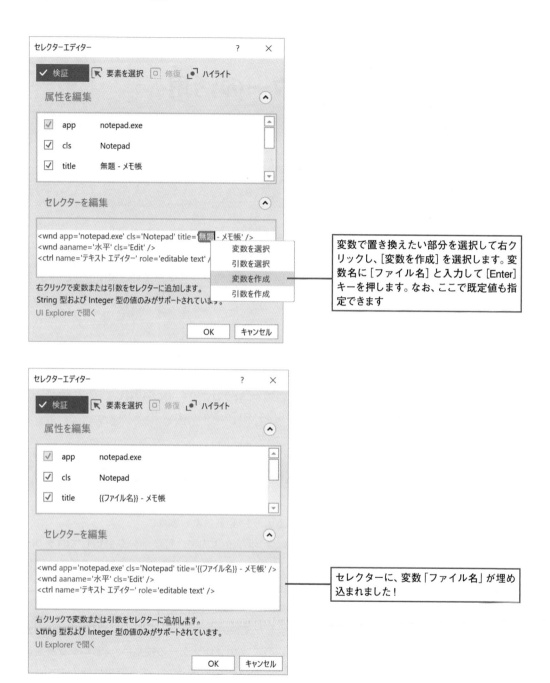

変数で置き換えたい部分を選択して右クリックし、[変数を作成] を選択します。変数名に [ファイル名] と入力して [Enter] キーを押します。なお、ここで既定値も指定できます

セレクターに、変数「ファイル名」が埋め込まれました！

　このように{{ }}で括った内容は変数名と解釈され、実行時にはその変数の値がこの場所に展開されます。

　変数パネルを確認すると、今作成した変数「ファイル名」が見つかるはずです。この既定値には、変数で置換した元の文字列(例："無題")が自動で設定されます。

名前	変数の型	スコープ	既定値
ファイル名	String	シーケンス	"無題"
変数の作成			

変数　引数　インポート　✋　🔑　100%　⌄　⤢　⤡

『テキストを設定』の実行に先立って、ほかの値(たとえば"ほえほえ.txt"など)をこの変数に『代入』しておくことで、セレクターを実行時に調整することができるというわけです。お気づきのように、動的セレクターは(変数でなく)引数を使っても構成できます。

セレクター内の可変部分をInt32型の変数で指定する

複数のUI要素を連続して操作したいとき、これらのUI要素には連続した番号が含まれる場合があります。このようなときには、この番号を変数で生成することにより、連続したUI要素に対して簡潔にアクセスできます。

たとえば、次のセレクターが指すUI要素から『テキストを取得』したいとしましょう。

```
<html title='メイン画面' /><webctrl idx='1' tag='TABLE' />
```

このidx属性の値を1つずつ増やしながら、連続して複数のUI要素から『テキストを取得』する場合には、このidxの属性値をInt32型の変数で処理することもできます。前節で説明したのと同様にセレクター内に変数を埋め込んだ後で、この変数の型をString型からInt32型に変更すればOKです。この変数名を「idx」としたとき、『テキストを取得』のセレクターは、次のようになるはずです。

```
<html title='メイン画面' /><webctrl idx='{{idx}}' tag='TABLE' />
```

このようにセレクターを構成した『テキストを取得』は、『繰り返し(コレクションの各要素)』などの中に配置し、そのループ変数を「idx」とすることで、複数のUI要素から連続してテキストを取得できるようになります。

⚠OnePoint　ムスタッシュ記法

変数値を展開したい部分に{{変数名}}と記述する方法を、ムスタッシュ記法といいます。これは、中かっこの形が口ひげ(ムスタッシュ;moustache)に似ていることに由来します。

10
オブジェクトリポジトリ

10-18　非貪欲検索の活用

非貪欲検索について

10-7節の「ファイルパスとの類似性」では、UI要素がフォルダーと同じようなツリー構造を持つことを説明しました。本節では、UI要素とフォルダツリーの構造の違いと、非貪欲検索について紹介しましょう。

同一の親フォルダーの中には、同じ名前を持つファイルやフォルダーを複数配置することはできません。これに対して、同じアプリケーションを複数起動した場合には、同一の親UI要素（デスクトップウィンドウ）の中に、同じセレクターを持つUI要素（アプリケーションのトップレベルウィンドウ）が複数配置される場合があります。

UiPathのセレクターは、既定では最初に見つかったトップレベルウィンドウの子要素だけを探します。この動作を、貪欲検索（Greedy Search：くいしんぼう検索）といいます。最初に見つけたトップレベルウィンドウに食いついたら離れない、という意味です。貪欲検索では、同じセレクターをもつトップレベルウィンドウが複数あっても、それを探しません。つまり貪欲検索は、同じアプリケーションが複数起動しているときは、その中のアクティブでないウィンドウにあるUI要素は見つけることができません。

⬇図4

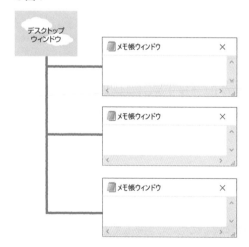

382

それでは困るときには、そのセレクターのルート要素(トップレベルウィンドウと合致する
ノード)に「idx='*'」を指定します。これにより、合致するすべてのトップレベルウィンドウ
を検索対象にすることができます。これを非貪欲検索(Non-Greedy Search)といいます。

図4には記載していませんが、デスクトップウィンドウの直下には実際には大変多くのウィ
ンドウが存在することが多いので、これらをすべて列挙して探すのはパフォーマンスにある
程度の負荷がかかります。そのため、非貪欲検索は必要なときにのみ使いましょう。

✅ 通常の (貪欲検索を行う) セレクターの例

これは、図の中の一番上のメモ帳ウィンドウの中にあるUI要素しか探しません。

```
<wnd app='notepad.exe' cls='Notepad' title='メモ帳ウィンドウ' />
<ctrl name='テキスト エディター ' role='editable text' />
```

✅ 非貪欲検索を有効にしたセレクターの例

これは、図の中のすべてのメモ帳ウィンドウの中にあるUI要素を検索対象とします。

```
<wnd app='notepad.exe' cls='Notepad' title='メモ帳ウィンドウ' idx='*' />
<ctrl name='テキスト エディター ' role='editable text' />
```

⚠️ OnePoint　そのほかのセレクター

安定したセレクターを構築するために、次のような方法も用意されています。詳細は、UiPath
のユーザーガイドを参照してください。

✅ ファジー検索

セレクターが完全一致しなくても、UI要素を特定します。たとえば、ウィンドウタイトルなど
の属性値に誤字があっても一致させることができます。ファジーとは、[あいまい]という意味です。

⬇️セレクターのあいまい検索(UiPath Studioガイド)

https://docs.uipath.com/studio/lang-ja/docs/fuzzy-search-capabilities

✅ 正規表現検索

セレクターのテキスト内に正規表現を埋め込むことができます。正規表現については、
Chapter11の「正規表現」を参照してください。

⬇️セレクターの正規表現検索(UiPath Studioガイド)

https://docs.uipath.com/studio/lang-ja/docs/regex-search

10-19 セレクターをUiElement型の変数で指定する

UiElement型について

操作対象としたいUI要素を、セレクターの代わりにUiElement型の変数で指定することもできます。これは、プロパティパネルの[ターゲット]カテゴリにある[要素]プロパティで指定します。その場合には[セレクター]プロパティは使われないので、指定する必要はありません。

UiElement型の値を取得する方法

前述のとおり、[要素]プロパティは、UiElement型の変数で指定する必要があります。この値を得るには、次のような方法があります。

✅『画面上で指定』

プロセスの実行時に、ユーザーが画面上で選択したUI要素を返します。設計時にセレクターを設定するときと同じ方法で、実行時にユーザーにUI要素を指定させることができます。『画面上で指定』の使い方の例は、12-4節の「画面上のテキストをOCRで読み取る」を参照してください。

✅『要素を探す』

[セレクター]プロパティに設定されたセレクターでUI要素を探し、そのUI要素を指すUiElement型の値を[検出した要素]プロパティに返します。

✅『相対要素を探す』

[セレクター]プロパティに設定されたセレクターでUI要素を探し、そのUI要素から[Xのオフセット]プロパティ値だけ右の距離に、かつ[Yのオフセット]プロパティ値だけ下の距離にあるUI要素を探して、これを指すUiElement型の値を[相対要素]プロパティに返します。オフセットに負値(マイナスの値)を指定することで、それぞれ逆方向の距離を指定できます。

✅ 『要素スコープ』

　ほかのアクティビティを中に配置できるコンテナーです。この中に配置されたアクティビティのセレクターは暗黙的（自動的）に、『要素スコープ』のセレクターで指定したUI要素からの部分セレクターになります。また、『要素スコープ』のセレクターで指定されたUI要素を指すUiElement型の値を、その［UI要素］プロパティで取得することもできます。

✅ 『親要素を探す』

　セレクターで指定したUI要素の祖先となるUI要素を、［祖先］プロパティに返します。［レベルを遡る］プロパティに1を指定すると直接の親要素を、2を指定するとその親要素が返ります。

✅ 『子要素を探す』

　［セレクター］プロパティに設定されたセレクターでUI要素を探し、そのすべての（複数の）子要素をIEnumerable<UiElement>型の変数に返します。これに含まれるUiElement型の要素は、『繰り返し（コレクションの各要素）』で列挙できます。

> **⚠️OnePoint　XMLフラグメント**
>
> 　セレクターは、XMLフラグメントにより記述されます。フラグメントとは「断片」という意味で、XMLフラグメントとは「XMLの断片」という意味です。これは、開始タグ、データ、終了タグが「<タグ>データ</タグ>」と並んだものであると理解しておけば十分です。
>
> 　なお、開始タグと終了タグの間に記載したいデータがない場合には、「<タグ></タグ>」と書く代わりに「<タグ />」と書くことができます。また、開始タグの中には「<タグ 属性='データ'>」のような形で複数の属性データをを追加できます。

> **⚠️OnePoint　UiElement型の値が指すUI要素を、実際の画面上で確認する**
>
> 　ワークフローに『強調表示』を配置し、この［要素］プロパティにUiElement型の変数を指定して実行してみましょう。この変数が指すUI要素が、画面上で強調表示されます。

10-20　セレクターをうまく動作させるコツ

意味がわかる値を持った属性を使う

人間が読んで意味がある名前（MenuBarなど）を持つ属性は、操作対象アプリケーションのバージョンアップなどによる環境の変化の影響を比較的受けにくいでしょう。

一方で、何らかの意味を含まない値（意味のない文字や数字の羅列など）は、環境の変化を受けやすく、開発中には動作したとしても運用時に突然動作しなくなる危険があります。セレクターエディターでセレクターの内容を確認し、安定した形になるように編集・調整してください。

特に、idx属性に注意しましょう。これはウィンドウ上のUI要素に連番（index）を付与する機能があり、ほかにそのUI要素を示唆する情報がないときには重宝します。しかし、これは番号という以外の意味を含んでいないため値が変わりやすく、注意が必要です。特に、その値が大きいidx属性はセレクターに含めない方が賢明です。

Studio/Robotと対象アプリケーションを同じユーザー権限で実行する

セキュリティ上の理由により、Robotは、別のユーザー権限で実行中のアプリケーションは操作できないようになっています。このため、自動化したいアプリケーションを実行しているのと同じユーザーでRobotを実行するように配慮してください。

通常は気にする必要はありませんが、セレクターがまったく動かない場合には、当該のアプリとRobotの実行ユーザーが同じになっているか確認しましょう。

①OnePoint　別のユーザーとしてアプリケーションを実行する

Windowsでは、アプリアイコンを右クリックして表示される［別のユーザーとして実行］コマンドや、［管理者として実行］コマンドなどを使って、現在Windowsにログインしているユーザーとは別のユーザーの権限でアプリケーションを実行できます。なお、このような操作をすると、当該のユーザーのパスワードの入力が求められます。

10-21　セレクターがうまく動かないときは

セレクターの代替手段を探す

　これまでに紹介した方法を使ってもうまく動作するセレクターを作ることができない場合には、代替の手段を見つける必要があります。そのいくつかを紹介します。

> **🔍Hint**
>
> 　本節で紹介する手順を試す前に、UIフレームワークの切り替えを試してみることを忘れないでください。UIフレームワークについては、10-4節「[要素を追加]する手順」で説明しています。
> 　また、クラシックの『テキストをクリック』あるいはモダンアクティビティの[選択オプション]ウィンドウの[ネイティブテキストを有効化]がうまく動作する場合があります。こちらも試してください。

ショートカットキーを使う

　アプリケーションによっては、操作にショートカットキーが割り当てられている場合があります。たとえば、メモ帳のファイルメニューの右横には、次ページのようにショートカットキーが割り当てられています。
　ショートカットキーを使ってメニューを操作するには、そのキーをすべて同時に押します。たとえば、[開く]メニューをショートカットキーで操作するには、[Ctrl]キーと[O]キーを同時に押します。このとき、メニューを開いておく必要はありません。ショートカットキーを押す操作を自動化するには、『ホットキーを押下』で、メモ帳のトップウィンドウを操作すればOKです。
　ただし、このようなショートカットキーを多用すると、ワークフローの処理内容がわかりにくくなり、可読性が下がってしまいます。なるべく、注釈の機能を使ってコメントを残すようにしましょう。

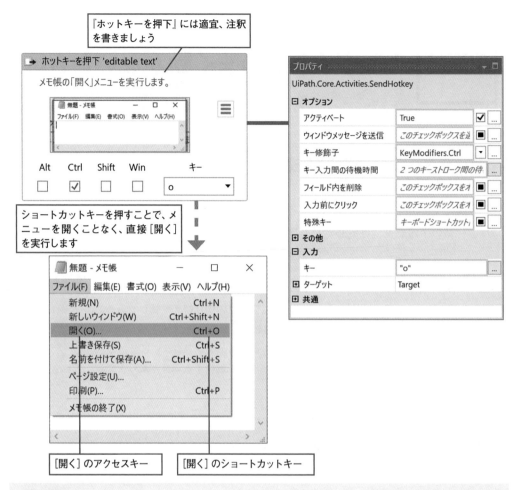

『ホットキーを押下』には適宜、注釈を書きましょう

ショートカットキーを押すことで、メニューを開くことなく、直接 [開く] を実行します

[開く]のアクセスキー

[開く]のショートカットキー

Hint

一般に、ショートカットキーは、そのアプリに対していつでも使えます。アクセスキーは、それが画面に表示されているときに限り使えます。（このルールに違反するアプリもありますが……）

アクセスキーを使う

メニュー文字列の中に下線で表示されているのは、アクセスキーといいます。このアクセスキーを使っても、アプリケーションを操作できます。

アクセスキーは、[Alt]キーと1つ以上の英数字キーの組み合わせです。[Alt]キーを押すと、利用可能なアクセスキーに下線が表示されるので、この状態で当該の英数字のキーを順に押

します。下線がすでに表示されている状態なら、英数字キーを押すだけで機能します。このように、アクセスキーを操作するときには、当該のアクセスキーが画面に表示されている必要があります。この点がショートカットキーとは異なります。

　アクセスキーを操作するには、やはり『ホットキーを押下』が使えます。あるいは、『文字を入力』を使うこともできます。『文字を入力』で[Alt]キーなどの特殊キーを押す方法については、9-2節の「『文字を入力』」を参照してください。

ほかのUI要素にフォーカスしてから、タブキーで移動する

　WindowsのUI要素は、タブキーでフォーカスを移動することができます。このタブ順^{オーダー}は各アプリケーションで明確に定義されており、気まぐれに変わることはありません。

　そこで、操作したいのにセレクターで選択できないUI要素があるとします。そのタブオーダーが1つ前のUI要素をセレクターで選択できれば、そこで[Tab]キーを押して、操作したいUI要素をアクティブにする（フォーカスをあてる）ことができます。その後は、そのUI要素が編集ボックスなら『文字を入力』で文字を入力できます。

　このとき、『文字を入力』のセレクターは空のままにして、現在フォーカスが当たっているUI要素に対して文字が入力されるようにします。あるいは、そのUI要素がボタンなら、『ホットキーを押下』の[キー]プロパティに"enter"を指定することで、このボタンを押せます。

　なお、対象のUI要素のタブオーダーが1つ前のUI要素を探すには、対象のUI要素にフォーカスをあてた状態で[Shift]+[Tab]キーを押してください。前のUI要素にフォーカスが移るはずです。

　アクセスキーと同じく、タブオーダーを利用してUI要素を操作する方法もワークフローの処理内容がわかりにくくなりがちなので、どうしても使う必要があるときだけ使いましょう。またその場合には、そのアクティビティの注釈に「〜のUI要素をタブキーで選択」などと記載しておきましょう。

> ⓘ**OnePoint　セレクターを空のままにする**
>
> 　[セレクター]プロパティを指定しないときの動作は、アクティビティごとに異なるので注意してください。たとえば、『文字を入力』や『ホットキーを押下』は、現在フォーカスが当たっているUI要素を操作します。『スクリーンショットを撮る』は、デスクトップウィンドウの画面写真を撮ります。『クリック』は、画面の左上をクリックします。『チェック』は、セレクターを空にすることはできません。

画像認識によりUI要素を選択する

　UiPathには、セレクターを使わずに画像認識によりUI要素を特定できるアクティビティも多く用意されています。たとえば『画像をクリック』や『画像が出現したとき』などです。

　これらのアクティビティは、どうしてもセレクターを期待通りに動作させることができない場合の代替として用意されたものです。画像一致によるアクティビティは、Robot端末の解像度の変化に弱いため、対象の画像を見つけられなかったり、別のものを誤って見つけたと判断してしまったりすることもあります。

　このため、どうしてもその必要がある場合を除いては、画像一致によるアクティビティは使用すべきではありません。

⒈OnePoint　UiPath社の社名の由来と、セレクターの進化

　本章で紹介したように、UiPathのセレクターはフォルダー (ディレクトリ) のパスにヒントを得たものとなっています。ディレクトリパスがルートディレクトリからファイルへの経路を示すように、セレクターはルートウィンドウ (デスクトップ) からUI要素への経路^{Path}を示します。つまり、セレクターとはUI要素への経路^{Path}なのです。セレクターがUiPathにとって起源ともいえる、重要なテクノロジーであることがわかります。

　現在も、セレクターの進化は続いています。UIAutomationパッケージのバージョンが新しくなるたびに、セレクターで操作可能なアプリケーションの範囲が広がっています。また、あいまいセレクターや正規表現セレクターなどの機能も追加され、より強力に自動化を支援できるようになりました。さらにStudio 20.10からは、モダンデザインエクスペリエンスとオブジェクトリポジトリの機能によって、セレクターテキストのリソースをライブラリパッケージとして、プロセスの外部に切り出すこともできるようになりました。これは、自動化対象のアプリケーションのバージョンアップ (セレクターの変更) に対して、プロセスを安全かつ簡単に対応できるようにします。

　UiPathは自動化に対して莫大な投資を続けており、この領域により多くの有益なテクノロジーを有するようになりました。その中でも、セレクターはUiPathにとって重要な技術であり続けています。

10-22 Citrix拡張機能

Citrix拡張機能について

　Citrix Virtual Apps and Desktops（旧：XenApp and XenDesktop）は、リモートにある仮想アプリケーション/仮想デスクトップにローカル端末から接続して作業できるようにします。Microsoftのリモートデスクトップと同様のテクノロジーですが、仮想アプリケーション/仮想デスクトップをきめ細かく管理でき、マシンリソースをより効率的に活用できます。

　仮想アプリケーションホスト/仮想デスクトップ上で動作するアプリケーションは、画像としてローカル端末に転送されます。このため、ローカル端末上で動作するStudio/Robotからリモートの仮想アプリケーション/仮想デスクトップを操作する場合は、ネイティブなセレクターを使えず、画像認識のアクティビティを使う必要がありました。

　しかしUiPath 2018.4以降ではCitrix拡張機能が提供され、仮想アプリケーション/仮想デスクトップに対してもネイティブセレクターが使えるようになっています。

　この機能を利用するには、仮想アプリケーションホスト/仮想デスクトップ側にUiPath リモートランタイムを、Studio/Robot側にはCitrix拡張機能を導入することが必要です。この詳細については下記を参照してください。

⚓**Citrixテクノロジーの自動化について（UiPath Studioガイド）**

https://docs.uipath.com/studio/lang-ja/docs/about-automating-citrix-technologies

　なお、（ローカル端末上でなく）仮想アプリケーションホスト/仮想デスクトップ上にインストールしたRobotで操作する場合には、リモートランタイムと拡張機能は不要です。

⚠OnePoint　VMware拡張機能

　VMwareも同様の製品をリリースしており、Citrixと人気を二分しています。VMwareの拡張機能は、UiPath 2020.4で利用可能になりました。この詳細については、下記を参照してください。

⚓**VMware Horizon の自動化について（UiPath Studioガイド）**

https://docs.uipath.com/studio/lang-ja/docs/about-vmware-automation

10-23　コンピュータビジョン

コンピュータビジョンについて

　このほかのセレクターの代替として、コンピュータビジョン（Computer Vision）による機械学習に基づいた画像ベースのセレクターも利用できます。人間が画面に表示されているボタンを目で見て認識するのと同じように、CVアクティビティはボタンなどのUI要素を画像ベースで認識して操作します。セレクターがターゲットをうまく認識できないときは、利用を検討してください。

　画像からのUI要素抽出は、CVサーバーが処理します。そのためCVを利用するには、プロジェクトの設定にCVサーバーのURLとAPIキーを設定する必要があります。なおAutomation Cloudに接続すればURLとAPIキーの設定は不要ですが、利用（抽出する画像サイズの合計）に上限があるので注意してください。これはAutomation Cloudの［🖼 管理］にある［ライセンス］で確認できます。

　プロセスの実行時には、CVアクティビティが画面データをCVサーバーに送信します。このため、個人情報などの機密情報を表示する画面をCVで自動化する場合には、CVサーバーを読者の組織のイントラネット上に構築することを検討してください。

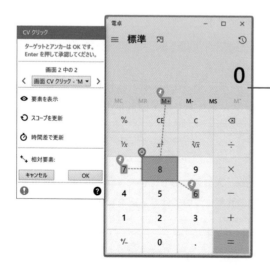

コンピュータビジョンで、記述子を設定するときの画面です。複数のUI要素を自動で抽出し、それらをアンカーとして対象のUI要素を安定して認識できます！

Chapter

11

正規表現

11-1 正規表現

正規表現について

　正規表現(Regular Expression)を使うと、さまざまなテキストを1つのパターンで表現できます。正規表現のパターンを使ってテキストを検索することにより、**複雑な検索処理を、複雑なロジックを組み立てることなく実行**できます。これはほとんど現代の魔法といえます。呪文(正規表現パターン)を唱えるだけで、複雑な処理をRobotに行わせることができるからです。

　もちろん、この呪文を唱えることができるまでには少々の修行が必要ですが、取り組む価値は大いにあります。

　また、『一致する文字列を取得』に付属する[正規表現ビルダー]が、複雑な正規表現パターンの作成を支援してくれます。本節では、正規表現の基礎と、正規表現ビルダーの使い方を説明します。

> **🔍Hint**
>
> 　正規表現の起源は、1960年頃にUNIX上で動作するテキストエディター QEDに実装されたのが最初です。以来、多くのエディターやプログラミング言語で利用可能になっています。すぐに覚えられて一生使える、エンジニアのマストアイテムの1つです。本章で、あなたも正規表現使いです！

『一致する文字列を取得』

　このアクティビティは、ある長いテキストデータの中から、正規表現パターンに一致する文字列をすべて探し出します。次のように使います。

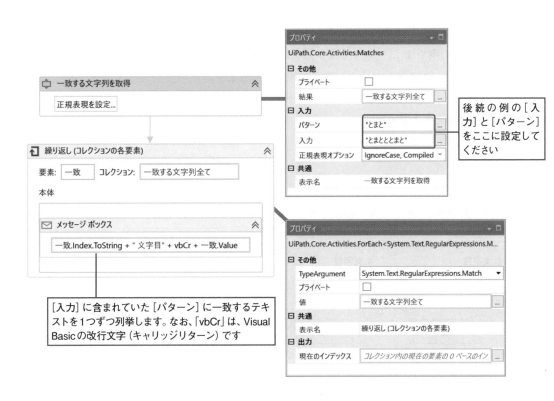

『一致する文字列を取得』は［入力］プロパティに設定されたテキストから、［パターン］プロパティに一致するテキストをすべて検索し、これをIEnumerable<Match>型の［結果］プロパティに返します。ここから『繰り返し（コレクションの各要素）』を使って、一致したテキストを取り出せます。

一致したテキストの情報は、Match型の要素に格納されています。Match型の［Value］プロパティは一致したテキストを、［Index］プロパティは一致したテキストが入力テキストの何文

字目にあるかを示します。

　前ページの例では、『一致する文字列を取得』の［入力］と［パターン］プロパティに次を指定しています。これを実行すると、次の結果が得られます。

［入力］"とまととまと"
［パターン］"とまと"
［結果］

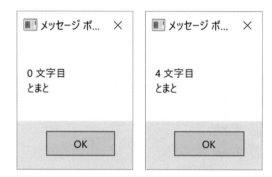

上記の例において、『一致する文字列を取得』の［入力］と［パターン］プロパティを変更しながら、いくつかの例を見ていきましょう。

！OnePoint　　IEnumerable<Match>型について

　『一致する文字列を取得』は、取得した文字列の一覧をIEnumerable<Match>型の変数に返します。ここから、Match型の要素を順に取り出せます。興味ある読者のために、説明しておきます。

　IEnumerable<Match>の先頭のIは、Interfaceの略です。Enumerateは「列挙する」なので、Enumer-ableとは「列挙できる」という意味です。つまり、IEnumerable<T>とは「T型の値を列挙できるインターフェイス」のことで、これはコレクション袋についているチャック（開け口）として機能します。5-6節の⑧『繰り返し（コレクションの各要素）』で紹介した図を思い出してください。

　9-7節で紹介したように、.NETには多くのコレクション型が用意されています。その内部のデータ構造はそれぞれ異なりますが、すべて同じ形（IEnumerable<T>型）のチャックがついています。『繰り返し（コレクションの各要素）』は、コレクション内部のデータ構造については何も知りませんが、IEnumerable<T>型のチャックからT型の要素を順に取り出す方法は知っているのです。実は、T型の配列にも同じチャックがついています！

　みなさんも、『一致する文字列を取得』が返すコレクション型が具体的に何であるか、知る必要はありません。ただ、それにIEnumerable<Match>型のチャックがついていることを知っていれば、『繰り返し（コレクションの各要素）』を使ってその中身を列挙できるというわけです。

11-2　基本的なルール

選言とグループ化

　正規表現のパターンは、「|」(縦棒)で連結できます。これを選言(Or)といいます。また、丸かっこでグループ化できます。

選言 - |(縦棒)

　「|」で、複数のパターンを同時に指定できます。なお、この縦棒は[Shift]+[¥]キーで入力できます。

[入力] "とまとときゅうり"
[パターン] "とまと|きゅうり"
[結果]

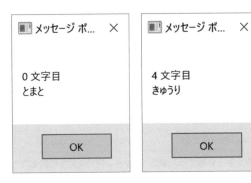

0文字目に"とまと"が、
4文字目に"きゅうり"が
見つかりました!

グループ化 - () (丸カッコ)

( )で、パターンの中を区切ることができます。

[入力] "そうだん、そろばん、そうめん"
[パターン] "そ(うだ|うめ|ろば)ん"
[結果]

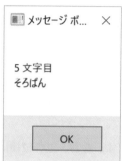

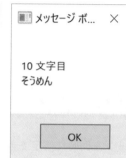

> パターンの形によらず、入力の先頭から順に一致するテキストを列挙します

！OnePoint 正規表現オプション

『一致する文字列を取得』の[正規表現オプション]プロパティに設定できるオプションを下表に示します。これらは複数を同時に指定できます。

指定できるオプション	意味
IgnoreCase	アルファベットの大文字と小文字を区別しない
Multiline	^と$は、各行の行頭と行末に一致する。なお指定しない場合は、^と$はテキスト全体の先頭と末尾のみに一致する
ExplicitCapture	名前のない部分式はキャプチャしない
Compiled	繰り返して実行する場合、検索速度が少し向上する
Singleline	.(ピリオド)が、改行文字にも一致する
IgnorePatternWhitespace	パターンに含まれる空白文字を無視する。また、パターン内の#文字以降もコメントとして無視する
RightToLeft	テキストを、右から左の順で検索する
ECMAScript	ECMAScript(標準JavaScript)の正規表現エンジンと同じ動作となる。たとえば、\dは全角数字には一致しない
CultureInvariant	自然言語に固有の事情を無視する。たとえば、トルコ語ではiの大文字がIではないため、大文字と小文字を区別しない検索で意図しない結果となる場合がある

11-3 文字クラス

文字クラスについて

　文字クラスは、さまざまな種類の文字を分類（クラス分け）し、その中に含まれる文字1字と一致します。

任意の1文字 - .（ピリオド）

　「.」は、任意の1文字と一致します。空白文字（スペースやタブ）にも一致しますが、改行文字とは一致しません。

［入力］ "あたたた"
［パターン］ "."
［結果］

Hint

　ピリオド単体でパターンを構成する機会は少ないでしょうが、".．ら"とすれば"くじら"や"いくら"、"みいら"などと一致するパターンになります。また、後述する量指定子と組み合わせて".*"などとして使う機会も多いでしょう。

指定した範囲の1文字 - [ ]（角カッコ）

[ ]でくくったパターンは、この中に指定した任意の1文字と一致します。

[入力] "しさん、しきん、しけん、しみん、ししん、しぜん、しんこん"
[パターン] "し[けしき]ん"
[結果]

なお、角カッコの中に記載した「-」（マイナス記号）は、範囲を表します。たとえば、"[0-9]"は数字1文字と、"[a-zA-Z]"はアルファベット1文字と、"[あ-ん]"はひらがな1文字と一致します。"[0-9]{4}"は連続する任意の数字4文字と一致します

指定した範囲外の1文字 - [^]

[^]でくくったパターンは、この中に指定した以外の任意の1文字と一致します。

[入力] "しさん、しきん、しけん、しみん、ししん、しぜん、しんこん"
[パターン] "し[^けしき]ん"
[結果]

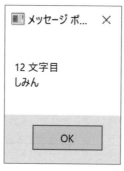

"[^けしき]"は、"け"と"し"と"き"以外の任意の1文字に一致します。ほかのパターンと同様に、この角カッコの直後に量指定子を続けることもできます

(!)OnePoint　このほかの文字クラス

　このほかにも、.NETの正規表現では便利な文字クラスが多く用意されています。これらは（¥1と¥2を除き）すべて1文字と一致します。このため、これらの文字クラスの直後には量指定子を補って使うことが多いでしょう。

⊕表1

パターン	意味
¥d	数字（[0-9]と同じ）
¥D	数字以外（[^0-9] と同じ）
¥b	英単語を区切る位置（アンカー）
¥s	タブ文字や改行文字などの空白文字
¥S	空白文字以外（[^¥s] と同じ）
¥1	最初のかっこでキャプチャした文字列
¥2	次のかっこでキャプチャした文字列（以下同じ）
¥p{IsHiragana}	ひらがな
¥p{IsKatakana}	カタカナ
¥p{IsCJKUnifiedIdeographs}	漢字
¥p{IsGreek}	ギリシャ文字
¥p{IsBasicLatin}	ラテン文字

(!)OnePoint　正規表現を利用できる場所

　Systemパッケージに含まれる次のアクティビティで、正規表現と正規表現ビルダーを利用できます。

アクティビティ名	説明
『一致する文字列を取得』	正規表現に一致する文字列をすべて取得
『文字列の一致をチェック』	正規表現に一致する文字列が含まれていればTrue
『置換』	正規表現に一致する文字列をすべて置換

　このほか、『正規表現ベースの抽出子』はOCRで定型文書から正規表現で項目を抽出します。12-6節の「定型ドキュメントをOCRで読み取る」を参照してください。

　ワークフローアナライザーのルールには、パラメータを正規表現で指定できるものがあります（[ST-NMG-001 - 変数の命名規則]など）。また、UiPath.Testing.Activitiesに含まれる『式を演算子で検証』でも正規表現を利用できます。

11
正規表現

11-4 | 量指定子

量指定子について

量指定子は、直前の文字やパターンの個数を指定します。

0個もしくは1個 - ?（クエスチョンマーク）

「?」は、その直前の文字やパターンが0個もしくは1個あることを示します。

[入力] "く、くら、くらら"
[パターン] "くら?"
[結果]

 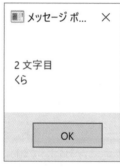 

🔍Hint

"くら?"は"く"と"くら"に一致しますが、"くらら"には一致しません。そのため、5文字目からも"くら"に一致することに注目してください。

0個以上 - * (アスタリスク)

「*」は、その直前の文字やパターンが0個以上あることを示します。

[入力] "さく、おく、おおく、おおおく"
[パターン] "お*く"
[結果]

  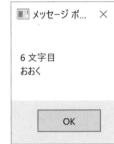 

🔍**Hint**

"お*く"は、"さく"には一致しませんが、"く"には一致します。

1個以上 - + (プラス)

「+」は、その直前の文字やパターンが1個以上あることを示します。

[入力] "にわにはにわにわとりがいる"
[パターン] "(にわ)+"
[結果]

指定の個数 - { } (波カッコ)

{ }は、その直前の文字やパターンの個数を示します。個数の最小値と最大値の両方を指定したいときは、カンマで区切ります。

[入力]"かき、かたき、かたたき、かたたたき、かたたたたき"
[パターン]"かた{1,3}き"
[結果]

最短一致 - 量指定子の後の? (クエスチョンマーク)

量指定子の直後に「?」をつけると、最短一致での検索になります。

[入力] "<タグ>ほえほえ</タグ>"
[パターン] "<.*?>"
[結果]

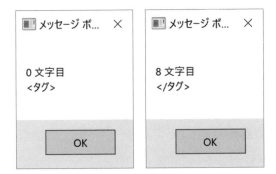

Hint

上記の例で量指定子の直後に「?」をつけず、次のようにした場合は、この入力テキスト全体 "<タグ>ほえほえ</タグ>" と一致します。これは、".*" の部分が任意の文字と最長一致で合致することにより、"タグ>ほえほえ</タグ" と合致するからです。

[入力] "<タグ>ほえほえ</タグ>"
[パターン] "<.*>"
[結果]

405

11-5 アンカー

アンカーについて

アンカーは、文字列中の位置（文字と文字のすき間）と一致します。

行頭 - ^（ハット）

「^」は、行頭と一致します。

[入力] "あたま、あたま"
[パターン] "^あたま"
[結果]

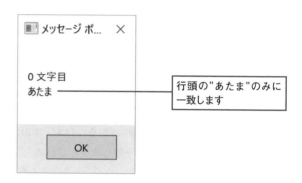

行頭の"あたま"のみに
一致します

行末 - $（ドル）

「$」は、行末と一致します。

[入力] "おしり、おしり"
[パターン] "おしり$"
[結果]

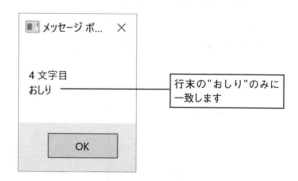

行末の"おしり"のみに
一致します

一致の先頭 (肯定先読み) - (?=)

(?=)は、その中に指定したパターンに一致するテキストの先頭位置と一致します。

[**入力**] "金魚Aのフン、金魚Bのフン、金魚Cの舎弟"

[**パターン**] "金魚.(?=のフン)"

[**結果**]

"(?=のフン)"は、「のフン」の先頭位置と一致します。このため、"金魚.(?=のフン)" は直後に「のフン」がつく「金魚.」と一致します

不一致の先頭 (否定先読み) - (?!)

(?!)は、その中に指定したパターンに一致しないテキストの先頭位置と一致します。

[**入力**] "金魚Aのフン、金魚Bのフン、金魚Cの舎弟"

[**パターン**] "金魚.(?!のフン)"

[**結果**]

"(?!のフン)"は、「のフン」に一致しない任意のテキストの先頭位置と一致します。このため、金魚のフン)"は直後に「のフン」がつかない「金魚」と一致します。金魚のあとのピリオドは任意の一字に一致する文字クラスで、ここではAやBなどの一文字に一致させることを意図しています

一致の末尾（肯定後読み） - (?<=)

(?<=)は、その中に指定したパターンに一致するテキストの末尾位置と一致します。

［入力］ "お皿かっぱA、帽子かっぱB、ヅラかっぱC"
［パターン］ "(?<=ヅラ)かっぱ."
［結果］

16 文字目
かっぱC

OK

"(?<=ヅラ)" は「ヅラ」の末尾位置と一致するため、この例は「ヅラ」がついたかっぱを探します。なお多くの場合、肯定後読みは部分式を使っても実現できます。たとえば、この例は部分式を使って"ヅラ(かっぱ.)" と書け、カッコ内をキャプチャして「かっぱC」を取り出せます

不一致の末尾（否定後読み） - (?<!)

(?<!)は、その中に指定したパターンに一致しないテキストの末尾と一致します。

［入力］ "お皿かっぱA、帽子かっぱB、ヅラかっぱC"
［パターン］ "(?<!ヅラ)かっぱ."
［結果］

2 文字目
かっぱA

OK

9 文字目
かっぱB

OK

"(?<!ヅラ)" は、「ヅラ」に一致しない任意のテキストの末尾位置と一致します。このため、"(?<!ヅラ)かっぱ." は直前に「ヅラ」がつかない「かっぱ.」と一致します

11-6 部分式

部分式について

部分式を使うと、パターンの一部に合致する部分を取り出せます。

部分式 - ( )（丸カッコ）

( )に対応する部分を、結果から取り出せます。この操作のことを「部分式でキャプチャする」といいます。

[入力] "かきのたねはしぶい、とうもろこしのたねはあまい、うめぼしのたねはすっぱい"
[パターン] "([ぁ-ん]*)のたねは([ぁ-ん]*)"
[表示するテキスト]
一致.Value + vbCr + 一致.Groups(1).Value + vbCr + 一致.Groups(2).Value
[結果]

🔍Hint
　一致した文字列の中で最初のカッコに対応する部分を1番目、次のカッコに対応する部分を2番目、として、Match型の値のGroupsプロパティから取り出せます。なお、一致.Groups(0).Valueは、一致.Valueと同じ値（つまり一致した文字列全体）になります。

名前付き部分式 - (?<名前>)

「(?<名前>)」として、このカッコに対応する部分に名前をつけることもできます。これを名前付き部分式といいます。

【入力】 "かきのたねはしぶい、とうもろこしのたねはあまい、うめぼしのたねはすっぱい"
【パターン】 "(?<果物>[ぁ-ん]*)のたねは(?<味>[ぁ-ん]*)"
【表示するテキスト】
一致.Value + vbCr + 一致.Groups("果物").Value + vbCr + 一致.Groups("味").Value
【結果】

Hint

前節と同じ結果が得られます。Groupプロパティに番号でなく名前を指定して、各カッコに対応する部分を抽出できるので、より読みやすく変更しやすいコードになります。

①OnePoint　カッコをキャプチャしたくないとき

カッコで括ったパターンをキャプチャしたくないときは、このカッコ内の先頭に ?: をつけて、(?:パターン) とします。すると、このカッコ内のパターンに一致する部分はGroupsプロパティに含まれないようになります。パターンの保守性が向上し、若干ですが処理も高速になります。

キャプチャした文字列 - ¥1

「¥1」は、最初のカッコでキャプチャした文字列と一致します。「¥2」は、次のカッコでキャプチャした文字列と一致します。以下、同様です。

[入力] "とまと、うたう、きせき、うふふ"
[パターン] "(.).¥1"
[結果]

🔍 Hint

「"(.).¥1"」は、3文字で、かつ1文字目と3文字目が同じ文字列と一致します。

⚠ OnePoint　先読みを重ねて使う

正規表現の先読みはテキストの検索済み位置を進めないので、複数のパターンを重ねて指定できます。

たとえば、「とまと」と「きゅうり」の2語を両方とも含む行を探したいときは、どちらが先にきても一致するように ".*(とまと.*きゅうり|きゅうり.*とまと).*" としなければなりません。3つ以上の語を全て含む行を探すときは、その語順を全て並べる必要があり、とても大変です。しかし、肯定先読みを使えば "(?=.*とまと)(?=.*きゅうり).*" と簡潔に書けます。同様に「とまと」と「きゅうり」を含み、かつ「アボガド」は含まない行を探すには、否定先読みと組み合わせて "(?=.*とまと)(?=.*きゅうり)(?!.*アボガド).*" と書けます。

また、特定の日付以外のyyyy/mm/ddのような文字列に一致するパターンは "(?!2001/10/10)(?!200¥d/12/23)¥d{4}/¥d{1,2}/¥d{1,2}" と書けます。これは2001年の体育の日と2000年代のクリスマス以外の任意の日付に一致します。

11-7 エスケープ

エスケープについて

これまでに紹介した特殊な意味を持つ記号をそのまま検索するには、それらの記号の直前にエスケープ文字をつけます。正規表現のエスケープ文字は「¥」です。

エスケープ文字 - ¥（円マーク）

「¥」でエスケープすることにより、「?」や「+」などの特別な文字も検索できます。なお「¥」を検索したいときは、これを「¥」でエスケープして「¥¥」とします。

[入力] " (*´艸｀*)"
[パターン] "¥*¥)"
[結果]

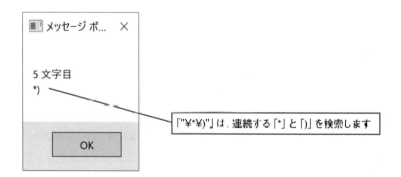

「"¥*¥)"」は、連続する「*」と「)」を検索します

11-8　正規表現ビルダー

正規表現ビルダーについて

『一致する文字列を取得』についている［正規表現を設定...］ボタンをクリックすると、［正規表現ビルダー］ウィンドウが表示されます。正規表現が苦手な人でも、簡単に正規表現のパターンを作成できます。

作成した完全式を、ここでテストできます。一致した部分は灰色で、カッコでキャプチャした部分は黄色で表示されます

パターンの追加と削除、並び替えができます

上に並べたパターンの値を順につなげた、完全なパターンです。［保存］をクリックすると、これがアクティビティの［パターン］プロパティに設定されます

プリセットの正規表現

正規表現ビルダーでは、プリセットの正規表現がいくつか用意されています。このうちで、日本でも使う機会があるのは「メールアドレス」と「URL」でしょう。

⊘ メールアドレス

一般に、メールアドレスは「ユーザー名＠ドメイン」の形をしていますから、これに一致す

る正規表現を単純に書けば、"[a-z¥.]*@[a-z¥.]*" のようなものになるでしょう。しかし、実際のメールアドレスには数字や記号が含まれることもありますし、ピリオドは連続してはいけないなどのルールもあります。このような、インターネットの仕様上正しいメールアドレスにのみ合致する正規表現パターンのプリセットが、正規表現ビルダーで利用可能です。

⊘URL

妥当なURLの書式には、さまざまなものがあります。「https://www.uipath.com/」や「www.uipath.com」や、最後にスラッシュがあったりなかったり、「ftp://」で始まっていたりするなどです。URLも仕様上正しい書式というのが決められており、この仕様に沿って正しいURLにのみ合致するパターンがプリセットで用意されています。

⊘日付と電話番号

メールアドレスとURLのほか、日付と電話番号も用意されていますが、残念ながら米国形式に一致するパターンのみです。かなり複雑なものになっていますが、日本の日付や電話番号を探したいなら、単純なものを自分で書いてしまいましょう。必要なものを複数作って、「|」で連結すると簡単に作成できます。Webにも情報が多いので、探してみてください。

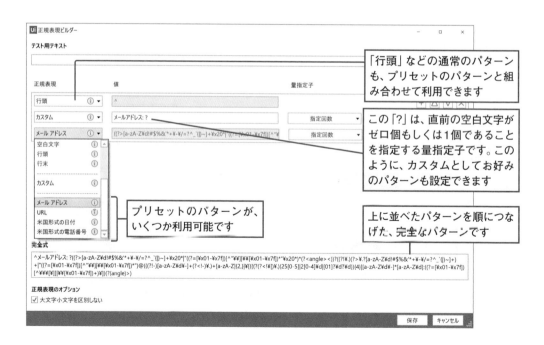

11-9　クリップボードの活用

クリップボードを操作するワークフローの例

　クリップボードの中に含まれる定型テキストを正規表現で取り出して何らかの処理を行わせるのは、ユーザーがAttended Robotにデータを渡す方法として使いやすく、とても便利です。

　本章のまとめとして、クリップボード内のテキストを取得し、この中に含まれるURLをすべて改行文字で連結してクリップボードに返すワークフローの例を示します。クリップボードに複数のURLを含むテキストをコピーした状態で、このサンプルの実行を開始してください。

　このサンプルは、クリップボードにURL以外のテキストが入っていても問題なく動作するのがポイントです。このほか、クリップボードから取り出したURLをすべてブラウザーで開いたり、各URLのWebドキュメントのタイトルを取得してクリップボードに返したり、URL以外の定型テキスト（社内チケットシステムのIDなど）を列挙して別の処理を行わせたりするなどの応用も考えられます。ぜひ挑戦してみてください。

⚠OnePoint　ショートカットキーを押下して、プロセスを開始する

　Assistantの設定画面では、各プロセスを開始するショートカットキーを設定できます。本節に紹介したような、頻繁に起動して使いたいAttendedプロセスには設定しておくと便利です。Assistantでプロセスを実行するには、それをStudioでパブリッシュしておく必要があることに注意してください。

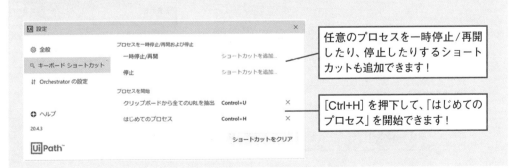

任意のプロセスを一時停止/再開したり、停止したりするショートカットも追加できます！

[Ctrl+H] を押下して、「はじめてのプロセス」を開始できます！

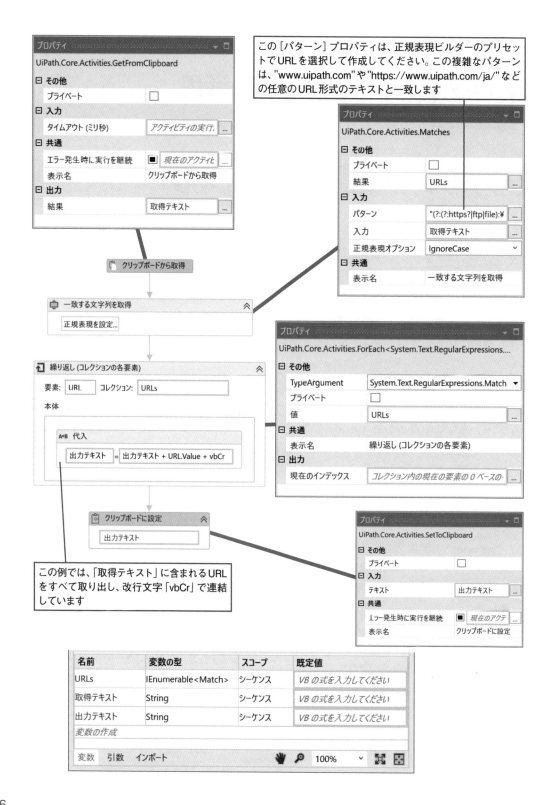

この [パターン] プロパティは、正規表現ビルダーのプリセットでURLを選択して作成してください。この複雑なパターンは、"www.uipath.com" や "https://www.uipath.com/ja/" などの任意のURL形式のテキストと一致します

プロパティ

UiPath.Core.Activities.GetFromClipboard

⊟ その他	
プライベート	☐
⊟ 入力	
タイムアウト (ミリ秒)	*アクティビティの実行,* …
⊟ 共通	
エラー発生時に実行を継続	☒ *現在のアクティビ* …
表示名	クリップボードから取得
⊟ 出力	
結果	取得テキスト …

プロパティ

UiPath.Core.Activities.Matches

⊟ その他	
プライベート	☐
結果	URLs …
⊟ 入力	
パターン	"(?:(?:https?|ftp|file):¥ …
入力	取得テキスト …
正規表現オプション	IgnoreCase ⌄
⊟ 共通	
表示名	一致する文字列を取得

🗋 クリップボードから取得

🖵 一致する文字列を取得　　　　　　　　　　≪

　　正規表現を設定…

プロパティ

UiPath.Core.Activities.ForEach<System.Text.RegularExpressions....

⊟ その他	
TypeArgument	System.Text.RegularExpressions.Match ▼
プライベート	☐
値	URLs …
⊟ 共通	
表示名	繰り返し (コレクションの各要素)
⊟ 出力	
現在のインデックス	*コレクション内の現在の要素の 0 ベースの*…

🔁 繰り返し (コレクションの各要素)　　　　≪

要素: URL　コレクション: URLs

本体

　A=B　代入

　　出力テキスト = 出力テキスト + URL.Value + vbCr

📋 クリップボードに設定　　≪

　　出力テキスト

プロパティ

UiPath.Core.Activities.SetToClipboard

⊟ その他	
プライベート	☐
⊟ 入力	
テキスト	出力テキスト …
⊟ 共通	
エラー発生時に実行を継続	☒ *現在のアクテ* …
表示名	クリップボードに設定

この例では、「取得テキスト」に含まれるURLをすべて取り出し、改行文字「vbCr」で連結しています

名前	変数の型	スコープ	既定値
URLs	IEnumerable<Match>	シーケンス	*VB の式を入力してください*
取得テキスト	String	シーケンス	*VB の式を入力してください*
出力テキスト	String	シーケンス	*VB の式を入力してください*
変数の作成			

変数　引数　インポート　　　　　　✋ 🔍　100%　⌄　⛶ ⛶

Chapter

12

OCRの操作

12-1 OCRの操作

OCRについて

OCR（Optical Character Recognition）は、光学文字認識のテクノロジーのことで、スキャナーやデジカメで撮影した画像に含まれる文字をテキストデータに変換します。

OCRは、アナログな事務処理をデジタル化する上でとても重要な技術要素です。複数の企業がOCR製品をリリースしており、その機能や得意な帳票レイアウトはさまざまです。このいくつかは、UiPathと統合されており、アクティビティを使って簡単に利用できるようになっています。

UiPathでOCRのテクノロジーを利用する

UiPathでOCRを使うには、次の方法があります。

⊘OCRアクティビティを使う

まだいずれのOCR製品も利用していないなら、まずはこれを試しましょう。Studioは、複数のOCRエンジンアクティビティを同梱しています。そのほか、UiPathマーケットプレースにも多くのOCRアクティビティが利用可能になっています。

⊘別途準備したOCR製品を、UiPathで操作する

前述の方法でうまくいかないときは、別のOCR製品を探す必要があります。また、自動化したいシステムの中ですでに利用しているOCR製品があれば、そのUIをそのままUiPathの『クリック』などで操作した方が簡単でしょう。そのOCR製品を操作する専用のアクティビティが利用可能な場合もあるでしょうから、必要に応じて確認してください。

本章では、前者の「OCRアクティビティを使う」方法を説明します。

12-2　PDFファイルをOCRで読み取る

『OCRでPDFを読み込み』

　OCRで読み取りたいドキュメントがpdfファイルであれば、『OCRでPDFを読み込み』が便利です。このアクティビティは、UiPath.PDF.Activitiesパッケージに含まれています。これを[デザイン]リボンの[パッケージを管理]ボタンから追加すると、このアクティビティが利用できるようになります。

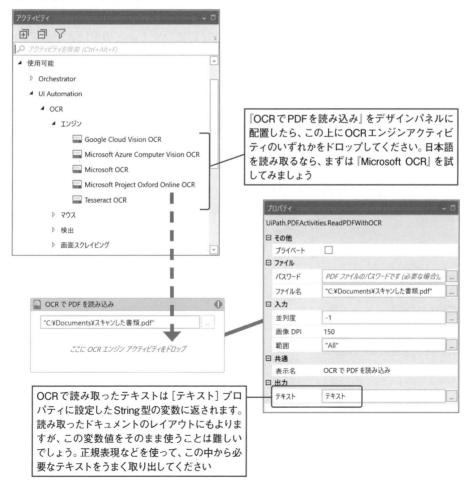

『OCRでPDFを読み込み』をデザインパネルに配置したら、この上にOCRエンジンアクティビティのいずれかをドロップしてください。日本語を読み取るなら、まずは『Microsoft OCR』を試してみましょう

OCRで読み取ったテキストは[テキスト]プロパティに設定したString型の変数に返されます。読み取ったドキュメントのレイアウトにもよりますが、この変数値をそのまま使うことは難しいでしょう。正規表現などを使って、この中から必要なテキストをうまく取り出してください

12

OCRの操作

12-3 OCRエンジン

OCRエンジンについて

　前節で見たように、OCRエンジンアクティビティは、OCRを利用するほかのアクティビティの上にドロップして使います。UIAutomationパッケージのほか、OmniPageパッケージなどにもOCRエンジンが含まれています。

　これらのOCRエンジンアクティビティは、無償で利用できるものと有償のものがあります。有償のOCRエンジンアクティビティを利用するには、ライセンスを購入してAPIキーを入手し、これをOCRアクティビティの［APIキー］プロパティに設定するなどの手続きが必要となります。

▼表1

アクティビティパッケージ	OCRエンジンアクティビティ	価格[1]
UiPath.UIAutomation.Activities	『Microsoft OCR』	無償
	『Tesseract OCR』	無償
	『Microsoft Azure Computer Vision OCR』	有償
	『Google Cloud Vision OCR』	有償
	『UiPath画面OCR』	有償
	『UiPathドキュメントOCR』	有償
UiPath.OmniPage.Activities	『OmniPage OCR』	有償
UiPath.Abbyy.Activities	『ABBYY OCR』	有償
	『ABBYY Cloud OCR』	有償
UiPath.AbbyyEmbedded.Activities	『ABBYY画面OCR』	有償
	『ABBYYドキュメントOCR』	有償

※1 有償と記載したものには、上限つきで無償利用できるものもあります。

🔍Hint

　［プロジェクト設定］の［OCR］カテゴリで、既定のOCRエンジンを設定できます。

> **!OnePoint　[APIキー]プロパティの指定**
>
> 　ワークフローに複数配置したOCRエンジンアクティビティのすべてに[APIキー]プロパティを設定するのは面倒です。[プロジェクト設定]ウィンドウを使えば、これらのプロパティの既定値を一括して設定できるので便利です。

> **!OnePoint　プロセスにアクティビティパッケージを追加する方法**
>
> 　プロセスにアクティビティパッケージを追加するには、[デザイン]リボンの[パッケージを管理]ボタンから行えます。この詳細はChapter15の「パッケージの管理」で説明しているので、必要に応じて参照してください。

識字率

　識字率とは、一般的には読み書きができる人の割合を意味します。OCRの世界では、画像情報になっている文字をどれだけ間違えずにテキストデータに変換できるかを示す指標のことで、読み取り精度ということもあります。これが100%なら、まったく間違えずに認識できるという意味です。

　深層学習などのAI技術の進歩により、この数年でOCRの識字率は著しく向上しました。日本語は文字の種類が多く、人が見ても読み取れない汚い字もあるので、識字率を100%にすることは困難です。しかし、読み取りたい字の種類を制限したり、スキャナーで読み取る帳票のレイアウト情報を与えたりするなど、OCRのパラメーターを調整することで実用的なレベルの識字率を得ることが可能になってきました。

どのOCRエンジンを選べばいいの？

　OCR製品によって、得意なドキュメントはさまざまです。手書き文字を認識できるものもあれば、日本語は認識できないものもあります。

　また、これらのOCRエンジンに指定できるパラメーターもそれぞれ異なるため、いちがいにどれが優れているとはいえません。読者がデジタル化したいドキュメントに対して、複数のOCRエンジンをさまざまなパラメーターで試してみて、最適なものを探してください。

　ただし、一般に有償のOCRエンジンの方が、やはり識字率は高いようです。

12-4 画面上のテキストを OCRで読み取る

『OCRでテキストを取得』

OCRで読み取りたいテキストが画面上に表示されていれば、『OCRでテキストを取得』を使います。これは、指定したUI要素を画像として抽出し、この画像をOCRエンジンでテキストデータに変換します。ここでは『画面上で指定』を使って、OCRで読み取りたい部分を、プロセス実行時にユーザーが指定できるようにしてみます。

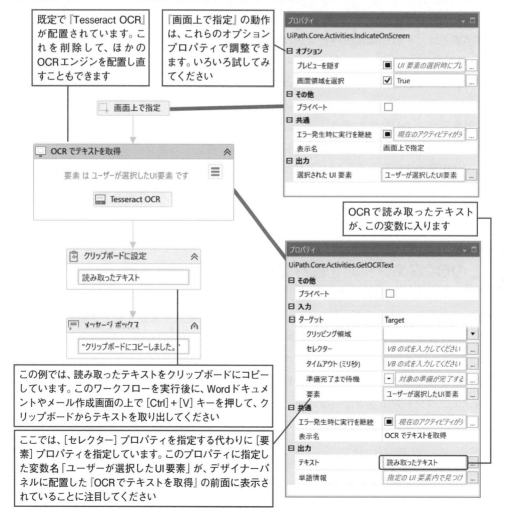

既定で『Tesseract OCR』が配置されています。これを削除して、ほかのOCRエンジンを配置し直すこともできます

『画面上で指定』の動作は、これらのオプションプロパティで調整できます。いろいろ試してみてください

OCRで読み取ったテキストが、この変数に入ります

この例では、読み取ったテキストをクリップボードにコピーしています。このワークフローを実行後に、Wordドキュメントやメール作成画面の上で [Ctrl] + [V] キーを押して、クリップボードからテキストを取り出してください

ここでは、[セレクター] プロパティを指定する代わりに [要素] プロパティを指定しています。このプロパティに指定した変数名「ユーザーが選択したUI要素」が、デザイナーパネルに配置した『OCRでテキストを取得』の前面に表示されていることに注目してください

名前	変数の型	スコープ	既定値
ユーザーが選択したUI要素	UiElement	シーケンス	*VB の式を入力してください*
読み取ったテキスト	String	シーケンス	*VB の式を入力してください*
変数の作成			

| 変数 | 引数 | インポート | | 🖐 🔍 | 100% | ▼ | ⛶ ✣ |

ローカルで動作するOCRエンジン

　『Microsoft OCR』と『Tesseract OCR』は、どちらも無償で利用できるOCRエンジンです。日本語の識字率は比較的『Microsoft OCR』の方が良いようです。Tesseractは100以上もの言語に対応する最も歴史の長いOCR処理系のひとつで、現在はGoogleが開発を支援しています。本来のTesseractとは4次元超立方体のことですが、ここではText+Extract（テキスト+抽出）の駄洒落ですね。

　これらを使って日本語をOCRするには、［言語］プロパティに "jpn" を指定してください。なお『Tesseract OCR』で "jpn" を指定するには、jpn.traineddataファイルを入手し、適切に配置する必要があります。詳細はアクティビティガイドを参照してください。

クラウドで動作するOCRエンジン

　『Microsoft Azure Computer Vision OCR』と『Google Cloud Vision OCR』は、クラウド上のOCRサービスに画像を送信してテキストを読み取ります。有償ですが、ローカルのOCRよりもかなり良い識字率が得られます。

　ただし、個人情報を含むような機密性が高い画像は、インターネット環境に送信することを避けるため、クラウドのOCRで読み取るのは避けた方が良いでしょう。OCRサービスによっては、（画像をクラウドに送信しなくてもOCRできるように）閉域ネットワーク内に構成できるので、必要に応じて評価・検討してください。

> **🔍Hint**
>
> 　MicrosoftのクラウドOCRにはOCR APIとRead APIのふたつがありますが、Read APIの方が識字率が高くお勧めです。Read APIを使うには、『Microsoft Azure Computer Vision OCR』の［Read APIを使用］プロパティをTrueにします。

12-5　OCRを活用する

OCRを実際のプロジェクトで使う際の注意点

　OCRで実用的な識字率を得ることはそれほど簡単ではありません。これが印刷したWordドキュメントではなく、手書き文字をスキャンしたドキュメントであればなおさらです。

　OCRを利用するワークフローを本格的に作り込む前に、次のことを検討すると良いでしょう。

⊘OCRが不要となる方法を探す

　まず、OCRを利用しないで業務を自動化する方法がないか検討しましょう。

　たとえば、Wordドキュメントをファックスして送信していれば、それを電子メールで送信するように業務プロセスを見直すことで、OCRを利用する必要がなくなるかもしれません。

⊘簡単なPoCをして、得られる識字率を確認する

　PoCとはProof of Conceptの略で、概念実証と訳されます。コンセプトが実用できるものとなるか検証する、という意味です。読み取りたいドキュメントに対して、実用レベルの識字率が得られるかどうか、精度を向上させる工夫として何ができるか、検討すると良いでしょう。

　たとえば、OCRで読み取るドキュメントをスキャナーで作成するときには、解像度を上げたり、傾きを補正したり、濃さを調整して裏写りを減らすなどの工夫があります。また、「郵便番号なら数字しかありえない」「通貨ならUSD、JPY、EURのいずれかしかありえない」などの前提条件を設定することで、100%に近い識字率を得られる場合もあります。

　なお、このような前提条件の設定可否や設定方法は、各OCRエンジンアクティビティで異なります。各アクティビティのWebドキュメントを確認してください。

⊘精度が得られないことを受け入れて、使いどころを工夫する

　なかなか精度が上がらない部分についてはそれを受け入れて、クリティカルな部分でのみ利用したり、手入力する作業をOCRで支援する（OCRで読み取り後に人の目でダブルチェッ

クし、間違っていた部分は手で修正する)などの形で、OCR技術を活用することができます。

✅精度が得られない部分は、OCRの利用をあきらめる

どうしても実用的な精度が得られない部分については、OCRの利用をあきらめることもやむを得ないでしょう。手作業による入力を支援できるように、ほかの部分の自動化をうまく構成してください。

テキストデータを含むPDFの活用

Microsoft WordなどのドキュメントをPDFに変換するには、「PDFとして保存」や「PDFプリンタで印刷」など多くの方法があります。このうち、PDFに元のテキストを埋め込むものを使いましょう。そのようなPDFであればOCRで読み取る必要はなく、UiPath.PDF.Activitiesパッケージの『PDFのテキストを読み込み』でそのテキストを高速に安定して取り出せます。

変換して作成したPDFファイルに元のテキストが埋め込まれているかどうかを確認するには、このPDFファイルを開いてテキストとして保存します。もし元のテキストが出てこなければ、PDFに変換するほかの方法を探しましょう。

なお、紙に印刷したドキュメントをスキャナーで読み取って作成したPDFファイルにも、テキストが含まれていることがあります。これは、スキャナーに添付のソフトウェアが自動でOCRして、その結果をPDFに埋め込んだものです。このテキストの品質が悪いときは、UiPathのOCRアクティビティで強制的に読み取り直しましょう。PDFパッケージの『OCRでPDFを読み込み』を使うか、IntelligentOCRパッケージの『ドキュメントをデジタル化』の[OCRを強制使用]プロパティをTrueにします。IntelligentOCRパッケージの使い方は、次節より詳細に説明します。

> ### 🔍Hint
>
> 次節から扱う内容は、本書の中でもかなり複雑なものです。読者にとってすぐに必要なものでなければ、ここはスキップして次の章に進んでください。

12-6 定型ドキュメントをOCRで読み取る

IntelligentOCRパッケージについて

各種申請書や見積書などの定型ドキュメントをOCRで読み取るには、IntelligentOCRパッケージが便利です。定型ドキュメントに含まれる複数のフィールド(たとえば「取引先」「担当者名」「件名」「請求No」などの項目)を自動で抽出できます。

また、各フィールドのテキストが正しく抽出できたかを目視で検証し、誤りがあればその場で訂正できる[検証ステーション]が利用できます。これにより、100%の識字率が得られない状況でも、これまで手作業で行っていた転記処理を強力に支援できます。

本節では、なるべく単純なサンプルを示すだけに留めますが、これは本書で紹介するものとしては最も大きいワークフローです。頑張って取り組んでみてください。それだけの価値を得られるはずです。取り組む際には、OCRで読み取りたいPDFファイルや画像ファイルを手元に準備してください。

なお、これらのアクティビティの詳細な使い方については、下記のWebサイトを参照してください。

⬇IntelligentOCRアクティビティパックについて

https://docs.uipath.com/activities/lang-ja/docs/about-the-intelligent-ocr-activities-pack

IntelligentOCRパッケージの追加

新規に「OCRのテスト」という名前でプロセスプロジェクトを作成し、UiPath.IntelligentOCR.Activitiesパッケージをインストールします。これはStudioの[デザイン]リボンの[パッケージを管理]ボタンから行えます。

🔍Hint

本書では、IntelligentOCRパッケージのv4.13.2で動作確認を行いました。

サンプルワークフローがOCR読み取りするPDFファイル

　ここでは、次のPDFファイルを読み取るワークフローを作成します。同様のPDFファイルがお手元にあれば、それを使っていただいても構いません。

●▲株式会社 御中 ご担当：山田太郎 様	UiPath 株式会社 〒100-0004 東京都千代田区大手町1-6-1 大手町ビル1階

請 求 書

件名：請求書

	請求書No. P123456
	請求日：　　2021/12/31
ご請求金額　　　　　　　　¥11,000	お支払期限：2022/01/31

品目	単価	数量	価格
文房具	1,000	10	10,000

🔍Hint

　このPDFファイルは、下記よりダウンロードできます。学習にお役立てください。なおこのファイルにはテキスト情報が埋め込まれているので、OCRを評価したい場合は『ドキュメントをデジタル化』の[OCRを強制適用]プロパティをTrueに設定してください。

⊕サンプルのダウンロード

https://www.shuwasystem.co.jp/support/7980html/6595.html

！OnePoint　アクションセンター

　このサンプルは、分類結果や抽出結果をユーザーが目視確認するため、Unattendedプロセスでは実行できません。実行できるようにするには、アクションセンターを使います。これは、プロセスとユーザーとの対話をOrchestratorのWeb画面でできるようにする機能です。この対話が完了するまで、Unattendedプロセスは一時中断し、Windowsからログオフします。対話が完了すると、プロセスは自動で再開します。

12

OCRの操作

タクソノミーマネージャー

　ワークフローの作成に先立ち、プロジェクトにIntelligentOCRパッケージを追加してください。[デザイン]リボンに追加される[タクソノミーマネージャー]ボタンをクリックし、読み取るドキュメントの種類(分類)と、その種類のドキュメントから読み取るフィールドを定義してください。

　ここで定義した内容は、プロジェクトのサブフォルダー「DocumentProcessing」に、taxonomy.jsonファイルとして保存されます。

プロジェクトにIntelligentOCRパッケージをインストールしたら、[タクソノミーマネージャー] ボタンをクリックし、OCRで読み取りたいドキュメントの情報を定義します

❶ [+] ボタンをクリックして、ドキュメントを分類するグループ名を登録します。たとえば、「定型帳票」を登録します

❸ 画面左の [新しいドキュメントの種類を追加] ボタンをクリックすると、ドキュメントの詳細を定義するペインが開きます。たとえば、「請求書タイプB」を登録し、ここに各フィールドの情報を定義します。下に表示されているフィールドを参考にしてください

❹ 各フィールドの詳細は、ここで定義できます。フィールドごとに [保存] ボタンをクリックしてください

❷ グループを登録・選択すると [+] ボタンが表示され、そのグループ内にカテゴリを登録できるようになります。たとえば、「請求書」を登録します。登録したドキュメントの種類はグループとカテゴリで分類され、ウィンドウの左下に一覧表示されます。選択中のグループとカテゴリに該当するドキュメントのみが表示されることに注意してください

ⓘOnePoint　Document Understanding

　IntelligentOCRパッケージが提供する一連の機能は、UiPath製品ファミリーの中でDocument Understandingとして位置づけられています。ここに含まれる機能の一部には、利用に追加のライセンスが必要となるものがあることに留意してください。本書では、無償で利用できる範囲の機能を紹介します。

サンプルワークフローの処理の流れ

　本節より作成するワークフローは、次のように動作します。

[1]OCRで読み取りたいドキュメントファイルを、ユーザーが選択
[2]ドキュメントを自動で分類し、その結果をユーザーが目視で検証
[3]ドキュメントから自動で各項目を抽出し、その結果をユーザーが目視で検証
[4]抽出した各項目をCSVファイルに保存

サンプルワークフローの作成手順

　このワークフローを作成する手順は、次のとおりです。

[1]OCRで読み取りたいドキュメントファイルを、ユーザーが選択
❶『タクソノミーを読み込み』で、文書の分類データを読み込む
❷『ファイルを選択』で、読み取りたいファイルを指定する

[2]ドキュメントを自動で分類し、その結果をユーザーが目視で検証
❸『ドキュメントをデジタル化』で、対象のドキュメントをOCRでデジタル化する
❹『ドキュメント分類スコープ』で、このドキュメントを分類する
❺『キーワードベースの分類子』のラーニングデータファイル名を設定する
❻ドキュメントを分類するキーワードを設定する
❼配置した分類子を有効にする
❽『分類ステーションを表示』で、分類結果を確認する

[3]ドキュメントから自動で各項目を抽出し、その結果をユーザーが目視で検証
❾『データ抽出スコープ』で、ドキュメントから各フィールドの値を抽出する
❿フィールドごとに正規表現パターンを記載する
⓫配置した抽出子を有効にする
⓬『検証ステーションを提示』で、抽出した各フィールドの値を検証する

[4]抽出した各項目をCSVファイルに保存
⓭『抽出結果をエクスポート』で、抽出したフィールドをデータセットに取り出す
⓮抽出したDataTableをCSVファイルに書き込む

⚠OnePoint　IntelligentOCRパッケージに含まれるアクティビティ

Document Understandingを構成するためのアクティビティは、UiPath.IntelligentOCR.Activitiesパッケージに含まれています。これらは、アクティビティパネルの[アプリの連携¥Document Understanding]カテゴリの下に表示されます。

・分類子

ドキュメントを自動で分類します。『ドキュメント分類スコープ』の上に配置して使います。

・抽出子

ドキュメントから、各フィールドを自動で抽出します。『データ抽出スコープ』の上に配置して使います。

・アクション

本書に紹介したワークフローは『分類ステーション』や『検証ステーション』ウィンドウを表示するため、Unattendedでは実行できません。これらを『分類アクション』や『検証アクション』で差し替えれば、同じ操作がOrchestrator上のアクションセンターで実行されるため、Unattendedプロセスで実行できるようになります。

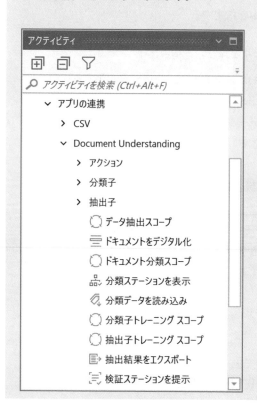

定型ドキュメントを読み取るワークフローを実装する

次のようにMain.xamlを実装してください。

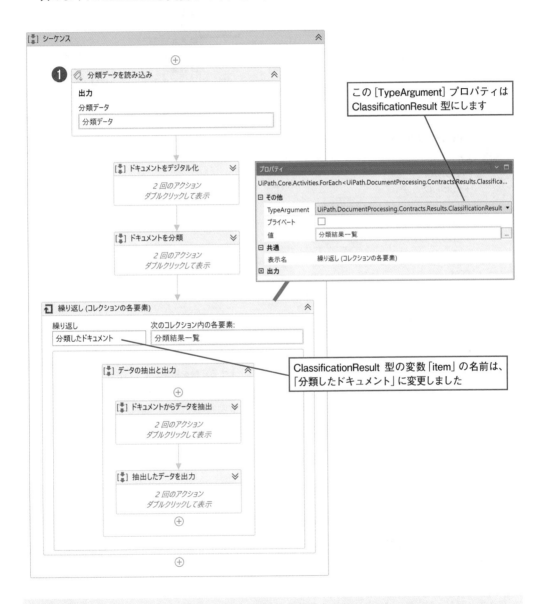

この [TypeArgument] プロパティは ClassificationResult 型にします

ClassificationResult 型の変数「item」の名前は、「分類したドキュメント」に変更しました

12

OCRの操作

🔍Hint

上記4つのシーケンス「ドキュメントをデジタル化」、「ドキュメントを分類」、「ドキュメントから
データを抽出」、「抽出したデータを出力」の内容は、次ページ以降に記載しました。

『MicrosoftOCR』のプロパティは既定のまま
で大丈夫です。『ドキュメントをデジタル化』
の方に、読み取ったテキストとDOMを格納
する変数を指定してください

⚠ OnePoint　プロパティの設定

　Studio 2021.4からは、指定が必須となるプロパティはアクティビティの前面にも表示されるよ
うになりました。そのため、本セクションに紹介するワークフローにはプロパティパネルは表示
していません。「ドキュメントパス」や「ドキュメントテキスト」「DOM」などの変数は、(プロパティ
パネルと同じく)アクティビティパネルの前面で[Ctrl+K]キーを押下して作成できます。作成した
ら、必ず変数パネルを確認し、この変数が意図通り作成されているか確認してください。作成済
みの変数は、アクティビティの前面やプロパティパネルで[Ctrl+スペース]キーを押下して参照で
きます。これらの変数は、P.435にまとめていますので参照してください。

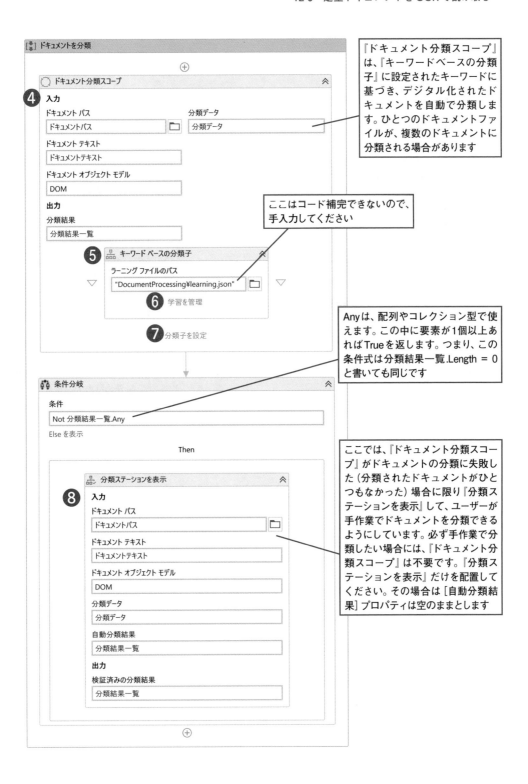

『ドキュメント分類スコープ』は、『キーワードベースの分類子』に設定されたキーワードに基づき、デジタル化されたドキュメントを自動で分類します。ひとつのドキュメントファイルが、複数のドキュメントに分類される場合があります

ここはコード補完できないので、手入力してください

Any は、配列やコレクション型で使えます。この中に要素が 1 個以上あれば True を返します。つまり、この条件式は分類結果一覧.Length = 0 と書いても同じです

ここでは、『ドキュメント分類スコープ』がドキュメントの分類に失敗した（分類されたドキュメントがひとつもなかった）場合に限り『分類ステーションを表示』して、ユーザーが手作業でドキュメントを分類できるようにしています。必ず手作業で分類したい場合には、『ドキュメント分類スコープ』は不要です。『分類ステーションを表示』だけを配置してください。その場合は［自動分類結果］プロパティは空のままとします

12

OCR の操作

❾ データ抽出スコープ

入力

ドキュメント パス
`ドキュメントパス`

分類データ
`分類データ`

ドキュメント テキスト
`ドキュメントテキスト`

分類結果
`分類したドキュメント`

ドキュメント オブジェクト モデル
`DOM`

ドキュメントの種類の ID
`VB の式を入力してください`

出力

抽出結果
`抽出結果`

正規表現ベースの抽出子

式を設定

❿

抽出子を設定

⓫

検証ステーションを提示

⓬ **入力**

ドキュメント パス
`ドキュメントパス`

ドキュメント テキスト
`ドキュメントテキスト`

ドキュメント オブジェクト モデル
`DOM`

分類データ
`分類データ`

自動抽出結果
`抽出結果`

出力

検証済みの抽出結果
`抽出結果`

『キーワードベースの分類子』に指定したキーワードをOCRで読み取ることができなかった場合は、『ドキュメント分類スコープ』は正しく文書を分類できず、そのたび「分類ステーション」を表示することになります。これはユーザーにとって煩雑です。もし読み取りたい文書の種類がひとつしかないなら、そのドキュメント種類IDをここに決め打ちで指定しましょう

DataSet 型は、複数の DataTable を配列として Tables プロパティに束ねるデータ型です

名前	変数の型	スコープ	既定値
ds抽出結果	DataSet	抽出したデータを出力	*VB の式を入力してください*
抽出結果	ExtractionResult	データの抽出と出力	*VB の式を入力してください*
分類データ	DocumentTaxonomy	シーケンス	*VB の式を入力してください*
ドキュメントパス	String	シーケンス	*VB の式を入力してください*
DOM	Document	シーケンス	*VB の式を入力してください*
ドキュメントテキスト	String	シーケンス	*VB の式を入力してください*
分類結果一覧	ClassificationResult[]	シーケンス	*VB の式を入力してください*
変数の作成			

変数　引数　インポート　　　　　　　🖐 🔍 100% ▼

もしうまく動かないときは、各変数のスコープが正しく設定されているか確認しましょう。また、同名の変数を重複して別のスコープに作成しないようにしてください。変数「分類結果一覧」の型はClassificationResult[]型（ClassificationResult の配列型）なので注意しましょう。この型名の末尾についている[ ]は、それが配列型であることを示します。これらの変数は、配置した各アクティビティの前面にある編集ボックスで［Ctrl+K］キーを押下すると簡単に作成できます。なお配列型の変数を変数パネルで作成する場合には、変数の型のドロップダウンリストで、Array of [T] を選択してください

12

OCRの操作

❶『タクソノミーを読み込み』で、タクソノミーを読み込む

　タクソノミーマネージャーで作成したDocumentProcessing¥taxonomy.jsonをロードします。このファイル名は固定なので、『タクソノミーを読み込み』のプロパティに設定する必要はありません。

　[分類]プロパティで[Ctrl]+[K]キーを押して、ロードしたタクソノミーを格納する変数「ドキュメント分類」を作成してください。この変数を変数パネルで確認し、スコープを[フローチャート]に変更してください。

　以降の手順では、シーケンス「ドキュメントのデジタル化と分類」にアクティビティを配置していきます。

❷『ファイルを選択』で、読み取りたいファイルを指定する

　このサンプルでは、『ファイルを選択』を使って、OCRで読み取りたいドキュメントをユーザーに選択してもらいます。[選択されたファイル]プロパティで[Ctrl]+[K]キーを押して、変数「ドキュメントパス」を作成してください。ユーザーが選択したファイルのパスは、この変数に格納されます。

❸『ドキュメントをデジタル化』で、対象のドキュメントをOCRでデジタル化する

　[ドキュメントパス]プロパティで指定したファイル名のドキュメント（画像データ）を、OCRでテキストに変換します。プロパティパネルで[Ctrl]+[K]キーを押して、この出力を受け取る変数「ドキュメントテキスト」と「DOM」を先ほどと同様に作成してください。

　なお、このアクティビティがサポートする画像データファイルの拡張子は、「.png」「.gif」「.jpe」「.jpg」「.jpeg」「.tiff」「.tif」「.bmp」「.pdf」です。

　このアクティビティの上には、OCRエンジンを配置する必要があります。この例では、『Microsoft OCR』を配置しました。このプロパティは、すべて既定のままで大丈夫です。

❹『ドキュメント分類スコープ』で、このドキュメントを分類する

　読み取ったドキュメントを分類します。タクソノミーマネージャーで登録したドキュメントタイプのいずれかに分類できます。入力プロパティで[Ctrl]+[スペース]キーを押して適

切に埋めて、出力プロパティには［Ctrl］＋［K］キーを押して変数「ドキュメント分類結果」を作成してください。

　このスコープには、少なくとも1つの分類子アクティビティを配置する必要があります。この例では『キーワードベースの分類子』を配置しました。これは、ドキュメントから読み取ったテキストに含まれるキーワードに基づき、このドキュメントを分類します。

❺『キーワードベースの分類子』のラーニングデータファイルを設定する

　このアクティビティに、ドキュメントを分類するためのキーワードを設定します。この情報はラーニングファイルに保存されます。［ラーニングファイルのパス］プロパティには"DocumentProcessing¥learning.json"を手入力してください。

　すでにこのファイルをお持ちなら、アクティビティ前面にあるフォルダーアイコンをクリックしてこのプロパティを設定できます。この名前で、空のファイルをあらかじめ作成してもかまいません。

❻ドキュメントを分類するキーワードを設定する

　［学習を管理］リンクをクリックし、タクソノミーマネージャーで登録したドキュメントタイプに必ず含まれるOCRテキストを設定してください。1つのドキュメントタイプに対して、複数のキーワードを設定することもできます。ここで、ドキュメントからOCRで読み取れるキーワードを設定しないと次の処理に進めないことに注意してください。

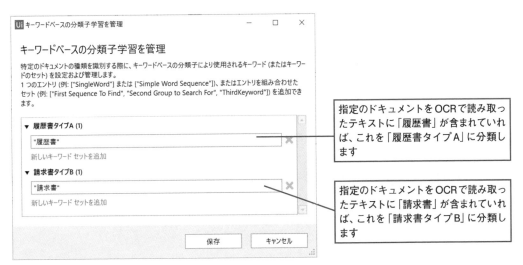

指定のドキュメントをOCRで読み取ったテキストに「履歴書」が含まれていれば、これを「履歴書タイプA」に分類します

指定のドキュメントをOCRで読み取ったテキストに「請求書」が含まれていれば、これを「請求書タイプB」に分類します

437

❼配置した分類子を有効にする

[分類子を設定]リンクをクリックして、『ドキュメント分類スコープ』に配置した分類子ア
クティビティを有効にしてください。

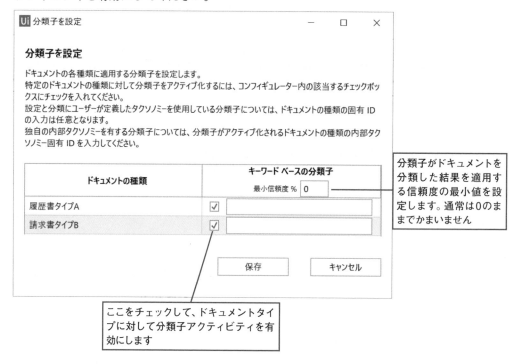

ここまでできたら、変数パネルを確認してください。すべての変数のスコープを「フロー
チャート」に修正しましょう。デザイナーパネル上部の[パンくずリスト]で親のフローチャー
トに戻り、『フロー条件分岐』の[条件]プロパティも忘れず設定してください。

以降の手順で、シーケンス「ドキュメントからデータ抽出」の中身を追加していきます。

！OnePoint　最小信頼度のチューニング

信頼度とは、OCRエンジンが読み取った結果にどれだけ自信があるか(Confidence Level)を示
すものです。信頼度が高いほど、読み取った結果が正確であることを期待できます。つまり、分
類子の[最小信頼度]にゼロを設定したら、どんなテキストが読み取られた場合でもそれを捨てな
い(この分類子を適用する)という意味になります。ドキュメントが適切に分類できないことが多
いようなら、検証ステーションに表示される信頼度も参考にしながら、[最小信頼度]に少し大き
な数を設定してみましょう。汚いテキストが抽出された場合には、その分類子の適用を自動であ
きらめることができます。

❽『分類ステーションを表示』で、分類結果を確認する

『ドキュメント分類スコープ』が自動で分類した結果を、分類ステーションに表示します。ドキュメントが自動で分類された結果が正しくなかった場合には、ユーザーが分類ステーションの画面で各ページをドラッグして分類し直すことができます。ここでは、その結果を自動で分類した結果と同じ変数「分類結果一覧」に受けていますが、これで問題ありません。

❾『データ抽出スコープ』で、ドキュメントから各フィールドの値を抽出する

ドキュメントのどの部分のテキストが、どのフィールドに対応するかを定義します。適切にプロパティパネルを埋めてください。

なお、[分類結果]プロパティには、配列変数「ドキュメント分類結果」の先頭の要素の値を指定します。そのため、このプロパティに指定する値には「ドキュメント分類結果(0)」として、末尾に配列の添え字(0)をつけてください。

このスコープには、少なくとも1つの抽出子アクティビティを配置する必要があります。IntelligentOCRパッケージには、複数の抽出子アクティビティが含まれていますが、中でも『正規表現ベースの抽出子』は無償で利用できるので、まずはこれを配置してみましょう。

❿フィールドごとに正規表現パターンを記載する

[式を設定]リンクをクリックして、フィールドごとに正規表現パターンを記載してください。ここに設定した内容は、[構成]プロパティに保存されます。ここに記載したパターンに基づき、自動でフィールド値が抽出されます。正規表現パターンを記入しなくても動作する(検証ステーション上で手動で抽出できる)ので、いったん空のままにして先に進みましょう。

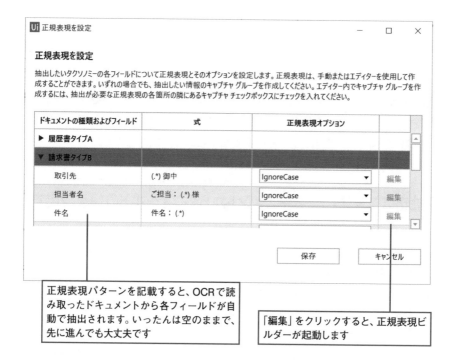

正規表現パターンを記載すると、OCRで読み取ったドキュメントから各フィールドが自動で抽出されます。いったんは空のままで、先に進んでも大丈夫です

「編集」をクリックすると、正規表現ビルダーが起動します

⓫配置した抽出子を有効にする

　[抽出子を設定]リンクをクリックして、抽出子を有効にします。この例では、抽出子アクティビティを1つだけしか配置していませんが、複数の抽出子を配置し、フィールドごとにどの抽出子を有効にするか設定できます。

　あるフィールドに対して複数の抽出子を有効にした場合は、最も左にある有効な抽出子から順に適用を試みます。その信頼度が、設定した最小信頼度に満たない場合には、その右にある有効な抽出子の適用を同様に試みます。

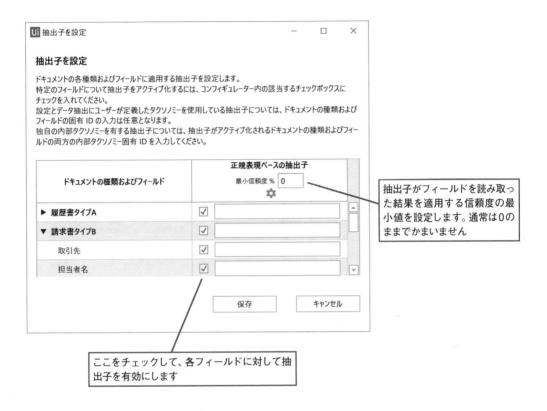

ここをチェックして、各フィールドに対して抽出子を有効にします

抽出子がフィールドを読み取った結果を適用する信頼度の最小値を設定します。通常は0のままでかまいません

⓬『検証ステーションを提示』で、抽出した各フィールドの値を検証する

　このアクティビティを実行すると、検証ステーションウィンドウが表示されます。ユーザーは抽出されたフィールドごとに値が正しいかどうか目視で検証し、正しければチェックをつけてください。もし間違っていれば、その場で修正できます。

　検証ステーションの実行例を、次の図に示します（ワークフローを完成させないと実行できないので注意してください）。ここでは「担当者名」に「抽出されていません」と表示されています。これは、抽出する正規表現パターンを作成していないからです。あるいは、作成したパターンに合致するテキストがない場合にも、このように表示されます。

　画面右側に表示されている元のドキュメントで、①抽出したいテキスト（この例では［山田太郎］）をクリックして選択し、②その［➕ フィールドの抽出］ボタンをクリックすると、このテキストを手動で抽出できます。

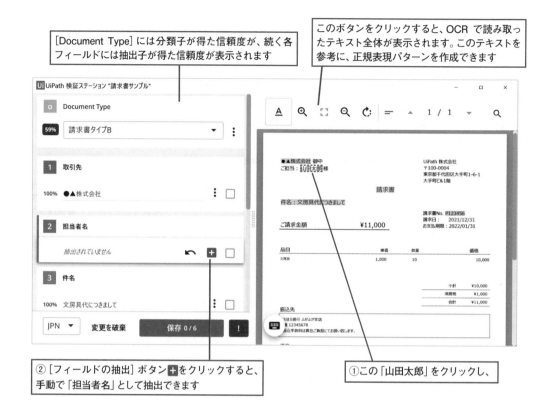

[Document Type] には分類子が得た信頼度が、続く各フィールドには抽出子が得た信頼度が表示されます

このボタンをクリックすると、OCR で読み取ったテキスト全体が表示されます。このテキストを参考に、正規表現パターンを作成できます

②[フィールドの抽出] ボタン✚をクリックすると、手動で「担当者名」として抽出できます

①この「山田太郎」をクリックし、

⚠️OnePoint　正規表現パターンの作成

　OCRで読み取ったテキストに「●▲株式会社御中」が含まれていたとします。この「●▲株式会社」の部分だけを取引先フィールドとして抽出したいときは、『正規表現ベースの抽出子』に指定する正規表現パターンを"(.*)御中"とします。同様に「件名：請求書」から「請求書」の部分を件名フィールドとして抽出したいなら、正規表現パターンを"件名：(.*)"とします。このように、パターンの中にカッコを含めておくと、このカッコの中に一致した部分だけを抽出できます。

⚠️OnePoint　分類子と抽出子のトレーニング

　『検証ステーションを提示』の直後に『分類子トレーニングスコープ』と『抽出子トレーニングスコープ』を配置することで、分類子と抽出子の動作をトレーニングして動作精度を向上させることができます。

❸『抽出結果をエクスポート』で、抽出したフィールドをデータセットに取り出す

最後に『抽出結果をエクスポート』を使って、抽出したフィールドをDataSet型のプロパティ[データセット]に取り出します。なおDataSet型とは、Tablesプロパティに複数のDataTable型の値を含みます。

❹抽出したDataTableをCSVファイルに書き込む

この例では、DataTableに取り出したデータを『CSVに書き込み』でCSVファイルに出力しています。DataTableは、『範囲を追加』でExcelファイルに書き込むこともできます。

⚠️OnePoint　UnattendedプロセスでOCR読み取りしたドキュメントの検証

『検証ステーションを提示』は、人の介在が必要となるため、Attendedプロセスでしか使えません。Unattendedプロセスではその代わりに『ドキュメント検証アクションを作成』を利用できます。これは、UnattendedプロセスがOCR読み取りしたドキュメントの検証を、OrchestratorのAction Center上でユーザーが行えるようにします。Action Centerとは、Unattendedプロセスの実行中に人が介在して、何らかの判断や検証をユーザーが行えるようにする機能です。

⚠️OnePoint　ドキュメントを連続して読み取る

本章に示した❷から❸を繰り返して処理することで、複数のドキュメントを連続して読み取れます。この場合には、❸では『CSVに書き込み』の代わりに『CSVに追加』を使いましょう。読み取った複数のドキュメントを、簡単にひとつの表にまとめることができます。また、❷で『ファイルを選択』する代わりに、自動でフォルダー内にあるPDFファイルを列挙しても良いでしょう。これには、繰り返し処理の直前で、Directory.GetFiles(フォルダー名, "*.pdf")の結果をStringの配列変数に『代入』します。読み取ったPDFファイルは、別のフォルダーに『ファイルを移動』すると良いでしょう。

12-7 抽出したフィールドを取り出す

抽出した各フィールド値を変数に取り出す

前節に示したワークフローでは、抽出したすべてのフィールドをデータテーブルにまとめて取り出しました。本節では、各フィールドそれぞれを取り出す方法を示します。

手順① タクソノミーマネージャーで、各フィールドのIDと種類を確認する
手順② [承認された抽出結果]から、各フィールドを取り出す

手順① タクソノミーマネージャーで、各フィールドのIDと種類を確認する

リボンからタクソノミーマネージャーを起動し、先ほど定義したドキュメントとフィールドを順にクリックしてください。このフィールドの内容が、タクソノミーマネージャーの右側に表示されます。

手順② ［承認された抽出結果］から、各フィールドを取り出す

⑫の直後に、次のようにアクティビティを配置してください。各フィールドの値をString型で取り出せます。

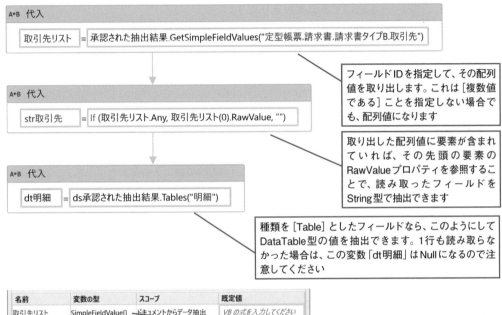

A+B 代入	
取引先リスト	= 承認された抽出結果.GetSimpleFieldValues("定型帳票.請求書.請求書タイプB.取引先")

フィールドIDを指定して、その配列値を取り出します。これは［複数値である］ことを指定しない場合でも、配列値になります

A+B 代入	
str取引先	= If (取引先リスト.Any, 取引先リスト(0).RawValue, "")

取り出した配列値に要素が含まれていれば、その先頭の要素のRawValueプロパティを参照することで、読み取ったフィールドをString型で抽出できます

A+B 代入	
dt明細	= ds承認された抽出結果.Tables("明細")

種類を［Table］としたフィールドなら、このようにしてDataTable型の値を抽出できます。1行も読み取らなかった場合は、この変数「dt明細」はNullになるので注意してください

名前	変数の型	スコープ	既定値
取引先リスト	SimpleFieldValue[]	ドキュメントからデータ抽出	VB の式を入力してください
str取引先	String	ドキュメントからデータ抽出	VB の式を入力してください
dt明細	DataTable	ドキュメントからデータ抽出	VB の式を入力してください
変数の作成			

変数　引数　インポート　　　　　　🖐 🔍 100% ⌄　⬚ ⬚

配列型（Array of SimpleFieldValue）であることに注意してください

種類を［Date］としたフィールドを検証ステーションで確認しているところです

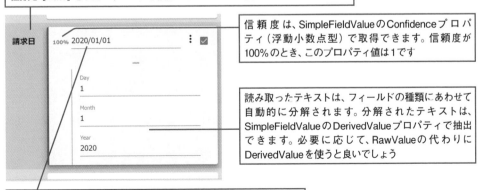

信頼度は、SimpleFieldValueのConfidenceプロパティ（浮動小数点型）で取得できます。信頼度が100%のとき、このプロパティ値は1です

請求日　　100% 2020/01/01

Day
1

Month
1

Year
2020

読み取ったテキストは、フィールドの種類にあわせて自動的に分解されます。分解されたテキストは、SimpleFieldValueのDerivedValueプロパティで抽出できます。必要に応じて、RawValueの代わりにDerivedValueを使うと良いでしょう

OCRで読み取った生のテキストは、SimpleFieldValueのRawValueプロパティで抽出できます

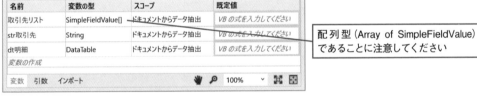

12

OCRの操作

445

『フォーム抽出子』

　本節で紹介したサンプルでは、❽で『データ抽出スコープ』に『正規表現ベースの抽出子』を配置しましたが、ここに『フォーム抽出子』を使うと、定型文書からデータを読み取るワークフローの作成がもっと簡単になります。これにはUiPath Document Understandingライセンスを入手し、APIキーを取得する必要があります。

　Community EditionのOrchestratorをお使いなら、Orchestratorのライセンスページから無償で生成できます。このAPIキーには、読み取れるページ数などに制限があるので注意してください。

⊕Hint

　お疲れさまでした！　今後、利用可能な分類子や抽出子が増えていく予定です。この中には、機械学習でトレーニング済みの請求書や領収書などのための抽出子も含まれています。みなさんが読み取りたいドキュメントに応じて、適切な分類子や抽出子を探してみてください。

13

ログ出力

13-1 ログ

ログについて

　ログには、もともと「航海日誌」という意味があります。船乗りが大海原を航海するとき、風向きや星の位置などを日々記録したものがログブックです。

　PCにおいては、ソフトウェアの動作状況を記録したファイルのことを「ログファイル」といいます。一般に、ログファイルには日時とログメッセージの組み合わせが1行で記録されます。トラブルが発生したとき、この解決の手がかりがログファイルに残されています。

　UiPathの大海原で遭難して漂流することがないように、本章ではログファイルに記録を残す方法について理解しましょう。

> ⚠ **OnePoint　NLog**
>
> 　UiPathのログ機能は、NLogの技術を使って開発されています。NLogとは、.NET環境におけるログ出力のためのオープンなライブラリです。この設定ファイルであるNLog.configを編集することで、ログフォルダーやログのファイル名などを変更できます。NLog.configは、Studioのインストールディレクトリにあります。

ログフォルダーとログファイル

　UiPathのログフォルダーを開くには[デバッグ]リボンの[ログを開く]ボタンか、もしくは[Ctrl+L]を押します。このショートカットキーは、プロジェクトを開いていなくても機能するので便利です。

[ログを開く]ボタンをクリックすると、ファイルエクスプローラーが起動してログフォルダーを開きます。このフォルダーは、既定では「%LocalAppData%¥UiPath¥Logs」です。

名前	更新日時	種類	サイズ
2020-06-10_Analyzer_Studio.log	2020/06/10 23:54	テキスト ドキュメント	56 KB
2020-06-10_DbServer_Studio.log	2020/06/10 19:40	テキスト ドキュメント	1 KB
2020-06-10_Execution.log	2020/06/10 19:34	テキスト ドキュメント	9 KB
2020-06-10_Studio.log	2020/06/10 23:55	テキスト ドキュメント	90 KB
2020-06-11_Execution.log	2020/06/11 18:01	テキスト ドキュメント	3 KB
2020-06-12_Studio.log	2020/06/12 17:37	テキスト ドキュメント	83 KB
2020-06-13_Execution.log	2020/06/13 15:07	テキスト ドキュメント	23 KB

この中には、いくつかの種類のログファイルがありますが、本章で扱うのはすべて**実行ログ**（Execution.log）です。StudioとRobotの両方が同じファイル名で実行ログを出力します。そのほかのログについては本書では扱いませんが、問題解決に有益なものもあるので、開いて中を眺めておくと良いでしょう。

『メッセージをログ』

ログにメッセージを出力するには、『メッセージをログ』を使います。適切なメッセージをログに出力しておけば、開発中や本番環境でエラーが発生したとき、その場所を特定することが容易になります。

> **①OnePoint　『1行を書き込み』**
>
> 『1行を書き込み』でもログを出力できますが、ログレベルを指定できない（必ずTraceレベルになる）、出力される情報が少ないなどのデメリットがあります。このため、本章では『メッセージをログ』について説明します。『1行を書き込み』を使うべき状況もあるので、これは本章の最後で補足します。
>
> ※ 以前はInfoレベルで出力されましたが、Studio 20.10.1でTraceレベルに変更されました。

Studioの出力パネル

出力パネルの概要

ログは前述の実行ログファイルにも出力されますが、Studioで実行した場合には、同じ内容が出力パネルにも表示されます。この使い方を見てみましょう。

新規に「ログ出力のテスト」という名前でプロセスプロジェクトを作成し、そのまま実行してみてください。出力パネルには、次の内容が表示されます。

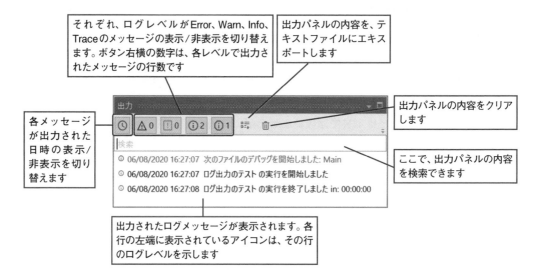

それぞれ、ログレベルがError、Warn、Info、Traceのメッセージの表示/非表示を切り替えます。ボタン右横の数字は、各レベルで出力されたメッセージの行数です

出力パネルの内容を、テキストファイルにエキスポートします

各メッセージが出力された日時の表示/非表示を切り替えます

出力パネルの内容をクリアします

ここで、出力パネルの内容を検索できます

出力されたログメッセージが表示されます。各行の左端に表示されているアイコンは、その行のログレベルを示します

3行のメッセージが出力パネルに表示されます。これらは、Robotが自動で出力したものです。各行の左端に表示されているアイコンは、その行のログレベルを示しています。先頭の行が薄く表示されているのは、この行がTraceレベルで出力されているメッセージだからです。続く2行は、Infoレベルで出力されています。

また、各ログ行には日時とメッセージ以外にもいくつかの情報が含まれています。これらのメッセージの詳細は、出力パネルのメッセージ行をダブルクリックすることで確認できます。

```
メッセージの詳細                    □      ✕

{
  "message": "ログ出力のテスト の実行を開始しました",
  "level": "Information",
  "logType": "Default",
  "timeStamp": "16:11:33",
  "processVersion": "1.0.0",
  "jobId": "6ec7cdd0-6f82-458b-ba21-ed0c05819cbf",
  "robotName": "YTSUD",
  "machineId": 0,
  "fileName": "Main",
  "initiatedBy": "Studio"
}
```

クリップボードにコピー　　　　　　　　　　　キャンセル

13
ロ
グ
出
力

(!)OnePoint　ログの形式

　[メッセージの詳細]ウィンドウに表示されているログの書式を、JSON形式といいます。この
ログのJSON形式に含まれる各フィールド ("logType"や"fileName"など) の詳細については、13-6
節の「ログフィールドの操作」で説明します。

ログレベルに応じて、メッセージの表示/非表示を切り替える

　出力パネルの上部に配置されている (i)2 ボタンをクリックしてみましょう。Infoレベルで出
力された2行のメッセージの表示/非表示が切り替わります。

　このように、これら4つのボタンを使って、興味があるログレベルのログ行だけを表示さ
せることができます。今は全部で3行のメッセージしか表示されていませんが、本格的にワー
クフロー開発を始めたら、非常に多くのログメッセージが出力パネルに表示されることにな
ります。そこで、必要なログ行を簡単に探せるように、このような不要な行を隠す機能が用
意されているのです。

　出力されているはずのログメッセージが出力パネルに見つからないときは、これらのボタ
ンが正しくクリックされているか確認してください。

　出力パネルのほかのボタンや、検索ボックスも同じように試してみましょう。表示されて
いるメッセージがどのように変化するか、確認してください。

13-3 ログレベル

Robotのログレベル設定

　先ほどは、Studio出力パネル上にあるボタンで表示される各ログ行の表示/非表示を切り替えました。Robotのログ設定では、ログレベルで各ログ行の出力の可否を切り替えることができます。必要なログだけを出力するように設定することで、ログ出力の量を少なくしたり、ログファイルを読みやすくしたりできます。これは、UiPath Assistantのウィンドウで設定できます。

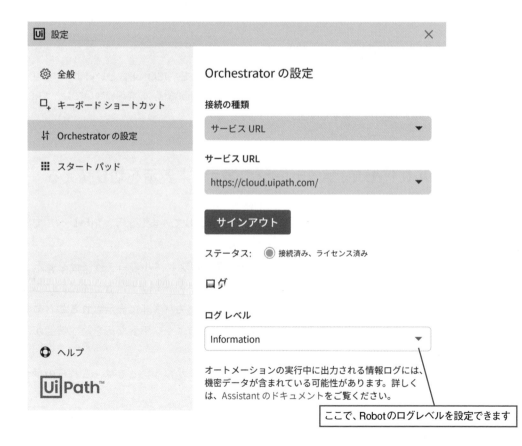

Enterprise版Robotのログレベル

Enterprise版のRobotをお使いの場合は、次の点に留意してください。

①Robotのログレベルを変更するには、そのWindowsマシンの管理者権限が必要です。
②Robotのログレベルを変更すると、同じマシンにログインするほかのユーザーのログレベルも
　同じように変更されます。

　ただし、インストール時に［Windowsサービスとして登録］のオプションを指定しなかった（つ
まりユーザーモードでインストールした）場合には、上記の限りではありません。

Robotのログ設定は、出力のオン/オフを切り替える

　Robotの設定は、Studioの出力パネルのように表示/非表示を切り替えるのではなく、出力
のオン/オフを切り替えるので注意が必要です。
　出力しなかったログレベルのログ行を確認するには、Robotのログレベル設定を変更した
上で、当該のプロセスを再実行する必要があります。

Studioの ［アクティビティをログ］ ボタン

　実はStudioにも、ログの表示/非表示だけでなく、ログの出力そのものを切り替える設定が
あります。［デザイン］リボンにある［アクティビティをログ］ボタンをオンにすると、すべて
のアクティビティが自動で追加のトレースログを出力するようになります。
　ただし、このトレースログはStudioの［デバッグ］ボタンから実行したときにのみ出力され
るので注意してください。［実行］ボタンから実行したときには、（［アクティビティをログ］ボ
タンがオンになっていても）このトレースログは出力されません。
　なお、Robotで実行したときにこのトレースログを出力するには、Robotのログ設定を
Verboseレベルに設定します。

［アクティビティをログ］をオンにしたときに出力されるログ

このボタンをオンにしたときには、どのようなログが出力されるのか確認しましょう。任意のアクティビティをMain.xamlに配置してください。

ここでは、13-2節で作成したプロセスプロジェクト「ログ出力のテスト」に『メッセージボックス』を1つだけ配置してみることにします。配置できたらデバッグ実行して、出力パネルを確認してください。

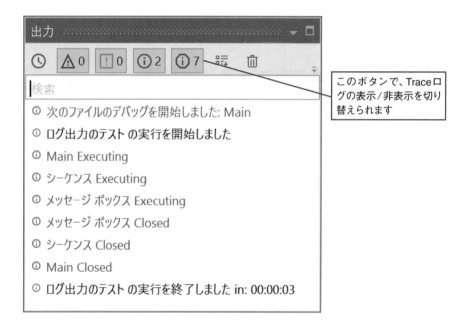

このボタンで、Traceログの表示/非表示を切り替えられます

多くのトレースログが、自動で出力されました。もしもこのように表示されない場合には、出力パネル上部のボタン ⓘ7 でTraceログの表示が有効になっているかを確認してください。また、Studioで［実行］ボタンではなく［デバッグ］ボタンから実行したことを確認してください。

このトレースログを活用すると、簡単にワークフローをデバッグできるようになります。たくさんの『メッセージをログ』を配置しなくても済むので、とても便利です。

なお、このトレースログには、デバッグのための多くの情報がactivityInfoフィールドの中に書き込まれます。場合によっては機密情報がログファイルに漏洩してしまうこともあるので、注意が必要です。このactivityInfoフィールドについては後述します。

設定に応じて出力されるログレベルのまとめ

次の表に、ログメッセージの出力の有無を整理します。出力される行を〇、出力されない行を×で表示しています。Studioでデバッグ実行したときの実行ログを表1に示します。

⬇表1

ログ行のログレベル			Studioの設定 デバッグリボンの［アクティビティをログ］ボタン	
			オフ	オン
『メッセージをログ』で設定したログレベル		Fatal	〇	〇
		Error	〇	〇
		Warn	〇	〇
		Info	〇	〇
		Trace	〇	〇
すべてのアクティビティが自動で出力するトレースログ	必ずTraceとなります。また、activityInfoフィールドが付与されます。		×	〇

Robotで実行したときの実行ログを表2に示します。

⬇表2

ログ行のログレベル			Assistantの設定 設定画面の［ログレベル］						
			Off	Critical	Error	Warning	Information	Trace	Verbose
『メッセージをログ』で設定したログレベル		Fatal	×	〇	〇	〇	〇	〇	〇
		Error	×	×	〇	〇	〇	〇	〇
		Warn	×	×	×	〇	〇	〇	〇
		Info	×	×	×	×	〇	〇	〇
		Trace	×	×	×	×	×	〇	〇
すべてのアクティビティが自動で出力するトレースログ	必ずTraceとなります。また、activityInfoフィールドが付与されます。		×	×	×	×	×	×	〇

(!)OnePoint　『ワークフローファイルを呼び出し』でログを出力

Systemパッケージの21.4では、ログを自動で出力する機能が『ワークフローファイルを呼び出し』に追加されました。プロパティで指定することにより、呼び出し先のワークフローの実行開始時と終了時のそれぞれで、ログ行を自動で出力することができます。

13-4

ログメッセージに設定する
ログレベル

ログレベルを適切に設定することはとても大切

　各ログメッセージに適切なログレベルを設定することはとても大切です。みなさんの組織において自動化の段階が進むと、多くの自動化プロセスが日々運用されることになるでしょう。このような状況で、エラーが発生していないのにエラーレベルのログメッセージが大量に出力されていると、実際にエラーが発生した状況が埋もれて見えなくなり、運用に大きな支障が出てしまいます。

　コンピュータ科学の世界では、有名な格言に「garbage in, garbage out」というのがあります。ごみを入力したら、ごみしか出てこない、という意味です。たとえElasticsearch/Kibanaのようなログ分析ツールを導入しても、（ごみのような）不適切なログが大量に出力されていれば、これを分析ツールに入力しても価値のある出力結果は得られないのです。

　自動化プロセスをたくさん作ってしまった後では、この問題に気づいても解決するのはとても大変です。すべてのワークフローに配置されたすべての『メッセージをログ』を確認し、ここに指定したログレベルを適切に直さなければいけないからです。

　そのようなことにならないように、ワークフローをたくさん作る前にログレベルについてしっかり理解し、各ログメッセージに正しいログレベルを設定できるようにしましょう。

開発時に、各ログメッセージ行に指定すべきログレベル

『メッセージをログ』の［ログレベル］プロパティには、5段階のログレベルのいずれかを指定できます。これらのログが実際に出力されるかどうかは、UiPath AssistantもしくはOrchestratorでの設定により制御されるのは、前述の通りです。

各ログメッセージに対して設定すべきログレベルを表3に示します。

☺表3

ログレベル	このログレベルで出力すべきメッセージの例	このログレベルでシステムが自動でメッセージを出力するタイミングの例
Fatal	・回復できない致命的なエラー発生時に、このエラーの調査に有益な情報。 ・ほかのプロセス実行にも影響があるような環境の不整合の検出時など。	
Error	・エラー発生時に、このエラーの調査に有益な情報。 ・このエラーメッセージを受けて、運用担当者が何らかのアクションを必要とするとき。	例外をスローしたとき
Warn	・処理において何らかの問題が発生したときに、この問題を十分に説明する情報。 ・このプロセスの正常実行には失敗したが、自動で回復できるので、運用担当者によるアクションは不要なとき。	
Info	・何らの問題は発生していないが、何らかのまとまった処理の開始時や終了時など、ログに記録しておくべき情報。	プロセスの開始時と終了時
Trace	・この『メッセージをログ』を通過したことを示して処理を追跡(トレース)できるようにする。 ・デバッグ時やトラブルシュート時に役に立つ情報。	［アクティビティをログ］オプションを有効にしてデバッグ実行したときに、各アクティビティの開始時と終了時

13

ログ出力

13-5　ログに出力する内容

ログメッセージを、プロセス内で一意にする

　ログに出力すべき内容は、そのときどきで異なるでしょう。しかし、その内容を意味あるものにするには、そのログがどこで出力されたのかが分かるようにしておくことが大切です。せっかく大事なことをログに出力したとしても、それがどこで出力されたのかが分からないと、障害発生時の調査に支障が出てしまいます。

　そこで、各ログメッセージはプロセスの中で一意（ユニーク）になるように気を配りましょう。たとえば、ログを見たときに気になるメッセージが書いてあったとします。このメッセージでプロジェクト内を検索したときに1つだけ見つかれば、その見つかった部分が当該のログを出力した部分に間違いありません。このように重複がなく、1つだけ見つかることを一意といいます。

ログメッセージを出力している場所を探すには

　たとえば、ログに「ほえほえ」という大変気になるメッセージが書いてあったとします。このメッセージを出力している場所をワークフローから探すには、Studioの[ユニバーサル検索]を使います。

[1][Ctrl]+[F]キーを押して、ユニバーサル検索を開きます。
[2]検索したいテキストを入力します。たとえば、「ほえほえ」と入力します。
[3]検索範囲を指定します。
[4]検索結果の中から、表示したいものをクリックします。

　これにより、当該のメッセージを出力した『メッセージをログ』を簡単に探すことができます。これには前述のように、プロジェクト内でログメッセージが一意になるようにしておくことが大切です。

> ⚠️**OnePoint**　**コマンドパレットからユニバーサル検索にアクセスする**
>
> コマンドパレットのメニューからも、ユニバーサル検索を開けます。コマンドパレットを開く
> には、Studioのウィンドウタイトル右端にある虫めがねアイコンをクリックするか、[F3]キーを
> 押します。

ログメッセージを一意にするための工夫

　プロジェクト内に多くのワークフローファイルがあると、プロセス全体でログメッセージ
を一意にすることが難しくなります。これには、次のような工夫があります。

✅ ログメッセージの中に、ワークフローのファイル名を埋める

　各ワークフローにて、そのファイル名を設定したログヘッダー定数を定義しておき、これ
を各ログメッセージの先頭に出力します。

> 『メッセージをログ』で出力するメッセージに、ワーク
> フローのファイル名と一意の番号を付与します

📝 メッセージをログ	
ログ レベル	Info ▼
メッセージ	ログヘッダー + "#10 ログイン処理の開始"

名前	変数の型	スコープ	既定値
ログヘッダー	String	シーケンス	"Main.xaml"
変数の作成			

| 変数　引数　インポート | | ✋ 🔍 100% ∨ ⛶ ⛶ |

> すべてのワークフローのルートアクティビティで、ログヘッダー定数を定義します。
> なおSystemパッケージの21.8以降では『現在のジョブの情報を取得』で現在の
> ワークフローのファイル名を取得できるので、活用すると良いでしょう

> ⚠️**OnePoint**　**ログを出力したワークフローのファイル名**
>
> ログを出力したワークフローのファイル名は、そのログ行のJSONのfileNameフィールドにも
> 出力されます。しかし、これは参照しにくくログの調査に不便なので、本文中に紹介した方法で
> ログメッセージ本体にもファイル名を埋め込んでおくと便利です。

✓ ログメッセージの中に、一意の番号を振る

各ログメッセージに番号を振っておけば、確実に各メッセージを一意にできます。ログメッセージ内にワークフローファイル名を埋め込んでおけば、番号はそのワークフロー内で一意になっていれば十分です。

たとえば、上から順に10刻みで10,20,30,……のように番号を振りましょう。途中にログ行を追加したくなったら、その番号は15や25などのようにすれば、既存の行の番号を振り直さずにすみます。

上記の工夫により、各ログメッセージを一意にできます。ログメッセージに含まれるファイル名と番号で検索することで、それを出力した『メッセージをログ』の場所を簡単に探すことができます。

ログを出力すべき場所

ログは、多く出力すればするほど良いわけではありません。多すぎると、ログファイルのサイズが大きくなり、この中から必要な情報を探すことが大変になりますし、ディスク容量を圧迫したり、Orchestratorのパフォーマンス劣化を引き起こしたりする可能性もあります。

特に、ループ処理の内部でログを出力すると、ログの量が多くなりすぎるおそれがあります。多重ループ内でログを出力したくなったら、本当にそれが必要かどうか丁寧に検討してください。ループ内で出力するログは、ログレベルをTraceに設定しておくのも選択肢です。

Catchブロックでキャッチした例外情報を出力する

Catchブロックで例外をキャッチしたら、必ずその例外データをログに出力しておきましょう。このコード例は、14-9節の「数珠つなぎになったInnerExceptionプロパティをすべて取り出す」を参照してください。

> ⚠ **OnePoint　ログの書式を統一する**
>
> 開発の規模が大きいときは、ログの書式を統一するルールを決めて運用しましょう。たとえば、ワークフローのファイル名や、ファイル内でログメッセージを一意にする番号、例外発生時のエラー情報などを出力する書式を統一しておけば、問題が発生したときのトラブルシュートが容易になります。これには、ログを出力する共通部品を作成しておくのが良い方法です。共通部品の作成方法については、Chapter16の「ライブラリの開発」を参照してください。

<table>
<tr><td>13-6</td><td># ログフィールドの操作</td></tr>
</table>

JSONとは

　前述のように、UiPathのログには日時とメッセージのほかにも、いくつかの情報がJSON形式で出力されています。JSONとはJavaScript Object Notationの略です。もともとはJavaScriptというプログラミング言語で処理することを意図して導入されたデータの表記法ですが、言語に非依存であり、現在はさまざまな場所でデータのやりとりに使われています。UiPathのログ出力にも使われているというわけです。

> **①OnePoint　JSONテキストからデータを取り出すには**
>
> 　UiPath.Web.Activitiesパッケージに含まれる『JSONを逆シリアル化』が便利です。シリアル化（serialize）とは、データを直列化（テキストのような一本道のデータに）することです。このデータから元のデータを復元することを、逆シリアル化（deserialize）といいます。
>
> 　たとえば、次のJSONテキストがあるとき、
>
> ```
> { "名前": "津田義史",
>   "記念日一覧":[
>    { "名称":"誕生日",　"日時": "1972-02-16"},
>    { "名称":"結婚記念日", "日時": "2007-11-04"},
>    { "名称":"長女誕生",　"日時": "2009-12-16"}
>    ]
> }
> ```
>
> 　配列データ"記念日一覧"の2番目の要素から"日時"の値を取り出すには、『JSONを逆シリアル化』で取り出したJObject型の変数「objJson」を、次のように先頭からたどります。「dt」はDateTime型の変数です。配列の先頭の要素の添え字はゼロであることに注意してください。
>
> **A+B　代入**
>
> | dt | = | objJson("記念日一覧")(1)("日時").Value(Of DateTime) |
> |---|---|---|
>
> 　なお先頭の要素が配列となっているJSONテキストを逆シリアル化するには『JSON配列を逆シリアル化』を使います。

Robot実行ログの形式

　Robot実行ログは、次のような形をしています。これは、Robotのログレベルを［Verbose］に設定したときに、自動で出力されるログ行をOrchestratorの画面で確認した例です。

ログの詳細

> ∨ メッセージ: オブジェクト
>> message: メッセージ ボックス Executing
>> level: Trace
>> logType: Default
>> timeStamp: 2020-06-08T07:46:54.6882709+00:00
>> fingerprint: cc5dd82c-b014-46d7-9387-b3e4f45c7455
>> windowsIdentity: YT-DELL\ytsud
>> machineName: YT-DELL
>> processName: ログ出力のテスト
>> processVersion: 1.0.0
>> jobId: 736b2584-309c-4695-8282-6af2b6feaf38
>> robotName: ふがふがロボット
>> machineId: 118785
>> fileName: Main
>> ∨ activityInfo: オブジェクト
>>> Activity: UiPath.Core.Activities.MessageBox
>>> DisplayName: メッセージ ボックス
>>> State: Executing
>>> ∨ Variables: オブジェクト
>>>> ログヘッダ: Main.xaml
>>> ∨ Arguments: オブジェクト
>>>> Caption: 空
>>>> Text: もしもし、UiPath の世界!
>>>> TopMost: True
>>>> Buttons: Ok

閉じる

⬇表4

フィールド名（キー）	意味（値）
message	ログメッセージ本体。自動で出力されるログ行には、ここにアクティビティ名と実行ステータスが表示される
level	ログレベル
logType	ログ種別 ・自動で出力された行：Default" ・ユーザー（開発者）が出力した行："User"
timeStamp	ISO8601形式で出力された日時
fingerprint	このログ行を一意に特定するID
windowsIdentity	このプロセスを実行したWindowsアカウント

processVersion	このプロセスのバージョン（project.json にprojectVersionとして記載されており、パブリッシュ時に更新される）
jobId	ジョブID
robotName	このプロセスを実行したRobotの名前
machineId	このプロセスを実行したPCの名前
fileName	このログを出力したワークフローのファイル名
activityInfo – Activity	このログを出力したアクティビティのクラス名
activityInfo – DisplayName	このログを出力したアクティビティの表示名
activityInfo – State	このログを出力したアクティビティの状態 ・Initialized：このアクティビティの初期化完了 ・Executing：このアクティビティを実行中 ・Closed：このアクティビティを実行完了
activityInfo – Variables	このアクティビティからアクセスできるすべての変数が列挙される。機密情報の漏洩に注意が必要
activityInfo – Arguments	このアクティビティに設定されたプロパティ値が列挙される。機密情報の漏洩に注意が必要

！OnePoint　Studioの出力パネルで確認できるログ

Studioの出力パネルでログ行をダブルクリックしても、同じ内容を確認できます。ただし、fingerprintやwindowsIdentityなど、いくつかのフィールドはStudioの出力パネルに表示されません。また、timeStampを表示する書式が異なります。

activityInfoフィールドについて

13-3節で説明した通り、Studioでは［アクティビティをログ］をオンにしてデバッグ実行、RobotではAssistantのログ出力の制御レベルをVerboseに設定して実行した場合には、ワークフローに配置されているすべてのアクティビティが自動でTraceログを出力します。このTraceログのJSONには、activityInfoフィールドが含まれており、このアクティビティのプロパティ値や、ここからアクセス可能な変数の値が表示されます。

これらの値は、プロセスの開発時やデバッグ時には大変有益な情報ですが、運用時には意図せず機密性の高い情報（例：個人の氏名、住所、電話番号、クレジットカード番号、銀行口座番号など）をログに出力してしまうおそれがあります。特に、ログをOrchestratorに送るように構成したときは、これらの情報がログの閲覧権限を持つユーザー全員に見えるようになってしまいます。

そうならないように、機密性の高い情報は自動でログに出力されないように配慮する必要があります。

機密情報の漏洩を、Orchestratorの設定で抑止する

Studioからの機密漏洩を防ぐには、Orchestrator上のロボットの設定で［開発ログを許可］を［いいえ］に設定します。これにより、Studioから実行したときのログがOrchestratorに送信されないようになります。ただし、Studio端末にはログが残るので注意が必要です。

Robotからの機密漏洩を防ぐには、Orchestrator上のロボットの設定でログレベルをVerbose以外に設定します。これにより、自動のトレースログが出力されることはありません。

どちらにしても、この方法では設定次第で機密漏洩が起きる可能性があるので、なるべく後述の［プライベート］プロパティを利用するようにしてください。

機密情報の漏洩を、アクティビティごとに［プライベート］プロパティで抑止する

Orchestrator上の設定次第では、機密情報がログに漏れてしまうようでは危険ですね。実は、どんな設定になっていても、activityInfoフィールドに含まれるVariablesフィールドとArgumentsのフィールドが出力されないようにワークフローを構成することができます。

これには、［プライベート］プロパティを使います。すべてのアクティビティが、［プライベート］プロパティを持っています。これをTrueにすると、そのアクティビティはVariablesとArgumentsをログに出力しないようになります。

変数の内容をログに出力しないようにするには、この変数を定義するスコープ（『シーケンス』など）のアクティビティの［プライベート］プロパティをTrueにします。これにより、このスコープに含まれるアクティビティ（たとえば『シーケンス』の中に含まれるアクティビティ）もすべてプライベートになり、VariablesとArgumentsが出力されないようになります。

なお、［プライベート］プロパティをTrueにしたアクティビティは、［表示名］プロパティ値の先頭に「Private:」がつきます。この部分を削除（編集）すると、［プライベート］プロパティもFalseに戻ってしまうので注意してください。

> **④Hint**
>
> SecureString型の変数の値は、［プライベート］プロパティを有効にしなくてもactivityInfoログに出力されることはありません。SecureString型については、9-8節の「資格情報マネージャーで、パスワードを管理する」を参照してください。

13
ログ出力

カスタムログフィールドの活用

　Orchestratorでは、JSON形式のログ分析ツールとしてElasticsearch/Kibanaが利用可能で
す。Kibanaを使うと、大量のログデータをJSONのフィールド名で整理し、分析できます。

　ワークフローで出力するログには、カスタムフィールド（独自のキーと値のペア）を追加で
きます。これを工夫すると、より価値のある情報をログから取り出せるようになります。同
じ情報は、すべてのプロセスで同じフィールド名を使って出力しておくことが重要です。こ
れにより、ログの分析が容易になるからです。どのような用途でどのようなフィールド名を
使うのか、あらかじめチーム内で統一しておきましょう。

カスタムログフィールドの追加と削除

　カスタムフィールドを追加するには、『ログフィールドを追加』を使います。一度追加する
と、その後のすべての『メッセージをログ』がこのフィールドを出力するようになります。な
お、表5に示した通り、ログには既定で出力されるフィールド名があります。これらの既定
のフィールド名は、『ログフィールドを追加』に指定しないように注意してください。

　追加したフィールド名は、『ログフィールドを追加』を実行した後のすべてのログ行に出力
されるようになるため、なるべく短いものにします。このフィールドを出力しないように戻
すには、『ログフィールドを削除』を使います。

次の表は、追加したいカスタムログフィールドの例です。

●表5

フィールド名の例	ログに出力する値	このフィールドを出力するログ行	分析により得られる情報
dept	この自動化プロセスを運用する部署名（department）	すべてのログ行で出力	当該の部署でのRobot運用の変化、日々出力されるログ行の増減
biz	複数の自動化プロセスで処理する業務の名称（business）	すべてのログ行で出力	この業務の単位でログを分類
reducedHour	このプロセスが削減した時間（人間が作業していればかかったはずの時間）	このプロセスが作業完了したときに出力するログ行のみ。この数字は、各ワークフローにハードコードで良い	自動化により得られた効果
tx_固有のトランザクション処理名	このトランザクションが成功したらOK、失敗したらNGとするなど（transaction）	トランザクション処理が完了したときに出力するログ行のみ	このトランザクションの総数、頻度、成功率など
amt_<固有の請求書名>	この請求書の請求金額（amount）	トランザクション処理が完了したときに出力するログ行のみ	このトランザクションで処理した請求書の金額の合計

このほか、各プロセスのログに処理した請求書の数、エラーが発生した請求書の種類、仕入先のベンダーなどを出力しておくと、このプロセスによる業務上の成果をレポートすることができるようになるでしょう。

---

①OnePoint　Elasticsearch/Kibanaの導入

ElasticsearchはElastic社が提供する分散型データベースです。Orchestratorは既定値では実行ログをSQL Serverに格納しますが、設定変更によりElasticsearchに格納することもできます。大量のログデータを扱う場合はSQL Serverの負荷低減のため、ログデータをElasticsearchに保存することが推奨されます。

Elasticsearchに保存されたデータは、Kibanaを使って可視化できます。Kibanaを使用したダッシュボードによりジョブのエラー検知、エラー箇所のリアルタイム分析、ログ量監視、端末の利用状況把握などを実現できます。

Elasticsearchは、Orchestratorの既定のインストールでは導入されません。この導入方法については、下記を参照してください。

●インストールの前提条件（UiPath Orchestratorガイド）

https://docs.uipath.com/orchestrator/lang-ja/docs/prerequisites-for-installation

13-7 Orchestratorに接続されているときのログ

Studioが出力するログ

　Studioでプロセス実行したときのログをOrchestratorに送信するには、このユーザーの開発ログを許可します。Orchestratorの[⦿ テナント]の[🛡 アクセス権を管理]でユーザーを編集し、[ロボットの設定]画面で[開発ログを許可]を[はい]に設定してください。ログ出力のレベルは、必ずTraceとなります。

　送信されたログは、現在Studioが接続しているフォルダーの[⚙ オートメーション]の[ログ]画面に表示されます。このフォルダーは、Studioのメインウィンドウの右下で選択・確認できます。

Robotが出力するログ

　Attended/Unattendedでプロセスを実行したときのログは、必ずOrchestratorに送信されます。送信されたログは、このプロセスが割り当てられているフォルダーの[⚙ オートメーション]の[ジョブ]画面もしくは[ログ]画面に表示されます。

　ログ出力のレベルは、Orchestrator側もしくはAssistant側のいずれかで設定できます。両方にログレベルが設定されている場合には、Orchestrator側の設定が優先します。

✓Orchestrator側のログレベル設定

　[⦿ テナント]の[🛡 アクセス権を管理]から当該のユーザーを編集し、[ロボットの設定]画面で行えます。

✓Assistant側のログレベル設定

Assistant設定画面の[Orchestratorの設定]タブで行えます。

13-8   # 『メッセージをログ』以外の
アクティビティ

このほかのアクティビティについて

　ほかにも、エラーの発生をログに記録したり、ユーザーに通知したりするアクティビティがあります。本節では、これらのアクティビティについて補足します。

①『1行を書き込み』
②『ステータスを報告』
③『アラートを生成』

①『1行を書き込み』

　このアクティビティは、[テキスト]プロパティに指定した文字列を、[テキストライター]プロパティに指定したテキストファイルに出力します。
　もし、[テキストライター]を指定しない場合には、[テキスト]をログファイルに出力します。このとき、ログレベルは必ずInfoレベルになります。

①OnePoint　ファイルに出力した内容を確実に書き出す

　ファイルをクローズする前に、ファイルに出力した内容を適宜ファイルに書き出すには、『メソッドを呼び出し』を使って、TextWriter型の変数に対してFlushメソッドを呼び出します。

①OnePoint　『文字列を追加書き込み』

　テキストファイルにメッセージを出力するほかの方法として、『文字列を追加書き込み』も用意されています。こちらは、手動でのファイルのオープンとクローズが不要なので、より簡単に扱えます。ただし、短時間に連続して大量にファイルに追記したい場合には、本文中に示した『1行を書き込み』のサンプルを参考にしてください。
　また、『テキストをファイルに書き込み』というのもあります。こちらは、ファイルに追記せず、既存の内容を上書きしてしまうので注意が必要です。

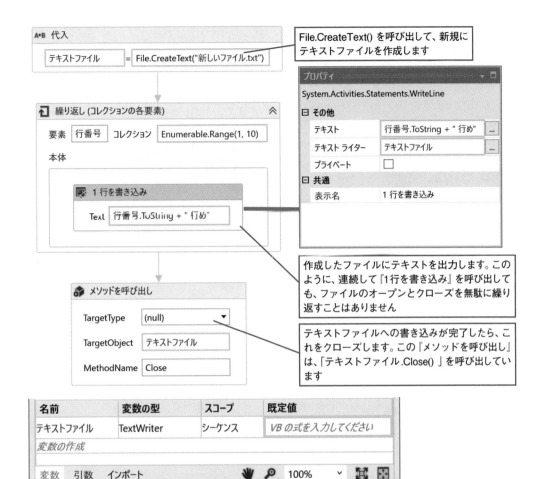

File.CreateText() を呼び出して、新規に
テキストファイルを作成します

作成したファイルにテキストを出力します。この
ように、連続して『1行を書き込み』を呼び出して
も、ファイルのオープンとクローズを無駄に繰り
返すことはありません

テキストファイルへの書き込みが完了したら、こ
れをクローズします。この『メソッドを呼び出し』
は、「テキストファイル.Close()」を呼び出してい
ます

<table>
<tr><th>名前</th><th>変数の型</th><th>スコープ</th><th>既定値</th></tr>
<tr><td>テキストファイル</td><td>TextWriter</td><td>シーケンス</td><td>VB の式を入力してください</td></tr>
<tr><td>変数の作成</td><td></td><td></td><td></td></tr>
</table>

変数　引数　インポート　　　🖐 🔎　100%　　🔀 🔳

Column　RPAのテスト⑧ トライアル運用をテストの代替とする

　テストケースの設計・作成・実行は、経験や工数が不足しているために難しい、ということもあるでしょう。これを和らげる方法のひとつに、Attendedプロセスとしてしばらく運用してみて、問題がないことを確認するという方法もあります。Attendedであれば、プロセスが実行失敗したときにすぐに手をあてることができます。このように、運用環境で一定期間問題なく動作すれば、受け入れテストにパスしたものとして扱うのもひとつの選択肢です。その後、同じプロセスをUnattended環境に移行するのも容易でしょう。

　ただし、うまく動くかよく分からないものを本番環境で動かして、バグが見つかるたびに直すのを繰り返すようなやり方は良くありません。業務上、例外的な入力データにどのようなものがあるか不明な場合には、このようなやり方をせざるを得ない状況もあるでしょうが、その場合でも考慮した範囲の入力データに対しては問題なく動作することを確信できるプロセスとしてからテストと運用を開始するようにしましょう。

②『ステータスを報告』

Attended Robotでの使用が意図されたアクティビティです。［ステータステキスト］プロパティに指定したテキストを、Assistantウィンドウに表示します。実行中のプロセスの作業進捗などを表示するのに活用できます。

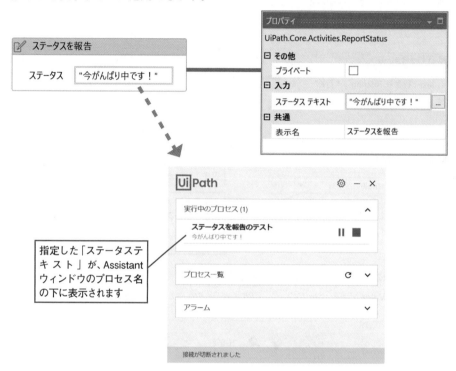

指定した「ステータステキスト」が、Assistantウィンドウのプロセス名の下に表示されます

③『アラートを生成』

Orchestratorの画面上で確認できるアラートメッセージを表示するアクティビティです。Unattended Robotでの使用が意図されたアクティビティですが、Orchestratorに接続されていればAttended Robotでも使えます。

このアクティビティを使用するには、当該のロボットにアラート作成の権限が付与されていることを確認してください。これは、Orchestrator画面の管理カテゴリにある［ユーザー］→［ロール］画面で行えます。

［重要度］プロパティに［Fatal］もしくは［Error］を指定した場合に、Orchestrator画面に通知されます。アラートをたくさん作成しすぎると、重要なメッセージが埋もれて見えなくなってしまうので、使いすぎないように気をつけましょう。

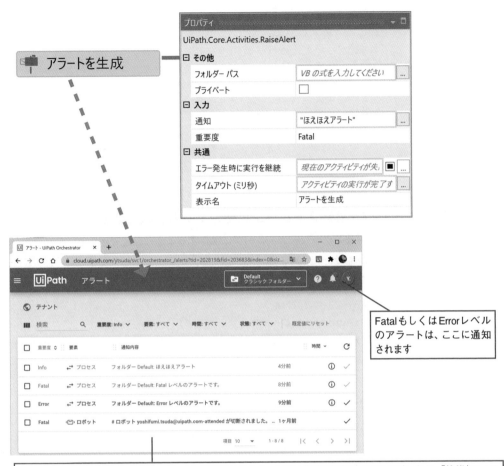

Fatalもしくは Errorレベルのアラートは、ここに通知されます

アラート画面では、すべての通知テキストを確認できます。太字は未読の通知テキストです。なお、「状態」フィルターは既定で「未読」に設定されていることに注意してください。重要度が「Warning」以下の通知は自動で既読となるので、「状態」フィルターを「既読」もしくは「すべて」に変更しないと表示されません

⚠OnePoint　アラートの通知先に配慮する

　Orchstrator上にはフォルダー機能があり、ロボットやアセットなどのリソースを分類できます。Orchestratorを操作するアクティビティにある[フォルダーパス]プロパティは、すべてこのOrchestrator上のフォルダーを指定するものです。

　『アラートを生成』は、[フォルダーパス]プロパティで指定したOrchestratorのフォルダーに対して、アラート閲覧権限を持つユーザーに通知します。[フォルダーパス]プロパティを指定しない場合には、そのプロセスが配置されたフォルダーのユーザーに対して通知します。『アラートを生成』を使うときは、なるべく[フォルダーパス]プロパティを指定するようにしてください。アラートを広範囲に送ると、意図せぬ相手に表示されてしまったり、システムに高負荷をかけてしまったりすることがあります。

①OnePoint **ログを外部ストレージに出力するように設定する**

　プロセスの実行ログを外部のクラウドストレージに保存するように設定できます。現在サポートされているストレージは、Azure、AWS S3、Google Cloud Storageの3つです。この詳細については、下記を参照してください。

⬇**ログをエクスポートする（Automation Cloudユーザーガイド）**

https://docs.uipath.com/automation-cloud/lang-ja/docs/exporting-logs

Column **RPAのテスト⑨ テストケースを使わないテスト**

　テストには、テストケースを準備せずに行うものもあります。

・モンキーテスト（Monkey Testing）
　お猿さんにテスト対象を与えて、でたらめに操作してもらうようなテストです。実際にお猿さんにテストしてもらう訳ではありません。

・サニティテスト（Sanity Testing）
　サニティとは、正気という意味です。作ったソフトウェアが正気を失わずちゃんとしているか、かるく動かしてみるテストです。

・スモークテスト（Smoke Testing）
　ソフトウェアを構築した直後に実施する簡単な動作検証をスモークテストといいます。これは、ハードウェアを組み上げた直後に電源を入れてみて、煙（スモーク）が出ないか確認するテストに由来します。

　これらのテストは、短い時間で簡単な動作検証をしたいときに行うものです。テストケースを使った包括的なテストの代替となるものではないことに注意してください。

例外処理

14-1 エラーと例外処理

エラーと例外処理について

　エラーとは、**正常な処理が継続できなくなる何らかの問題**のことです。たとえば、「オープンしたいファイルが見つからない」とか「メモリが足りない」のようなアプリケーションエラーや、「クレジットカードの限度額を超えて買い物をしようとした」「帳票に記載されている数字の合計が合わない」などのビジネスエラーがあります。

　このようなエラーが発生すると、後続の処理が行えない状態になってしまいます。たとえば、ファイルをオープンできなければデータを読み込むことはできませんし、カードの限度額を超えて買い物をすることはできません。

　例外処理（Exception handling）とは、**エラー処理をエレガントに記述するための、プログラミング言語の機能**のことです。これにより、ワークフローのある場所でエラーが発生したとき、それを処理する場所まで、簡単に制御を移すことができます。

　C言語などの比較的古いプログラミング言語では、エラー処理をきちんと記述するのはとてもとても面倒なことでした。この問題を解決するために、C++やJava、C#のほか多くのプログラミング言語に導入されたのが例外という仕組みです。UiPathでも、この仕組みを使えるようになっています。

　本章では、UiPathの例外を使ってエラーを処理する方法を説明します。

> **🔍Hint**
>
> 　本来、例外という語には、広義には「正常な状態から逸脱した状態」という意味があります。本章では、狭義に「プログラミング言語が備えている機能」としての例外を説明します。

エラー処理とは

　エラーが発生したら後続の処理をスキップして、処理を継続できる場所まで制御を戻したり、エラーから回復するための特別な処理をしたりしなければなりません。このエラーから

回復するための特別な処理のことを**エラー処理**といいます。

　先ほどの例では、ファイルが見つからなければファイルオープンダイアログを表示してユーザーにファイルを選び直してもらうとか、カードの限度額を超えて買い物をしようとしたら「限度額を超えているためお取引ができません」といったメッセージを表示する、などがエラー処理として考えられます。

正常系と異常系

　前述のように、エラーが発生したら、対応するエラー処理を実行して、エラー状態から回復しなければなりません。そのためには、処理の流れを制御する必要もあります。つまり、実行できなくなった後続の処理をスキップして処理可能なところまで制御を戻し、適切な場所から処理をやり直すということです。

　エラーが発生しなかった場合に実行されるプログラムの経路を**正常系**、エラーが発生した場合に実行されるプログラムの経路を**異常系**といいます。つまり、エラーが発生したら、次の動作をするようにワークフローを構成しておく必要があります。

①処理の流れを異常系に誘導する。
②必要となるエラー処理を行う。
③処理の流れを正常系に戻す。

　例外の機能を使うと、このような処理の流れを簡単に作ることができます。

例外とは

　より具体的にいえば、例外（Exception）とは、発生したエラーに関する情報を格納するための変数の型のことです。エラー情報を格納したException型の変数を、エラーが発生した場所からエラー処理を行う場所まで、投げる（スローする）ことができます。これにより、制御を異常系に誘導し、エラー処理に必要な情報を伝えることができます。この一連の動作全体をさして、例外処理（Exception handling）といいます。

　スローする側では、いろんな種類の例外を投げ分けたり、キャッチする側では処理できない種類の例外はスルーしたりするなど、複雑なエラー処理も簡単に実現できます。

⬇図1

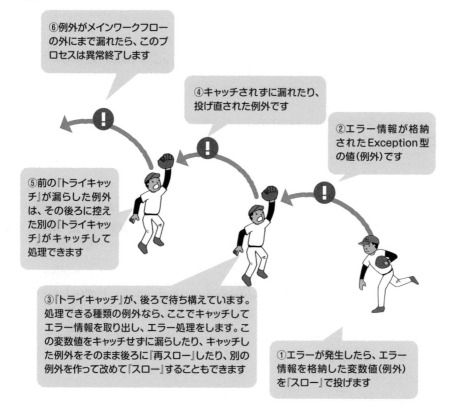

⑥例外がメインワークフローの外にまで漏れたら、このプロセスは異常終了します

④キャッチされずに漏れたり、投げ直された例外です

②エラー情報が格納されたException型の値（例外）です

⑤前の『トライキャッチ』が漏らした例外は、その後ろに控えた別の『トライキャッチ』がキャッチして処理できます

③『トライキャッチ』が、後ろで待ち構えています。処理できる種類の例外なら、ここでキャッチしてエラー情報を取り出し、エラー処理をします。この変数値をキャッチせずに漏らしたり、キャッチした例外をそのまま後ろに『再スロー』したり、別の例外を作って改めて『スロー』することもできます

①エラーが発生したら、エラー情報を格納した変数値（例外）を『スロー』で投げます

Ui ランタイム実行エラー ✕

⚠ ソース: クリック 'editable text'

メッセージ: このセレクターに対応する UI 要素が見つかりません: <wnd app='notepad.exe' title='無題 - メモ帳' />

例外の型: UiPath.Core.SelectorNotFoundException

詳細 ⌄　ログを開く　クリップボードにコピー　　　　　　　　OK

メインワークフローの外に例外が漏れると、プロセスはこのようなダイアログを表示して異常終了します。ここに表示される例外の型を参考に、ワークフローの適切な場所に『トライキャッチ』を配置することで、プロセスを異常終了しないようにできます。本章では、この詳細な方法を説明します

⚠OnePoint　例外が漏れる

　例外をスローすることや、スローされた例外をキャッチせずに見逃すことを、「例外を漏らす」といいます。意図して漏らすこともあれば、意図せず漏らしてしまうこともあります。

14-2 エラー処理を考える

エラーが発生した場所で、エラー処理が行えるとは限らない

改めて、エラー処理について考えてみましょう。たとえば、2つのString型のデータを加算演算子の「+」でくっつけようとしたら、メモリが足りなくて処理に失敗したとします。このようなエラーは、実際に起きる可能性があるものです。このとき、String型変数の内部では、どのようなエラー処理が行われるべきでしょうか。

次のようなエラー処理がありそうです。

エラー処理① エラーダイアログを表示する

エラー処理② ログファイルに、エラーを記録する

エラー処理③ プログラムを異常終了する

エラー処理④ 何もしない

これらはエラー処理としてすべて適切なものとなり得ますし、どれが適切であるかは状況によります。しかしながら、実は**String型変数の内部で行うエラー処理としては、これらはすべて不適切**なのです。実際にString型の内部でエラーが発生しても、String型が上記のように振舞うことはありません。

それはなぜか、以下に考えてみましょう。

✅ エラー処理① エラーダイアログを表示する

String型の内部でメモリが足りなくて処理に失敗したら、自動で「メモリが足りません」というエラーメッセージが画面に表示されるとしたらどうでしょうか。

開発者としては、そんなのうれしくありません。勝手にそんなダイアログが表示されたら迷惑ですし、表示するにしてもユーザーにはもっとわかりやすいメッセージを表示したいと思うでしょう。

✅ エラー処理② ログファイルに、エラーを記録する

これなら自動で行われても困らない……でしょうか? いいえ、やはり困ってしまいます。このようなエラー処理が自動で行われてしまうと、わかりやすいログメッセージを記録したり、付随する情報も併せて1行に記録したりすることはできません。

そもそも、String型は文字列操作の方法についてはよく知っていますが、ファイル操作の方法など知りません。ログファイルのファイル名さえ知りません。そのため、このようなエラー処理をString型に自動で行ってもらうことはできないのです。

✅ エラー処理③ プログラムを異常終了する

もしエラーから回復することが不可能なら、エラー処理としてプログラムを異常終了することも選択肢になるでしょう。しかし、それをString型の内部で勝手に判断して、有無をいわさず勝手にプログラムを異常終了してしまったら、それはやはり困ってしまいます。

それを判断するのは、そのプログラムを作った開発者であるべきです。

✅ エラー処理④ 何もしない

発生したエラーが軽微であって、後続の処理に何らの影響がないようなときには、何もせずに黙って次の処理に進むのも正しいエラー処理です。

たとえば、不要なファイルを削除したいとき、そのファイルが見つからなくて削除に失敗したのなら、黙って次の処理に進みたい場合もあるでしょう。でも、そんなときに何らかのエラー処理が必要な場合だってあるはずです。エラー処理をしなくても良いかどうかは状況によるのであって、どんなときでもエラー処理をしなくても良い、ということではありません。

String型が内部ですべきエラー処理は何か

ここまでくると、String型がすべきエラー処理が見えてきます。つまり、String型データの内部でエラーが起きても、エラー処理としては何もできないのです。その代わり、エラーが発生したことを、Stringデータを使っている側に通知することが必要となります。これにより、エラーの通知を受け取った側で、状況に応じた適切なエラー処理を行うことができるようになります。

これは、エラーが発生する場所と、そのエラーを処理すべき場所は、遠く離れてしまうことがあることを示しています。

14-3

例外によるエラー処理

エラーが発生したアクティビティは、例外を投げる

　3-1節の「ワークフローの設計」で紹介した「カレーを作る」ワークフローを少し修正して、例外が発生したときの処理の流れを検討しましょう。

　ここでは『人参を切る』アクティビティの内部で、何らかのエラーが発生する可能性があるとします。そこで、『カレーを作る』と『準備する』の間の🅐の場所に『トライキャッチ』を配置して、例外を処理することにします。次のようになります。

14
例
外
処
理

⬇図2

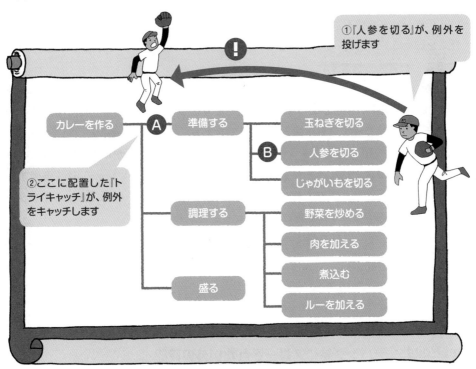

スローされた例外をキャッチする

任意のアクティビティを実行中に何らかのエラーが発生すると、そのアクティビティは例外をスローします。この例外は必ず親アクティビティの方向に飛んでいくようになっています。この例外をキャッチできるように構成された『トライキャッチ』があれば、すぐにそのCatchブロックに制御が移ります。その間のアクティビティの実行は、すべてスキップされます。

もし、この例外をキャッチできる『トライキャッチ』がなければ、例外はルートアクティビティから外に漏れていき、このプロセスは異常終了します。

『人参を切る』が例外をスローしたとき

たとえば、『人参を切る』ときに「人参の用意がなかった」というエラーが発生したら、『人参を切る』は例外をスローします。

これは、Ⓐの場所に配置された『トライキャッチ』のCatchブロックがキャッチします。この場合は『じゃがいもを切る』はスキップされ、実行されません。そのため、エラー処理としては『野菜を炒める』ときに、じゃがいもと人参を投入しないようにして、処理を継続できるようにすることが考えられます。

もし人参がなくても、じゃがいもについては処理できるようにしたければ、この『トライキャッチ』をⒷに配置する必要があるでしょう。そうすれば、エラーが発生した場合でも『トライキャッチ』の後に『じゃがいもを切る』を実行できます。

しかしⒷの位置にある『トライキャッチ』は、『玉ねぎを切る』や『じゃがいもを切る』がスローする例外はキャッチできません。一方でⒶの位置に配置した『トライキャッチ』は、『準備する』の下からスローされた例外をすべてキャッチします。適切な場所のすべてに『トライキャッチ』を配置することが、適切なエラー処理に必要となることがわかります。

図2のワークフローで、例外をⒶでキャッチする例を実際に作成すると、次のようになります。

ⓘOnePoint　デバッグ時にスローされた例外の確認

デバッグ時に例外がスローされて実行が中断したら、ローカルパネルを確認しましょう。スローされた例外の概要をすぐに確認できます。

●図3

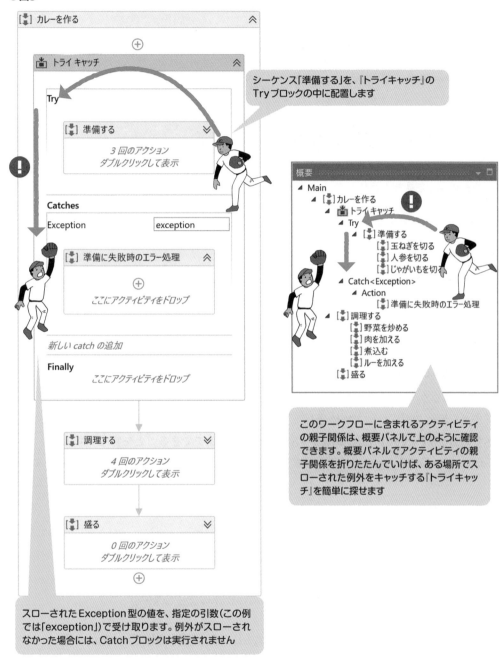

シーケンス「準備する」を、『トライキャッチ』の
Tryブロックの中に配置します

このワークフローに含まれるアクティビティ
の親子関係は、概要パネルで上のように確認
できます。概要パネルでアクティビティの親
子関係を折りたたんでいけば、ある場所でス
ローされた例外をキャッチする『トライキャッ
チ』を簡単に探せます

スローされたException型の値を、指定の引数(この例
では「exception」)で受け取ります。例外がスローされ
なかった場合には、Catchブロックは実行されません

14-4 『トライキャッチ』

『トライキャッチ』の構造

前節の図3で見たように、スローされた例外をキャッチするには『トライキャッチ』を使います。これは、Tryブロック、Catchブロック、Finallyブロックの3つの部分で構成されます。

✓ Tryブロック

この中に配置されたアクティビティが例外をスローしてきたとき、その例外値を引数としてCatchブロックを呼び出します。Tryブロックの中の任意の場所で例外がスローされると、即時で対応するCatchブロックに制御が移ります。

✓ Catchブロック

Tryブロックの中でスローされた例外値を引数で受け取ります。Catchハンドラーでキャッチできる例外の型については後述しますが、ここでは**どんな種類(型)の例外であっても、すべてSystem.Exception型のCatchハンドラーでキャッチできる**ことを覚えてください。

Exception型のCatchハンドラーを作成しておけば、どんな例外も漏らすことはありません。

✓ Finallyブロック

Catchハンドラーが例外をキャッチしたときに限って実行されるのに対して、Finallyブロックは例外をキャッチしようがしまいが、必ず実行されます。このような仕組みは例外を利用する上で必ず必要となるものですが、残念ながらUiPath(実はWWF)のFinallyブロックは期待どおりに動作しない場合があります。これについては後述します。

> **⚠ OnePoint　昔のプログラミング言語には、例外の機能がなかった**
>
> 例外は、エラーが発生した場所からそれを処理する場所まで、エラー情報を簡単に届けてくれます。この間に複数のアクティビティがあっても何の面倒もありません。しかし、ふた昔ほど前のプログラミング言語には、この例外という仕組みがなかったため、まじめにエラー処理を行うお行儀の良いプログラムを書くのはとても大変だったのです。

14-5 例外をスローする

『スロー』について

　ここまでに説明したのは、エラーが発生したときにアクティビティが自動でスローする例外です。しかし、業務処理上で何らかのエラーが発生したために、開発者（読者）が明示的に例外をスローしたいこともあるでしょう。これには、『スロー』を使います。

　スローしたい例外値を［例外］プロパティに指定してください。この動作を確認するために、次のサンプルを試してください。

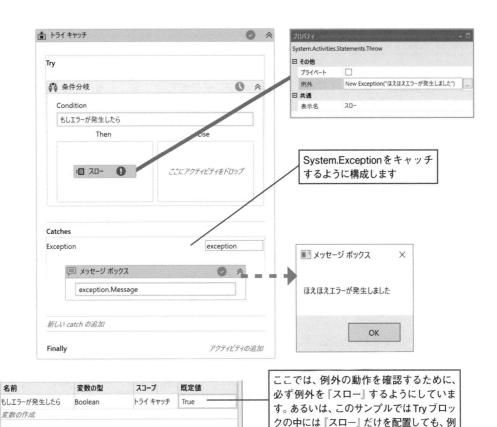

System.Exception をキャッチするように構成します

ここでは、例外の動作を確認するために、必ず例外を『スロー』するようにしています。あるいは、このサンプルでは Try ブロックの中には『スロー』だけを配置しても、例外の動作を確認できるでしょう

　このワークフローを実行すると、『スロー』の［例外］プロパティで指定したException型の値が、Catchハンドラーのexception引数に渡されたことを確認できます。

①OnePoint　［実行証跡］を有効にする

　［デバッグ］リボンの［実行証跡］ボタンを有効にしてワークフローを実行すると、前ページに示した図のように、例外を漏らしたアクティビティに❶（失敗）のマークがつきます。例外が漏れた経路を確認するのにとても便利です。実行証跡の機能については、8-10節の「実行証跡」を参照してください。

スローする例外の作成

　スローする例外の値は、次のように作成できます。前ページのサンプルにある『スロー』の［例外］プロパティを確認してください。

```
New Exception("ほえほえエラーが発生しました")
```

　もちろん［例外］プロパティには、Exception型の変数を指定することもできます。この変数には、上記の式を既定値で指定するか、上記の式を『代入』で代入してください。

　New Exceptionで指定したメッセージ"ほえほえエラーが発生しました"は、作成されたException型の値のMessageプロパティに格納されます。メッセージを指定しなくてもException型の値をNewできますが、必ず指定するようにしましょう。このメッセージは、発生したエラーの情報をCatchハンドラーに伝える重要な手段の1つとなるからです。

①OnePoint　実際のアクティビティがスローする例外

　本文中では『人参を切る』が「人参がなかった例外」をスローするという例で説明しました。実際にアクティビティが自動でスローする例外には、たとえば次のようなものがあります。

・『クリック』や『文字を入力』は、指定したセレクターに対応するUI要素が見つからなかったとき、SelectorNotFound例外をスローします。

・『ファイルをコピー』や『Excelアプリケーションスコープ』は、指定したファイルが見つからなかったとき、FileNotFound例外をスローします。

　このほかにも、任意のアクティビティがさまざまな例外をスローする可能性があります。

14-6　例外の種類

例外の種類について

前節では、Exception型の値をスローしました。このほかにも、スローできる例外の型には
いくつかの種類があります（実は、とてもたくさんの種類の例外があります！）。この一部を
下記に示します。このように、Exception型は階層構造で分類されています。

🔽図4

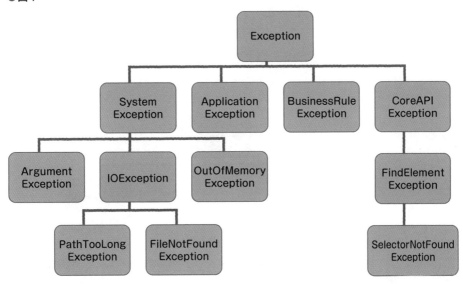

エラーの種類に応じて、スローする例外の型を使い分ける

上の図のように、例外の型には多くの種類が用意されています。これは、発生したエラー
の種類に応じて適切な型の例外をスローすることで、適切なCatchハンドラーを呼び出せる
ようにするためです。

たとえば、ファイルが見つからないエラーが発生したらFileNotFoundExceptionがス

ローされ、そのCatchハンドラーに制御が移ります。メモリが足りないエラーが発生したら
OutOfMemoryExceptionがスローされ、そのCatchハンドラーに制御が移ります。

　エラーの種類によって、そのエラー処理を行う場所や、エラー処理の内容が違ってくるため、
それに適する例外の型もいろいろ必要になるというわけです。

Exceptionハンドラーがキャッチできる例外の種類

　ここで、読者は疑問に思われたでしょう。前節では、Exception型のCatchハンドラーを1
つ作成しておけば、どんな型の例外も漏らさずキャッチできると説明しました。実際、これ
はFileNotFoundExceptionも、OutOfMemoryExceptionも、ほかのどんな例外もすべてキャッ
チします。次節より、その仕組みを説明しましょう。

例外の型を動物にたとえると

　前述の例外の図は、次のような動物を分類する系統図にたとえるとわかりやすいでしょう。

●図5

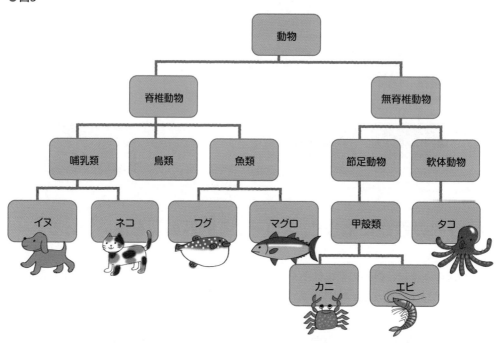

- ネコは、ネコのCatchハンドラーでキャッチできます。
- ネコは、哺乳類のCatchハンドラーでもキャッチできます。なぜなら、ネコは哺乳類だからです。
- ネコは、脊椎動物のCatchハンドラーでも、動物のCatchハンドラーでもキャッチできます。なぜなら、ネコは脊椎動物でもあるし、動物でもあるからです。
- ネコのCatchハンドラーは、哺乳類をキャッチできずに漏らしてしまいます。哺乳類はネコではないからです。
- 節足動物のCatchハンドラーは、節足動物と甲殻類とカニとエビをキャッチできますが、タコは漏らしてしまいます。
- 動物のCatchハンドラーは、上記のすべてをキャッチできます。

1つの『トライキャッチ』に、複数のCatchハンドラーを作成する

『トライキャッチ』のCatchブロックには、複数のCatchハンドラーを作成できます。それぞれのCatchハンドラーで、キャッチしたい例外の型を1つ指定します。

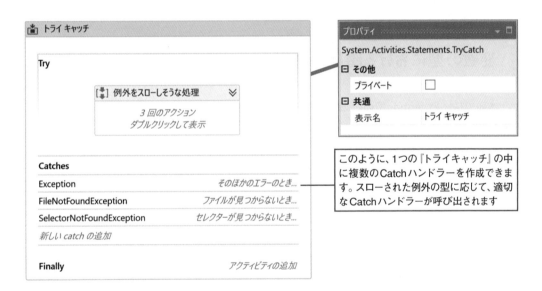

このとき、スローされた例外の型に対してどのCatchハンドラーが呼び出されるか、動物の例で説明しましょう。

14
例
外
処
理

✅ 例1：1つの『トライキャッチ』に、哺乳類と甲殻類のハンドラーを作成すると……

・ネコは、哺乳類のハンドラーでキャッチします。

・カニは、甲殻類のハンドラーでキャッチします。

・タコは、キャッチせずに漏らします。

✅ 例2：1つの『トライキャッチ』に、哺乳類とネコのハンドラーを作成すると……

・ネコは、ネコのハンドラーでキャッチします。

・哺乳類は、哺乳類のハンドラーでキャッチします。

・脊椎動物は、キャッチせずに漏らします。

　なお、『トライキャッチ』に作成する複数のCatchハンドラーをどのような順で並べても、同じ実行結果が得られます。つまり、スローされた例外に最も近い型のCatchハンドラーが呼び出されます。これは例1では自明ですが、例2において哺乳類のハンドラーを先に配置した場合でも、ネコは必ずネコのハンドラーがキャッチします。

変数の型における階層構造

　本節では、Exception型のCatchハンドラーで任意の例外をキャッチできることについて、もう少し考えてみましょう。

　実はException型に限らず、UiPath（.NET）で利用できる型は、すべて1つの階層ツリーの中に分類されます。このごく一部を図6に示します。これを**型の継承ツリー**といいます。

🔽図6

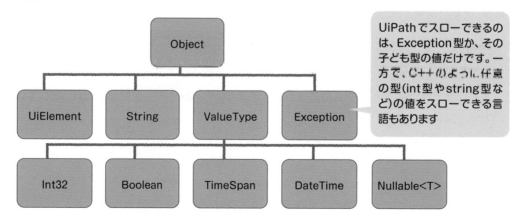

Object型について

　Object型は、すべての型の最上位にある型です。6-6節のOnePoint「型とクラス」では、「ねこ型の値は、ねこ型の変数に格納できる」と説明しましたが、これは不十分な説明でした。

　実は、ある型の値は、それと同じか上位の型の変数にも格納できます。つまり、任意の値はObject型の変数に入れることができます。動物でたとえると、ネコは動物の箱にも入れることができます。

🔽図7

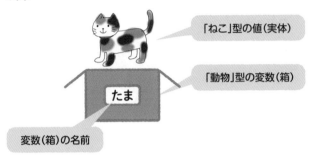

　同じように、スローできる任意の値は、すべてException型の変数に入れることができます。Exception型のCatchハンドラーでFileNotFoundException型の例外をキャッチしたとき、その引数「exception」は次のようになっています。

🔽図8

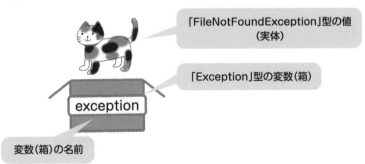

　このような仕組みで、Exception型のCatchハンドラーは、スローされたすべての例外の値をキャッチできます。『繰り返し（コレクションの各要素）』の［TypeArgument］プロパティの既定値が「Object」型であることを思い出してください。これは、Object型の変数には、任意の型の値を入れることができるからなのです。

14-7 例外をスローする手順

発生したエラーに適切な例外をスローする

これまでに紹介した内容に基づき、発生したエラーに対してより適切な例外をスローする方法を説明しましょう。この手順は、次のようになります。

手順① スローすべき例外の型を決める
手順② その例外の型の値を作成する
手順③ 例外のDataプロパティに、追加のエラー情報を格納する
手順④『スロー』で、この値をスローする

手順① スローすべき例外の型を決める

まずは、発生したエラーについて、どの型の例外をスローすべきかを決める必要があります。これには、まずエラーにはどのような種類があるのかを理解しておくことが役に立ちます。
ここでは、アプリケーションエラーとビジネスエラーについて紹介します。

✓ アプリケーションエラー

ネットワークフォルダーにアクセスできないとか、対象のアプリケーションがフリーズして操作できないなど、技術的な問題が原因で発生するエラーです。このようなエラーは、『待機』や『リトライスコープ』でしばらく待ってから、失敗した処理(例外をスローしたアクティビティ)をもう一度実行(再試行)することで回復できる場合があります。

このようなエラーが発生したときや、これを再試行しても回復できなかったときは、SystemException型か、その子どもの型のいずれかをスローすると良いでしょう。これらの例外は、標準アクティビティが自動でスローすることもよくあります。これらの例外の一部を表1に示します。

表1

型名	意味
FileNotFoundException	ファイルが見つからないとき
DirectoryNotFoundException	ディレクトリ(フォルダー)が見つからないとき
NotImplementedException	ワークフローにまだ実装していない処理なので実行できないとき
InvalidOperationException	不正な操作が行われたとき
ArgumentException	渡された引数の値が不正なとき
NullReferenceException	Null値に対して操作しようとしたとき
IndexOutOfRangeException	配列の添え字が範囲を超えていたとき
OutOfMemoryException	メモリが足りないとき
TimeoutException	タイムアウトが発生して処理を継続できないとき

✅ビジネスエラー

　自動化プロセスで使用する業務上のデータが不正だったり、欠損していたりすることが原因で発生するエラーです。このときは、BusinessRuleException型をスローすると良いでしょう。

　このようなエラーが発生したら、そのままでは何度試行しても同じエラーで失敗してしまうでしょう。そのため、Attendedプロセスならメッセージボックス、Unattendedプロセスならメールやログなどでユーザーにエラーの発生と回復の手順を通知し、いったんプロセスを終了することになります。この通知を受けたユーザーは、手作業でデータを回復させてからプロセスを再実行します。

　Orchestratorのキューを利用しているなら、キューのリトライ機能を活用することもできます。この詳細は、Chapter17の「Orchestratorの活用」を参照してください。

✅アプリケーションエラーとビジネスエラーを区別する必要がないとき

　例外は、なるべく具体的な(図4の下の方にある)型をスローした方が、Catchハンドラーを柔軟に構成できるようになります。

　しかし、ほかに区別したい種類のエラーがなければ、とりあえずException型の値をスローしておくのも選択肢です。後述しますが、Exception型の値にも追加のエラー情報を格納することができます。また、その必要が生じたときに、より具体的な例外の型をスローするようにワークフローを修正することもできます。

手順② その例外の型の値を作成する

　Exception型のほかの例外の値も、同じようにNewの後に型名を続けて作成できます。このとき、メッセージ以外の引数もNewで指定できる型もあります。

　たとえば、FileNotFoundExceptionをNewするときには、1番目の引数にはエラーメッセージを、2番目の引数には見つからなかったファイルの名前を指定できます。2番目に指定した値は、Newで作成した値のFileNameプロパティで参照できます。これはFileNotFoundExceptionのCatchハンドラーの中でエラー処理をするときに活用できます。

```
New FileNotFoundException("ほえほえ.txtが見つからないよ", "ほえほえ.txt")
```

　このほかの例外をNewするときは、その型についてMicrosoft社のドキュメントを確認してください。たとえば、FileNotFoundExceptionの型については下記にドキュメントがあります。

●FileNotFoundExceptionクラス（.NET APIブラウザー）
https://docs.microsoft.com/ja-jp/dotnet/api/system.io.filenotfoundexception

手順③ この値の中に追加のエラー情報を格納する

　Exception型（とその子どもの型）は、追加のエラー情報を格納するためのDataプロパティを装備しています。この中には、名前と値のペアを複数入れることができます。この値はObject型なので、前述のようにどんな型の値でもここに代入できます。

　Dataプロパティにデータを入れる方法は、次ページのサンプルを参照してください。Dataプロパティからデータを取り出す方法については、14-8節で説明します。

手順④ 『スロー』で、この値をスローする

　以上で、スローしたい例外データを準備できました。後は、これを『スロー』の［例外］プロパティに指定するだけです。これにより、指定した例外が親アクティビティに向かって飛んでいきます。

　ここまでを実装するサンプルを次の図に示します。ここでスローした例外をキャッチしてエラー処理を行うには、このサンプル全体を『トライキャッチ』のTryブロックの中に配置する必要があります。

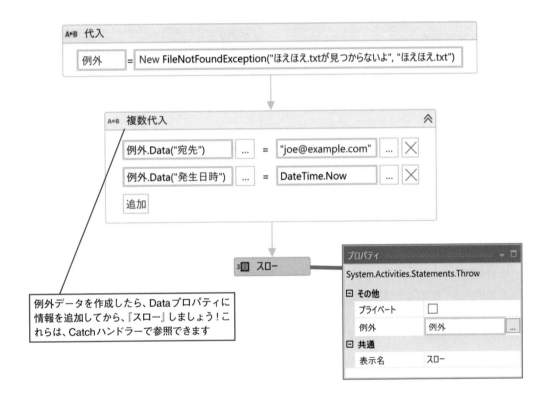

! OnePoint 『Trueか確認』の活用

ある条件式がFalseのときに例外をスローしたいときは、『Trueか確認』が便利です。これは、[式]プロパティに指定した値がTrueであれば何もしませんが、FalseならCheckpointException例外をスローします。[エラーメッセージ]プロパティに指定したテキストは、例外のMessageプロパティに格納されます。同様のアクティビティに、『Falseか確認』もあります。これらをより活用するには、8-8節のOnePoint「不変条件」も参照してください。

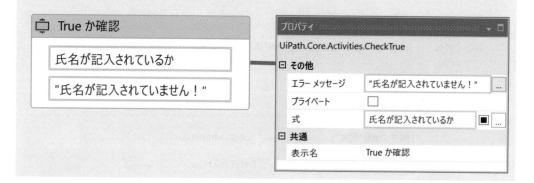

! OnePoint 名前空間と、型の継承について

6-8節で紹介した名前空間は、本章の14-6節で紹介した型の継承ツリーとは全く別のものです。名前空間は単に型名の一部なので、別の名前空間に属する型であっても継承関係をもつことができます。たとえばCoreAPIExceptionはExceptionの子ども（サブクラス）ですが、このふたつの型は別の名前空間に属しています。それぞれの完全修飾名は、UiPath.Core.CoreAPIExceptionとSystem.Exceptionです。14-6節の図4を参照してください。

! OnePoint 名前空間と、パッケージファイル名について

名前空間は、パッケージのファイル名とも全く別ものです。アクティビティパッケージは、そのファイル名に関係なく、任意の名前の型やアクティビティを含むことができます。たとえばUiPath.UIAutomation.Activitiesパッケージには、『クリック』（UiPath.Core.Activities.Click）アクティビティが含まれています。プロパティパネルの上部に表示される、アクティビティの正式な名前（このアクティビティを実装している型の名前）を確認してください。

ただし、そのファイル名と同名の名前空間をもつ型がパッケージに含まれていることもよくあります。パッケージファイル名は、その中に含まれるアクティビティの種類を示唆するものとなっているので、必要なアクティビティを探すときの参考としてください。

14-8 Catchハンドラーを構成する

Catchハンドラーの中で、例外からエラー情報を取り出す

　前節でスローした例外をキャッチして、エラー処理をするCatchハンドラーを構成する例を示します。

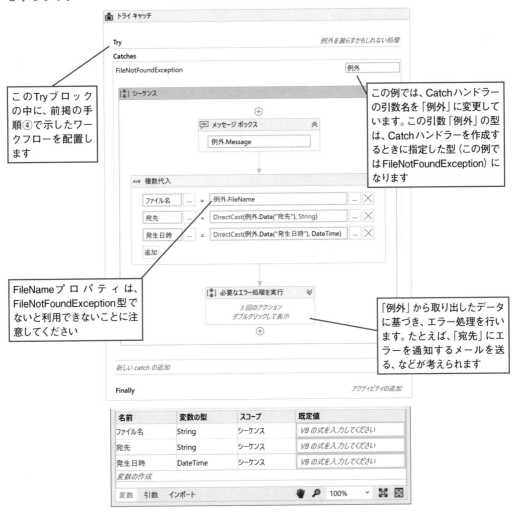

このTryブロックの中に、前掲の手順④で示したワークフローを配置します

この例では、Catchハンドラーの引数名を「例外」に変更しています。この引数「例外」の型は、Catchハンドラーを作成するときに指定した型（この例ではFileNotFoundException）になります

FileNameプロパティは、FileNotFoundException型でないと利用できないことに注意してください

「例外」から取り出したデータに基づき、エラー処理を行います。たとえば、「宛先」にエラーを通知するメールを送る、などが考えられます

495

ExceptionのDataプロパティから、エラー情報を取り出す

前掲のFileNotFoundException値をスローするサンプルでは、そのDataプロパティに「"宛先"」と「"発生日時"」を格納しました。それぞれの値はString型とDateTime型ですが、それらを格納している箱（Dataプロパティの値）はObject型です。そのままではString型やDateTime型に固有のメソッドやプロパティを利用できません。

そのため、これらの値を適切な型の変数に取り出して使いやすくしましょう。それには、DirectCast演算子を使います。最初の引数には、元の型の箱（変数やプロパティ）を指定します。2番目の引数には、取り出す先の箱（変数）の型を指定します。

具体的な使い方は、上の図サンプルの『複数代入』を参照してください。

```
A←B  代入

  宛先   = DirectCast(例外.Data("宛先"), String)
```

⊙図9

String型の値（実体）

DirectCast演算子

宛先

例外.Data("宛先")

String型の箱（変数）　　　Object型の箱（プロパティ）

🔍Hint

DirectCast演算子を使うと、抽象的な（上位の）型の変数に入っている値を、具体的な（下位の）型の変数に取り出すことができます！

ⓘOnePoint　ToStringメソッドは、任意の型の値に対して呼び出せる

　ToString()は、Object型に対しても使える、とても便利なメソッドです。つまり、ToString()はどんな型の値に対しても呼び出せます。Object型の値をString型に変換したいときは、DirectCast演算子の代わりにToString()を使ってもいいでしょう。

A←B　代入

| 宛先 | = | 例外.Data("宛先").ToString |

　ただし、ToDateTime()のようなメソッドは用意されていません。たとえば、Object型の箱に入ったDateTime型の値をDateTime型の箱に取り出したいときには、DirectCast演算子を使う必要があります。

Dataプロパティを使うときの注意点

　Exception型のDataプロパティを使うときには、スロー側とキャッチ側で同じ名前を使うことが大切です。前述のサンプルでいえば、「"宛先"」や「"発生日時"」と指定した部分です。これを間違えると、データを取り出すことができません。

　名前を間違えても、Studioはこのエラーを発見できないので設計時エラーになりません。見つけにくいバグを埋め込んでしまうことになるので、注意が必要です。

ⓘOnePoint　例外は、エラー情報を届けてくれる手紙

　14-2節では、例としてString型の変数がメモリ不足例外（OutOfMemoryException）をスローすることをとりあげました。String型の値を+演算子で連結しようとすると、その処理を実行するためにString型に含まれるコード（メソッド）が呼び出され、実際にこのような例外がスローされる可能性があります。

　ワークフローにはアクティビティ呼び出しの階層構造があるように、String型などのメソッドやアクティビティの内部処理にも深い呼び出しの階層構造があります。その奥底でエラーが発生して例外がスローされると、それは幾重もの呼び出し構造を一気に巻き戻し、みなさんが配置した『トライキャッチ』にまでエラー情報を届けてくれるのです。大事に扱って、中身を丁寧に確認してください。例外のほとんどは、そのMessageプロパティによりエラーの概要を確認できます。このほかにも、例外には多くの情報を格納できます。その操作方法については、本章で後述します。

14-9 # 再スロー

例外を投げ直す

再スローとは、例外をキャッチしたCatchブロックの中で例外をスローし直すことです。リスロー(Rethrow)ということもあります。次のようなときに使います。

✅ 漏れてきた例外にエラー情報を追加して、それをスローし直す

開発者が『スロー』した例外ではなく、ほかの何らかのアクティビティが自動でスローした例外には、エラー処理に必要な情報が含まれていないこともあるでしょう。

そこで、キャッチした例外のDataプロパティに追加の情報を入れて、この例外をそのまま投げ直すことができます。これには『再スロー』を使います。

『再スロー』を配置できるのは、『トライキャッチ』のCatchハンドラーの中だけです。『スロー』を使っても例外をスローし直すことができますが、『再スロー』なら[例外]プロパティを指定する手間が省けます。

✅ より適切な型で別の例外データを作成して、それをスローし直す

より適切な型の例外を作成し直して、これをスローし直したいことがあります。たとえば、FileNotFoundExceptionをキャッチしたときに、これをビジネスエラーとして処理できるように、BusinessRuleExceptionを投げ直すことができます。

キャッチした例外と別の例外をスローし直すときは、別の例外をNewするときの2番目の引数に、元の例外を指定するのがポイントです(前述の通り、1番目の引数にはエラーメッセージを指定します)。

これにより、元の例外データは、作成した例外データのInnerExceptionプロパティで参照できるようになります。これは、別の例外をスローし直すときのお約束です。

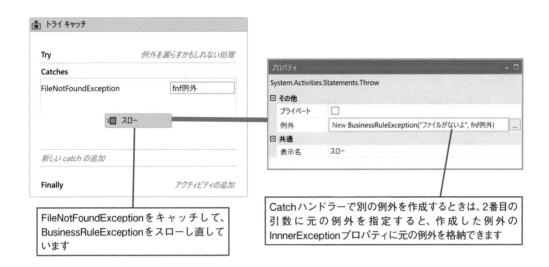

FileNotFoundExceptionをキャッチして、BusinessRuleExceptionをスローし直しています

Catchハンドラーで別の例外を作成するときは、2番目の引数に元の例外を指定すると、作成した例外のInnnerExceptionプロパティに元の例外を格納できます

数珠つなぎになったInnerExceptionプロパティをすべて取り出す

　前述のように、キャッチした例外には、そのInnerExceptionに別の例外が入っている可能性があります。さらに、その例外のInnnerExceptionプロパティにも、別の例外が入っているかもしれません。

　これらはCatchハンドラーでキャッチした例外よりも先にスローされていた例外ですから、エラーの根本原因（Root Cause）に関する情報を含んでいることが期待できます。そこで、例外情報をログに出力するときは、数珠つなぎになったInnerExceptionをすべて取り出して、それらも合わせてログに記録しておくと良いでしょう。

　次のようになります。

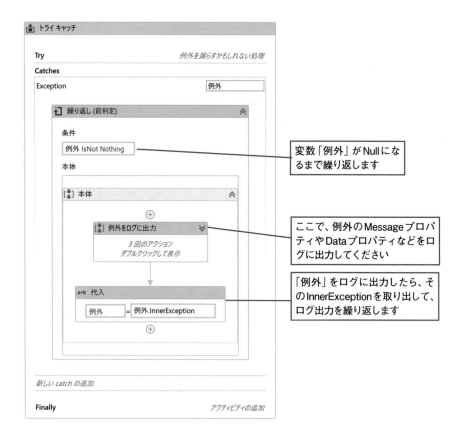

本体の図中:
- トライキャッチ
- Try　　例外を漏らすかもしれない処理
- Catches
- Exception　　例外
- 繰り返し (前判定)
- 条件
- 例外 IsNot Nothing → 変数「例外」が Null になるまで繰り返します
- 本体
- 例外をログに出力　3 回のアクション　ダブルクリックして表示 → ここで、例外の Message プロパティや Data プロパティなどをログに出力してください
- A*B 代入　例外 = 例外.InnerException → 「例外」をログに出力したら、その InnerException を取り出して、ログ出力を繰り返します
- 新しい catch の追加
- Finally　　アクティビティの追加

『ワークフローを終了』

　例外を再スローする別の方法として、『ワークフローを終了』があります。『ワークフローを終了』は、それが配置されたワークフローファイルの実行をすぐに終了します。プロセス全体が終了するわけではないので、注意してください。

　『ワークフローを終了』は、次のように動作します。

①これが配置されたワークフローの実行を即時に終了します。
②これが配置されたワークフローの外に、直接例外を漏らします。このワークフローの呼び出し側では、『ワークフローファイルを呼び出し』が例外を漏らしたように見えます。

　『ワークフローを終了』には、[例外]プロパティと [理由]プロパティのどちらか、あるいはその両方を指定する必要があります。

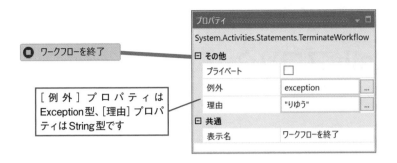

［例外］プロパティは
Exception型、［理由］プロパ
ティはString型です

表2

指定したプロパティ値の例		『ワークフローを終了』が、このワークフローの外に漏らす例外
［例外］	［理由］	
exception	（なし）	exception
（なし）	"りゆう"	New WorkflowTerminatedException("りゆう")
exception	"りゆう"	New WorkflowTerminatedException("りゆう", exception)

　ワークフロー内で何らかのエラーが発生して例外がスローされ、それを同じワークフロー内のCatchハンドラーでキャッチしたとします。このワークフローで行うべき後始末（後処理）をすべて完了したら、このワークフローを即時で終了したいでしょう。

　このようなときに『ワークフローを終了』を使えば、入れ子になった『トライキャッチ』をすべて一気に脱出し、WorkflowTerminatedExceptionを直接このワークフローの外に漏らすことができます。このとき、キャッチした元の例外を［例外］プロパティに指定することで、それをWorkflowTerminatedException例外のInnerExceptionプロパティに格納できます。

　なお、『再スロー』とは異なり、『ワークフローを終了』は、Catchハンドラー以外の場所にも配置できます。『ワークフローを終了』を使うと、制御の流れがわかりにくくなりやすいので、動作をよく理解した上で使いましょう。

---

①OnePoint　プロセスをすぐに終了する

　プロセスをすぐに終了するアクティビティは用意されていません。各ワークフローファイルで必ず実行したい後処理の存在を考慮すると、その場でいきなりプロセス全体を終了するのは乱暴すぎるからです。プロセスの実行を終了するには、各ワークフローの処理の流れを制御してエレガントに終わるか、特定の型の例外を丁寧にMain.xamlの外にまで漏らすように各Catchブロックを構成します。あるいは、後述のグローバル例外ハンドラーを使って、即時に（乱暴に）プロセスを終了することもできますが、使いどころに注意してください。

14-10 Finallyブロック

Finallyブロックについて

ここまでに説明した例外処理には、実は致命的な問題があります。その致命的な問題を解決するために用意されているのが『トライキャッチ』のFinallyブロックです。まずは、これまでの例外処理にどのような問題があるのか見てみましょう。次に、この問題をFinallyブロックがどのように解決するのか説明します。

プログラムの構造

6-1節の「データ処理」で説明したのとはまた別の側面から、プログラムの構造を考えましょう。プログラムの処理の流れは、おおよそ「前処理」「本処理」「後処理」という構造になるものです。

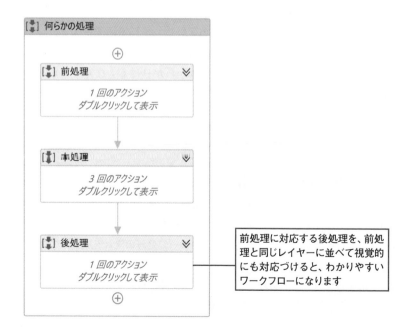

前処理に対応する後処理を、前処理と同じレイヤーに並べて視覚的にも対応づけると、わかりやすいワークフローになります

たとえばブラウザーを操作するときには、その前処理としてブラウザーをオープンし、後処理としてブラウザーをクローズします。ファイルを操作するときの前処理と後処理にはファイルのオープンとクローズが、メモリを操作するときにはメモリの確保と解放が、それぞれ必要となります。

本処理のどこかで、例外がスローされたとき

ここで、ブラウザーの本処理を実行している途中で、ファイルを処理する必要があるとしましょう。このワークフローは、次のような構造になるでしょう。

⬇図10

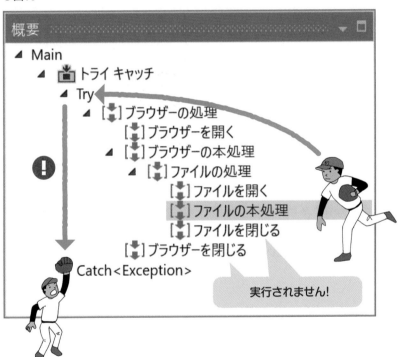

　このとき、何らかのエラーが発生したため、『ファイルの本処理』が例外をスローしたとします。このエラーを処理できるのは、ずっと上に配置した『トライキャッチ』のCatchブロックだとします。すると、『ファイルを閉じる』と『ブラウザーを閉じる』の実行がスキップされますが、それでは困ってしまいます。

　ファイルやブラウザーが開きっぱなしでは、おそらく処理を正常系に戻すことはできないでしょう。そのため、例外がスローされた場合でも、きちんと後始末（後処理）をしてから親アクティビティに制御を戻す必要があります。この問題を解決するために用意されているのが、Finallyブロックです。

Try-Finallyの構造を使う

　Catchブロックは、エラー処理のために用意されたものですから、例外をキャッチしたときしか実行されません。そこで、例外が発生してもしなくても、必ず後処理を実行できるように用意されたのがFinallyブロックです。

　このような機能がないのに例外をスローするのは、必要な後処理をすべてふっ飛ばしてしまう自爆スイッチを押すのとあまり変わりません。Finallyブロックは、安心して例外をスローするために必要な仕組みなのです。

　例外の仕組みを備えているプログラミング言語の多くが、Try-Catch-Finallyの3つをもっています。例外をキャッチしてエラー処理をしたい場所は、Try-Catchとして構成できます。エラー処理はここではしないけど、必ず実行したい後処理があるなら、Try-Finallyを構成できます。同じ場所にエラー処理と後処理の両方を記述したいなら、Try-Catch-Finallyとして構成することもできます。

　たとえば、Try-Finallyの構造を作りたいなら、『トライキャッチ』を次のように構成します。

> **Column　RPAのテスト⑩ リグレッション**
>
> 　リグレッション（Regression）とは、（機能追加やバグ修正などを意図して）コードを修正することにより、今まで動いていたソフトウェアが動かなくなってしまうバグのことで、機能の後退と訳されます。これをデグレとかデグレード（Degradation）、先祖返りなどということもあります。
>
> 　このようなリグレッションバグを発見するには、リグレッションテスト（回帰テスト）が有効です。これは、新しいバージョンの（テスト対象の）ソフトウェアに対して、以前のバージョンでパスしたテストをもう一度実行し、同じようにパスするかを確認するテストです。

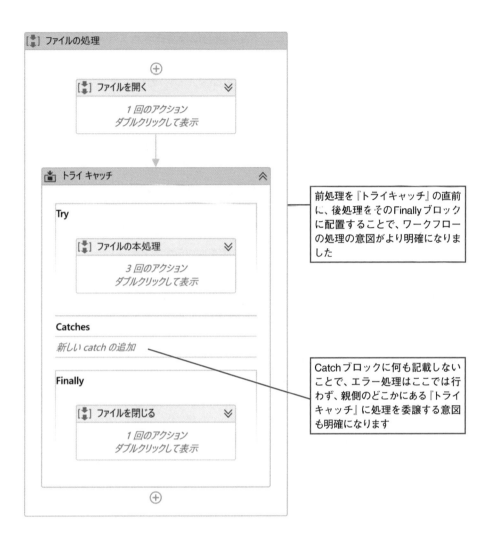

前処理を『トライキャッチ』の直前
に、後処理を・そのFinallyブロック
に配置することで、ワークフロー
の処理の意図がより明確になりま
した

Catchブロックに何も記載しない
ことで、エラー処理はここでは行
わず、親側のどこかにある『トライ
キャッチ』に処理を委譲する意図
も明確になります

『トライキャッチ』のFinallyの問題点

　上記のサンプルのように作成できればいいのですが、ここには落とし穴があります。残念
なことに、UiPathに同梱されている『トライキャッチ』のFinallyは、実行されない場合があり
ます(えー！)。

　『トライキャッチ』のFinallyは、下記の場合のいずれかに限って実行されます。

①Tryを最後まで実行したとき
②Catchを最後まで実行したとき

逆にいえば、『トライキャッチ』のFinallyは、下記の場合には実行されません。

①スローされた例外を、その『トライキャッチ』のCatchでキャッチしなかったとき（これは
　Tryを最後まで実行せず、Catchも一切実行しないため）。
②スローされた例外を、その『トライキャッチ』のCatchでキャッチして再スローしたとき（こ
　れはTryブロックを最後まで実行せず、Catchブロックも最後まで実行しないため）。

　なんと……実行されないことがあるFinallyなんて、ほかのプログラミング言語では見たこ
とがありません。
　この動作はバグではなく、そういう仕様なのですが、なぜそういう仕様になっているのか
は、筆者にもわかりません。Try-Catch-Finallyの機能をWWFのアクティビティとして実装
する上で、回避できない技術的な制約があったのかもしれません。この『トライキャッチ』は
Microsoft社から提供されているので、UiPath社はこの動作を修正できません。
　この『トライキャッチ』の謎仕様については、下記のWebサイトにドキュメントがあります。

◉例外（Windows Workflow Foundation）

https://docs.microsoft.com/ja-jp/dotnet/framework/windows-workflow-foundation/exceptions

Finallyブロックが必ず実行されるようにする

　Try-Finallyと同じはたらきをする構造は、次ページのように作成できます。任意の例外を
漏らさないように、Exception型のCatchハンドラーを作成します。ここで任意の例外をキャッ
チしたら、これを変数「例外キャッシュ」にとっておきます。その後で後処理を実行し、もし
変数「例外キャッシュ」がNullでなければ（つまり、例外をキャッチしていたら）これをスロー
し直すようにします。
　もはやFinallyブロックを使う必要はなく、図の中の『後処理シーケンス』は『トライキャッ
チ』の直後に配置しても同じなのですが、このようにFinallyブロックに記述した方が「例外を
キャッチしてもしなくても必ず実行する」という意図を明確にできるでしょう。

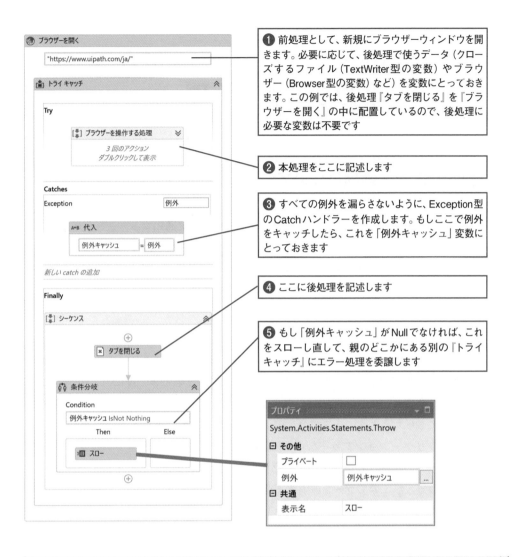

❶ 前処理として、新規にブラウザーウィンドウを開きます。必要に応じて、後処理で使うデータ（クローズするファイル（TextWriter型の変数）やブラウザー（Browser型の変数）など）を変数にとっておきます。この例では、後処理『タブを閉じる』を『ブラウザーを開く』の中に配置しているので、後処理に必要な変数は不要です

❷ 本処理をここに記述します

❸ すべての例外を漏らさないように、Exception型のCatchハンドラーを作成します。もしここで例外をキャッチしたら、これを「例外キャッシュ」変数にとっておきます

❹ ここに後処理を記述します

❺ もし「例外キャッシュ」がNullでなければ、これをスローし直して、親のどこかにある別の『トライキャッチ』にエラー処理を委譲します

14

例外処理

名前	変数の型	スコープ	既定値
例外キャッシュ	Exception	トライ キャッチ	VB の式を入力してください
変数の作成			

変数　引数　インポート　　　100%

14-11　Catchハンドラーにおける一般的なエラー処理

典型的なエラー処理について

　ここまで、例外を使ってエラーの発生を親アクティビティに通知する方法を説明しました。では、例外をキャッチしたとき、そこでどのようなエラー処理が必要となるでしょうか。状況に応じていろいろなものが考えられますが、どんな場合にも役に立つ典型的なエラー処理というのがあります。本節では、そのいくつかを紹介します。

⊘エラーの発生をユーザーに通知する

　もし自動的なリトライでは回復できない場合には、人が介在してエラーの原因を取り除き、その上で改めてこのプロセスを実行する必要があります。このとき、誰に、どのように、何を伝える必要があるか、エラーの種類ごとに整理しましょう。発生したエラーが放置されずすぐに対応してもらえるように、プロセスの実装や運用を工夫しましょう。

　たとえばアプリケーションエラーなら、IT部門の人がアプリケーションのインストール状況やネットワークの状態などに手をあてる必要があります。一方、ビジネスエラーなら、実際の業務に携わる人がこのエラーを解消する必要があるでしょう。

　Attendedプロセスなら、ダイアログを表示してエラーが発生した旨をユーザーに伝えます。Unattendedプロセスなら、Orchestratorで確認できるログやアラートを出力するほか、担当者にメールを送信するなどの方法が考えられます。

⊘ログを出力する

　キャッチした例外のMessageプロパティやDataプロパティは、必ずログに出力しておきましょう。Dataプロパティの内容に基づいて何らかのエラー処理をするには、どんな名前でどのような意味の値がDataプロパティに格納されているのか、知っていなければなりません。

　しかし、ログに出力するだけなら、Dataプロパティの内容について詳細を知っている必要はなく、すべてを列挙するだけでことが足ります。また前述のように、InnerExceptionプロパティには複数の例外データが連結されていることがあるため、これもすべて出力しておくと良いでしょう。

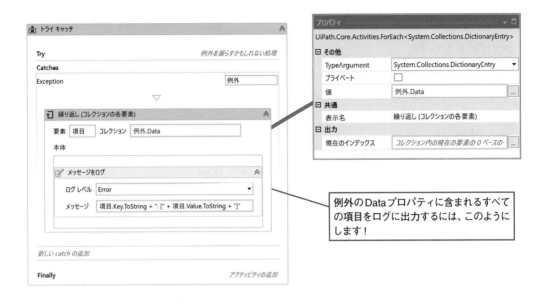

例外の Data プロパティに含まれるすべての項目をログに出力するには、このようにします！

✅ 画面写真を採取する

　エラーが発生したときの画面写真があると、問題解決に大変役に立ちます。エラー発生時に、操作したいアプリケーションやウィンドウが起動していたのか、確認できるからです。特にUnattendedロボットが動作しているときの画面は簡単に確認できないことが多いので、画面写真による診断が有効でしょう。

　実行するときの画面は、画面写真を採取するには『スクリーンショットを撮る』、取得した画面写真をファイルに保存するには『画像を保存』を使います。画像を保存する場所については、ネットワーク上の共有フォルダーを使うなどして工夫すると良いでしょう。

🔍 Hint

　UIAutomationパッケージのバージョン20.10.5から、『UIツリーをエクスポート』が利用可能になりました。これは、現在画面上にあるUI要素のツリーをすべてファイルに出力します。これをSelectorNotFound例外が発生したときに実行しておくと、問題の解決に役立つことがあります。UIツリーについては、10-7節の図3を参照してください。

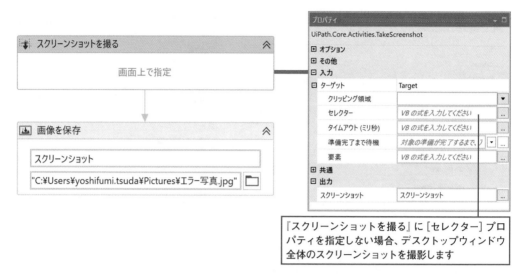

『スクリーンショットを撮る』に[セレクター]プロパティを指定しない場合、デスクトップウィンドウ全体のスクリーンショットを撮影します

名前	変数の型	スコープ	既定値
スクリーンショット	Image	シーケンス	*VB の式を入力してください*
変数の作成			

変数　引数　インポート　　　　🖐 🔍　100% ⌄　🔳 ✥

Orchestratorの[記録機能を有効にする]設定

エラー時の画面写真は、Orchestratorの機能により自動で撮影することもできます。Orchestrator 2019以降とRobot 2019.3以降の組み合わせでは、プロセスが例外を漏らして異常終了したときの画面写真を自動で撮影します。この機能は、プロセスごとの設定[記録機能を有効にする]で有効にできます。

撮影された画面写真は、Orchestratorの画面からダウンロードできます。サーバーのディスク容量を圧迫しないように、既定ではこの機能はオフになっています。トラブルシュートが必要な状況でのみ有効にして、問題を解決できたら無効に戻しましょう。なお、この機能はCommunity EditionのOrchestratorでは利用できないので、注意してください。この機能の詳細については、下記のWebサイトを参照してください。

⦿ ジョブ（Jobs）- レコーディング（UiPath Orchestratorガイド）

https://docs.uipath.com/orchestrator/lang-ja/docs/about-jobs#section-recording

14-12 例外によるエラー処理を 設計する指針

『トライキャッチ』を、必要な場所に必要なだけ配置する

前述のように、複数の種類のCatchハンドラーを1つの『トライキャッチ』で処理することもできます。しかし、エラーごとに別の場所で処理したいこともあるでしょう。その場合には、複数の『トライキャッチ』を入れ子にして配置することができます。

それぞれの『トライキャッチ』では、処理したい例外だけをキャッチして、それ以外の例外は意図して漏らすようにします。漏れた例外は、どこかにある別の『トライキャッチ』が適切に処理してくれるはずです。

どんな例外でも漏らしたくないときには、Exceptionをキャッチする

Exception型のCatchハンドラーだけを用意して、すべてのエラーを区別せずにそこで処理することも選択肢です。どんなエラーが起きても、行うべきエラー処理は同じになることもあるからです。

また、どんなエラーが起きても、例外を漏らしたくないこともあります。そんなときは、遠慮なくException型のハンドラーを配置しましょう。特にMain.xamlは例外を漏らさないための最後の砦となるので、そのルートアクティビティを『トライキャッチ』のTryブロックに配置し、そこにException型のCatchハンドラーを配置する機会も多いでしょう。

例外をMain.xamlの外に漏らすことも選択肢

回復できないエラーが起きたときには、このプロセスを異常終了させるしかありません。こういうときには、例外をMain.xamlの外に漏らすことも選択肢です。この場合には、ロボットの実行ログに最低限の例外情報が自動で記録されます。

ただし、どのようなエラーが発生したのか説明するメッセージを必ず例外に付与しましょう。これは、例外をNewするときに指定できます。Attendedプロセスは、例外が外まで漏れ

たときはこのメッセージをダイアログで表示して終了します。

　また、Orchestratorに接続していれば、例外を漏らして異常終了したジョブの状態は［失敗］とOrchestratorのジョブ管理画面に表示されます。ただし、エラーの解決に役立つ情報があれば、異常終了させる前にその情報をログに出力しておきましょう。これには、一度例外をキャッチしたところでログを出力し、この例外を再スローすることができます。

Catchハンドラーの中では、複雑な処理は避ける

　Catchハンドラーの中で複雑な処理をすると、その中で別のエラーが発生して別の例外がスローされてしまうかもしれません。この例外を漏らさず適切に処理するために、このCatchハンドラーの中に別の『トライキャッチ』を配置すべき場合もあります。

　ただし、そのCatchハンドラーの中でも別の例外が発生する可能性があるとしたらどうでしょうか。さらに別の『トライキャッチ』を入れ子にしなければなりません。これでは堂々巡りです。結局、Catchハンドラーの中では、別の例外をスローしてしまうかもしれない複雑な処理を書くのは避けるべきだということです。

Catchハンドラーを空のままにしない

　Catchハンドラーを作ったら、必ず必要となるエラー処理を記述してください。空のCatchハンドラーは、発生した例外を握りつぶして何もなかったことにしてしまうため、デバッグが困難な不具合の原因となりやすいからです。もし、意図して例外を握りつぶすために空のCatchハンドラーを作ったときは、その中に『コメント』を配置して、その意図を書き残しておきましょう。下記に説明するプロパティの活用も検討してください。

［エラー発生時に実行を継続］プロパティの活用

　エラーが発生しても、例外をスローする必要がない場合もあります。たとえば、ファイルを削除する『削除』は、指定したファイルが存在しないとFileNotFoundExceptionをスローします。しかし、削除したいファイルがもともと存在しないなら、何らのエラー処理は不要で、そのまま後続の処理を継続できることもあるでしょう。

　そんなときは、『削除』の［エラー発生時に実行を継続］プロパティをTrueに設定すると、このアクティビティは例外をスローしないようになります。このプロパティは、ほかの多くの

アクティビティも装備しています。『トライキャッチ』を配置する必要がなくなり、ワークフローを簡潔に記述することができます。

　ただし、[エラー発生時に実行を継続]プロパティをTrueに設定すると、エラーの発生が握りつぶされ、開発者に見えなくなってしまいます。このため、空のCatchハンドラーと同様に、発見しにくいバグの原因になることがあります。これを避けるために、このアクティビティに下記の2つを必ず注釈しておくようにしましょう。

①[エラー発生時に実行を継続]プロパティがTrueに設定されていること
②[エラー発生時に実行を継続]プロパティをTrueに設定した理由

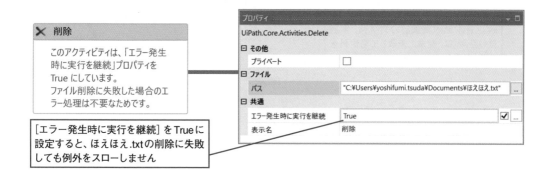

削除
このアクティビティは、「エラー発生時に実行を継続」プロパティをTrue にしています。
ファイル削除に失敗した場合のエラー処理は不要なためです。

[エラー発生時に実行を継続] をTrueに設定すると、ほえほえ.txtの削除に失敗しても例外をスローしません

Hint

　もし、スローされているはずの例外を『トライキャッチ』でキャッチできないときは、どこかに[エラー発生時に実行を継続]プロパティがTrueになったアクティビティがないか、探してみましょう！

例外を使わないでエラー処理を行う

　ある処理についてエラーの発生が予見できるときや、エラー処理をその場で行えるときは、例外をスローする必要はありません。たとえば、操作の前に入力データの有効性や、ファイルの存在などをチェックして、そのまま処理を継続したらエラーが発生することが予見できたら、その場で異常系に分岐してエラー処理を行えます。例外をスローする必要はありません。

　また、例外をスローしない代替の手段が利用できることもあります。たとえば、文字列を数値に変換する「Int32.Parse(変換前の文字列)」は変換に失敗すると例外をスローしますが、「Int32.TryParse(変換前の文字列,変換後の整数)」は文字列を数値に変換し、その成否をBoolean値で返します。成功したらTrueを、失敗したら(例外をスローせずに)Falseを返すので、直後の『条件分岐』でエラー処理を行えます。

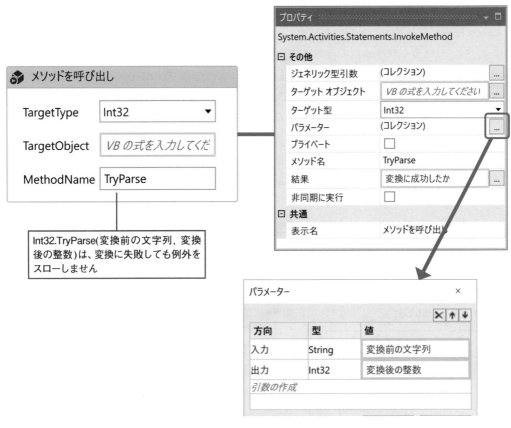

処理の流れを制御する用途には使わない

　一般に、エラーが発生していないのに例外をスローすることは良くないといわれています。たとえば、多重ループ（入れ子になった繰り返し）で一番内側から一気に脱出するために例外をスローすることも、技術的には可能です。しかし、例外がスローされたことは何らかのエラーが発生したことを示唆しますから、このワークフローを保守する誰かを誤解させてしまうことになります。例外をスローするのは、エラーの発生を通知するためだと心得ましょう。

14-13 『リトライスコープ』の活用

エラー発生時に、失敗した操作を再試行する

RPAによくあるエラー処理として、「同じ操作を再試行する」というのがあります。画面や操作対象のアプリの状態が整っておらず、ロボットの操作が速すぎてエラーになった場合には、数秒から数分程度待ってから同じ操作を繰り返すことによりエラー状態から回復できることはよくあります。

しかし、ここまでに説明した『トライキャッチ』では、そのような操作の再試行を簡単には実現できません。『繰り返し』などと組み合わせて、ちょっとしたロジックを作りこむ必要があります。

『リトライスコープ』

このようなときのために、『リトライスコープ』という便利なアクティビティが用意されています。このアクティビティは、この中に含まれる子アクティビティの実行に失敗したとき、しばらく待機してからその子アクティビティを最初から再試行（リトライ）します。

待機時間は、[リトライの間隔]プロパティで指定します。この既定値は5秒ですが、プロジェクトの設定で変更できます。リトライする回数の上限は[リトライの回数]プロパティで指定します。

実行に失敗したと判断する条件は、下記の2つです。

①『リトライスコープ』の中に配置した任意のアクティビティのいずれかが、任意の例外をスローしたとき
②『リトライスコープ』の条件に配置したアクティビティが、Falseを返したとき

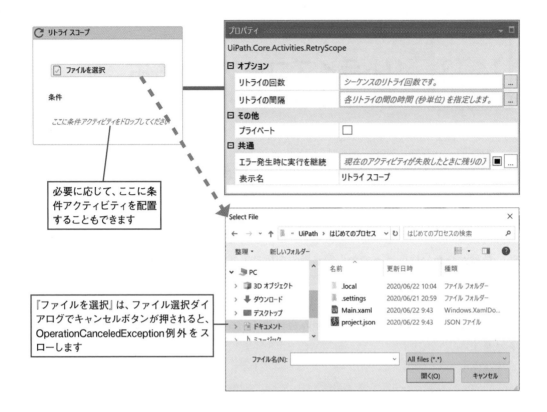

必要に応じて、ここに条件アクティビティを配置することもできます

『ファイルを選択』は、ファイル選択ダイアログでキャンセルボタンが押されると、OperationCanceledException例外をスローします

『リトライスコープ』の中で、例外がスローされたとき

　『リトライスコープ』の中で任意の例外がスローされたら、リトライスコープの中にある後続の処理をスキップして、リトライスコープの最初から処理をリトライします。

　もしもリトライの回数が[リトライの回数]プロパティに達した場合はリトライせず、スローされた例外をそのまま『リトライスコープ』の外に漏らします。

『リトライスコープ』の条件に指定したアクティビティがFalseを返したとき

　RPAで何らかの操作をした結果、何らかのテキストメッセージやダイアログウィンドウが表示されたら成功、されなければ失敗、ということは多いでしょう。当該のメッセージやダイアログが表示されなかったとき、この操作を再試行したいことはよくあります。

　このような処理を簡単に作れるように、『リトライスコープ』の条件として次のようなアクティビティを配置することもできます。その必要がなければ、これらのアクティビティを配

置しなくても構いません。

・『画像の有無を確認』
・『要素の有無を検出』
・『テキストの有無を確認』
・『OCRでテキストの有無を確認』
・『コレクション内での有無』
・『文字列の一致をチェック』
・『Trueか確認』
・『Falseか確認』

『リトライスコープ』は、その中を実行した後にこの条件を確認し、Falseならその中をもう一度実行（リトライ）します。リトライの回数が上限に達したら、Exception型の例外をスローします。

① OnePoint　『リトライスコープ』の条件に単純な条件式を配置する

Workflow Manager Activitiesパッケージ（Microsoft.Activities.nupkg）に含まれる『Is True』や『Is Empty String』などを『リトライスコープ』の条件として配置すると、単純な条件式をリトライの条件として設定できます。

エラーの後始末をしてからリトライする

『リトライスコープ』の中で例外が発生したときに、そのエラーの後始末をしてからリトライしたい場合があります。そのようなときは、『リトライスコープ』の中に『トライキャッチ』を配置し、そのCatchブロックの中にエラー処理（後始末）と『再スロー』を配置しましょう。すると、後始末した後に『再スロー』した例外を、『リトライスコープ』が拾ってリトライできます。

リトライ回数の上限に達していた場合は、この後始末をした後に『再スロー』した例外が、そのまま『リトライスコープ』の外に漏れていく動作となります。

『リトライスコープ』の使用における留意点

『リトライスコープ』は、失敗した操作を簡単に再試行できる、とても使い勝手の良いアクティビティです。しかし、だからといってむやみに使うと、このプロセスの実行時間がとても長くなってしまうことがあります。エラーと再試行を繰り返し、最終的にやっぱりエラーで実行できないと判断できるまでに時間がかかってしまうからです。すぐに終わるはずの操作に何時間もかかったあげく、エラーで動きませんでした、という結果になったらたまりません。これを避けるため、下記の点に注意しましょう。

✅再試行したら成功する可能性がある処理だけを『リトライスコープ』に入れる

たとえば、「買い物をする」操作で「クレジットカードの限度額を超えていた」ビジネスエラーが発生したら、同じ「買い物をする」操作を何度繰り返しても同じエラーになるでしょうから、リトライするだけ無駄です。

✅あまり多くのアクティビティを1つの『リトライスコープ』で囲まない

成功した操作まで繰り返すのは無駄です。失敗したところからリトライできるように、リトライが必要なアクティビティは、それぞれを『リトライスコープ』で囲う方が有益です。

✅実行時間が長い操作は『リトライスコープ』の中に入れない

実行時間が長い操作は『リトライスコープ』の中に入れても大丈夫か、慎重に検討しましょう。リトライを繰り返すと、それだけ実行時間が長くなります。

✅『リトライスコープ』を入れ子にしない

『リトライスコープ』を入れ子にするべきではありません。入れ子にすると、リトライの回数がすごく多くなってしまいます。外側の『リトライスコープ』で3回、内側の『リトライスコープ』で3回リトライしたら、内側は3×3で9回もリトライすることになってしまいます。

Chapter

15

パッケージの管理

15-1 パッケージファイル

パッケージについて

　Studioで作成したプロセスプロジェクトは、パブリッシュの操作により1つのプロセスパッケージに梱包され、配布可能な形になります。このプロセスパッケージが、Robotで実行可能となる自動化処理(オートメーションプロセス)の単位です。

　プロセスパッケージのほかにも、UiPathにおいて理解しておくべき種類のパッケージがあります。本章では、これらのパッケージファイルについてまとめます。

パッケージファイルとは

　パッケージファイルとは、拡張子が「.nupkg」のファイルです。NuGetパッケージということもあります。これは、実行可能なファイルや設定ファイルなどをZIP形式で単一のファイルに圧縮・梱包(パッケージ)したものです。

①OnePoint　ファイルエクスプローラーを起動する

　[Win+E]キーを押すと、ファイルエクスプローラーを起動できます。

15-2 UiPathで使う パッケージファイルの種類

パッケージファイルの種類

UiPathで使うパッケージファイルには、下記の3種類があります。

✅ プロセスパッケージ

プロセスパッケージは、プロセスプロジェクトをパブリッシュして作成できる、Robotで実行可能なファイルです。このファイルの作成方法は、前章までで詳細に説明してきましたね。

✅ アクティビティパッケージ

アクティビティパッケージは、複数のアクティビティが格納されているファイルです。StudioとRobotには、多くのアクティビティパッケージが同梱されており、すぐに使い始めることができます。

また、インターネット上のUiPathオフィシャルフィードから、追加のアクティビティパッケージをダウンロードすることもできます。これらは、プロジェクトにインストールすると使えるようになります。

下記に、アクティビティパッケージファイルの例を示します。

・**UiPath.System.Activities.###.nupkg**
『アプリケーションを開く』や『メッセージをログ』などを含むパッケージです。

・**UiPath.UIAutomation.Activities.###.nupkg**
『クリック』や『テキストを設定』などを含むパッケージです。

なお、###はそのパッケージファイルのバージョン番号です。

⊘ ライブラリパッケージ

　ライブラリパッケージは、開発者(読者)がライブラリプロジェクトをパブリッシュして作成できるパッケージファイルです。これをほかのプロジェクトにインストールすると、ライブラリの中に作成されたワークフローをアクティビティとして使うことができます。

　なお、ライブラリパッケージにはエントリポイントが含まれていないので、それだけで実行することはできません。このように、ライブラリパッケージはアクティビティパッケージと同じような性質を持っています。

　ライブラリパッケージの作り方は、16-3節の「『はじめてのアクティビティ』の作成」で詳細に扱います。

⊘ テンプレートパッケージ

　テンプレートパッケージは、プロジェクトテンプレートをパブリッシュして作成できるパッケージファイルです。プロジェクトテンプレートとは、新規にプロジェクトを作成するときに使うテンプレート(ひな形)です。

　テンプレートパッケージの作り方は、16-16節の「プロジェクトテンプレート」で扱います。

⊘ UIライブラリパッケージ

　UIライブラリパッケージは、オブジェクトリポジトリ内に収集したUI記述子の一式を含むライブラリパッケージです。プログラムの良い設計指針として、**ロジックとリソースは分離すべし**というのがあります。ロジックとはプログラムの処理本体のこと、リソースとはテキストや画面レイアウトなどのデータのことです。

　たとえばプログラムで画面上に表示するテキストを変更したいとします。そのテキストがプログラムから切り離され、どこかに一元管理されていれば、簡単に修正できます。しかもロジックは修正せずに済むので、必要となるテストも限定的です。

　UI記述子もリソースの一種です。たとえばターゲットアプリの画面変更に伴い、UI記述子を変更したいとします。その記述子はワークフローから切り離され、オブジェクトリポジトリの中に管理されているので、簡単に修正できます。しかもロジックは修正せずに済むので、必要となるテストも限定的です。

　これで十分扱いやすいのですが、さらにプロジェクトからも切り離して、記述子を外部のライブラリファイルにまとめたものがUIライブラリです。採取した記述子を複数のプロセスで共有できるため、生産性や保守性がより向上します。

　UIライブラリパッケージの作り方は、10-8節の「UIライブラリ」で扱います。

15-3 Studioにおける各パッケージファイルの関係

Studioでプロジェクトを実行するとき

Studioでプロセスプロジェクトを開発・実行するとき、各パッケージファイルの関係は次のようになります。

●図1

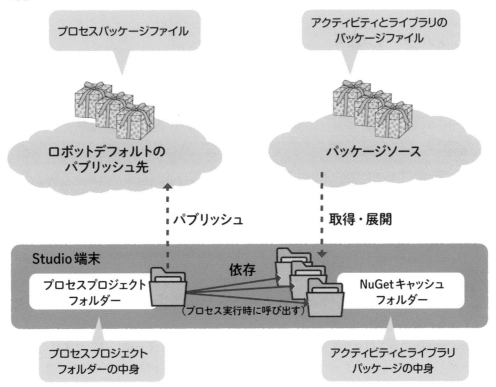

プロセスプロジェクトフォルダー

　Main.xamlなどのワークフローファイルのほか、このプロセスの依存関係が記述された project.jsonファイルなどが含まれます。

アクティビティパッケージのインストール

　プロセスプロジェクトにアクティビティパッケージへの依存をインストールすると、Studioはそれらのパッケージを任意のパッケージソースからダウンロードして、Studio端末のNuGetキャッシュフォルダーにアンパック（解凍）します。アンパックされたアクティビティパッケージは、Studioでプロセスを実行するときに呼び出されます。

各フォルダーの場所

　各フォルダーの場所は、次の通りです。

⊕表1

用途（配置されるファイルの種類）	フォルダーの場所
既定のローカルアクティビティパッケージのソース （UiPathに同梱のアクティビティパッケージ）	C:¥Program Files (x86)¥UiPath¥Studio¥Packages
ロボットデフォルトのパブリッシュ先 （パブリッシュしたプロセスパッケージ）	C:¥ProgramData¥UiPath¥Packages
NuGetキャッシュフォルダー （アンパックしたプロセスとアクティビティ）	%UserProfile%¥.nuget¥packages

　これらのフォルダーをファイルエクスプローラーで開いて、どのようになっているか見てみましょう。

　なお、Studioからプロセスを実行したときのカレントフォルダーは、プロセスパッケージの中身が入っているフォルダー、つまりプロセスのプロジェクトフォルダーになります。

⚠ OnePoint　Orchestratorに接続されているときのパブリッシュ先

　StudioとRobotがOrchestratorに接続されているときは、ロボットデフォルトのパブリッシュ先はOrchestratorになります。

15-4 Robotにおける各パッケージファイルの関係

Robotでプロセスを実行するとき

Robotでプロセスを実行するとき、各パッケージファイルの関係は次のようになります。

◉図2

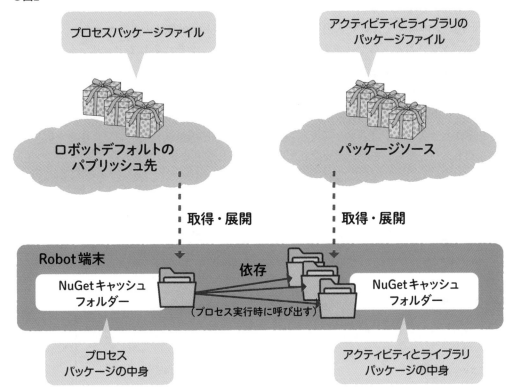

各パッケージのダウンロード

UiPath Assistantでプロセスのダウンロードを指示すると、Robotはこのプロセスパッケージをロボットデフォルトのパブリッシュ先からダウンロードして、Robot端末のNuGetキャッシュフォルダーにアンパックします。

また、このプロセスが依存するアクティビティパッケージも、任意のパッケージソースからダウンロードして同様にアンパックします。ダウンロードが完了すると、このプロセスを実行できるようになります。

プロセスの実行

UiPath Assistantでプロセスの実行を指示すると、RobotはNuGetキャッシュフォルダーにアンパックされたプロセスを実行します。このとき、必要に応じてアンパックされたアクティビティを呼び出します。これらのアクティビティパッケージファイルも、実行に先立ってNuGetキャッシュフォルダーにアンパックされている必要があります。

なお、Robotからプロセスを実行したときのカレントフォルダーは、プロセスパッケージの中身が入っているフォルダーです。つまり、これはNuGetキャッシュフォルダー配下にあるプロセスパッケージをアンパックしたフォルダーになります。

⬇ ボタンをクリックすると、このプロセスパッケージをインストール (ダウンロードとアンパック) して実行する準備が整い、▶ ボタン ([実行] ボタン) が表示されます

15-5 パッケージの依存関係

パッケージの依存関係について

　パッケージは、ほかのパッケージに依存するように構成できます。この2つのパッケージの一方は依存する（頼る）側で、もう一方は依存される（頼られる）側です。

　たとえば、あるパッケージAが何らかの処理をするとき、自分に処理できない部分はほかのパッケージBに実行を依頼できます。このとき、パッケージAの中にあらかじめパッケージBへの依存を構成しておく必要があります。1つのパッケージの中に、複数のパッケージへの依存を構成できます。

依存関係の方向

　パッケージ間の依存関係には、方向性があります。頼る側は自分がどのパッケージに依存しているのか知っていますが、頼られる側は自分がどのパッケージから依存されているのかは知りません。つまり、パッケージ間の依存関係を構成したいときは、依存する側だけにその設定をすればよく、依存される側には何らかを設定する必要はありません。

　たとえば、みなさんが作ったプロセスパッケージがExcelアクティビティパッケージを使うときは、プロセスパッケージ側に「Excelアクティビティに依存する」ことを設定する必要があります。このとき、2つのパッケージには次のような依存関係があります。

◉図3

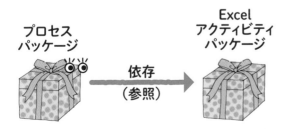

15
パッケージの管理

　この依存の矢印の向きは、参照の方向を示しています。つまり、

・このプロセスパッケージは、Excelアクティビティパッケージを参照しています。
・Excelアクティビティパッケージは、このプロセスパッケージの存在を知りません。

　パッケージ間の依存関係にはこのような方向性があり、お互いを頼り合うことはできません。

---

①OnePoint　循環参照

　お互いを頼り合う双方向の依存を定義しようとすると、循環参照というエラーが発生します。このような方向性のある依存関係は、パッケージ間に限らず、さまざまな種類のソフトウェアモジュール間において一般的なものです。

---

①OnePoint　ファイルの拡張子

　ファイルの拡張子とは、ファイル名の末尾にある最右のピリオド以降の部分のことです。下記の画面写真に、パッケージファイルの例を示します。ファイルの拡張子が表示されない場合には、ファイルエクスプローラーの表示タブにある［ファイル名拡張子］にチェックを付けると表示されるようになります。

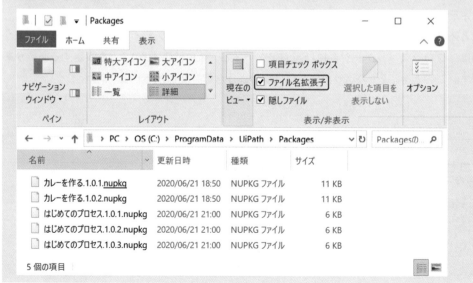

このプロセスが依存するアクティビティパッケージを確認する

　一般に、プロセスパッケージは、複数のアクティビティパッケージに依存します。これはStudioのプロジェクトパネルの［依存関係］ノードで確認できます。

　たとえば、「カレーを作る」のプロジェクトパネルは、次のようになっているかもしれません。

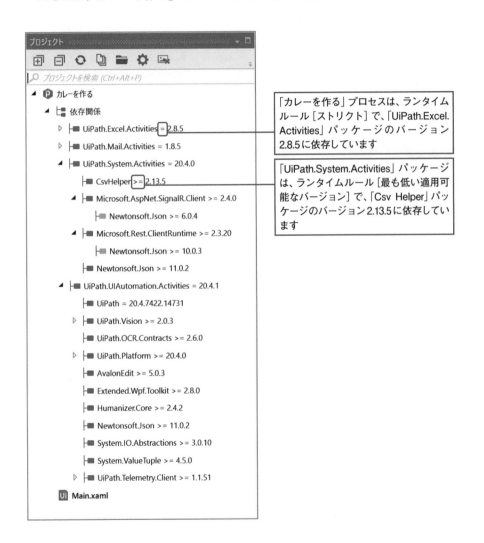

「カレーを作る」プロセスは、ランタイムルール［ストリクト］で、「UiPath.Excel.Activities」パッケージのバージョン2.8.5に依存しています

「UiPath.System.Activities」パッケージは、ランタイムルール［最も低い適用可能なバージョン］で、「Csv Helper」パッケージのバージョン2.13.5に依存しています

　これは、「カレーを作る」プロセスが、4つのパッケージ（Excel、Mail、System、UIAutomation）に依存していることを示しています。さらに、これらのExcelやMailなどのパッケージも、ほかの多くのパッケージに依存していることがわかります。

　なお、開発者（読者）が意識する必要があるのは、プロセスが直接依存するパッケージのみ（この例では、ExcelやMailなどの4つだけ）です。プロセスが間接的に（孫やひ孫の形で）依存するアクティビティは、通常みなさんが気にする必要はありません。

15-6 ［パッケージを管理］ウィンドウ

［パッケージを管理］ウィンドウについて

　Studioの［デザイン］リボンにある［パッケージを管理］ボタンをクリックすると、［パッケージを管理］ウィンドウが開きます。

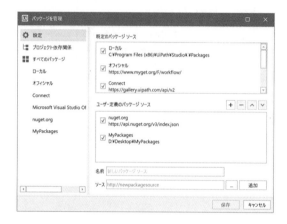

　このウィンドウでは、次のことができます。

操作① パッケージソースの設定
操作② プロジェクト依存関係の管理
操作③ 利用可能なすべてのパッケージを表示

操作① パッケージソースの設定

　すべてのプロジェクトに共通の設定です。［パッケージを管理］ウィンドウの左にある［設定］タブをクリックすると、パッケージソースの管理画面が開きます。Studioは、ここに登録されている任意のソースから必要なアクティビティパッケージを探して入手します。

　なお、この画面でソースが並ぶ順序に意味はなく、パッケージを探す順序に影響しません。各ソースの左横にあるチェックボックスをオフにすると、そのソースを無効にできます。

　この設定は、すべてのプロジェクトに共通の設定です。そのため、このパッケージソースの管理画面はStudioのBackstageビューの設定タブからも開けるようになっています。

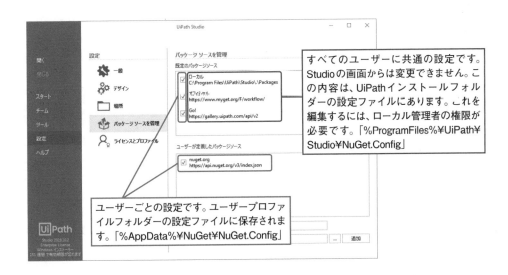

✅ 既定のパッケージソース

　このStudio端末を利用するすべてのユーザーに共通の設定です。ただし、この有効/無効の設定は、ユーザーごとに別の設定となります。なお、同じ端末で動作するRobotも、この設定を共有します。

✅ ユーザーが定義したパッケージソース

　現在このStudio端末にログインしているユーザーに適用される設定です。同じ端末で動作するAttended Robotは、このユーザーと同じWindowsアカウントで動作するため、この設定を共有します。ただし、Unattended Robotは別のWindowsアカウントで動作するため、この設定を共有しないことに注意が必要です。

パッケージソースとして設定できるパスの種類

　パッケージソースとして設定できるパスには、次の種類があります。

🔵表2

パスの種別	ソースの種別	概要	例
ローカルのパス	ローカル	Studio/Robot端末のローカルドライブのフォルダー	%ProgramFiles%¥UiPath¥Studio¥Packages
UNCパス	リモート	ファイルサーバー上で共有されたフォルダー	¥¥FileServer¥YourPackages
NuGetサーバーのURL	リモート	NuGet サーバーがホストするソース	https://api.nuget.org/v3/index.json

なお、Studio/RobotをOrchestratorに接続すると、OrchestratorのURLが自動で既定のパッケージソースに追加されます。OrchestratorはNuGetサーバーの機能を内包しているので、Orchestrator経由でアクティビティパッケージを社内に配布することができます。

⚠ **OnePoint　UNCパスとURL**

UNC (Universal Naming Convention) は、汎用の命名規則という意味です。次のような形式で、ネットワーク上のフォルダーやファイル、プリンターなどの資源の場所を示します。

```
¥¥ホスト名¥共有フォルダー名
¥¥ホスト名¥共有フォルダー名¥パス¥ファイル名
```

URL (Uniform Resource Locator) は、資源の場所の記述方法を統一したものです。ホームページアドレスとして、よく目にする機会があるでしょう。次のような形式で、インターネット上のサーバーやドキュメントの場所を示します。ここで指定できるスキーマには、httpsやftpなどがあります。

```
スキーマ://ホスト名/
スキーマ://ホスト名/パス/ファイル名
```

⚠ **OnePoint　プロセスの実行開始までに時間がかかるときは**

UiPath Assistantでプロセス実行を指示してから、実際にその処理が開始するまでに数十秒程度の時間がかかることがあります。この原因として、ネットワークが接続されていないなどの理由で到達できないリモートのパッケージソースにアクセスしようとして、タイムアウトになるまで待機している可能性があります。この場合には、到達できないパッケージソースを無効に設定することで、問題は解消します。

操作② プロジェクト依存関係の管理

　このプロジェクトに固有の設定です。［パッケージを管理］ウィンドウの左にある［プロジェクト依存関係］タブをクリックすると、現在このプロジェクトにインストールされているアクティビティパッケージの一覧が表示されます。中央のペインでアクティビティパッケージを選択すると、その詳細が右側に表示されます。

　ここでは、各アクティビティパッケージに対して、次の操作ができます。

・依存するアクティビティのバージョンを更新
・依存するアクティビティをアンインストール
・依存するアクティビティのランタイムルールを変更

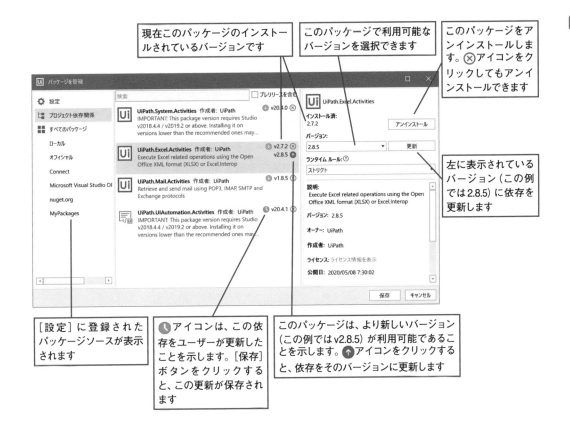

現在このパッケージのインストールされているバージョンです

このパッケージで利用可能なバージョンを選択できます

このパッケージをアンインストールします。⊗アイコンをクリックしてもアンインストールできます

左に表示されているバージョン（この例では 2.8.5）に依存を更新します

［設定］に登録されたパッケージソースが表示されます

🕐アイコンは、この依存をユーザーが更新したことを示します。［保存］ボタンをクリックすると、この更新が保存されます

このパッケージは、より新しいバージョン（この例では v2.8.5）が利用可能であることを示します。🔼アイコンをクリックすると、依存をそのバージョンに更新します

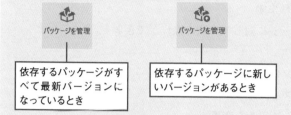
操作③ 利用可能なすべてのパッケージを表示

　すべてのプロジェクトに共通の設定です。[パッケージを管理]ウィンドウの左にある[すべてのパッケージ]タブをクリックすると、利用可能なアクティビティパッケージがすべて表示されます。ここから、プロジェクトが依存するパッケージを追加できます。

　また、その下に表示されているパッケージソースをクリックすると、そのパッケージソースで利用可能なアクティビティパッケージが表示されます。

15-7　既定のパッケージソース

既定のパッケージソースについて

　Studio/Robotには、既定で下記のパッケージソースが登録されています。各ソースの具体的な場所(フォルダーやURL)は、[パッケージを管理]ウィンドウで確認できます。

⊘ローカル

　既定のローカルパッケージソースです。Studio/Robotのインストーラに同梱されているアクティビティパッケージが配置されています。入手したアクティビティパッケージファイルやライブラリパッケージファイルをStudio/Robotで利用可能にするには、ここにコピーしてしまうのが一番簡単です。

⊘オフィシャル

　MyGetのパッケージソースです。MyGetは、Microsoftが提供するパッケージマネージャーです。企業や開発者は、MyGet上でNuGetサーバーをホスティングして、パッケージを配布できます。UiPathのパッケージも、MyGetで配布されています。MyGetについては、下記のWebサイトを参照してください。

⊕MyGet

https://www.myget.org/

⊘Connect

　UiPathマーケットプレースのパッケージソースです。ここで、UiPathのパートナー企業の多くが自社製品をUiPathで操作するためのパッケージを公開しています。また、UiPathのユーザー企業も便利なパッケージ作成し、ここで共有しています。マーケットプレースにはWebページも用意されているので、ここから目的のパッケージをより簡単に探せます。

⊕マーケットプレース

https://connect.uipath.com/ja/marketplace

15-8 ［パッケージを管理］ウィンドウを操作する

［パッケージを管理］ウィンドウについて

　プロジェクトにアクティビティパッケージへの依存をインストールすると、このプロジェクトのproject.jsonファイルにそのパッケージ名が追加されます。また、パッケージファイルの中身がアンパックされ、NuGetキャッシュにコピーされ、そのパッケージに含まれるアクティビティがStudioで利用可能になります。

　実際に［パッケージを管理］ウィンドウを操作して、アクティビティパッケージの依存についての理解を深めましょう。

アクティビティパッケージへの依存をアンインストールする手順

　このプロジェクトに設定されたアクティビティパッケージへの依存をアンインストールする手順を示します。ここでは、アクティビティパッケージの役割を理解するために、すべての依存をアンインストールして、何がおこるか見てみましょう。

[1]［パッケージを管理］ウィンドウを開く

　Studioの［デザイン］リボンにある［パッケージを管理］ボタンをクリックします。

[2]インストール済みのパッケージをすべてアンインストールする

　［プロジェクトの依存関係］タブを選択すると、現在このプロジェクトにインストールされているアクティビティが表示されます。各アクティビティの右横に表示されている⊗ボタンをクリックして、これらをすべてアンインストールします。

[3]変更した依存関係を保存する

　［保存］ボタンをクリックして、［パッケージを管理］ウィンドウを閉じます。

利用できるアクティビティを確認する

アクティビティパッケージへの依存を変更（インストール/アンインストール）したら、必ず
アクティビティパネルを確認する習慣をつけましょう。今回の操作では、利用できるアクティ
ビティがすごく減っていることに気がつきます。おなじみの『クリック』や『メッセージ ボッ
クス』なども見つかりません。アクティビティパッケージへの依存をアンインストールしたこ
とにより、そのパッケージが含むアクティビティが使えなくなったというわけです。

なお、すべてのアクティビティパッケージをアンインストールしても、既定で使えるアク
ティビティは利用可能のまま残されます。これらはWorkflow Foundation Activitiesに含まれ
ており、StudioとRobotの製品本体に統合されているアクティビティです。

アクティビティパッケージへの依存をインストールする手順

このプロセスの、アクティビティパッケージへの依存を元の状態に戻してみましょう。次
のようにします。

[1]［パッケージを管理］ウィンドウを開く

Studioの［デザイン］リボンにある［パッケージを管理］ボタンをクリックします。

[2]必要なパッケージをインストールする

［ローカル］タブを選択すると、既定のローカルソースにあるパッケージが表示されます。
ウィンドウ上部にある［検索］ボックスで、次のパッケージを探してインストールします。

- UiPath.System.Activities
- UiPath.UIAutomation.Activities
- UiPath.Excel.Activities
- UiPath.Mail.Activities

　これらは、新規プロセスプロジェクトを作成したときに既定でインストールされているパッケージです。どの順でインストールしても、結果は同じになります。

［3］変更した依存関係を保存する

　［保存］ボタンをクリックして、［パッケージを管理］ウィンドウを閉じます。

　先ほどと同じように、アクティビティパネルを見てみましょう。表示されるアクティビティが元の状態に戻ったことが確認できます。このほかのパッケージもインストールしてみて、どのようなアクティビティが利用可能になるか確かめましょう。

⚠OnePoint　アクティビティパネルをパッケージ別にグループ化

　アクティビティパネルの上部に配置されている▽ボタン（［フィルター］ボタン）をクリックして表示される［パッケージ別にグループ化］を有効にすると、アクティビティをパッケージ別に表示できます。探しものがすぐに見つかりますね！

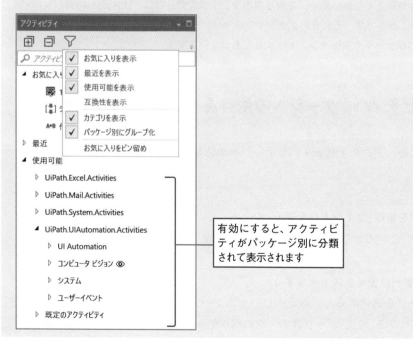

有効にすると、アクティビティがパッケージ別に分類されて表示されます

15-9 パッケージのバージョン

パッケージのバージョンについて

　パッケージファイルには、それぞれバージョン番号が振られています。パッケージのバグが修正されたり、新機能が追加されたりすると、そのパッケージの新しいバージョンが公開されて利用可能になります。

　新しくプロセスを作成するときには、なるべく各アクティビティパッケージの最新のバージョンを使うように依存関係を構成しましょう。

　たとえば、Excelパッケージのリリースノートを確認すると、最近のバージョン履歴は表3のようになっています。

⬤UiPath.Excel.Activities（UiPathリリースノート）より抜粋

https://docs.uipath.com/releasenotes/lang-ja/docs/uipath-excel-activities

⬤表3

バージョン	説明
v2.5.0	フランス語とロシア語の2つの新しい言語に対応するようになりました
v2.4.6863.30657	ワークブックの『範囲を読み込む』が、ハイパーリンクを含むセルの値を正しく読み取れない問題を修正しました
v2.4.6856.17931	14個の新しいアクティビティが追加されました

バージョン間の動作の違いに起因する問題

　同じ名前のパッケージでも、バージョン番号が違うと、動作が微妙に異なる場合があります。次の状況を検討しましょう。

◆図4

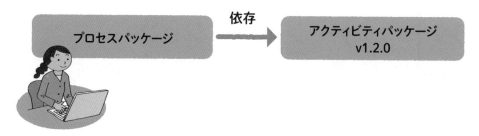

　あるプロセスは、あるアクティビティパッケージv1.2.0に依存しています。このパッケージの新しいバージョンv2.0.0がリリースされていることに気がついた開発者(読者)は、それに依存するようにプロセスの依存関係を更新しました。するとどうでしょう、このプロセスはうまく動かなくなってしまいました!

◆図5

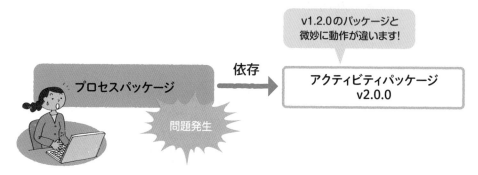

　この問題は、パッケージのバージョン間の挙動の差異に起因して実際に発生することがあります。

　たとえば、v2.0.0に含まれる変更がv1.2.0に含まれていたバグの修正だけだとしても、このような問題が発生する可能性があります。このアクティビティの振舞いが微妙に変わることで、それを呼び出す既存のプロセスの振舞いも変わってしまい、正常動作できなくなることがあるからです。あるいは、含まれる変更がアクティビティの処理速度を向上する修正だけだとしても、自動化のタイミングが合わなくなるなどで、やはり同様の問題が発生する可能性があります。

　アクティビティパッケージを提供する開発者(企業)が良かれと思って修正した内容によっても、既存のプロセスは動かなくなり得るということです。

依存先のバージョンは、むやみに変更すべきではない

　上述の問題を避けるためには、**あるプロセスが依存するアクティビティのパッケージバージョンは、その必要がない限り変更しない**ようにすることが有効です。その必要があるのは、たとえば次のようなときです。

①新しいバージョンのパッケージに含まれるアクティビティの機能改善やバグ修正を取り込みたい。
②新しいバージョンのパッケージに追加されたアクティビティを使いたい。

　繰り返しますが、このような積極的な理由がない限りは**依存先パッケージのバージョンは変更すべきではない**のです。もし、必要があって依存先のバージョンを更新したなら、そのプロセスはテストをやり直して、問題なく動作することを確認しなければなりません。

プロセスの依存は、プロセスごとに別の設定が適用される

　このように、同じバージョンのアクティビティパッケージを使い続ける必要があるとしたら、このアクティビティの新しいバージョンをいつまでたっても使えないではないかと不安に思う読者もいるかもしれません。
　しかし大丈夫、そんなことはありません。この依存関係は、プロジェクトごとに別の設定が適用されるからです。つまり、別のプロセスを新しく作るときには、最新バージョンのアクティビティパッケージを使うことができます。このUiPathの強力な機能を「プロジェクトごとの依存関係」(Dependency per Project)といいます。

🔽図6

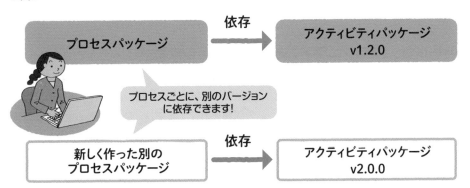

　図の上のプロセスはv1.2.0のパッケージを使い続けることで、下の新しいプロセスはv2.0.0のパッケージを使い続けることで、将来も安定して稼働させることができるというわけです。

> **⚠OnePoint　［プロジェクトごとの依存関係］の機能**
>
> 　［プロジェクトごとの依存関係］は、Studio/Robot 18.3の新機能です。これより古いバージョンからStudio/Robotをバージョンアップすると、意図せず図5の状況になり、まれに既存のプロセスが動かなくなってしまうことがあります。この問題を解決するには、Studio/Robotを18.3以降にバージョンアップして、各プロセスに後述の［ストリクト］ルールを適用の上、再パブリッシュとテストを行うことです。Studio/Robot 18.3以降からより新しいバージョンにバージョンアップした場合には、既存のプロセスが動かなくなる問題はほとんど発生しません。

15-10 ランタイムルール

ランタイムルールについて

　[パッケージを管理]ウィンドウの右側に注目してください。ここにある[ランタイムルール]は、プロセスを実行開始するときに、そのパッケージのバージョンを探すときのルールです。そのパッケージのバージョンを探して見つけることを「パッケージのバージョンを解決する」といいます。

　バージョンを解決できれば、そのバージョンのパッケージをダウンロードしてNuGetキャッシュフォルダーに展開し、そのプロセスを実行することができます。解決できなければ、プロセスの実行開始に失敗します。

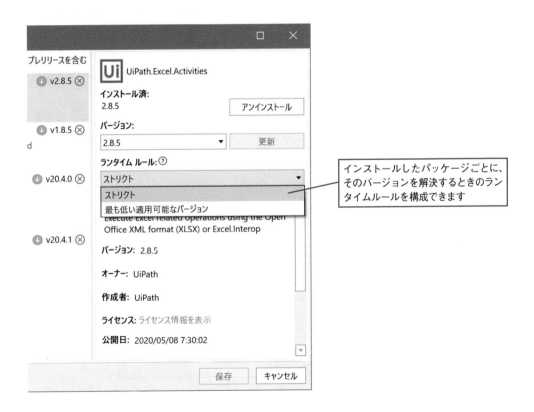

インストールしたパッケージごとに、そのバージョンを解決するときのランタイムルールを構成できます

ランタイムルールには、次の2つがあります。

✅ストリクト (Strict)

既定のランタイムルールです。[パッケージを管理]ウィンドウで指定したバージョンと、厳密に同じバージョンのパッケージに解決します。

もし、このバージョンがどのパッケージソースにも見つからなかった場合はバージョンを解決できないため、このプロセスは実行されません。これはテストされていないパッケージバージョンの組み合わせで実行されることがないので、安全な動作といえます。

> **⚠ OnePoint　NuGetキャッシュ**
>
> もしも当該のバージョンのアクティビティパッケージが、すでにNuGetキャッシュフォルダーに展開済みとなっていた場合には、Studio/Robotはこれをそのまま使用するので、パッケージソースを検索することはありません。この場合には、プロセスの実行をより高速に開始できます。

✅最も低い適用可能なバージョン (LAV：Lowest Applicable Version)

ストリクトと同様に、[パッケージを管理]ウィンドウで指定したバージョンと、同じバージョンのパッケージに解決しようとします。ただし、もしそのバージョンが見つからなかった場合には、それより新しいバージョンの中で最も低い(古い)バージョンに解決します。指定のバージョンに解決できないときは、どのバージョンに解決されるのか分からないので、ストリクトよりも危険なルールといえます。

このような危険なランタイムルールが用意されているのは、次のように表示される状況に対応するためです。

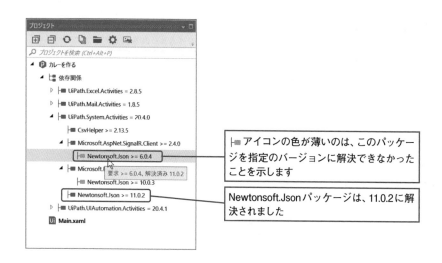

├▫ アイコンの色が薄いのは、このパッケージを指定のバージョンに解決できなかったことを示します

Newtonsoft.Jsonパッケージは、11.0.2に解決されました

　前ページの例では、複数のパッケージがNewtonsoft.Jsonパッケージの別のバージョンに依存しています。しかし、プロセスは同じパッケージの複数のバージョンを同時に使うことはできないので、実行時にはどれか1つのバージョンを選ばなければなりません。このとき、それぞれがストリクトで別のバージョンを指定していると、このプロセスを実行することができなくなってしまいます。

　このようなバージョンの衝突を回避できるように、「最も低い適用可能なバージョン」のルールが用意されているのです。このように、プロセスはストリクト（＝）でパッケージに依存するのが安全ですが、アクティビティやライブラリ（プロセスから見て、子供や孫などにあたるパッケージ）は、その下のパッケージにLAV（>=）で依存することが期待されます。

依存するパッケージは、なるべく少なくする

　前ページの例では、Newtonsoft.Jsonパッケージの6.0.4以上のバージョンを要求している部分がありますが、実際にはこのパッケージは11.0.2に解決されています。これは安全か危険かでいえば、安全です。なぜなら、この組み合わせはUiPathがしっかりテストしていて、問題なく動作することを確認しているからです。

　また、Newtonsoft.Jsonパッケージは、後方互換性を丁寧に考慮しながら開発されており、バージョン間の動作の違いは少なくなっています。

　しかし、一般に依存関係を構成するときの指針として、**依存するアクティビティパッケージの数は少なくするべき**です。必要のない依存関係は、プロジェクトからアンインストールしておきましょう。

---

①OnePoint　バージョン衝突時の解決について

依存するバージョンが衝突したときの解決については、下記のWebサイトを参照してください。

◉依存関係の管理（UiPath Studioガイド）
https://docs.uipath.com/studio/lang-ja/docs/managing-dependencies

15
パッケージの管理

パッケージのバージョンを解決できないときは

　指定したバージョンのパッケージがどのフィードにも存在せず利用できないときには、プロジェクトパネルに次のように表示されます。

　この場合には、次のいずれかによって修復できます。

✅当該のバージョンのパッケージを入手して、任意のパッケージソースに配置する

　一番好ましい方法です。上図の例では、Systemパッケージの18.4.2を入手して、任意のパッケージソースに配置します。パッケージの入手方法については、15-14節の「アクティビティパッケージを入手する」を参照してください。入手したパッケージの配置方法については15-11節の「各端末にアクティビテパッケージを配布する」を参照してください。

✅当該のパッケージの最新バージョンに依存するように、依存関係を更新する

　開発中のプロジェクトなら、最新のバージョンに依存するように依存を更新して、このプロジェクトが意図通り動作するかテストするのが良い選択肢です。プロジェクトの右クリックメニューから[依存関係を修復]をクリックして、依存を更新することもできます。

✅当該のパッケージへの依存を削除する

　もしこのプロジェクトで当該のパッケージを使用していなければ、単純にこの依存を削除することができます。

①OnePoint　依存関係のダウングレード

　次のように、プロセスが直接依存するパッケージバージョンの方が、間接的に依存するパッケージバージョンより古い場合があります。この場合には、古いバージョンの方が実行時に使われるため、そのパッケージは安全に動作できない可能性があります。これを、依存関係のダウングレードといいます。

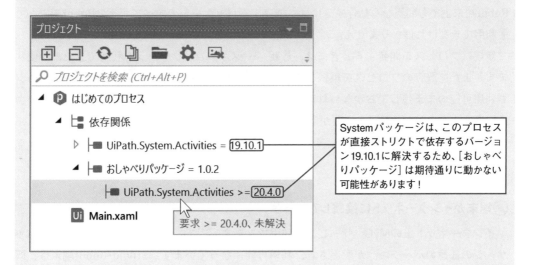

　このような依存関係のダウングレードを検出すると、Studioはその修復を促すダイアログを表示します。ここで[はい]をクリックすると、Studioはプロセスが依存するパッケージのバージョンを自動で更新して、このダウングレードを解消します。

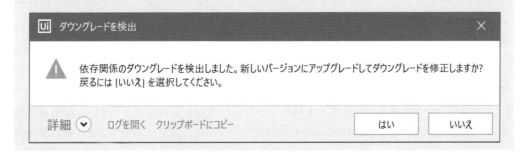

15-11　アクティビティパッケージの配布

各端末にアクティビティパッケージを配布する

　各Studio/Robot端末に登録された各パッケージソースを実際に利用可能(到達可能)にしておくことと、そこに必要なアクティビティ/ライブラリパッケージをライブラリパッケージを配置しておくことはとても大切です。あるStudio端末上で開発したプロセスが、ほかのRobot端末上でも問題なく動作するには、依存するパッケージのすべてがそのRobot端末上でも利用できなければなりません。

　新規にプロセスを開発するときには、最新バージョンのパッケージを利用できた方が便利です。また、既存のプロセスを継続して安定稼働させるには、古いバージョンのパッケージも利用可能のまま残しておかなければなりません。そのため、各パッケージソースをどのように構成すべきか、検討する必要があります。

　Studio/Robot端末の環境に応じて、次の選択肢があります。次ページの図7も参考にしながら読み進めてください。

⊘端末がインターネットに接続しているか

　インターネット上のMyGetサービスを利用できます。ここには、多くのアクティビティパッケージの任意のバージョンが配置され、利用可能になっています。Studio/Robot端末は、既定でMyGetのパッケージソースが登録されているので、そのままの状態で利用できます。

⊘端末がOrchestratorに接続しているか

　OrchestratorサーバーをNuGetサーバーとして利用できます。Studio/Robot端末をOrchestratorに接続すると、そのURLが自動で端末のパッケージソースに登録されます。必要なパッケージをOrchestrator上に配置してください。

⊘端末が社内イントラネットに接続しているか

　ネットワーク上の共有フォルダーもパッケージソースとして利用できます。この共有フォルダーのUNCパスを各Studio/Robot端末のパッケージソース設定に追加すると、それで共有

フォルダーに配置したパッケージが利用可能になります。

　あるいは、社内にNuGetサーバーを構築してパッケージファイルを管理する選択肢もあります。この場合は、そのNuGetサーバーのURLを各端末の設定に追加します。

✅端末の管理者権限があるか

　端末が陸の孤島にあって何らのネットワーク接続が利用できないときは、その端末上にパッケージファイルを直接配置しなければなりません。この端末の管理者権限があれば、既定のローカルソースにコピーすると良いでしょう。このフォルダーの場所は、Studioの[パッケージを管理]ウィンドウで確認してください。

✅端末の管理者権限がないときは

　管理者権限を持たない人は、既定のローカルソースにファイルをコピーできません。ユーザープロファイルフォルダーの下なら、管理者権限がなくてもサブフォルダーを作成できます。そこで、デスクトップやドキュメントなどのフォルダーの下にMyPackagesのような名前でサブフォルダーを作成し、パッケージソースとして各端末に設定することができます。

◎図7

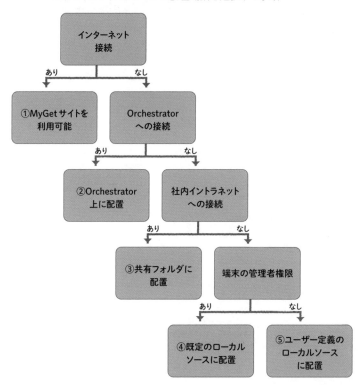

アクティビティパッケージの配置場所を選択する手順

15-12 プロジェクト依存関係の一括更新ツール

プロジェクト依存関係の一括更新ツールについて

　前述の通り、プロセスが依存するパッケージのバージョンはむやみに変更するべきではありません。しかし、それが必要なときもあります。たとえば、自動化対象のアプリケーションのバージョンアップに対応するために、新しいバージョンのアクティビティパッケージを使うように、既存のプロセスの依存関係を更新したいときなどです。

　これには、[プロジェクト依存関係の一括更新ツール]が便利です。これは、Studioの
Backstageビューの[ツール]タブから起動できます。ウィザード形式で、複数のプロジェクトの依存関係をまとめて更新し、パブリッシュまでできる優れものです。ただし、依存を更新したプロセスは、これまで通り動作するかどうか、必ずテストするようにしてください。

15-13　パッケージファイル

パッケージファイルについて

　パッケージファイルとは、実行可能ファイルを配布しやすい形式に梱包したもので、その拡張子は.nupkgです。このファイル形式は、MicrosoftのNuGetにより規定されています。

　NuGet（new getに由来）は、.NET環境（Microsoftがサポートするソフトウェア開発・実行環境）において、ソフトウェアを簡単にほかの人に配布できるようにするための仕組みです。この仕組みで定義されたソフトウェア配布の単位が、パッケージファイルというわけです。これはバージョン管理も容易に行えるようになっており、ソフトウェアを配布する単位として扱いやすいものです。

🌐NuGet Gallery

https://www.nuget.org/

パッケージファイルの内容を確認する

　パッケージファイルの構造は、ZIPファイル（PCでよく使われる圧縮形式）と同じです。このため、パッケージファイルの拡張子を「.zip」に変更すると、これをファイルエクスプローラーでアンパックして中身を見ることができます。パブリッシュして作成したプロセスパッケージファイルの拡張子を「.zip」に変更してみてください。プロジェクトで作成したワークフローファイル（.xaml）が、そのままこの中に含まれていることが確認できるはずです。

パッケージファイルの中には、機密情報を含めないようにする

　前述の通り、パッケージファイルの中に機密情報を記載してしまうと、この情報はパッケージを入手した人に筒抜けになってしまいます。このため、ワークフローの中には機密情報を直接記載してはいけません。

　たとえば、変数の既定値や、アクティビティのプロパティ値の中にパスワードなどを直接記載すると、それはプロセスパッケージファイルの中で丸見えになってしまいます。ワークフローでパスワードを安全に扱う方法については、9-8節の「資格情報マネージャーでパスワードを管理する」で説明しています。

15-14　よく使うアクティビティパッケージ

よく使うアクティビティパッケージについて

　Studio/Robotの既定のローカルソースに含まれる以外にも、たいへん多くのアクティビティパッケージが利用可能になっています。この多くは外部のシステムをAPIで呼び出す（画面操作を伴わない）ため、高速に安定して動作します。これらをプロジェクトにインストールすることより、簡単にUiPathの機能を強力に拡張できます。

　表4に、主なアクティビティパッケージを列挙します。なお、これらのパッケージに含まれるアクティビティの使い方はとサポートポリシーは、それぞれ下記のWebサイトにあります。

◉UiPath Activitiesガイド

https://docs.uipath.com/activities/lang-ja

◉プロダクトライフサイクル

https://www.uipath.com/ja/product-lifecycle

> **①OnePoint　Integration Serviceについて**
>
> 　次ページの表には記載していませんが、外部サービスによってはIntegration Serviceをサポートする新しいパッケージがリリースされていることに留意してください。たとえば、クラウドストレージBox.comを操作するには、新しいパッケージUiPath.Box.IntegrationService.Activitiesを利用できます。Box.comのほか、Integration ServiceでUiPathと統合された外部サービスの一覧はAutomation Cloudの［⁜ Integration Service］画面で確認できます。
>
> 　［⁜ Integration Service］を利用するには、この画面に外部サービスの既存ユーザーの認証情報を登録します。Orchestratorに接続されたStudio/Robotは、この認証情報を使って外部サービスにアクセスできます。Integration Serviceのパッケージを使うプロセスをパブリッシュし、この詳細をAssistantウィンドウの設定画面で確認してみてください。そのため、外部サービス側でOAuthなどによるアプリ（自動化プロセス）用の認証を構成する必要がなく、とても簡単に使えます。17-1節の「Automation Cloudの活用」も参照してください。

⬇表4

分類		パッケージ名 (UiPath.XXX.Activities)	内容
既定		System	自動化プロセス作成の基盤
		UIAutomation	画面操作の基盤
		Excel	Microsoft Excelを操作
		Mail	さまざまなプロトコルでメールを送受信
Orchestrator		DataService	UiPathデータサービスを操作
		Persistence	Action Centerにより、自動化処理に人の承認プロセスを介在
プログラミング	CV	ComputerVision.LocalServer	ComputerVisionのローカルサーバーを利用可能にする
	StudioX	ComplexScenarios	StudioX用の共通シナリオ部品
	データベース	Database	データベースに接続して操作
	フォーム	Form	Attended用のカスタム入力フォームを簡単に作成
	Web	WebAPI	XMLやJSONファイルの処理や、SOAPの呼び出しなど、Web関連技術を操作
	言語	Java	JAR(Java Archive)ファイルからクラスファイルをロードして、Javaプログラムを実行
		Python	Pythonスクリプトやメソッドを実行
	通信	FTP	FTPプロトコルでファイルを転送
		IPC	プロセス間通信でメッセージを受配信
	暗号	Cryptography	データをさまざまなアルゴリズムでハッシュ化、暗号化、復号化
		Credentials	Windows資格マネージャーでパスワードを管理
ソフトウェアテスト		Testing	ソフトウェアテストを自動化
		MobileAutomation	モバイル端末の操作を自動化
デスクトップアプリ		ExchangeServer	Microsoft Exchangeのメールボックスやカレンダーなどを操作
		PDF	PDFやXPSファイルからデータを抽出
		Presentations	Microsoft PowerPointを操作
		Terminal	IBMやMicro Focusなどのターミナルを操作
		Word	Microsoft Wordを操作
OCR	エンジン	OCR	UiPath、Microsoft、GoogleのOCRエンジン(既定でUIAutomationに含まれる)
		OmniPage	KofaxのOCRエンジン
		AbbyyEmbedded	AbbyyのOCRエンジン
	サードパーティ	Abbyy	Abbyy FineReader および FlexiCaptureとの連携、DUとの連携(分類子と抽出子)
		Amazon.Textract	AmazonのOCRサービス
	Document Understanding	IntelligentOCR	Document Understandingを操作
		DocumentUnderstanding.ML	機械学習(Machine Learning)による、Document Understanding用の分類子、抽出子、トレーナー
		DocumentUnderstanding.OCR.LocalServer	OCRローカルサーバーを利用可能にする

		MLServices	UiPath AI Centerと機械学習モデルを操作
機械学習		GoogleVision	Google Cloud Vision API（画像分析サービス）を操作
		MicrosoftVision	Microsoft Vision（画像分析サービス）を操作
IT管理		ActiveDirectoryDomainServices	Microsoftのアクティブディレクトリドメインサービスを操作
		Citrix	Citrixを操作
仮想マシン		HyperV	Microsoft Hyper-Vを操作
		VMware	VMwareを操作
クラウド	仮想マシン	AmazonWebServices	Amazon AWSクラウドを操作
		Azure	Microsoft Azureクラウドを操作
		GoogleCloud	Googleクラウド（GCP）を操作
		Oracle.IntegrationCloud.Process	Oracleクラウド（OIC）を操作
	仮想デスクトップ	AmazonWorkSpaces	Amazon WorkSpacesを操作
		AzureWindowsVirtualDesktop	Microsoft Azure WVDを操作
	IT管理	SystemCenter	Microsoft System Center Orchestratorを操作
		AzureActiveDirectory	Microsoft Azureアクティブディレクトリを操作
	ストレージ	Box	Boxクラウドストレージを操作
	アプリ	GSuite	Googleアプリケーション（ドキュメント、Gmailなど）を操作
		MicrosoftOffice365	Microsoft Office 365を操作
	自然言語	Cognitive	複数のプロバイダによる翻訳や感情分析サービスを操作
	処理	Amazon.Comprehend	Amazon Comprehendを操作
		MicrosoftTranslator	Microsoftのクラウド機械翻訳サービスを操作
	音声認識	GoogleSpeech	Googleの音声合成・音声認識サービス
	電子署名	Adobe.AdobeSign	Adobeの電子署名を操作
		DocuSign	DocuSignの電子署名を操作
	ERP	MicrosoftDynamics / MicrosoftDynamicsCRM	Microsoft Dynamics 365を操作
		OracleNetSuite	Oracle NetSuiteを操作
		Salesforce	Salesforceを操作
		SAP.BAPI.Activitie / SAPCloudForCustomer	SAP Business APIを操作
		ServiceNow	ServiceNowを操作
	プロジェクト管理	Jira	Jiraを操作
		Smartsheet	Smartsheetを操作
	コミュニケーション	Slack	Slackを操作
	データ分析	Alteryx	Alteryxを操作
		Tableau	Tableauを操作
	マーケティング	Marketo	Adobe Marketoを操作
	システム統合	Workato	Workatoを操作
	人材管理	SuccessFactors	SAP SuccessFactorsを操作
		Workday	Workdayを操作

アクティビティパッケージを入手する

　各アクティビティパッケージの利用可能なバージョンは、下記のWebサイトよりダウンロードできます。

🔽**MyGet**

https://myget.org/feed/workflow/package/nuget/＜パッケージ名＞

　たとえば、Excelアクティビティパッケージの過去のバージョン履歴は、下記のWebサイトを参照してください。

🔽**workflow - UiPath.Excel.Activities**

https://myget.org/feed/workflow/package/nuget/UiPath.Excel.Activities

各パッケージのバージョン履歴を確認する

　各パッケージファイルのリリースノートは、下記のWebサイトより参照できます。

🔽**UiPath リリースノート**

https://docs.uipath.com/releasenotes/lang-ja

Column　RPAのテスト⑪ テストで運用データを壊さないようにする

　RPAのテストで課題となりやすいのは、「いかに運用データを壊さずにテストするか」です。テストをするたびに、運用データが書き換わったり削除されたりしないようにしなければなりません。理想的には、運用環境とは別にテスト環境を構築し、そこでテストを実行できれば良いのですが、そこまでやるのはとても手間がかかります。

　そこで、本番データを更新しないテスト用の動作モードをワークフロー側に実装して、それを設定ファイルで切り替えられるようにしておくなどの工夫があります。ただし、本番用とテスト用でコードががっつり切り替わるようにしてしまうと、肝心の本番用コードをテストしないことになり本末転倒です。可能な限り、コードのロジックは本番用とテスト用で切り替えずに完全に同一のものにして、処理対象のフォルダー名やデータベース接続文字列などを設定ファイルで切り替えるようにすると良いでしょう。けっきょく、テスト用の環境を部分的に用意する、ということになる訳ですが、独立した完全なテスト用の環境をまるまる用意するよりはずっと安くすみます。

Chapter

16

ライブラリの開発

16-1 ライブラリ

ライブラリについて

みなさんが、とても便利なワークフローを作成したとします。そうしたら、きっとこの素敵なワークフローを共通部品として、みなさんのチームに配布したいと思うでしょう。

このようなときは、ライブラリパッケージを使うと便利です。ライブラリの中に入れたワークフローは、ほかのアクティビティとまったく同様に利用できます。つまり、ライブラリパッケージへの依存をプロセスにインストールすると、そのライブラリの中に含まれるワークフローはアクティビティとしてアクティビティパネルに表示されるのです。

これらはデザイナーパネルにドラッグ＆ドロップして、簡単に呼び出すことができます。『ワークフローファイルを呼び出し』を使う必要はありません。バージョン管理もアクティビティパッケージと同様に行うことができるので、たいへん便利です。

アクティビティパッケージとの違い

各アクティビティパッケージには、複数のアクティビティが含まれています。たとえば、UIAutomationパッケージには『クリック』や『テキストを取得』などが含まれます。

これらは、プログラミング言語のC#を使って作成されています。ワークフロー上に配置されたこれらのアクティビティは、ワークフロー設計時にも動作し、Studio上で高度な編集機能を提供させることができます。

たとえば、『クリック』の[セレクター]プロパティはプロパティパネルからセレクターエディターを起動したり、『文字列の一致をチェック』の前面にあるボタンは正規表現ビルダーを起動したりできます。

●図1

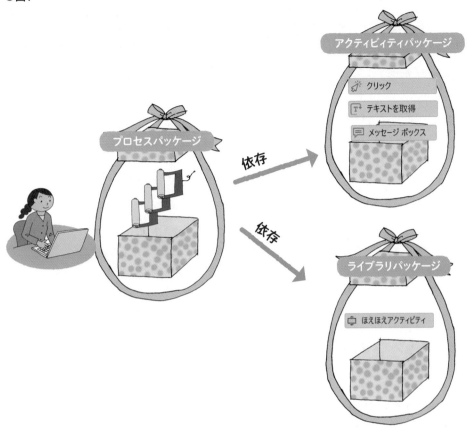

　一方で、ライブラリパッケージにも、複数のアクティビティを含めることができます。こ
れらのアクティビティは、ワークフローファイルを使って簡単に作成できることが大きなメ
リットです。

　たとえば、「ほえほえアクティビティ.xaml」というワークフローファイルを作ってライブ
ラリの中に入れると、それはそのまま『ほえほえアクティビティ』というアクティビティにな
ります。

　ただし、ワークフローで作成したアクティビティは、Studio上で設計時にも動作して高度
な機能(たとえば子アクティビティを配置できるスコープアクティビティや、セレクターのよ
うなカスタムプロパティエディター、正規表現ビルダーなど)を実現することはできません。
これは、C#で開発されたアクティビティパッケージと比べたときのデメリットです。

◉表1

パッケージの種類	開発に必要な言語 （プログラムの拡張子）	開発の難易度	高度なアクティビティの実現 （スコープアクティビティやカスタムプロパティエディターなど）
アクティビティパッケージ	C# （.cs）	ちょっと難しい	可能
ライブラリパッケージ	ワークフロー （.xaml）	すごく簡単	不可能

> **Column　C#によるカスタムアクティビティの作成**
>
> 　本書では、C#による高度なアクティビティパッケージの開発手順の詳細は説明しませんが、ここに概要だけを示しておきます。
>
> [1] Microsoft Visual Studioで、C#のクラスライブラリプロジェクトを作成
> [2] CodeActivityクラスもしくはNativeActivityクラスを継承して、新しいクラスを作成
> [3] プロジェクトをビルドして、.dllファイルを作成
> [4] パッケージエクスプローラーで新規にパッケージファイルを作成
> [5] パッケージエクスプローラーのPackage contentsで右クリックして [Add Lib Folder] を選択し、libフォルダーを作成
> [6] 作成した.dllファイルを、libフォルダーに追加
> [7] パッケージのメタ情報を編集し、Idに「Activities」を含む名前をつける
> [8] このパッケージファイルを保存し、Studioのパッケージソースにコピー
> [9] このパッケージファイルを、プロセスプロジェクトにインストール
>
> 　なお、[2] の手順でActivityクラスを継承せずに作成したクラスをパッケージにした場合、このクラスはアクティビティにはなりませんが、Studioの変数パネルで型として利用できるようになります。C#になじんだ開発者には役に立つでしょう。
>
> ◉カスタムアクティビティの作成（UiPath Activitiesガイド）
> https://docs.uipath.com/activities/lang-ja/docs/creating-a-custom-activity
>
> ◉NuGet Package Explorer
> https://www.microsoft.com/ja-jp/p/nuget-package-explorer/9wzdncrdmdm3

16-2　本章で作成するアクティビティ

本章で作成するアクティビティについて

本章では、例として4つのアクティビティを作成します。

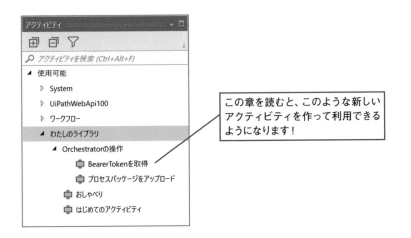

この章を読むと、このような新しいアクティビティを作って利用できるようになります！

✅『はじめてのアクティビティ』

メッセージボックスを表示するだけのアクティビティです。これを作成しながら、ライブラリに対する理解を深めていきます。

✅『おしゃべり』

.NETの音声合成機能を使って、プロパティに設定したテキストを読み上げるアクティビティです。ライブラリの可能性や拡張性を感じましょう。

✅Orchestratorの操作

Orchestratorにプロセスパッケージをアップロードする標準のアクティビティはありません。そこで、『プロセスパッケージをアップロード』をOrchestrator APIを使って実装します。

また、その処理に必要となる認証情報を得るアクティビティとして、『BearerTokenを取得』も作成します。

16-3 『はじめてのアクティビティ』の作成

『はじめてのアクティビティ』を作成する手順

ライブラリ「わたしのライブラリ」を作成し、この中に『はじめてのアクティビティ』を作ります。

手順① 新規にライブラリプロジェクトを作成する
手順② ワークフローの名前を変更する
手順③ はじめてのアクティビティ .xamlを実装する
手順④ 不要な依存を削除する
手順⑤ パブリッシュして、ライブラリパッケージを作成する

手順① 新規にライブラリプロジェクトを作成する

StudioでホームリボンからBackstageビューを開き、新規にライブラリプロジェクトを作成します。プロジェクトの名前は「わたしのライブラリ」とします。

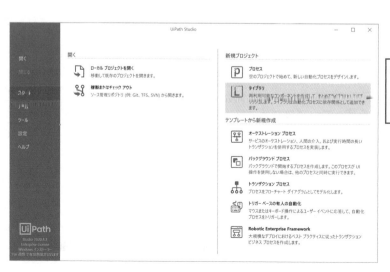

❶ Backstageビューの［スタート］タブから、新規にライブラリプロジェクトを作成します

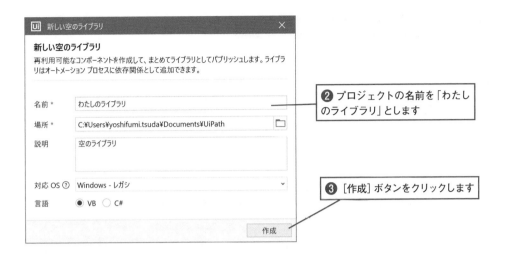

手順② ワークフローの名前を変更する

プロジェクトパネルで「NewActivity.xaml」を右クリックし、メニューから[名前を変更]を選択して、このファイル名を「はじめてのアクティビティ .xaml」に変更します。

あるいは、「NewActivity.xaml」を選択して[F2]キーを押しても、名前を変更できます。

16
ライブラリの開発

❷ 新しい名前を入力します。拡張子（.xaml）は自動で補完されるので、入力の必要はありません

手順③ はじめてのアクティビティ.xamlを実装する

プロジェクトパネルで「はじめてのアクティビティ .xaml」をダブルクリックし、デザイナーパネルで開いてください。これを次のように実装します。できたら、［ファイルをデバッグ］ボタンをクリックして、期待通り動作するか確認してください。

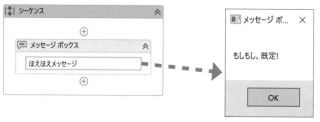

名前	方向	引数の型	既定値
ほえほえメッセージ	入力	String	"もしもし、既定!"
引数の作成			

変数　引数　インポート　　　　🖐　🔎　100%　⌄　◳　⛶

引数パネルに作成しましょう！　誤って変数パネルに作成しないように注意してください。この引数「ほえほえメッセージ」は、いま作成している『はじめてのアクティビティ』のプロパティとして利用可能になります

手順④ 不要な依存を削除する

ライブラリプロジェクトをパブリッシュする前に、必ず不要な依存を削除しましょう。こ
れはプロセスプロジェクトにおいても有益ですが、ライブラリプロジェクトにおいてはより
大切なプラクティスです。このライブラリが依存するパッケージは、このライブラリに依存
するパッケージにも影響があるからです。

このライブラリにおいては、UiPath.System.Activitiesパッケージのみ必要となるので、そ
れ以外のアクティビティパッケージはすべて削除します。なお、この手順は［デザイン］リボ
ンにある［未使用を削除］から［依存関係］を選択することで、簡単に行うこともできます。こ
の操作は、パブリッシュ前の習慣にしましょう。

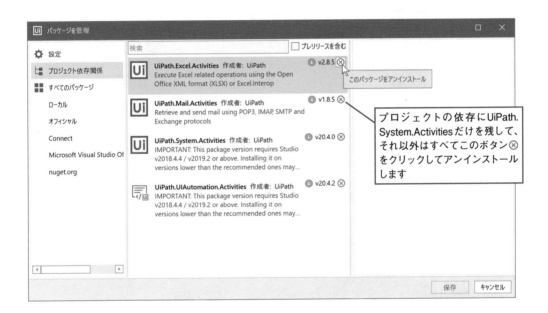

565

手順⑤ パブリッシュして、ライブラリパッケージを作成する

デスクトップの下に「わたしのパッケージソース」フォルダーを作成し、ここにパブリッシュしてライブラリパッケージファイルを作成します。

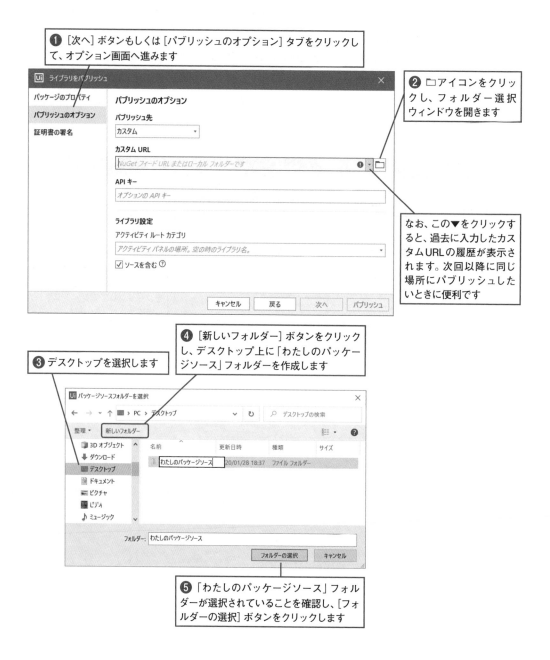

❶ [次へ] ボタンもしくは [パブリッシュのオプション] タブをクリックして、オプション画面へ進みます

❷ □アイコンをクリックし、フォルダー選択ウィンドウを開きます

なお、この▼をクリックすると、過去に入力したカスタムURLの履歴が表示されます。次回以降に同じ場所にパブリッシュしたいときに便利です

❹ [新しいフォルダー] ボタンをクリックし、デスクトップ上に「わたしのパッケージソース」フォルダーを作成します

❸ デスクトップを選択します

❺ 「わたしのパッケージソース」フォルダーが選択されていることを確認し、[フォルダーの選択] ボタンをクリックします

　[ライブラリをパブリッシュ]ウィンドウに戻ったら、そのまま[パブリッシュ]ボタンをクリックしてください。次のダイアログが表示されれば成功です！

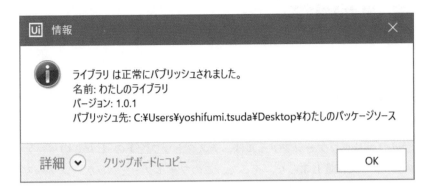

16

ライブラリの開発

---

① OnePoint　既定のパブリッシュ先の場所を設定しておく

　StudioのBackstageビューの[設定]にある[場所]で、ライブラリのパブリッシュ先URLの既定の場所を設定しておくことができます。

🔍 Hint

　StudioがOrchestratorに接続されていれば、Orchestratorテナントライブラリフィードにパブリッシュしてください。この場合には、16-4節の「ユーザー定義のパッケージソースを追加する」手順は不要です。16-5節の「作成したライブラリをテストする」に進んでください。

16-4 ユーザー定義のパッケージソースを追加する

パッケージソースの追加

前節で作成したライブラリパッケージファイルは、デスクトップ配下の「わたしのパッケージソース」というフォルダーに配置しました。そこで、このフォルダーをパッケージソースとして利用できるようにしましょう。これは、[パッケージを管理]ウィンドウで行えます。

できたら、追加された「わたしのパッケージソース」をクリックしてみましょう。先ほど作成したパッケージ「わたしのライブラリ」が利用可能になっていることが確認できます。[キャンセル]をクリックして[パッケージを管理]ウィンドウを閉じてください。

次節では、このライブラリをテストするためのプロセスプロジェクトを作成しましょう。

　パッケージソースの設定は、すべてのプロジェクトで共通です。そのため、これはプロジェクトを開いていない状態でも設定できます。これには、Studioの［ホーム］リボンをクリックしてBackstage ビューを開き、［設定］から［パッケージソースを管理］を開きます。

⚠**OnePoint**　**循環参照**

　ライブラリプロジェクト「わたしのライブラリ」に、自分自身（パッケージ「わたしのライブラリ」）への依存をインストールすることはできません。これは、循環参照のためエラーになってしまうからです。これについては、Chapter15の「パッケージの管理」のOnePoint「循環参照」を参照してください。

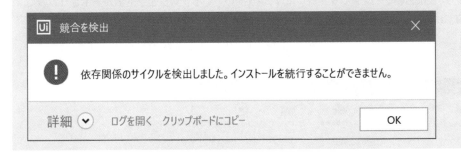

16

ライブラリの開発

16-5　作成したライブラリをテストする

「わたしのライブラリ」のテスト

　次の手順で「あなたのプロセス」プロジェクトを作成し、前節で作成したライブラリ「わたしのライブラリ」をテストしましょう。

> StudioでホームリボンからBackstageビューを開き、新規にプロセスプロジェクトを作成してください。プロジェクトの名前は「あなたのプロセス」とします

① OnePoint　複数のプロジェクトを並行して開発する

　Studioは、同時に複数のプロジェクトを開くことはできません。別のプロジェクトを開きたくなったら、現在開いているプロジェクトを閉じなければなりません。もしもお使いのPC端末の性能が許せば、Studioを複数起動して、それぞれで別のプロジェクトを開くことができます。その場合には、現在どちらのStudioでどちらのプロジェクトを操作しているのか、間違えないようにしましょう。Studioのウィンドウタイトルには、現在開いているプロジェクト名が表示されるので、これを頻繁に確認しながら作業すると良いでしょう。

> Studioのウィンドウタイトルには、現在開いているプロジェクトの名前が表示されます

　次節より、次の手順でプロセスを完成させます。

手順① プロセスプロジェクトに、ライブラリパッケージをインストールする
手順②『はじめてのアクティビティ』を配置する
手順③ デバッグ実行して結果を確認する

手順① ライブラリパッケージをインストールする

　このプロジェクト内で、先ほど作成したアクティビティを使えるようにしましょう。［デザイン］リボンにある［パッケージを管理］ボタンをクリックし、次の手順で「わたしのライブラリ」パッケージをインストールします。

❸ ランタイムルールが［ストリクト］になっていることを確認し、［インストール］ボタンをクリックします

❷ 「わたしのライブラリ」を選択します

❶ 「わたしのライブラリ」パッケージをパブリッシュしたフィードを選択します。スタンドアロンの場合は「わたしのパッケージソース」、オンラインの場合は「Orchestrator上のフィードにパブリッシュした場合には「Orchestrator Tenant」です

❹ ［保存］ボタンをクリックして、ウィンドウを閉じます。「わたしのライブラリ」への依存が、「あなたのプロセス」プロジェクトにインストールされます

16
ライブラリの開発

手順②　『はじめてのアクティビティ』を配置する

デザイナーパネルでMain.xamlを開きます。アクティビティパネルで『はじめてのアクティビティ』を探して、これをMain.xamlに配置してください。

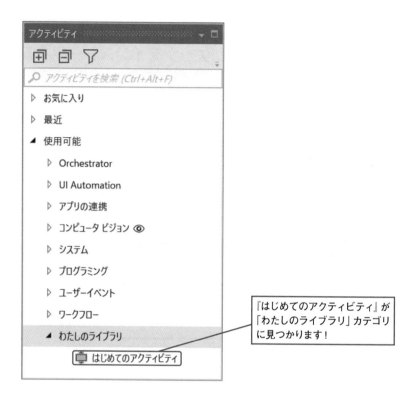

> 『はじめてのアクティビティ』が「わたしのライブラリ」カテゴリに見つかります！

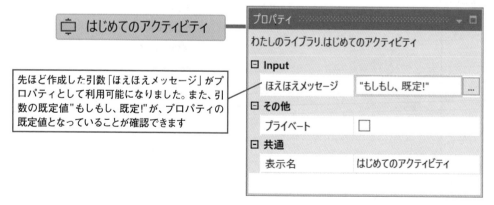

> 先ほど作成した引数「ほえほえメッセージ」がプロパティとして利用可能になりました。また、引数の既定値"もしもし、既定!"が、プロパティの既定値となっていることが確認できます

手順③ デバッグ実行して結果を確認する

［ほえほえメッセージ］のプロパティ値を"はろー、既定!"に変更して、実行してみましょう。このプロパティ値が、正しくライブラリ内のワークフローファイル「はじめてのアクティビティ.xaml」に引き渡されていることが確認できます。

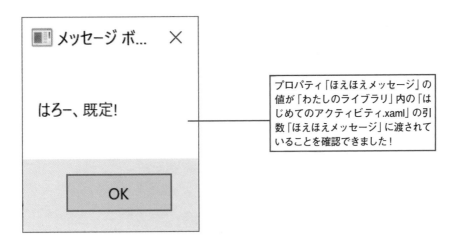

プロパティ「ほえほえメッセージ」の値が「わたしのライブラリ」内の「はじめてのアクティビティ.xaml」の引数「ほえほえメッセージ」に渡されていることを確認できました！

---

①OnePoint　再利用可能コンポーネント

　ライブラリに入れることにより、アクティビティと同様に利用できるようになったワークフローを「再利用可能コンポーネント」(Reusable Component)ということもあります。この名前はちょっと長くて煩雑なので、本書ではアクティビティで統一します。

16-6 ライブラリの修正

ライブラリを修正する手順

前節で作成した『はじめてのアクティビティ』に、機能を追加しましょう。この機能は、メッセージボックスを表示した時刻を、このキャプション（ウィンドウタイトル）に表示するものとします。

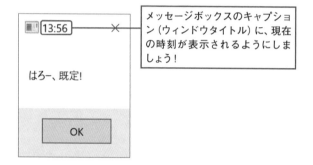

Backstageビューの［最近使用したプロジェクト］から「わたしのライブラリ」プロジェクトを開いてください。次の手順で、この機能を追加します。

手順① はじめてのアクティビティ .xamlに機能を追加する
手順② パブリッシュして、ライブラリパッケージを作成する

手順① はじめてのアクティビティ.xamlに機能を追加する

プロジェクトパネルで『はじめてのアクティビティ』をダブルクリックし、デザイナーパネルで開きます。配置されている『メッセージボックス』の［キャプション］プロパティに次を設定します。設定したら、［ファイルをデバッグ］して結果を確認してください。上の画面のように表示されれば成功です！

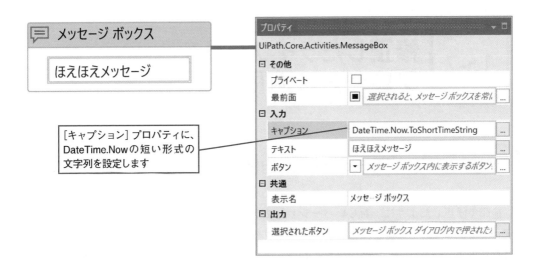

[キャプション] プロパティに、
DateTime.Now の短い形式の
文字列を設定します

手順② パブリッシュして、ライブラリパッケージを作成する

前節と同じ手順で、先ほどと同じフォルダーにパブリッシュしてください。ここまででき
たら、「あなたのプロセス」プロジェクトを開き、そのまま [ファイルをデバッグ] ボタンをク
リックして、実行結果を確認してみましょう。なんと、**先ほどの修正が反映されていない**こ
とがわかります。この理由を、次節で説明します。

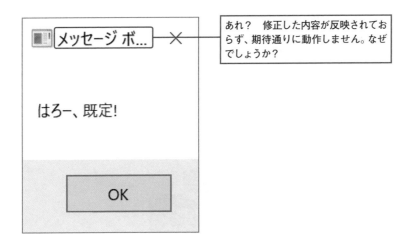

あれ？　修正した内容が反映されてお
らず、期待通りに動作しません。なぜ
でしょうか？

16-7 修正したライブラリを プロセスに適用する

新しいバージョンのライブラリは、自動で適用されないようになっている

　前節で修正したように、新しいバージョンのライブラリは、それまでのものと少し動作が変わっています。この影響により、このライブラリに依存するプロセスも動作が変わることになります。つまり、今まで問題なく動作していたプロセスが、動かなくなってしまう可能性もあるわけです。

　それでは困るので、新しいバージョンのライブラリが利用可能になっても、これに依存するプロセスは自動ではその新しいライブラリを参照しないようになっています。前節で修正が反映されなかったのは、このためです。

　新しいバージョンのライブラリを使いたいプロセスは、明示的にそのバージョンを使うように依存関係を構成し直す必要があります。

●図2

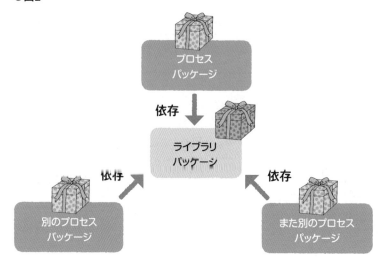

Hint
　すべてのプロセスが、そのライブラリのバージョンアップ（動作変更）を望んでいるわけではありません！

プロセス「あなたのプロセス」の依存関係を更新する

　Backstageビューの［最近使用したプロジェクト］から、「あなたのプロセス」プロジェクトを開いてください。次の手順で、このプロジェクトが新しいバージョンの「わたしのライブラリ」を使うように設定を変更しましょう。

手順① ［パッケージを管理］ウィンドウで依存関係を更新する
手順② 動作を確認する

手順①　［パッケージを管理］ウィンドウで依存関係を更新する

　［デザイン］リボンの［パッケージを管理］ボタンには、⬆がオーバーレイ表示されているはずです。これは、新しいバージョンのパッケージが利用可能であることを示します。この［パッケージを管理］ボタンをクリックして、［パッケージを管理］ウィンドウを開きましょう。

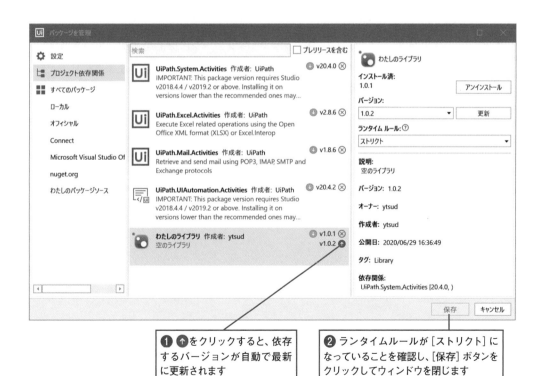

❶ ⬆をクリックすると、依存するバージョンが自動で最新に更新されます

❷ ランタイムルールが［ストリクト］になっていることを確認し、［保存］ボタンをクリックしてウィンドウを閉じます

手順② 動作を確認する

　[ファイルをデバッグ]ボタンをクリックして、動作を確認してください。次のように表示されれば成功です！　必要に応じて、このプロセスをパブリッシュしておきましょう。

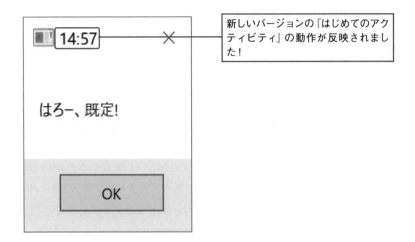

新しいバージョンの『はじめてのアクティビティ』の動作が反映されました！

　本章のこの後の節でも、「わたしのライブラリ」パッケージに機能を追加していきます。そうしたら、本節に説明した手順で「あなたのプロセス」プロジェクトの依存を更新して、修正した「わたしのライブラリ」の機能を試すことができるようにしてください。

16-8 アクティビティの説明を
ツールチップで表示する

アクティビティのツールチップヘルプ

　標準のアクティビティでは、アクティビティパネルでアクティビティ名の部分にマウスポインターをホバーすると、そのアクティビティの説明がツールチップで表示されます。

　下記は、アクティビティパネルで『メッセージボックス』をホバーしたときの例です。

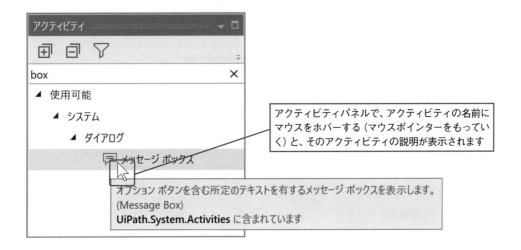

　このようなツールチップヘルプを、ライブラリで作成したアクティビティにも追加できます。「わたしのライブラリ」プロジェクトを開き、プロジェクトパネルを確認してください。

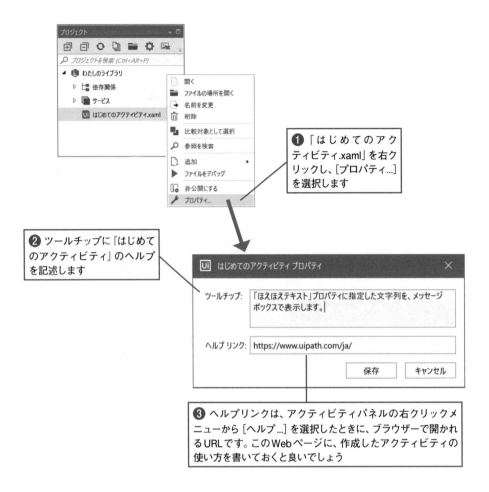

❶「はじめてのアクティビティ.xaml」を右クリックし、[プロパティ...]を選択します

❷ ツールチップに『はじめてのアクティビティ』のヘルプを記述します

❸ ヘルプリンクは、アクティビティパネルの右クリックメニューから [ヘルプ...] を選択したときに、ブラウザーで開かれるURLです。このWebページに、作成したアクティビティの使い方を書いておくと良いでしょう

　設定できたら[保存]ボタンをクリックし、このライブラリをパブリッシュしましょう。この新しいバージョンのライブラリをプロセスプロジェクトにインストールすると、アクティビティパネルにこのツールチップが表示されるようになります。

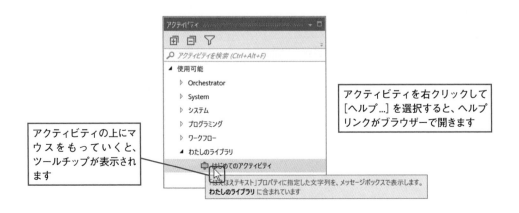

アクティビティを右クリックして[ヘルプ...]を選択すると、ヘルプリンクがブラウザーで開きます

アクティビティの上にマウスをもっていくと、ツールチップが表示されます

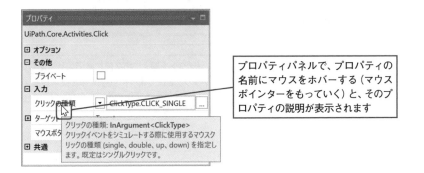

16-9　プロパティの説明を ツールチップで表示する

プロパティのツールチップヘルプ

標準のアクティビティでは、プロパティエディターでプロパティ名の部分にマウスポインターをホバーすると、そのプロパティの説明がツールチップで表示されます。下記は、『メッセージボックス』のプロパティパネルの例です。

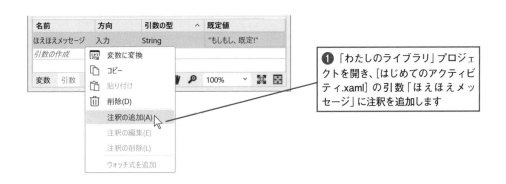

ライブラリの中で作成できるアクティビティにも、同じようにプロパティの説明を表示させることができます。ワークフローの引数に注釈を追加すると、これがプロパティのツールチップで表示されるようになります。これにより、ライブラリパッケージをより使いやすく、魅力的にすることができます。

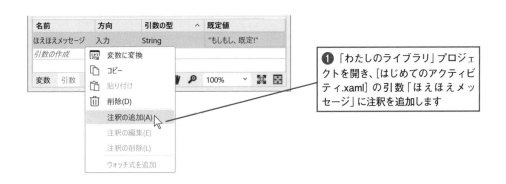

❶ 「わたしのライブラリ」プロジェクトを開き、[はじめてのアクティビティ.xaml] の引数「ほえほえメッセージ」に注釈を追加します

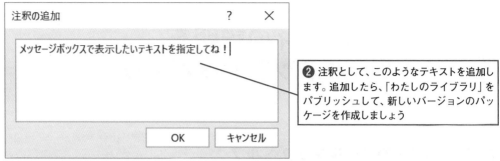

❷ 注釈として、このようなテキストを追加します。追加したら、「わたしのライブラリ」をパブリッシュして、新しいバージョンのパッケージを作成しましょう

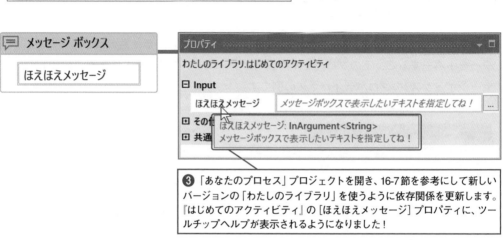

❸ 「あなたのプロセス」プロジェクトを開き、16-7節を参考にして新しいバージョンの「わたしのライブラリ」を使うように依存関係を更新します。『はじめてのアクティビティ』の [ほえほえメッセージ] プロパティに、ツールチップヘルプが表示されるようになりました！

16-10 アクティビティを カテゴリ別に表示する

カスタムアクティビティの分類方法

　ライブラリで作成するアクティビティは、アクティビティパネルにカテゴリ別で表示されるようにできます。これは、1つのライブラリに複数のアクティビティを入れるときには、必須のテクニックです。これには、2つの方法があります。

方法① ワークフローファイルをフォルダーで分類する
方法② アクティビティルートカテゴリを活用する

方法① ワークフローファイルをフォルダーで分類する

　ライブラリプロジェクトにおいて、ワークフローファイルをプロジェクトフォルダーのサブフォルダーに配置すると、このサブフォルダーがアクティビティのカテゴリになります。フォルダーとカテゴリが、ワークフローとアクティビティが、それぞれ対応していることを確認してください。

◉図3

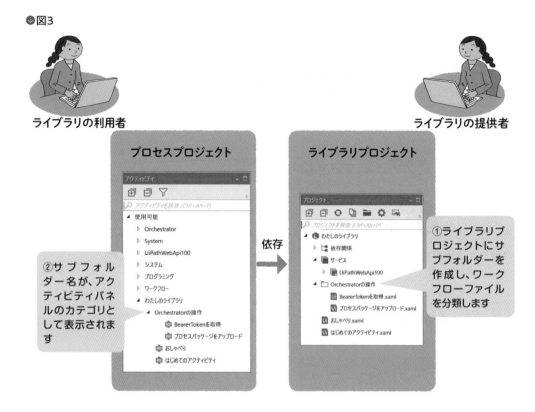

ライブラリの利用者　　　　　　　　　　　　　　　　　　　ライブラリの提供者

②サブフォルダー名が、アクティビティパネルのカテゴリとして表示されます

①ライブラリプロジェクトにサブフォルダーを作成し、ワークフローファイルを分類します

依存

　なお、ワークフローファイルを配置したサブフォルダー名は、そのアクティビティの名前の一部になります。つまり、ワークフローファイルを別のフォルダーに移動すると、このワークフローにより実装されたアクティビティは名前が変わってしまいます。

　たとえば、「わたしのライブラリ」のプロジェクト内で「はじめてのアクティビティ.xaml」をプロジェクトフォルダー直下の「共通部品」サブフォルダーに移動すると、このアクティビティの名前は次のように変化します。

プロパティパネルの上部で、アクティビティの本当の名前を確認できます

ワークフローファイルをサブフォルダーに移動すると、伴いそのアクティビティ名も変化します

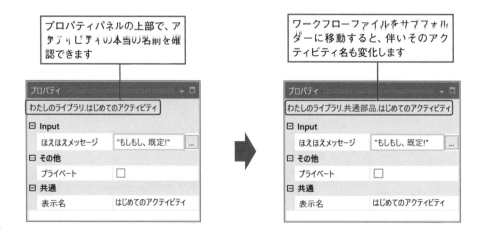

前ページのようにライブラリを修正したとき、プロセス側でこの新しいバージョンを使うように依存を更新すると、配置済みのアクティビティが利用できなくなり、エラーになってしまいます

 はじめてのアクティビティ

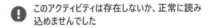

□　存在しないか無効なアクティビティです

❗ このアクティビティは存在しないか、正常に読み込めませんでした

　このエラーは、依存するバージョンを元に戻すことで解消できます。

　あるいは、［存在しないか無効なアクティビティ］を削除し、新しい『はじめてのアクティビティ』を貼り直しても解消します。ただし、その場合にはアクティビティに設定していたプロパティ値は失われてしまうので、削除の前にメモをとってください。

　上記のような混乱が発生しないように、いちどリリースしたライブラリのプロジェクトフォルダーの構成はなるべく変更しない方が賢明です。最初にライブラリパッケージをリリースするときに、内部のサブフォルダーを慎重に検討しましょう。

方法② アクティビティルートカテゴリを活用する

　ライブラリのパブリッシュ時には、［アクティビティルートカテゴリ］を指定できます。これは、アクティビティパネルにアクティビティを分類するときのルートカテゴリ（トップレベルのカテゴリ）を指定するものです。複数のライブラリパッケージで同じ［アクティビティルートカテゴリ］を指定することにより、それらで提供するアクティビティを同じルートカテゴリに分類できます。また、［アクティビティルートカテゴリ］を変更しても、このライブラリパッケージに含まれるアクティビティの名前には影響がないため、ライブラリの分割やアクティビティの命名について、より柔軟な設計が行えるようになります。

　また、［アクティビティルートカテゴリ］をピリオドで区切ると、アクティビティのサブカテゴリを簡単に作成できます。なお方法①と方法②を併用した場合には、［アクティビティルートカテゴリ］で指定した内容がルートカテゴリになり、プロジェクト内に作成したサブフォルダーはそのサブカテゴリとなります。

！OnePoint　アクティビティルートカテゴリを指定しない場合

　パブリッシュ時に［アクティビティルートカテゴリ］を指定しない場合には、このパッケージのファイル名がそのままルートカテゴリとして使われます。［アクティビティルートカテゴリ］と同様に、パッケージのファイル名をピリオドで区切っても、サブカテゴリを作成できます。

16
ライブラリの開発

パブリッシュ時に、アクティビティルートカテゴリを指定できます

ライブラリパッケージに含まれるアクティビティは、指定したルートカテゴリに分類されて表示されるようになります！

16-11　ワークフローファイルを非公開にする

ライブラリ内部でのみ使うワークフロー

　ライブラリパッケージを作成するときも、『ワークフローファイルを呼び出し』を使って、ライブラリ内部の処理を共通化し、構造化できます。しかし、ライブラリ内部でのみ使っているワークフローは、アクティビティとして外部に公開したくありません。このようなライブラリにプライベートなワークフローファイルは、プロジェクトパネルの右クリックメニューで非公開に設定できます。

　ライブラリ内で非公開に設定されたワークフローファイルのアイコンはプロジェクトパネル内で淡色表示され、アクティビティとして公開されないようになります。

このワークフローファイルをアクティビティとして公開したくないときは、これを[非公開]に設定します

16-12 バージョン番号の付け方

バージョン番号の書式

ライブラリパッケージをパブリッシュするときには、バージョン番号を指定できます。この書式は次の通りです。

```
<メジャー番号>.<マイナー番号>.<パッチ番号><-サフィックス（任意）>
```

たとえば、2019/12にリリースされたUiPath.UIAutomation.Activitiesのバージョン番号は、次のようになっています。

⬇図4

このバージョン番号は、**セマンティックバージョニング**のポリシーに準じたものです。これは、バージョン番号の数字のそれぞれに意味をもたせることで、そのバージョンに含まれる修正内容（つまり直前のバージョンとの差異）を簡単に把握できるようにします。

パッケージファイルのほか、StudioやRobotなどのUiPath製品本体のバージョン番号にもこのポリシーが使われています。みなさんが作成するライブラリパッケージのバージョン番号にも、このポリシーを適用することをお勧めします。

✅メジャー番号

　既存のバージョンと互換性が失われる（後方互換性がない）可能性があるような大きな修正を含むときには、メジャー番号を1つ増やして、続く番号はゼロにリセットします。

　なお、開発中の段階でバージョン番号を振る必要が生じたら、メジャー番号はゼロにします。正式版を最初にリリースするときに、メジャー番号を1にします。

✅マイナー番号

　新しい機能が追加されているけど、既存のバージョンとの互換性は保たれる（後方互換性がある）ときには、メジャー番号はそのままとして、マイナー番号を1つ増やします。パッチ番号はゼロにリセットします。

　なお、メジャー番号とマイナー番号のそれぞれにリリース時の年と月をセットする方法にしてもかまいません。

✅パッチ番号

　バグの修正（パッチ）だけが含まれていて、既存のバージョンとの互換性は保たれる（後方互換性がある）ときには、メジャー番号とマイナー番号はそのままとして、パッチ番号だけを1つ増やします。

✅-サフィックス（任意）

　開発中の不安定なバージョンをリリースするときには、バージョン番号の末尾にサフィックスをつけることができます。サフィックスに使えるのはアルファベットと数字だけです。また、サフィックスをピリオドでいくつかに分けてもかまいません。

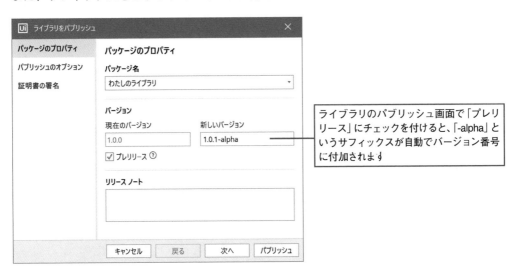

ライブラリのパブリッシュ画面で「プレリリース」にチェックを付けると、「-alpha」というサフィックスが自動でバージョン番号に付加されます

セマンティックバージョニングの詳細については、下記のWebサイトを参照してください。

⬇セマンティックバージョニング

https://semver.org/lang/ja/

⬇自動化プロジェクトについて

https://docs.uipath.com/studio/lang-ja/docs/about-automation-projects

---

⚠OnePoint　パッチ

　パッチ（Patch）とは、本来「ばんそうこう」という意味です。ソフトウェアにおいては、プログラムの更新やバグの修正を行うためのデータや修正プログラムのことです。「パッチを当てる」「パッチを適用する」などと使います。あるいは、（プログラムの一部ではなく）修正を含む新しいバージョンのプログラム全体を「パッチバージョン」ということもあります。セマンティックバージョニングでいう「パッチ」は、後者を指します。

　パッチのほかにも「移植」や「トリアージ」など、ソフトウェアには医療にヒントを得た概念や用語がいくつかあります。

16-13 『おしゃべり』の作成

『おしゃべり』の概要

.NETの音声合成機能を利用して、プロパティに指定したテキストを読み上げるアクティビティを作成しましょう。Backstageビューの最近使ったプロジェクトから「わたしのライブラリ」を開き、ここに「おしゃべり.xaml」を追加して、次のように実装してください。できたら、先ほどと同じようにパブリッシュしてください。

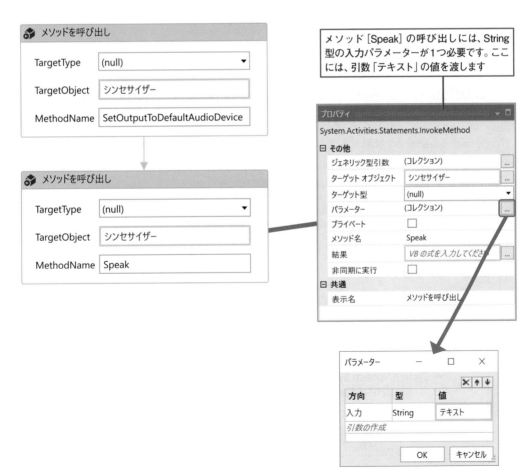

名前	変数の型	スコープ	既定値
シンセサイザー	SpeechSynthesizer	シーケンス	New SpeechSynthesizer
変数の作成			

変数　引数　インポート　　　　　　　🖐️　🔍　100% ˅　　🔀　🔲

名前	方向	引数の型	既定値
テキスト	… 入力	String	VB の式を入力してください
引数の作成			

読み上げたいテキストを指定してね！

変数　引数　インポート　　　　　　　🖐️　🔍　100% ˅　　🔀　🔲

変数「シンセサイザー」と、入力引数「テキスト」を作成します。それぞれに正しい型を指定してください。また、「シンセサイザー」には、この通りに既定値を設定してください。引数「テキスト」の注釈は、右クリックメニューから追加できます

⚠️OnePoint SpeechSynthesizer型が[参照して .NET の種類を選択]ウィンドウに見つからないときは

　System.Speech.dllを参照するように、おしゃべり.xamlに設定を追加しましょう。おしゃべり.xamlをメモ帳で開き、次の行を適切な場所に追加してください。おしゃべり.xamlをStudioで閉じて開き直せば、SpeechSynthesizer型が利用可能になります。

```
<AssemblyReference>System.Speech</AssemblyReference>
```

ほかのプロセスプロジェクトで、『おしゃべり』を使う

パブリッシュしたバージョンのライブラリパッケージを、ほかのプロセスプロジェクトにインストールしてください。アクティビティパネルで『おしゃべり』が利用可能になります。下記を実行すると、あなたのお名前を訊いてきます。これを入力して、ぜひ結果を確認してみてください！

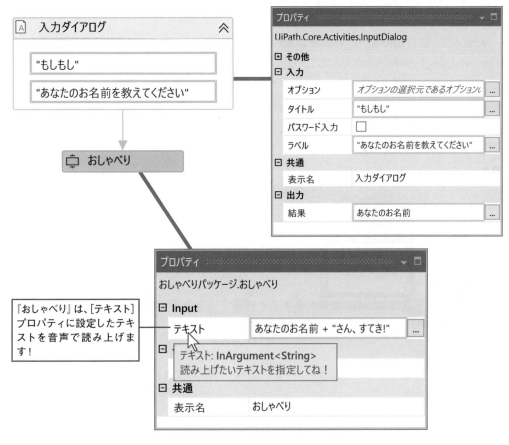

16

ライブラリの開発

16-14 Web APIを呼び出す アクティビティの作成

Web APIについて

　Web APIとは、WebサーバーがAPIの形で提供するサービスのことです。APIはApplication Programming Interfaceの略で、プログラムから呼び出して利用できるインターフェースです。

　通常、Webサーバーは人が読めるレイアウトでWebページを提供します。しかし、Webページに記載されている情報は構造化されていないため、これをプログラム（ワークフロー）から利用するにはWebページから必要なデータを抽出する手間が必要となります。

●図5

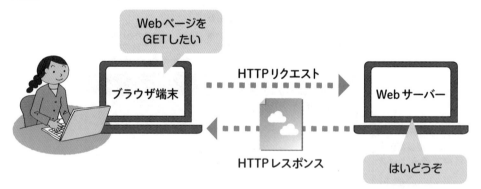

ブラウザーがWebサーバーにWebページをリクエストして表示する

　一方で、WebサーバーからWeb APIを使って取り出せる情報は、プログラムやロボットが使いやすい形になっているため、Webページ経由で情報を取得するよりも高速に、安定して処理を行えます。

◉図6

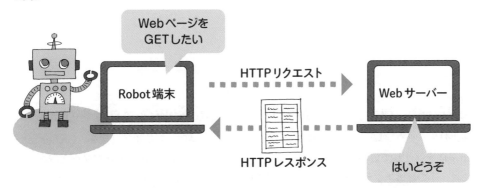

Webページを
GETしたい

HTTPリクエスト

Robot端末

Webサーバー

HTTPレスポンス

はいどうぞ

プログラムがWebサーバーにAPIでWebデータをリクエストして取得する

　どちらの場合も、HTTPリクエストという形式でネットワークごしにWebサーバーに依頼
をしたら、このWebサーバーがHTTPレスポンスという形式で返答を返すことは同じです。

Swagger、WSDL、Postmanコレクションで記述されたWeb APIを呼び出す

　ワークフローからWeb APIの呼び出しは、UiPath.WebAPI.Activitiesパッケージに含まれ
る『HTTP要求』を使っても行えますが、これは引数の処理が煩雑なので、それなりにややこ
しいプログラミングが必要となります。

　しかし、対象のWeb APIの仕様がSwagger、WSDL、もしくはPostmanコレクションの形
式で記述されていれば、そのAPIを呼び出すカスタムアクティビティを自動で生成する機能
がStudioに搭載されています。Swaggerとは、Web APIの仕様を記述するためのフレームワー
クです。

　OrchestratorもWebサーバー上で動作するアプリケーションの1つです。多くのWeb API
が用意されており、その仕様もSwaggerの形式で利用可能です。そこで次節より、この
SwaggerドキュメントからOrchestratorのWeb APIを呼び出すアクティビティを自動生成す
ることを試してみましょう。

> ⓘ OnePoint　**OrchestratorのWeb API**
>
> 　OrchestratorのWeb画面は、OrchestratorのWeb APIを呼び出すことで実現されています。その
> ため、OrchestratorのWeb APIで何ができるのか確認したいなら、OrchestratorのWeb画面を手で
> 操作してみましょう。同じことがWeb APIを使っても実現できるはずです。

16

ライブラリの開発

①OnePoint　ワークフローからOrchestratorのWeb APIを呼び出す

　次節より、ワークフローから**任意のWebサービスのWeb API**を呼び出す手順を、Orchestrator
のWeb APIを例として説明します。しかし、ワークフローから**OrchestratorのWeb API**を呼び
出すには、その標準アクティビティを使う方が簡単です。この場合、Robotはそのorchestratorに
接続済みなので、開発者が認証を構成する必要はありません。

　たとえば、アセットやキューを操作する**専用の標準アクティビティ**として『アセットを取得』や
『キューアイテムを追加』があります。これらはWeb APIを意識することなく、簡単に扱えます。
次章で紹介します。

　また、任意のOrchestrator Web APIを呼び出す**汎用の標準アクティビティ**として『Orchestrator
へのHTTP要求』があります。やはり開発者が認証を構成する必要がなく、とても簡単です。たと
えば、Orchestratorにサインインしているユーザー名を取得するAPIを呼び出すには、次のように
します。『JSONを逆シリアル化』はUiPath.WebAPI.Activitiesパッケージにあります。

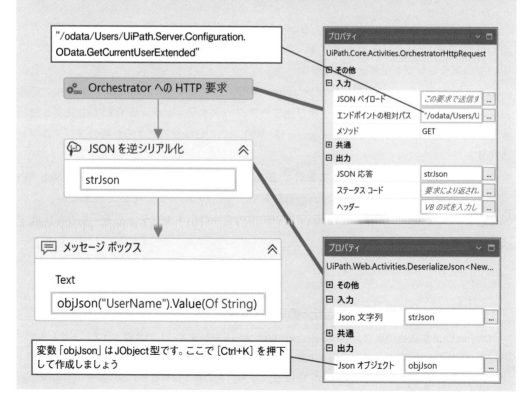

ラ
イ
ブ
ラ
リ
の
開
発

16-15 Orchestratorサーバーの Swaggerドキュメントを確認する

OrchestratorサーバーのSwaggerドキュメント

お使いのOrchestratorサーバーのURLに/swaggerをつけたアドレスに、ブラウザーでアクセスしてみましょう。次のような画面が表示されます。この画面から、APIの呼び出しをテストすることもできます。

本書の例では、SwaggerドキュメントのURLは https://cloud.uipath.com/yotsuda/svc1/swagger/ です。yotsuda は組織名、svc1 はテナント名です

ここに表示されるURLが、Studioでアクティビティを自動生成する際に必要となります

各カテゴリを開くと、分類されたAPIの詳細が表示されます。[Tryitout] ボタンを押下して、このAPIの呼び出しを実際に試すこともできます！

OAuthの設定に必要なスコープは、ここに表示されます

Web APIを呼び出すアクティビティを作成する

　この画面に記載されたWeb APIを呼び出すアクティビティを作成しましょう。例として、プロセスパッケージをOrchestratorにアップロードすることにします。これは標準のアクティビティには用意されていない機能です。

手順① ライブラリプロジェクトに、サービスを追加する
手順② BearerTokenを取得.xamlを実装する
手順③ プロセスパッケージをアップロード.xamlを実装する
手順④ パブリッシュして、ライブラリパッケージを作成する
手順⑤ 新規にプロセスプロジェクトを作成し、ライブラリパッケージを使う

手順① ライブラリプロジェクトに、サービスを追加する

　「わたしのライブラリ」プロジェクトを開き、[デザイン]リボンの[新しいサービス]ボタンをクリックして、[サービスエディター]ウィンドウを開きます。

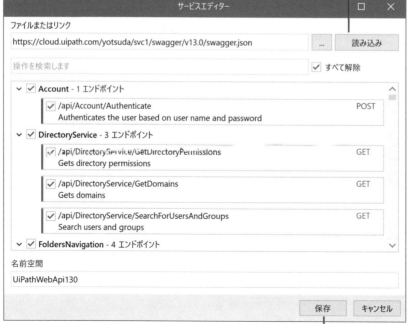

❶ Swaggerウェブページで確認したURLを入力し、[読み込み] ボタンをクリックします

❷ Swaggerドキュメントを読み込んだことを確認して [保存] ボタンをクリックします

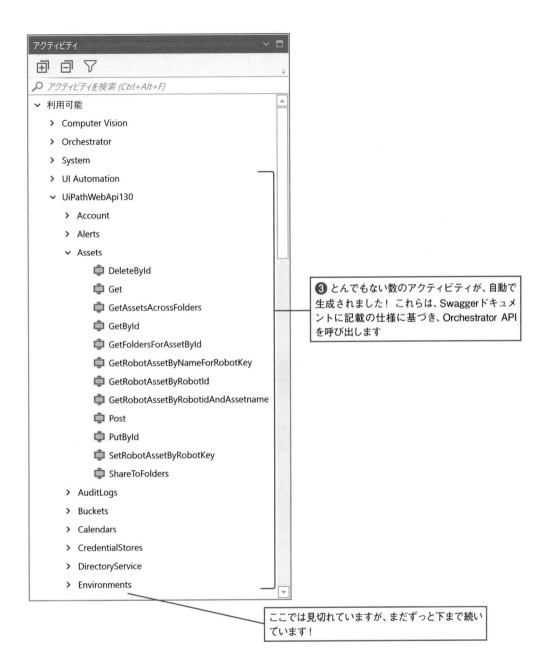

❸ とんでもない数のアクティビティが、自動で生成されました! これらは、Swagger ドキュメントに記載の仕様に基づき、Orchestrator API を呼び出します

ここでは見切れていますが、まだずっと下まで続いています!

🔍**Hint**

　まったくコードを書くことなく大変多くの数のアクティビティが自動で生成されますが、びっくりしないようにしてください!

手順② OAuthを構成し、BearerTokenを取得.xamlを実装する

OAuthとは、アプリにアクセスを許可するための仕組みです。アプリをパスワードで認証しただけでAPIアクセスを許可してしまうと、パスワードを安全に扱うのが難しくなるため、認証とは別に認可の仕組みが必要となります。この概要について説明しましょう。

✓パスワードによる認証

認証とはユーザー（アプリ）が誰であるかを確認する手続きであり、パスワード認証は最も単純な認証方法の1つです。この認証では、**アプリとサーバーの両方がユーザー名とパスワードを知っている必要があります。** この情報が外部に漏れてしまうと、外部の第三者がこのアプリになりすましてサーバーにアクセスできてしまいます。このため、アプリとサーバーのどちらもが資格情報を丁寧に扱う必要があります。

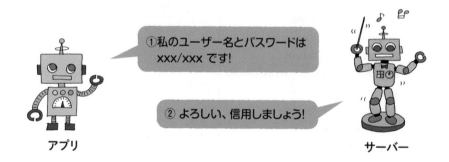

✓OAuthによる認可

認可とはユーザーの権限をアプリに委譲（付与）する手続きであり、OAuthは現在広く使われている認可方式です。OAuthの認可サーバーはユーザーを認証した上で、アプリにアクセスキーを発行します。このアクセスキーを持っているアプリに対して、サーバーはアクセスを許可します。**アプリとサーバーの両方ともがパスワードを知る必要がないため、システムをより安全かつ柔軟に構成できます。** この流れでは、認可サーバーがユーザーを認証することになります。なおOAuthは認証方法については規定していないので、認可サーバーはパスワード以外の方法でユーザーを認証しても構いません。次ページに、この流れの概略図を示します。OAuthは、図中の「アプリ」と「サーバー」が、それぞれ別のWebサービスであっても動作できるように設計されています。そのため、この図の実際の流れはHTTPのリダイレクトを駆使した複雑なものとなっています。この詳細については、OAuthの記事や専門書を参照してください。

この図は、Assistantが対話型サインイン（実はOAuthによる認可の手順）でOrchestratorに接続するときの流れと完全に同一であることにも注目してください。

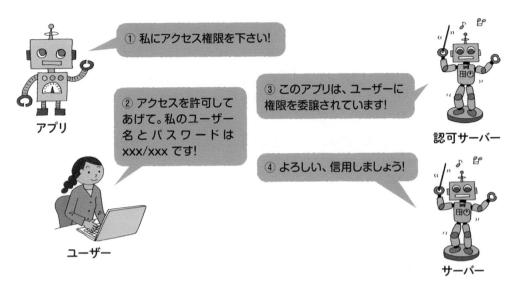

なおOAuthにおいても、前図のようにアプリ自身がアプリ専用のIDとパスワード（アプリシークレット）でログインするように構成することもできます。その場合は、サーバー側の設定画面でアプリIDとあわせてアプリシークレットを払い出す必要があります。本節では、この前図の構成を使ってワークフローを実装します。ここまで説明して何ですが、実はワークフローで後図の構成を実装することは困難なのです。が、これはIntegration Serviceで代替できます。15-14節のOnePoint「Integrasion Serviceについて」を参照してください。

OrchestratorのWeb APIは、Automation Cloud版とオンプレミス版のどちらにおいてもOAuthで認可を構成できます。以前のバージョンのオンプレミス版ではOAuthを使わないパスワード認証もサポートされていましたが、現在は非推奨となっています。

🔍Hint

FacebookなどのWebアプリを別のWebアプリと連携させるときの「このアプリにフレンドリストへのアクセスを許可しますか？」のような確認メッセージも、OAuthによるものです。

⚠OnePoint　OAuthをサポートする認証サービス

MicrosoftアカウントやGoogleアカウントなど、さまざまな認証サービスがOAuthをサポートしており、認可サーバーとして構成できます。OrchestratorへのWebログインも、外部のOAuth認可サーバーで構成できます。

手順②-1 Orchestrator上でOAuthを構成する

　次の手順でOrchestratorに外部アプリケーションを登録し、アプリIDとアプリシークレットを払い出してください。

[1]Automation Cloudにログインします。

[2]左側のナビゲーションバーで[管理]をクリックし、[外部アプリケーション]のタブに移動します。

[3][+アプリケーションを追加]をクリックし、[アプリケーション名]に「プロセスパッケージをアップロード」と入力します。

[4]アプリケーションの種類は「機密アプリケーション」とします。これは、機密情報(アプリID/アプリシークレット)をハードコードしたアプリケーションである、という意味です。

[5]リソースの[スコープを追加]をクリックし、[Orchestrator API Access]を選択します。

[6][アプリケーションスコープ]を選択します。「OR.Execution.Write」を検索して、チェックボックスをつけます。今回の例では[ユーザースコープ]を選択すると動作しないので、注意してください。

[7][リダイレクトURL]は、[アプリケーションスコープ]のリソースにアクセスする機密アプリには不要なので、空欄のままとします。

[8]画面右下にある[追加]ボタンをクリックします。アプリIDとアプリシークレットが表示されるので、これをクリップボードにコピーしてメモしてください。

　アプリシークレットは後で確認できません。もしメモを忘れたり、外部に漏洩した可能性がある場合には、[新しく生成]ボタンを押して新しいものを入手しましょう。この操作により、古いアプリシークレットは利用できなくなります。

　以上で、OAuthを構成できました！

⚠ OnePoint　Orchestrator Web APIの呼び出しに必要なスコープ

　アプリケーション登録時に設定するスコープは、呼び出すAPIごとに必要なものが異なります。これはOrchestratorのSwaggerドキュメントの各APIに記載があります。16-15節の画面写真を参考にしてください。今回はSwaggerドキュメントのProcessesカテゴリにあるUploadPackageを呼び出したいので、OR.Execution.Writeを設定します。

手順②-2 BearerTokenを取得.xamlを実装する

デザインリボンの[新規]ボタンで、シーケンスを「BearerTokenを取得」という名前で作成してください。この実装にはUiPath.WebAPI.Activitiesパッケージが必要となるので、[デザイン]リボンの[パッケージを追加]からインストールしてください。できたら、このワークフローを次のように実装します。『HTTP要求』のパラメーター client_idとclient_secretには、それぞれOrchestratorから払い出されたアプリIDとアプリシークレットを指定します。grant_typeには"client_credentials"を指定します。

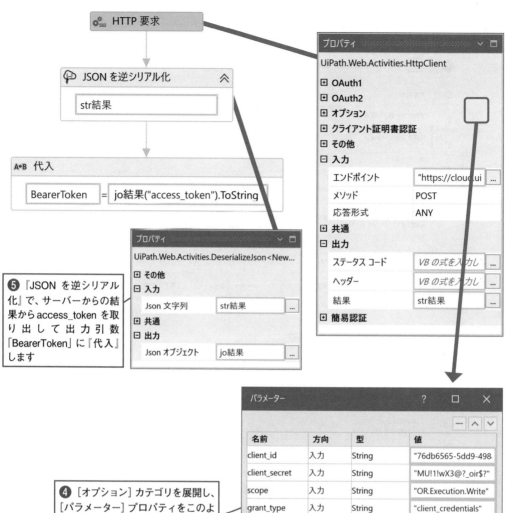

HTTP 要求

JSON を逆シリアル化   ⌃

str結果

A*B 代入

BearerToken = jo結果("access_token").ToString

プロパティ   ⌄ ▢

UiPath.Web.Activities.HttpClient

⊞ OAuth1
⊞ OAuth2
⊞ オプション
⊞ クライアント証明書認証
⊞ その他
⊟ 入力

エンドポイント	"https://cloud.ui	...
メソッド	POST	
応答形式	ANY	

⊞ 共通
⊟ 出力

ステータス コード	VB の式を入力	...
ヘッダー	VB の式を入力	...
結果	str結果	...

⊞ 簡易認証

プロパティ   ⌄ ▢

UiPath.Web.Activities.DeserializeJson<New...

⊞ その他
⊟ 入力

| Json 文字列 | str結果 | ... |

⊞ 共通
⊟ 出力

| Json オブジェクト | jo結果 | ... |

❺『JSON を逆シリアル化』で、サーバーからの結果から access_token を取り出して出力引数「BearerToken」に『代入』します

パラメーター   ? ▢ ✕

− ⌃ ⌄

名前	方向	型	値
client_id	入力	String	"76db6565-5dd9-498
client_secret	入力	String	"MU!1!wX3@?_oir$?"
scope	入力	String	"OR.Execution.Write"
grant_type	入力	String	"client_credentials"
引数の作成			

OK   キャンセル

❹ [オプション] カテゴリを展開し、[パラメーター] プロパティをこのように構成します。scope に複数のスコープを指定する必要があるときは、空白文字で区切ります

名前	変数の型	スコープ	既定値
str結果	String	シーケンス	VB の式を入力してください
jo結果	JObject	シーケンス	VB の式を入力してください
変数の作成			

変数 引数 インポート   ✋ 🔍 100% ▾ ⛶ ⛶

名前	方向	引数の型	既定値
BearerToken	出力	String	既定値はサポートされていません
引数の作成			

変数 引数 インポート   ✋ 🔍 100% ▾ ⛶ ⛶

16

🔍**Hint**

『HTTP要求』の[エンドポイント]プロパティには、次を設定してください。Cloud版のエンドポイントは、組織名やテナント名に関わらず同一であることに注意してください。

🔻**Cloud版Orchestratorの認証を要求するときに指定するエンドポイント**

"https://cloud.uipath.com/identity_/connect/token"

🔻**オンプレ版Orchestratorの認証を要求するときに指定するエンドポイント**

"<Orchestrator-URL>/identity/connect/token"

⚠️**OnePoint　トークンの期限切れと再取得**

認可サーバーが発行したアクセストークンにより、アプリはサーバーへのAPIアクセスが自由にできるようになります。これは手形のようなはたらきをすることから、BearerToken(ベアラートークン)ともいいます。ただし、その有効期間は(既定では)1時間だけです。期限切れのトークンを伴ってAPIを呼び出すと例外が発生するので、この例外をキャッチしたらトークンを取り直し、その例外を再スローしましょう。このような実装を『リトライスコープ』で括っておけば、簡単に当該のAPI呼び出しをリトライできます。

手順③ プロセスパッケージをアップロード.xamlを実装する

デザインリボンの[新規]ボタンで、シーケンスを「プロセスパッケージをアップロード」という名前で作成してください。このワークフローを次ページのように実装します。

手順④ パブリッシュして、ライブラリパッケージを作成する

ここまで実装できたら、プロジェクト「わたしのライブラリ」をパブリッシュしてライブラリパッケージを作成しましょう。パブリッシュ先のフォルダーが、[パッケージを管理]ウィンドウの[設定]タブに、パッケージソースとして追加されていることを確認してください。

ライブラリの開発

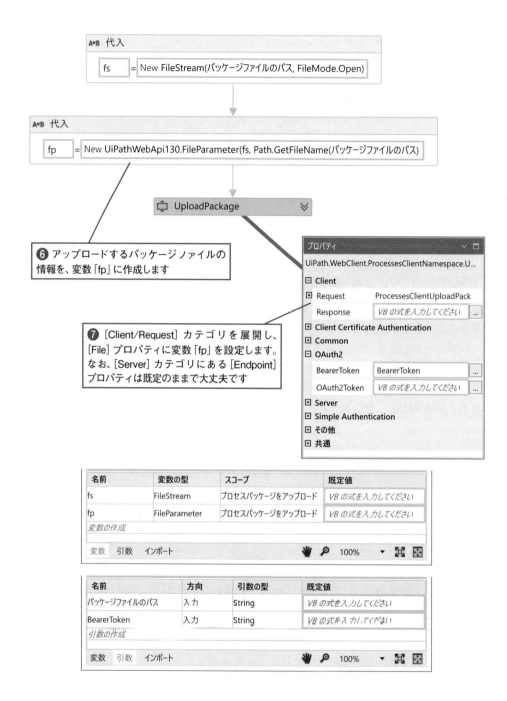

A*B 代入

| fs | = | New FileStream(パッケージファイルのパス, FileMode.Open) |

A*B 代入

| fp | = | New UiPathWebApi130.FileParameter(fs, Path.GetFileName(パッケージファイルのパス) |

🖵 UploadPackage ≫

プロパティ

UiPath.WebClient.ProcessesClientNamespace.U...

⊟ **Client**
| ⊞ Request | ProcessesClientUploadPack |
| Response | VB の式を入力してください ... |
| ⊞ Client Certificate Authentication |
| ⊞ Common |
| ⊟ OAuth2 |
| BearerToken | BearerToken |
| OAuth2Token | VB の式を入力してください ... |
| ⊞ Server |
| ⊞ Simple Authentication |
| ⊞ その他 |
| ⊞ 共通 |

❻ アップロードするパッケージ ファイルの
情報を、変数「fp」に作成します

❼ [Client/Request] カテゴリを展開し、
[File] プロパティに変数「fp」を設定します。
なお、[Server] カテゴリにある [Endpoint]
プロパティは既定のままで大丈夫です

名前	変数の型	スコープ	既定値
fs	FileStream	プロセスパッケージをアップロード	VB の式を入力してください
fp	FileParameter	プロセスパッケージをアップロード	VB の式を入力してください
変数の作成			

変数　引数　インポート　　　　✋ 🔎 100% ▼ 🖵 🖵

名前	方向	引数の型	既定値
パッケージファイルのパス	入力	String	VB の式を入力してください
BearerToken	入力	String	VB の式を入力してください
引数の作成			

変数　引数　インポート　　　　✋ 🔎 100% ▼ 🖵 🖵

手順⑤ 新規にプロセスプロジェクトを作成し、ライブラリパッケージを使う

作成した、新しいバージョンの「わたしのライブラリ」を使ってみましょう。新規にプロセスプロジェクトを「プロセスパッケージをアップロード」という名前で作成します。[パッケージを管理]ウィンドウで、「わたしのライブラリ」パッケージへの依存をプロセスにインストールしたら、Main.xamlを次のように実装してください。

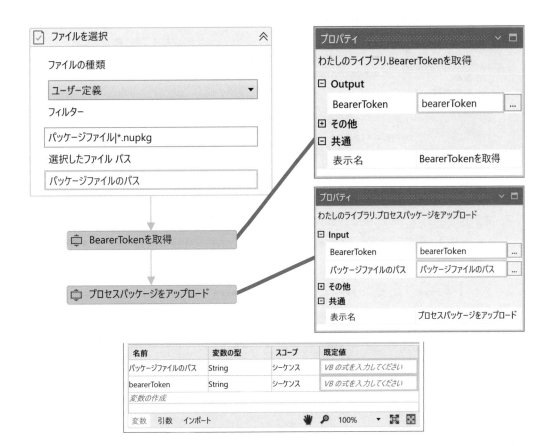

①OnePoint フォルダー ID

自動生成したアクティビティによっては、その[X_UIPATH_OrganizationUnitId]プロパティに操作対象とするOrchestratorのフォルダー IDを指定する必要があります。フォルダー IDの数字は、Orchestratorをブラウザーで開いたときのURLの?fid=<数字>の部分で確認できます。

上記の手順で確認したフォルダー IDをハードコードする代わりに、アクティビティパネルのFoldersカテゴリに自動生成された『Get』アクティビティで、フォルダー名の一覧とそのIDを取得することもできます。この[Response]プロパティに取り出した変数のValueプロパティを、『繰り返し(コレクションの各要素)』の[値]プロパティに指定してください。このとき、[TypeArgument]プロパティにはFolderDto型を指定します。

607

　このプロセスは、ローカルにパブリッシュしたプロセスパッケージファイルをOrchestratorにアップロードします。このプロセスを実行すると、ファイル選択ダイアログが表示されるので、アップロードしたいパッケージファイルを選んでください。

　アップロードされたパッケージファイルは、OrchestratorのWeb画面のプロセス->パッケージ画面で確認できます。

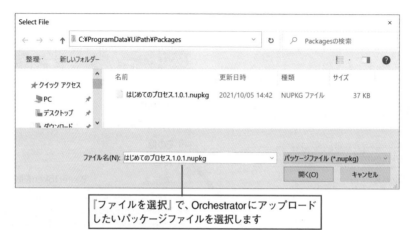

『ファイルを選択』で、Orchestratorにアップロードしたいパッケージファイルを選択します

このように、Orchestratorにプロセスパッケージをアップロードできました！

Hint

　APIを利用可能な状況なら、画面を操作するよりもAPIで機能を呼び出す方が、ワークフローを高速に安定して動作させることができます。本章で自動生成したアクティビティを直接配置して利用するのは使いにくいので、これをStudioのサービス機能でアクティビティの中にかわいくラッピングして、多くの利用者に使ってもらえるようにしましょう！

16-16 そのほかの、コードを再利用する方法

ライブラリ以外の手段について

複数のプロジェクト間でコードを共有するには、ライブラリを使うのがもっとも良い方法ですが、このほかの手段も用意されています。本節では、それらを紹介します。

スニペットパネル

スニペット（Snippet）とは、断片という意味です。コードの使いやすい断片をスニペットパネルにとっておいて、それをワークフローにコピペすることで開発の生産性を上げることができます。ただし、コピペでコードを再利用することはまったくお勧めできません。ある機能を実現するコードをコピペでばらまいてしまったら、後でそのコードを修正したくなったときに困ってしまうからです。この観点から、コピペはコードの再利用とはいえません。

スニペットは、アクティビティのありがちな使い方を確認するためのリファレンス（お手本）として使うのがお勧めです。スニペットで複雑な機能を作り込んでチームに配布するのはすべきではありません。それは、もはやスニペット（コードの断片）ではありません。

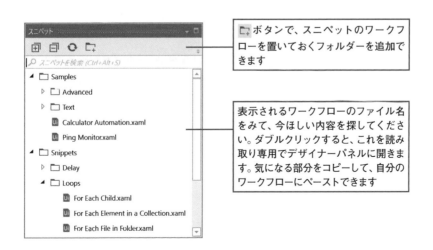

ボタンで、スニペットのワークフローを置いておくフォルダーを追加できます

表示されるワークフローのファイル名をみて、今ほしい内容を探してください。ダブルクリックすると、これを読み取り専用でデザイナーパネルに開きます。気になる部分をコピーして、自分のワークフローにペーストできます

『ワークフローファイルを呼び出し』

　これは、1つのプロジェクト内で複数回呼び出して使いたい処理を共通化する手段として、とても便利なものです。もし、全体の処理の中で1回しか呼び出さない内容であっても、全体をわかりやすく分割して保守しやすくなるので、適切な粒度をみつけて積極的に使いましょう。

　ただし、ある処理を複数のプロジェクトで共有する用途には、『ワークフローファイルを呼び出し』を利用すべきではありません。共有したいワークフローファイルをネットワークフォルダー上に共有するのは、バージョン管理の面から不安があります。それを編集したとき、既存のプロセスにどれほどの影響があるか予測できないからです。また、そのワークフローファイルを各プロジェクトにコピペしてばらまいてしまうと、スニペットと同様の問題が起こります。

プロジェクトテンプレート

　新規にプロセスプロジェクトを作成するときに指定できるテンプレートです。指定すると、この新規プロジェクトはそのテンプレートのコピーとして作成されます。Microsoft Office製品も、新規ドキュメントを作成するときにテンプレートを指定できますが、それと同様です。

　既定のプロジェクトテンプレートとして、「バックグラウンドプロセス」などが用意されていますが、読者が独自のテンプレートを作成することもできます。これは、チーム内で共通のフレームワークを配布したいときや、あるアクティビティパッケージへの依存をあらかじめ新規プロジェクトに構成したいときなどに便利です。

　プロジェクトテンプレートを作成するには、テンプレートプロジェクトをパブリッシュします。プロジェクトテンプレートはパッケージファイルとしてチームに簡単に配布でき、バージョン管理も容易です。

　テンプレートプロジェクトの作成は、Backstageビューの［スタート］タブから行えます。あるいは、既存のプロセスプロジェクトをコピーして作成することもできます。これには、当該のプロジェクトを開き、［デザイン］リボンの［テンプレートとしてエクスポート］ボタンをクリックします。

Chapter

17

Automation Cloudの活用

17-1　Automation Cloudの活用

Automation Cloudについて

　UiPath Automation Cloudに接続すると、すぐにOrchestratorのほか多くのサービスを利用できます。1-6節の「Automation Cloudについて」では、読者の手元のStudio/Robotマシンを対話型サインイン認証で接続する手順を示しました。本章では、Automation Cloudを構成する基本的な概念を説明し、マシンキー認証で接続する手順を示します。これによりUnattended Robotを利用する準備が整います。次に、Orchestratorを活用するためのさまざまな知識を導入します。

Orchestratorサービスの構成

　クラウド版Orchestratorは、UiPath Automation Cloudの中で利用できます。この中には、複数のテナントを作成できます。テナントとは、サーバー上でデータを管理する論理的な単位です。テナントの管理者は、各テナントの有効/無効を切り替えたり、不要になったテナントを削除したりできます。各テナントは独立しており、その中にはActionsやAutomation Hubなどの多くのサービスが紐付けられています。

> ⓘ**OnePoint　ユーザーとロボットのアカウント情報**
>
> 　図中のユーザーは、そのアカウント情報（Automation Cloudにログインするときのユーザー名/パスワードなど）を表します。実際のユーザーは、各マシンの前に座っています。
>
> 　図中のロボットは、そのアカウント情報（マシンにログインするときのWindowsユーザー名/パスワードなど）を表します。実際のロボットは、各マシンの中にインストールされています。
>
> 　図中のマシンは、マシンの登録情報（マシンテンプレート）です。

●図1

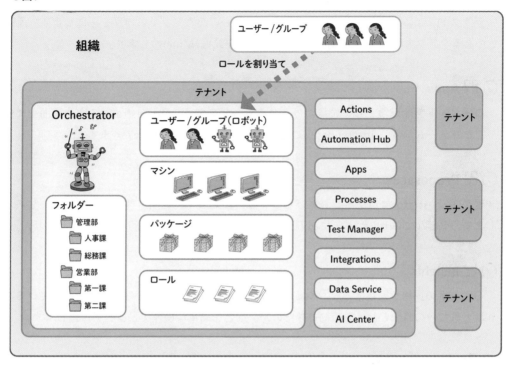

テナントの中で利用できるサービス

　テナントにおいては、Orchestratorのほか多くのUiPathのサービスを利用できます。この中には、Communityライセンスで無償利用できるものもあります。ブラウザーでhttps://cloud.uipath.com/を開き、Automation Cloudにアクセスしてください。各サービスは、[同 管理]の[テナント]の設定で有効にできます。

⊘ ⚡ Actions（Action Center）

　長期実行（Long Running）プロセスを管理し、Unattendedプロセスとユーザーが対話できるようにします。17-4節のOnePoint「Action Center」を参照してください。

⊘ ⚛ Automation Hub

　自動化できそうな業務プロセスやアイデアを集約し、優先度をつけてRPAの推進を支援します。

⊘ ⊠ Task Mining

デスクトップに作業の記録ツールを導入し、関心のあるアプリのログを採取します。反復性のあるタスクを特定し、自動化できそうな業務を発掘(Mining)します。

⊘ 🎛 Apps

ローコード開発環境として位置づけられるサービスです。OrchestratorのWeb画面上に作成したフォームから、Unattendedプロセスの実行開始を簡単に指示できます。

⊘ 🔲 Processes

現在Orchestratorにログインしているユーザーに対して、利用可能なプロセスを一覧表示します。必要なプロセスがどこにあるか、複数のフォルダーを探し回る必要はありません。

⊘ 📈 Insights

ロボットの運用を監視するダッシュボードです。RPAによりどの程度の効果が出ているのか、どれだけの時間とお金を節約できたのか、などを簡単な操作でビジュアル化します。

⊘ 📑 Test Manager

ソフトウェアテストを自動化するテストケースワークフローの一式(テストセット)を管理します。テストの自動化に取り組む組織には、ぜひ試して頂きたいサービスです。

⊘ 🔗 Integrations

BoxやGoogle Docsなどのさまざまな外部サービスとの連携を支援します。外部サービスで発生したイベントをトリガーとしてプロセスを開始したり、ここで管理された接続のための認証情報をアクティビティから利用したりできます。15-14節のOnePoint「Integrasion Serviceについて」を参照してください。

⊘ ⬙ Data Service

クラウド上で表形式のデータを簡単に定義し、管理できます。17-3節のOnePoint「Data Service」を参照してください。

⊘ 🔳 AI Center

機械学習(ML;Machine Learning)モデルを管理し、ワークフローから活用できるようにします。すぐに利用できるトレーニング済みのモデルもいくつか用意されています。

✓ 🎲 Document Understanding

OCRによる文書の読み取りを業務処理に関連付け、プロジェクトとして管理します。

✓ ✿ Automation Ops

自動化の運用を統治します。読者の組織においてプロセス実行時に守るべきルール（開いて良いURLなど）をポリシーとして定義できます。

管理できるエンティティの種類

Orchestratorが管理できるデータ（エンティティ）には、ユーザーやプロセスなど、多くのものがあります。これらは次の2つに分類されます。

✓ テナントエンティティ

テナントの中に作成できるエンティティです。P.613の図において、Orchestratorサービスの中に示したものです。このうちユーザー（ロボット）、マシン、プロセスパッケージの3つは、Orchestrator上のフォルダーに割り当てることで実際に使えるようになります。この3つは、それぞれ複数のフォルダーに割り当てることもできます。

✓ フォルダーエンティティ

フォルダーの中に作成できるエンティティです。フォルダー自体はテナントエンティティですが、その中に作成できるアセットやキューなどのリソースはフォルダーエンティティといいいます。なおアセットやキューは、リンクの操作により複数のフォルダーで共有することもできます。

ロールで、エンティティへのアクセス権限を定義する

ロールは、フォルダーやキューなどのエンティティに対して、それぞれ閲覧/編集/作成/削除の権限のセットを定義します。これをAutomation Cloudに招待したユーザーに割り当てると、このユーザーはOrchestratorのサービスを利用できるようになります。いくつかのロールが既定で定義済みとなっているので、活用してください。

ロールには、次の2つがあります。

⊘テナントロール

テナントエンティティへの権限のセットで、ユーザー（ロボット）自身に対して付与します。

⊘フォルダーロール

フォルダーエンティティへの権限のセットで、ユーザーをフォルダーに割り当てるときに一緒に割り当てます。つまり、あるユーザーに対して、フォルダーごとに別のフォルダーロール（別の権限）を付与できます。

パッケージの管理

パッケージは、プロセスとライブラリに大別されます。プロセスパッケージはエントリポイントを含んでおり実行できますが、ライブラリパッケージはそれ単体では実行できないため、それぞれ別のフィードで管理されます。

⊘プロセスフィード

プロセスパッケージを管理するフィードで、テナントフィードもしくはフォルダーフィードが利用できます。この詳細は17-4節「プロセスを構成する手順」で後述します。

⊘ライブラリフィード

ライブラリパッケージとアクティビティパッケージを管理するフィードです。テンプレートパッケージもここで管理されます。Automation Cloudでは、ライブラリフィードとしてホストフィード（共有フィード）とテナントフィードのどちらか（あるいは両方）を構成できます。

ホストフィードは、組織全体で共有されます。Automation Cloudのホストフィードには標準のアクティビティパッケージが配置されており、読者が作成したライブラリパッケージは配置できません。

テナントフィードは、各テナントで管理されるフィードです。Automation Cloudでは既定でオフになっているので、Orchestrator上で読者のライブラリを管理したい場合には［🌐 テナント］→［⚙ 設定］の［デプロイ］ページで有効にしてください。

17-2　Unattendedプロセスの実行

Unattendedプロセスが実行される流れ

　Unattendedプロセスが実行される流れを下図に示します。図中のユーザー、プロセスパッケージ、Unattendedユーザー、マシン（マシンテンプレート）は、すべてこのフォルダーに割り当てられている必要があることに注意してください。

●図2

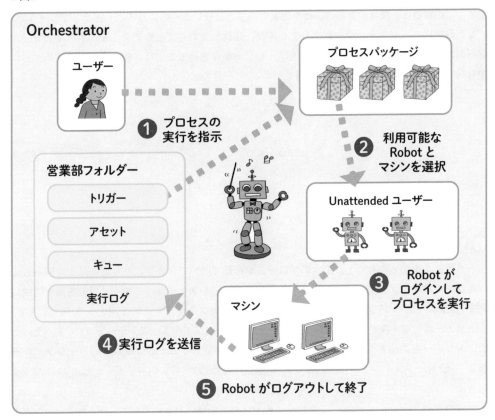

617

❶ ユーザーがOrchestratorのWeb画面上でプロセスの実行開始を指示します。トリガーでプロセス実行をスケジュールすることもできます。

❷ Orchestratorが、利用できるUnattendedユーザーアカウントとマシンの組み合わせを自動で探します。これをダイナミックアロケーション（動的割り当て）といいます。これはユーザーの管理を容易にし、マシンの稼働率を高めます。

❸ Robotが当該のユーザーアカウントで無人のWindowsマシンにログインし、プロセスを実行します。

❹ プロセスの実行ログが、このフォルダーに送信されます。実行が完了したら、その結果（成功/失敗）も送信されます。例外を漏らして終了したら失敗、そうでなければ成功です。

❺ RobotがWindowsマシンからログアウトして終了します。

🔍Hint

　Orchestrator上のフォルダー（モダンフォルダー）には、7階層までのサブフォルダーを作成できます。この構造は、読者の実際の組織や部署の構成を反映したものにしておくと良いでしょう。

　なお既定のルートフォルダーはありませんが、作成しておくこともできます。すべてのフォルダーの親フォルダーとして唯一のルートフォルダーを作成しておけば、管理者を各フォルダーに割り当てるなどの保守の手間が省けます。

⚠OnePoint　トリガー

　トリガーを追加しておくと、指定のプロセスを自動で開始できます。トリガーは、時間もしくはキューで構成できます。指定の日時にプロセスの開始をスケジュールするには、時間で構成します。指定のキューにアイテムが追加されたときにプロセスを開始するには、キューで構成します。

　トリガーは、フォルダー内に作成できるエンティティ（フォルダーエンティティ）です。そのため、トリガーを追加するには、OrchestratorのWeb画面でトリガーを作成したいフォルダーを選択し、[⚙ オートメーション]から[トリガー]画面に移動して[新しいトリガーを追加]をクリックします。

　上記のほか、Integration Serviceを使ってもトリガーを構成できます。これは、Box.comなどの外部のWebサービスのイベントをトリガーとしてプロセスを起動します。

17-3 Unattended Robotを構成する手順

Unattended Robotを構成する

　本節では、Unattendedプロセスを実行できるように読者の手元にあるRobotを構成します。もし手元のRobotをUnattendedとして使う予定がなく、すでにサインイン認証によりOrchestratorに接続済みであれば、本節はスキップしても大丈夫です。後述するアセットやキューなどの機能は、Attendedであっても（Orchestratorに接続されていれば）利用できるからです。

　Unattendedとして使うRobotは、サービスモードでインストールされている必要があります。これを確認するには、このマシンで[Win+R]services.msc[enter]を押下してWindowsサービスを起動し、「UiPath Robot」という名前のサービスの有無を確認してください（「UiPath RobotJS Service」という名前のサービスでは判断できないので注意してください）。あればサービスモードで、なければユーザーモードでインストールされています。同じマシンにStudioがインストールされていれば、そのBackstageビューで確認することもできます。モードについては、1-7節の「ユーザーモードとサービスモード」を参照してください。

　サービスモードでインストールされていることを確認したら、次の手順に進みます。

手順① ユーザーの設定で、Unattendedを有効にする
手順② Assistantをマシンキー認証でOrchestratorに接続する
手順③ Assistantをフォルダーに割り当てる
手順④ プロセスをフォルダーに割り当てる

手順① ユーザーの設定で、Unattendedを有効にする

　読者のユーザー情報でUnattendedを有効にし、このアカウントでRobotがWindowsにログインできるように構成します。ブラウザーでOrchestratorのURLを開き、[🌐 テナント]の[🛡 アクセス権を管理]で読者のユーザーアカウントを[✏ 編集]してください。下記を設定し、[更新]します。

右余白: 17　Automation Cloudの活用

✅Unattendedを有効にし、Windows資格情報を設定する

［ロボットの設定］タブで［Unattendedロボット］を［🔘 有効］にします。［フォアグラウンドオートメーションを実行］をオンにして、この資格情報に読者のWindowsドメインユーザー名とパスワードを入力します。

✅Robotの実行に必要なロールを割り当てる

［全般］タブで、既存のロール「Robot」を割り当てます。

🔍Hint

バックグラウンドプロセス（クリックしたり、ダイアログを表示したりはしないプロセス）を実行するRobotには、資格情報の設定は不要です。この場合、資格情報が設定されていないRobotはLocalServiceアカウントで実行されます。

❗OnePoint　Windows自分のユーザー名を確認する

［Win+R］cmd［Enter］と入力してコマンドプロンプトを開き、whoami(私はだれ)コマンドを実行してください。下記は、私の環境で実行したときの結果です。

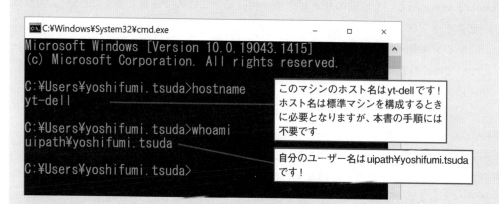

❗OnePoint　ユーザーとロボットの統合

Orchestrator 20.10では、ユーザーとロボットが統合されました。あるユーザーについて、Orchestrator Web UIへのログイン、Attended、Unattendedのそれぞれを個別に有効/無効に設定できます。

Orchestrator 21.10では、Unattendedとしてのみ使うアカウントをロボットアカウントとして作成できるようになりました。これはユーザーを招待せずに作成できるので便利です。この作成はユーザーの招待と同じく、Automation Cloudの［管理］から行えます。

手順② Assistantをマシンキー認証でOrchestratorに接続する

☑ マシンテンプレートを作成し、マシンキーを払い出す

[🌐 テナント]の[🖥 マシン]画面を確認してください。個人用ワークスペースが有効になっていれば、「<あなたのお名前>'s workspace machine」というマシンテンプレートがあるはずです。そうでなければ[新しいマシンを追加]して、マシンテンプレートを追加してください。このマシンテンプレートにライセンスが割り当てられていることを確認したら、そのマシンキーをクリップボードにコピーするために 📋 をクリックします。

---

①OnePoint　ライセンスの割り当て

Unattended/Non Production/Testingとして利用するには、当該のマシンテンプレートにライセンスを1つだけ割り当てます。これにより、このマシンテンプレートで接続された各マシンに1つずつのライセンスが割り当てられます。高密度ロボット（1台のWindowsサーバーマシン上で複数のロボットを同時実行）を構成する場合には、ここに2以上のライセンスを割り当ててください。その数のジョブを1台のマシンで同時実行できるようになります。

Studio/StudioX/Attendedとして利用するには、ライセンスを明示的に割り当てる必要はありません。Attendedロボットを有効に設定されたユーザーがOrchestratorに接続したとき、自動でライセンスが消費されます。

---

①OnePoint　エラスティックロボットプール

マシンテンプレートの代わりに、エラスティックロボットプールを作成できます。elasticとは伸縮性があるという意味で、scalable（スケール=規模を変更可能）よりもさらに大規模に伸張できることを示唆します。エラスティックロボットプールは、Microsoft AzureやAWSなどのクラウド上にある仮想マシンをUnattendedとして構成します。必要なときに必要なだけの労働力をオンデマンドで調達できます。キューと組み合わせることで、尋常でない大きさの処理能力が簡単に手に入ります。クラウド版でのみ利用でき、オンプレミス版では使えません。

☑ Assistantに、OrchestratorのURLとマシンキーを設定する

Assistantウィンドウ上部の👤から[↕ Orchestratorの設定]を開きます。もしサインイン済みであれば、サインアウトしてください。接続の種類を[マシンキー]にして、OrchestratorのURLと、先ほどコピーしたマシンキーを貼り付けます。[接続]をクリックして、ステータスが[◉ 接続済み、ライセンス済み]になることを確認してください。

Orchestrator の設定

接続の種類

マシン キー ▼

マシン名

YT-DELL

Orchestrator URL

https://cloud.uipath.com/yotsuda/svc1/ ▼

マシン キー

E829875E-8578-4773-974F-DDE18DD58898

接続

ステータス:　◉ 接続が切断されました

ログ

ログ レベル

Information ▼

オートメーションの実行中に出力される情報ログには、機密データが含まれている可能性があります。詳しくは、Assistant のドキュメントをご覧ください。

🔍 Hint

　マシンテンプレートのマシンキーは、同じものを複数のマシンのAssistantに設定できます。同じマシンキーを設定したマシンは、同一のプロセスが安定して動作できるように、環境（画面の解像度やインストールされたアプリなど）を同じに揃えておきましょう。

手順③ Assistantをフォルダーに割り当てる

　ユーザーとマシンテンプレートの両方をフォルダーに割り当てることにより、その組み合わせでAssistantが動作できるようになります。画面左のフォルダーツリーから個人用ワークスペース以外のフォルダーを選択し、画面右上の[⚙ 設定]に移動してください。

☑ユーザーをフォルダーに割り当てる

Assistantを実行するユーザーを、このフォルダーに割り当てます。[👥 アカウント/グループを割り当て]で、当該のユーザー名を入力してください。必要に応じて、このフォルダーへのアクセス権をフォルダーロールで付与できます。

なおフォルダーに割り当てたユーザーは、そのすべてのサブフォルダーにも自動で反映されます。

☑マシンテンプレートをフォルダーに割り当てる

Assistantの接続に使ったマシンテンプレートを、このフォルダーに割り当てます。フォルダーの[⚙ 設定]画面のタブを[アクセス権を管理]から[マシン]に切り替えて、[▦ フォルダーでマシンを管理]で当該のマシンテンプレートにチェックをつけ、[更新]してください。

なおフォルダーに割り当てたマシンは、3点メニュー ⋮ からそのすべての[↳ サブフォルダーに反映]したり、[⊖ サブフォルダーから削除]して戻したりできます。

以上でUnattended RobotがOrchestratorに接続され、利用可能な状態になりました。

🔍Hint

新規にフォルダーを作成するには、[🌐 テナント]の [🗂 フォルダー]画面で 🗂 をクリックします。この画面でも、ユーザーとマシンの割り当てができます。

⚠OnePoint　クラシックフォルダーとモダンフォルダー

赤く表示されているフォルダーには、本書で示した手順は使えません。これはクラシックフォルダーといって、技術的な制約が多く使いにくいものです。古いバージョンのOrchestratorからの移行を支援するために残されていますが、今後は廃止されます。本文中の「フォルダー」は、これを代替する新しいフォルダー（モダンフォルダー）です。

17
Automation Cloudの活用

17-4　プロセスを構成する手順

プロセスを実行できるように構成する

　プロセスパッケージは、Orchestratorにパブリッシュしただけでは実行できる状態になりません。ユーザーやマシンなどのほかのテナントエンティティと同じく、プロセスパッケージも利用に先立ってフォルダーに割り当てておく必要があります。この手順は次のとおりです。

手順① プロセスパッケージを、Orchestratorのフィードに配置する
手順② フィードに配置されたプロセスを、フォルダーに追加する

手順① プロセスパッケージを、Orchestratorのフィードに配置する

　Studioでプロセスプロジェクトを開き、Orchestrator上のフィードにパブリッシュします。ここに直接パブリッシュする代わりに、ローカルマシンにパブリッシュしたパッケージファイルを下記のパッケージ画面から［⬆ アップロード］することもできます。
　プロセスパッケージを配置できるOrchestrator上のフィードには、次の2つがあります。

⊘テナントフィード

　各テナントに唯一のフィードで、［🌐 テナント］の［⬇ パッケージ］画面で確認できます。ここに配置されたプロセスは、このテナント全体で共有されます。

⊘フォルダーフィード

　このフォルダーに専用のフィードです。フォルダー作成時にのみ付与できます。ここに配置されたプロセスは、このフォルダーの［⚙ オートメーション］の［マイパッケージ］タブで確認できます。このフォルダーには、テナントフィードのプロセスを追加することはできません。

手順② フィードに配置されたプロセスを、フォルダーに追加する

Orchestratorの画面左にあるフォルダーツリーから当該のフォルダーを選択し、[🕸 オートメーション]から[プロセス]タブを開いて[➕ プロセスを追加]してください。すると、このプロセスは同じフォルダーに割り当てられたRobot（ユーザーとマシンの組み合わせ）で実行できるようになります。

17-3節の手順③「Assistantをフォルダーに割り当てる」は、ここから操作します

17-4節の手順②[フィードに配置されたプロセスを、フォルダーに追加する]は、ここから操作します

17-5 個人用ワークスペースについて

個人用ワークスペースとは

　各ユーザーに専用の特別なフォルダーで、必ずフォルダーフィードが付与されています。このフィードにパブリッシュされたプロセスは自動で個人用ワークスペースに割り当てられ、その最新バージョンのパッケージがすぐに実行できる状態になります。ほかのユーザーからは見えないので、個人使用にとても便利です。ぜひ活用してください。

個人用ワークスペースを有効にする

　個人用ワークスペースは、Orchestrator画面のフォルダーツリーの先頭に 🗁 のアイコンで表示されます。もし表示されていなければ、下記の手順で有効にしてください。なお、この操作には適切なテナントロール(フォルダーの閲覧/編集などの権限)が必要です。

✅あるユーザーに対して、個人用ワークスペースを有効にする

　[🌐 テナント]の[🔒 アクセス権を管理]でユーザーを[✏ 編集]し、[ロボットの設定]タブの[Attendedロボット]セクションで[このユーザーの個人用ワークスペースを有効化]をオンにします。

✅複数のユーザーに対して、個人用ワークスペースを一括で有効にする

　[🌐 テナント]の[⚙ 設定]から[全般]タブを開き、[個人用ワークスペースを有効化]をクリックします。

管理者による個人用ワークスペースの監視と管理

　適切なロールをもった管理者は、ほかのユーザーの個人用ワークスペースの利用状況や内容を見ることができます。[🌐 テナント]の[🗀 フォルダー]から[個人用ワークスペース]タブ

を開いてください。

⊘[🖱 使用状況を表示]

このユーザーのログイン状況や、このフォルダーに含まれるエンティティ（プロセスやアセットなど）の数を確認できます。

⊘[🖿 モダンフォルダーに変換]

この個人用ワークスペースは通常のフィードつきフォルダーに変換され、すぐに代替の個人用ワークスペースが新しく作成されます。チームで共有したいフォルダーをまず個人用ワークスペースで作成し、検証が終わってからチームに公開するなどの使い方ができます。

⊘[⊘ 探索を開始]

この個人用ワークスペースは管理者のフォルダーツリーの中に表示され、その内容を確認できるようになります。確認を終えたら、[⊗ 探索を停止]してください。この個人用ワークスペースは、管理者のフォルダーツリーから見えない状態に戻ります。

⊘[🗑 削除]

この個人用ワークスペースを削除します。個人用ワークスペースが有効になっている場合は、すぐに代替の個人用ワークスペースが新しく作成されます。

17-6 プロセスを実行する

Attendedプロセスとして実行する

　ここまでの手順で、Orchestratorにパブリッシュしたプロセスを実行する準備が整いました。構成したユーザー（Windowsアカウント）でRobotマシンにログインしてください。Assistantウィンドウの中に当該のプロセスが表示されるはずです。

　もし表示されないときは、Orchestrator上のフォルダーにユーザーとマシンが割り当てられているか、このユーザーに設定されたUnattendedの資格情報（Windowsのドメインユーザー名とパスワード）が正しいか、などを確認してください。

　Orchestratorに接続されていれば、Assistantからプロセスを開始した場合でも、その実行状況とログは[✿ オートメーション]の[ジョブ]タブに表示されます。

Unattendedプロセスとして実行する

　Unattendedとして実行するには、ブラウザーでOrchestratorのURLを開き、当該のフォルダーで[✿ オートメーション]の[プロセス]タブで実行したいプロセスの ▷ をクリックしてください。読者がログインしているWindowsセッションの中で、プロセスの実行が開始されます。

Unattendedプロセスをスケジュール実行する

　次に、Robotが無人の環境に自動でログインする動作を確認しましょう。[✿ オートメーション]の[ジョブ]タブを開いて[新しいトリガーを追加]し、当該のプロセスが1分ごとに実行されるように構成してください。1分後にこのプロセスが開始することを確認したら、Windowsからログアウトし、期待をこめて待ちましょう。

　はたして1分後に、このマシンのRobotが自動でWindowsにログインし、指定のプロセスを実行して、Windowsからログアウトするはずです。また一歩、野望に近づきました！

　読者の手元にPCが2台あれば、この検証にトリガーを使う必要はありません。Unattended
マシンをログアウトした状態にして、もう一方のマシンのブラウザーからプロセス開始を指
示してみましょう。すぐにプロセスの実行が開始されるはずです。

　もしRobotがWindowsにログインしない場合は、このRobotがサービスモードでインストー
ルされていることを確認してください。

> ### ⊕Hint
>
> モバイルアプリ版のOrchestratorを使って検証するのも、簡単で便利です！

プロセスパッケージのバージョンを更新する

　新しいプロセスパッケージをOrchestrator上のフィードにパブリッシュしても、このバー
ジョンのプロセスはすぐに実行できる状態になりません。これには、フォルダーに割り当て
たプロセスのバージョンを更新する必要があります。この仕組みにより、運用中のプロセス
に影響を与えず、安全にプロセスをパブリッシュできます。また、フォルダーごとに別のバー
ジョンのプロセスを運用することもできます。

　プロセスのバージョンを更新するには、当該のフォルダーの[⚙ オートメーション]から
[プロセス]タブを開いてください。当該のプロセスには、より新しいパッケージバージョン
が利用可能になっていることを示すアイコン ⬇ が表示されているはずです。このプロセスに
チェックをつけて、⬆ をクリックすると、このプロセスの最新バージョンがフォルダーに割
り当てられ、実行可能な状態になります。あるいは、このプロセスの3点メニュー ⋮ の[✎
編集]から[⟲ ロールバック]して直前に使っていたバージョンに戻したり、ほかの固有のバー
ジョンを指定して更新したりすることもできます。

> ### ①OnePoint　　DataServiceサービスについて
>
> 　DataServiceサービスは、表形式のデータをクラウド上で簡単に定義でき、その行データを複
> 数のプロセスで共有できます。Studioの[設計]リボンにある[エンティティを管理]ボタンを押下
> すると、クラウド上で定義したエンティティと同名の型がワークフローで使えるようになります。
> これは、ほかのプログラミング言語のように新しい型（クラス）を定義できないワークフローの制
> 限を回避し、より簡単にユーザー固有のデータを操作できるようにします。
>
> 　この型のデータをクラウドから取得するには、UiPath.DataService.Activitiesパッケージに
> 含まれるアクティビティを使います。たとえば『エンティティレコードにクエリを実行』では、
> [TypeArgument]プロパティで指定したエンティティ型のデータを取り出すことができます。

17-7 Unattended Robotで実行するプロセスの開発

Unattendedプロセスに固有の事情

Unattended Robotで実行するプロセスの開発においては、特別に考慮すべき点があります。本節では、そのいくつかを紹介します。

ユーザーとの対話を行わないように注意する

Unattended Robotは、無人の端末環境で動作することが期待されます。このような端末には、ディスプレイやキーボードが接続されていない場合もよくあります。このため、Unattended Robotで動かすプロセスは、ユーザーにメッセージダイアログを表示したり、入力ダイアログを表示したりすることがないようにします。これは、そのようなユーザーとの対話を要求した時点で、このプロセスが止まったまま処理を継続できなくなってしまうためです。

たとえば、エラーが発生した場合でもダイアログウィンドウを表示してはいけません。ダイアログウィンドウを表示した場合、その[OK]ボタンをクリックしないと次の処理に進めませんが、Unattendedの環境では[OK]ボタンをクリックするユーザーがいないため、その時点でプロセスが止まったままとなってしまいます。

⊕Hint

Systemパッケーンv21.10の『メッセージボックス』には自動で閉じる機能が追加され、Unattendedプロセスにも使いやすくなりました。[AutomaticallyCloseAfter]プロパティに指定したTimeSpan値が経過すると、このメッセージボックスは自動で閉じ、後続のアクティビティに制御が移ります。このプロパティにゼロを指定した場合には、メッセージボックスが自動で閉じることはありません。

Orchestratorからのプロセス停止要請に応答できるようにする

Unattended Robotのプロセス実行（ジョブ）においては、次の場合にOrchestrator側からRobotに対して停止要請が通知されます。

・実行中のジョブに、Orchestratorの画面から停止を指示したとき
・[指定時間が経過した後にジョブを停止]が設定されたスケジュールのジョブ実行中に、指定時間が経過したとき

いずれの場合でも、StopとKillのどちらかを指定します。Stopは、安全にプロセスを停止できますが、そのようにワークフローを開発しておく必要があります。Killは、任意のプロセスを強制終了できますが、作業中の処理が中途半端なところで終わってしまう危険があります。

●図1

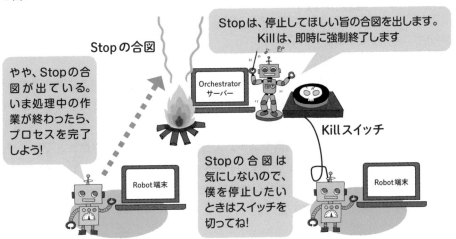

Stopで停止するプロセスを実行中　　　Stopでは停止できないプロセスを実行中

✅Stopで停止する

プロセスの終了をStopで指示すると、Orchestratorはそのプロセスに対して停止してほしい旨の合図を出します。ただし、これはプロセス側に通知されないため、この合図が出ているかどうかをプロセス側からときどき確認する必要があります。これには『停止すべきか確認』を使います。これがTrueを返したら、きりのいいところですみやかにプロセスを終了してください。

次ページに『停止すべきか確認』を呼び出す例を示します。

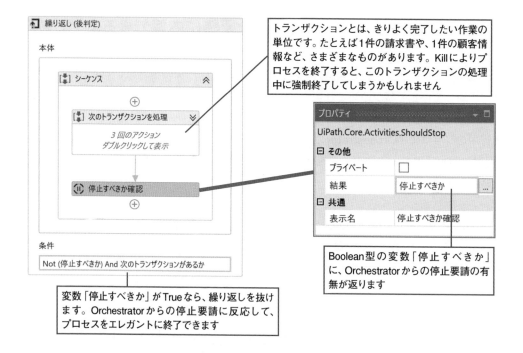

トランザクションとは、きりよく完了したい作業の単位です。たとえば1件の請求書や、1件の顧客情報など、さまざまなものがあります。Killによりプロセスを終了すると、このトランザクションの処理中に強制終了してしまうかもしれません

繰り返し (後判定)

本体

[≡] シーケンス

⊕

[≡] 次のトランザクションを処理　≫
3 回のアクション
ダブルクリックして表示

⟨Ⅱ⟩ 停止すべきか確認

⊕

条件

Not (停止すべきか) And 次のトランザクションがあるか

プロパティ

UiPath.Core.Activities.ShouldStop

⊟ その他

プライベート　☐

結果　　　　停止すべきか　　…

⊟ 共通

表示名　　　停止すべきか確認

Boolean型の変数「停止すべきか」に、Orchestratorからの停止要請の有無が返ります

変数「停止すべきか」がTrueなら、繰り返しを抜けます。Orchestratorからの停止要請に反応して、プロセスをエレガントに終了できます

✅Killで停止する

　Orchestratorからの停止要請に反応しないプロセスを停止するには、Killで強制終了するしかありません。このプロセスは任意の場所で強制終了してしまうため、作業中の処理が中途半端なところで終わってしまう可能性があります。

　たとえば、ファイルを読み込んで対向システムに登録する処理をするプロセスなら、データを読み込んだところで終わってしまい、そのデータを登録できずに失ってしまうかもしれません。データの登録を完了したタイミングで終了できるように、『停止すべきか確認』を使って停止要請に応答できるようにしましょう。

⚠ OnePoint　Action Center

　UiPath.Persistence.Activitiesパッケージに含まれるアクティビティを使うと、Unattended Robotのプロセスが、Orchestrator上のフォームを使ってユーザーと対話できるようになります。パッケージ名の「Persistence」とは、プロセスがその実行状態を保存（永続化）して中断できることを意味します。

　『タスクを作成』により、Orchestrator上の［✦ Actions］にタスクが表示されます。ここで『タスクの完了を待機』すると、このUnattendedプロセスは処理を中断してWindowsからログオフします。Orchestrator上でタスク完了（フォーム入力）の操作をすることにより、このプロセスは自動でWindowsにログインし、処理を再開します。この自動化プロセスは利用可能な任意のマシンで再開されますが、Orchestrator 21.10では同じマシンで再開することも指定できるようになりました。中断している間は、このマシン上でほかのUnattendedプロセスを実行することもできます。

　WWF（Windows Workflow Foundation）は、PCで実行するワークフローと、現実世界のワークフロー（業務手続きの流れ）とのギャップを埋めることを1つの目標としていました。この大きなギャップとは、実行時間の長さです。現実世界のワークフローは、稟議を上げてから承認されるまで数か月かかることもあります。一方で、PCは毎日電源を切っていれば、その上で実行できるワークフロー（プロセス）の実行時間は長くても1日間しかありません。そこでWWFのアーキテクチャは、プロセスが実行状態を保存した上で終了できるものになりました。この実行状態をロードして、プロセスを途中から再開することができます。次の日でも再開できるし、別のPC上でも再開できます。UiPathのAction Centerは、このようなWWFのアーキテクチャを活かして実現されているのです。

17-8 リソースパネルを使う

リソースパネルについて

Orchestratorに接続されたStudio/Robot端末は、そのOrchestrator上に管理されたアセットやキューの機能が使えます。この機能の詳細は後述しますが、アセットやキューを使うアクティビティのプロパティには、操作したいアセット名やキュー名を設定する必要があります。

キューやアセットの名前は、OrchestratorのWeb画面で確認できますが、Orchestratorに接続されたStudioのリソースパネルでも確認できます。これを利用するには、Studioウィンドウ下部にあるステータスバーにある ◎ ボタンをクリックします。

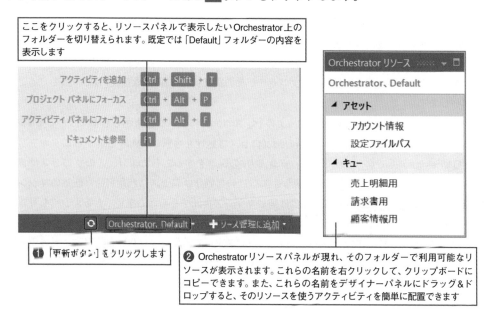

ここをクリックすると、リソースパネルで表示したいOrchestrator上のフォルダーを切り替えられます。既定では「Default」フォルダーの内容を表示します

❶「更新ボタン」をクリックします

❷ Orchestratorリソースパネルが現れ、そのフォルダーで利用可能なリソースが表示されます。これらの名前を右クリックして、クリップボードにコピーできます。また、これらの名前をデザイナーパネルにドラッグ＆ドロップすると、そのリソースを使うアクティビティを簡単に配置できます

①OnePoint アセットとキュー

以降より説明するアセットとキューは、Unattended Robotだけではなく、Orchestratorに接続されたAttended Robotでも利用できる機能です。ぜひ活用してください。

17-9　アセットを使う

アセットについて

　アセットを使うと、各Robotで使用したい設定値をOrchestrator上で管理できます。アセットとは、アセット名とデータ値のペアです。各アセットには、すべてのRobotに共通の値を設定できます。あるいはRobotアカウントごと、マシンとの組み合わせごとに別の値を設定することもできます。

◉図2

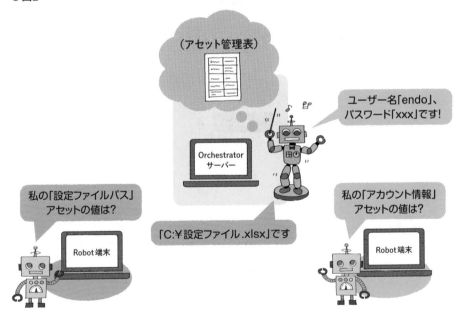

アセットの追加

　アセットは、フォルダーの[🔲 アセット]画面で追加できます。

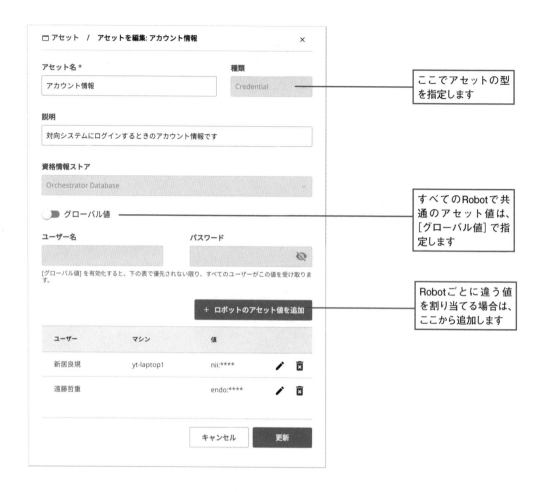

ここでアセットの型を指定します

すべてのRobotで共通のアセット値は、[グローバル値]で指定します

Robotごとに違う値を割り当てる場合は、ここから追加します

アセットの型

アセットが管理できるデータの型には、次のものがあります。

⬇表1

アセットの型	対応する変数の型	アセットを操作するアクティビティ
テキスト	String	『アセットを設定』 『アセットを取得』
論理値	Boolean	
整数	Int32	
資格情報	ユーザー名: String	『資格情報を設定』 『資格情報を取得』 『ユーザー名/パスワードを取得』
	パスワード: SecureString	

アセットを操作するアクティビティ

　アセットを操作するアクティビティは、UiPath.System.Activitiesパッケージに含まれています。アクティビティパネルの[Orchestrator]→[アセット]のカテゴリにまとめて表示されます。

⊘アセットの設定と取得

　『アセットを設定』と『アセットを取得』を使います。[アセット名]プロパティと、[値]プロパティを設定するだけで利用できます。[値]プロパティには、操作したいアセットの型と対応する型のリテラル値もしくは変数を指定してください。

　なお、アセットを読み書きするには、そのRobotに割り当てられているロールにアセットの閲覧/編集権限が付与されている必要があります。各Robotには、既定で[Robot]という名前のロールが割り当てられており、このロールには既定でアセットの閲覧権限のみが付与されています。必要に応じて、この設定を変更してください。

⊘資格情報の設定と取得

　『資格情報を設定』と『資格情報を取得』を使います。資格情報とは、ユーザー名とパスワードの組み合わせです。これらのアクティビティには、[値]プロパティの代わりに[ユーザー名]と[パスワード]プロパティを指定します。パスワードの設定時にはString型もしくはSecureString型で指定できますが、取得時にはSecureString型で返されます。SecureString型の使い方については、9-8節の「取り出したパスワードを、対向システムに入力する」を参照してください。

　なお、Systemパッケージの20.10以降では、新しいアクティビティ『ユーザー名/パスワードを取得』を使うこともできます。これについては9-8節の「パスワードを管理する」を参照してください。

17

Automation Cloudの活用

637

17-10 ストレージバケットを使う

ストレージバケットとは

　Orchestratorのフォルダー上で共有されるファイル置き場です。アセットやキューと同じく、Orchestrator上のフォルダーの中に作成できます。この実際のストレージはOrchestratorの中に用意できます。あるいはAzureやAWS S3などの外部のクラウドストレージに用意し、これをストレージバケットとしてOrchestratorのフォルダー内で共有することもできます。

　ストレージバケットに配置されたファイルは、Orchestratorの画面から手動で操作できます。あるいは、アクティビティを使ってワークフローから操作することもできます。

⬇ストレージ バケットについて（Orchestratorユーザーガイド）

https://docs.uipath.com/orchestrator/lang-ja/docs/about-storage-buckets

ストレージバケットの追加

　ストレージバケットは、フォルダーエンティティです。対象のフォルダーの［▤ ストレージバケット］画面で、バケットを追加したり、既存のバケットを操作したりできます。

ストレージバケットを操作するアクティビティ

　ストレージバケットを操作するアクティビティは、UiPath.System.Activitiesパッケージに含まれています。これらの［ストレージバケット名］プロパティに、操作したいストレージバケットの名前を指定してください。

⊘ 『ストレージファイルをアップロード』と『ストレージファイルをダウンロード』

　ローカルマシンとストレージバケットの間で、ファイルのアップロードとダウンロードをします。

⊘ 『ストレージテキストを書き込み』と『ストレージファイルを読み込み』

　ストレージバケット上のテキストファイルを直接読み書きします。［パス］プロパティには、ストレージバケット内の当該のテキストファイルのパスを指定してください。

⊘ 『ストレージファイルの一覧を取得』

　ストレージに配置されたファイルの一覧を取得します。［ディレクトリ］プロパティにはストレージ内のパスを指定するもので、通常は"¥"を指定してください。［結果］プロパティに取り出した一覧を列挙するには、［繰り返し（コレクションの各要素）］を使います。［TypeArgument］プロパティにはStorageFileInfo型を指定してください。

⊘ 『ストレージファイルを削除』

　指定のストレージファイルを削除します。

17-11 キューを使う

キューについて

Robotに処理させたいデータには、売上明細書や、請求書、顧客情報など、さまざまなものがあります。このようなデータの1件をトランザクションといいます。

本来、transaction（トランザクション）には「商取引」や「処理中の業務」などの意味があります。Orchestratorには、このような複数のトランザクションを複数のRobotが分担して処理できるように、キューという機能が備わっています。

Robotは、トランザクションデータを記載したアイテムをキューの中に入れたり、この順で取り出したりできます。1つのアイテムが1つのトランザクション（取り引き）を表します。

⊕図3

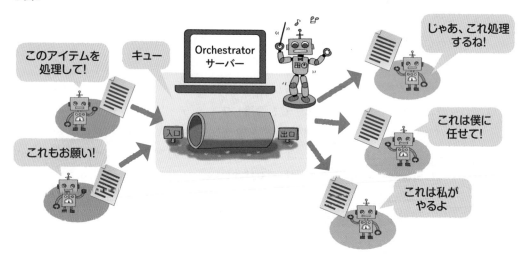

アイテムを取り出したRobotは、それを何らかの対向システムに入力するなどの処理ができます。キューに追加できるアイテムの数に制限はありません。

1つのOrchestratorサーバー上に、複数のキューを作成する

　1つのOrchestratorサーバー上には、複数のキューを作成できます。それぞれのキューには名前がついています。この名前を指定することで、Robotはキューにアクセスします。管理したいアイテムの種別ごとに、別のキューを作成すると良いでしょう。

⊛図4

17

Automation Cloudの活用

> ⚠️**OnePoint**　**キュー**
>
> 　先に入れたものから先に出す、先入れ先出し（FIFO：First-In First-Out）のデータ構造を、コンピュータ科学の世界では一般にキューといいます。上図の例では、最初に入れたアイテムを、最初に出すことになります。このようなデータ構造をワークフロー内の変数で使いたいときは、System.Collections.Generic.Queue<T>型が便利です。

キューは、アイテムを1列に並べる

　キューには、アイテムの入口と出口がついています。土管のようなものをイメージしてください。この入口から、アイテムをキューに追加できます。追加したアイテムはこの順で1列に並び、出口から1つずつ取り出されます。複数のRobotが同時にアイテムを取り出そうとしても、同じアイテムが複数のRobotに渡されることがないように排他的に処理されます。そのため、同じアイテムが重複して処理されることはありません。

⦿図5

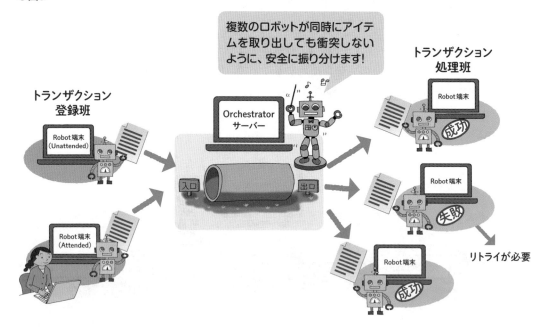

キューからアイテムが取り出される順番について

基本的には、アイテムは最初に追加したものから順に取り出されますが、各アイテムに設定された[処理期限]と[優先度]により、取り出される順が自動で調整されます。

[処理期限]は日時、[優先度]は高・中・低のいずれかです。もし、キューの中に[処理期限]が設定されているアイテムがあれば、その日時が一番近いアイテムが最初に取り出されます。[処理期限]が設定されているアイテムがなければ、[優先度]が高いアイテムから、キューに登録された順で取り出されます。

各アイテムには[延期]の日時を設定することもできます。[延期]が設定されたアイテムは、その日時になるまで取り出されることはありません。

> ⚠️**OnePoint　処理期限**
>
> 各アイテムに設定された[処理期限]は、このアイテムがその日時までに必ず処理されることを保証するものではないことに注意してください。[処理期限]は、アイテムが取り出される順序を調整するためのものです。

17-12　キューを使うメリット

キューのメリットについて

キューを使うことで、次のようなメリットが得られます。

✅トランザクションの一貫性を維持

前述のとおり、キューを使うことによりトランザクションの一貫性を保つことができます。あるトランザクションを重複して処理したり、逆に処理を漏らしてしまったり、ということは発生しません。

✅高いスケーラビリティの実現

アイテムを取り出して処理するRobotの数を増減させることで、トランザクションの処理能力を後からでも簡単に調整できます。しかも、これはシステムを止めることなく行えます。このように、処理可能な規模（スケール）を簡単に変更できる能力のことをスケーラビリティといいます。

✅分散処理による稼働率の向上

各Robotは、ほかのRobotの作業の完了を待つ（同期させる）必要がありません。アイテムをキューに登録する処理と、アイテムをキューから取り出す処理は、それぞれを独立して（非同期に）行えます。このように処理を分散することで、同じ時間でより多くの処理を行うことができます。

✅耐障害性の強化

複数のRobotが稼働することにより、あるRobotが何らかの障害で止まってしまっても、システム全体が停止してしまうことはありません。これはシステム全体の耐障害性を高め、安定して処理を行えるようにします。

17-13　キューの作成

キューの作成について

　キューは、各フォルダーの［⊞ キュー］画面で作成できます。この画面で指定する多くの項目は、キューを作成するときに限り変更できます。キューを作成した後は、［一意の参照］の設定は変更できないので注意してください。

⊘名前

　このキューの名前を指定します。アルファベットの大文字と小文字は区別されません。

⊘説明

　必要に応じて、このキューの説明を記載してください。

✅一意の参照

参照とは、請求書番号や明細番号など、このアイテムで管理するトランザクションを特定できるテキストです。［はい］に設定すると、このキューに追加するアイテムには一意の（ほかのアイテムと重複しない）参照をつけなければなりません。詳細は、17-14節の「アイテムの［参照］を活用する」を参照してください。

✅自動リトライ

リトライとは、失敗したアイテムと同じ内容で新規にアイテムをキューに追加することです。［はい］に設定すると、アプリケーションエラーで失敗したアイテムが自動でリトライされます。

なお、任意の理由で失敗したアイテムに対して、手動でリトライを指示することもできます。詳細は、17-12節の「処理に失敗しアイテムをリトライする」を参照してください。

✅最大リトライ回数

失敗したアイテムに対して、最大で何回の自動リトライを実行するかを設定します。リトライしても失敗したアイテムは、そのまま再度リトライしてもやはり失敗してしまうでしょう。無駄なリトライを避けるために、最大リトライ回数には小さい数字を設定しましょう。既定の最大リトライ回数は1回です。

なお、手動でのリトライはこの回数を超えて何度でも実行できます。失敗の原因を取り除いてから、リトライしましょう。

✅スキーマ定義

このキューに追加するアイテムに格納する、トランザクションデータの項目を定義できます。この定義に沿っていないアイテムをキューに追加しようとすると例外が発生して失敗するため、キューに不正なデータが入らないようにできます。

なお、この設定は必須ではありません。このスキーマの記述方法については、Orchestratorのユーザーガイドを参照してください。

！OnePoint　キューの削除

キューの削除は、Orchestratorの画面から行えます。キューを削除すると、この中に含まれるアイテムもすべて一緒に削除されてしまうので注意してください。誤って削除することがないように、フォルダーロールでキューの削除権限を付与しないように設定できます。

17-14 アイテムの操作

アイテムを操作する手順

キューにおいて、アイテムを操作する手順は次のようになります。

[1]キューにアイテムを追加する

プロセスが、キューの中にアイテムを追加します。このステータスは、自動で[新規]になります。

[2]キューからアイテムを取り出して、処理する

プロセスがキューからアイテムを取り出すと、このステータスは自動で[実行中]になります。プロセスは、このアイテムから必要なデータを取り出してトランザクションを処理します。この処理の内容は、データを対向システムに入力したり、メールで送信したりするなど、このプロセスが自動化する業務によって異なります。

[3]処理結果に応じて、アイテムのステータスを変更する

アイテムを取り出したプロセスは、既定では24時間以内にそのステータスを[成功]もしくは[失敗]にしなければなりません。トランザクション処理を正常に完了できたら[成功]、そうでなければ[失敗]です。失敗のときは、その原因(アプリケーションエラーかビジネスエラーのどちらか)と、その理由を説明するテキストも、必ずアイテムに記録しなければなりません。

もし[実行中]になって24時間経過しても[成功]にも[失敗]にもならなかったら、そのアイテムのステータスは自動で[破棄済み]に変わります。

[4][失敗]もしくは[破棄済み]となったアイテムをリトライする

[失敗]もしくは[破棄済み]になったアイテムは、トランザクション処理が正常に完了していませんから、これをやり直さなければなりません。これをリトライといいます。リトライすると、失敗したアイテムと同じ内容で新規にアイテムがキューに追加されます。

アイテムのステータス遷移

　1つのアイテムに注目したとき、このアイテムのステータス（状態）がどのように変化（遷移）するかを下図に示します。リトライが必要となったアイテムについては、その状況を追跡するためにリビジョンが付与されます。

　図の中には、ステータスをブルーで、リビジョンをオレンジで示しました。リビジョンが遷移しても、ステータスは変わらないことに注意してください。

◉図6

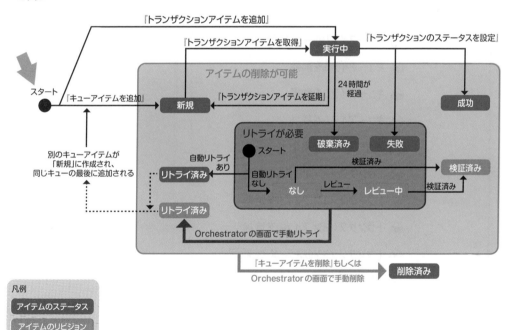

凡例
- アイテムのステータス
- アイテムのリビジョン

![Hint] **Hint**

アイテムをアクティビティで操作するための具体的な手順は、17-15節以降で説明します。

①OnePoint　キューの中にあるアイテムを操作するアクティビティ

　キューの中にあるアイテムを操作する主要なアクティビティの名前は、図6の中に示しました。これらはUiPath.System.Activitiesパッケージに含まれており、アクティビティパネルの[Orchestrator]→[キュー]のカテゴリにまとめて表示されます。

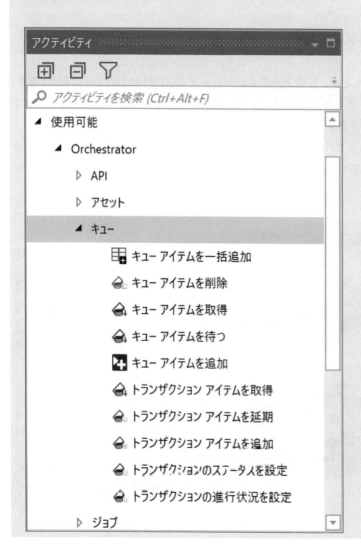

①OnePoint　キューアイテムとトランザクションアイテムの違い

　キューに追加されたアイテムを「キューアイテム」といいます。この中で、キューから取り出されてステータスが[実行中]となったものを「トランザクションアイテム」といいます。なお本書では、キューアイテムとトランザクションアイテムを区別せず、どちらもアイテムと表記しました。

17-15 処理に失敗したアイテムをリトライする

リトライするときの選択肢

[失敗]または[破棄済み]となったアイテムは、リトライが必要です。アイテムをリトライ
すると、このアイテム自体は[リトライ済み]となり、それと同じ内容で別の新しいアイテム
が同じキューの最後に追加されます。これはキューから順に取り出されて、改めてトランザ
クション処理が試行されることになります。

リトライを実行する方法として、次の選択肢があります。

選択肢① Orchestratorが、自動でリトライする
選択肢② 人がレビューして、リトライが必要なら手動でリトライを指示する
選択肢③ 人がレビューして、リトライが不要なら[検証済み]とマークする

選択肢① Orchestratorが、自動でリトライする

自動リトライを行うように設定されたキューでは、アプリケーションエラーにより[失敗]
したアイテムが自動でリトライされます。なお、ビジネスエラーにより[失敗]したアイテムは、
自動でリトライされることはありません。

選択肢② 人がレビューして、リトライが必要なら手動でリトライを指示する

自動リトライされなかったアイテムは、担当者がレビューしてトランザクションの状態を
確認してください。トランザクションが失敗した原因を取り除いたら、手動でリトライを指
示します。これには、Orchestratorのトランザクション画面でこのアイテムを右クリックし
て[リトライ]を選択します。リトライ用のアイテムが同じキューの最後に追加されます。

選択肢③ 人がレビューして、リトライが不要なら [検証済み] とマークする

　レビューの結果、そのトランザクションが問題なく完了しているのを見つけるかもしれません。あるいは、そのトランザクションを手作業で処理して完了させることになるかもしれません。その場合にはリトライは不要ですから、そのアイテムを[検証済み]にしてください。これには、Orchestratorのトランザクション画面で、このアイテムのメニューから[検証済み]を選択します。[検証済み]としたアイテムに対しては、リトライ用のアイテムがキューに追加されることはありません。

⚠ **OnePoint　トランザクションに失敗したアイテムをレビューする**

　Orchestratorの画面では、失敗したアイテムにレビューア(レビュー担当者)を指定したり、自身にレビュー依頼されたアイテムを一覧表示したり、アイテムにコメントをつけたりするなどのことができます。ぜひ活用してください。

17-16　アプリケーションエラーと ビジネスエラー

エラーの区別

　トランザクション処理に失敗したプロセスは、取得したアイテムのステータスを［失敗］にします。このとき、失敗の原因としてアプリケーションエラーかビジネスエラーのどちらかを選択し、アイテムに記録しなければなりません。これはOrchestratorが自動リトライするかどうかの判断に使われるため、適切な方を選択することがとても大切です。

⊘アプリケーションエラー

　アプリケーションエラーとは、ネットワークに接続できないとか、メールの添付ファイルの保存に失敗するなど、アプリケーションの異常な動作が原因で処理が継続できないエラーです。これは、失敗したトランザクション処理をそのままもう一度繰り返すだけで成功できる可能性があるため、自動リトライの対象となります。

⊘ビジネスエラー

　ビジネスエラーとは、請求書の数字が合わないとか、残業時間が上限を超えていたなど、業務上のルールに違反しているために処理を継続できないエラーです。これは、トランザクション処理をそのままリトライしても同じエラーで失敗してしまうでしょうから、自動リトライの対象になりません。レビューして、エラーの原因を取り除いてから手動でリトライを指示してください。あるいは、トランザクションを手作業で処理してから［検証済み］としてください。

---

①OnePoint　アイテムに、そのトランザクション処理の結果を記録する

　トランザクションの処理結果（成功/失敗）と、失敗の原因（アプリケーションエラーもしくはビジネスエラー）をアイテムに記録するには、『トランザクションのステータスを設定』を使います。17-11節の図6を参照してください。

17

Automation Cloudの活用

17-17　アイテムの［参照］を活用する

アイテムの［参照］について

　参照とは、請求書番号や明細番号など、このキューで管理するアイテムを特定するためのテキストです。アイテムに参照をつけるには、『キューアイテムを追加』もしくは『トランザクションアイテムを追加』するときに、［参照］プロパティで指定します。『トランザクションアイテムを取得』する際には、取り出したいアイテムを［参照］でフィルターすることができます。フィルターに合致しないアイテムは取得されることはありません。

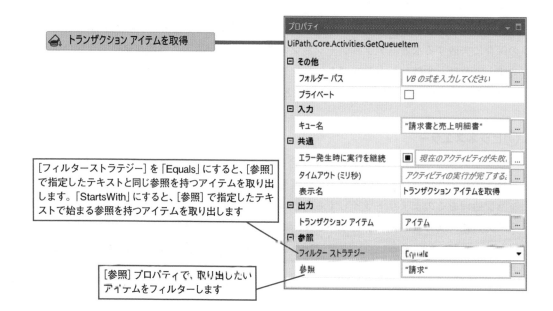

［フィルターストラテジー］を「Equals」にすると、［参照］で指定したテキストと同じ参照を持つアイテムを取り出します。「StartsWith」にすると、［参照］で指定したテキストで始まる参照を持つアイテムを取り出します

［参照］プロパティで、取り出したいアイテムをフィルターします

　これを活用すると、1つのキューを複数の目的に使い分けたり、取り出したいアイテムの種類をRobot側で指定したりするなどのことができます。

　ただし、1つのキューにさまざまな種類のアイテム（トランザクション）を入れると、Orchestrator画面でアイテムの確認作業が煩雑になるため、参照の活用方法については十分に検討してください。多くの場合では、アイテムの種類ごとにキューを別に作成する方が便利です。しかし、運用上Orchestrator上に簡単にキューを作成できず、各部署にキューをひとつずつだけ付与している、などの状況では、このようなキューの使い回しが有益となることがあります。

◉図7

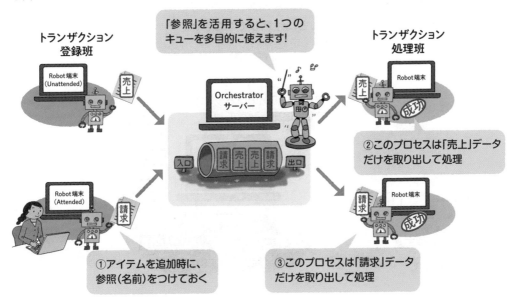

キューの作成時に、参照を一意に設定する

　キューの作成時には、ここに追加するアイテムの参照（名前）を一意に制限するかどうかを設定できます。一意(unique)とは、重複を許さないという意味です。参照を一意にしたキューに、重複した参照を持つ新規アイテムをキューに追加しようとすると、OrchestratorHttpException例外が発生して追加に失敗します。アイテムとして追加したい請求書などに請求書番号などの一意の番号がついていれば、これをそのまま参照名として利用しましょう。データの重複処理が発生するリスクを少なくすることができます。

　また、Orchestralor画面でこの参照名を検索することにより、当該のアイテムをすぐに見つけることができます。参照を一意にしたキューに追加するアイテムには、必ず［参照］プロパティを指定しなければならないことに注意してください。

🔽図8

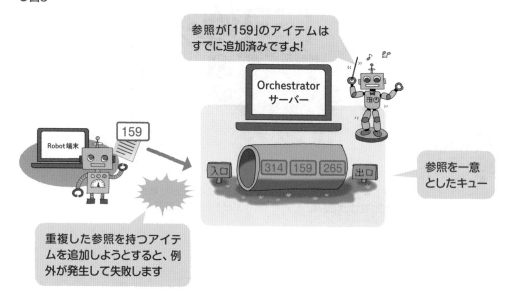

17-18 アイテムをアクティビティで操作する

アイテムをアクティビティで操作する手順

　本節より、アイテムをアクティビティで操作する方法を説明します。この手順は図9のようになります。リトライはOrchestrator上で、自動もしくは手動で実行するので、この手順の中には含まれません。

◆図9

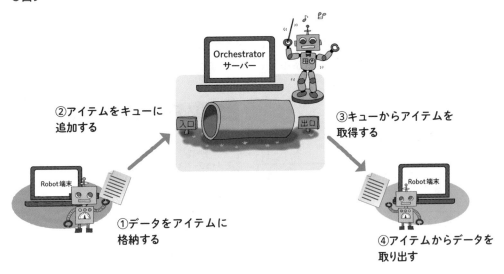

　各アイテムには、そのトランザクションに固有のデータを格納します。たとえば、請求書を管理するアイテムには「宛先」「金額」「支払期限」などを固有のデータとして格納することになります。以降の節より、この操作を順に説明します。

アイテムの操作① データをアイテムに格納する
アイテムの操作② アイテムをキューに追加する
アイテムの操作③ キューからアイテムを取得する
アイテムの操作④ アイテムからデータを取り出す

<table>
<tr><td>17-19</td><td>アイテムの操作①
データをアイテムに格納する</td></tr>
</table>

アイテムにトランザクションデータを格納する方法

アイテムに追加したいデータ（キーと値のペア）は、『キューアイテムを追加』もしくは『トランザクションアイテムを追加』するときに指定できます。これには、2つの方法があります。どちらを使っても同じ結果を得られるので、使いやすい方を選択してください。

☑方法① ［アイテム情報］プロパティを使う

プロパティエディターで［アイテム情報］プロパティにあるボタンをクリックすると、アイテム情報ウィンドウが表示されます。ここで、アイテムに追加したいキーと値のペアを設定できます。この例ではリテラル値を直接指定していますが、変数名を指定することもできます。

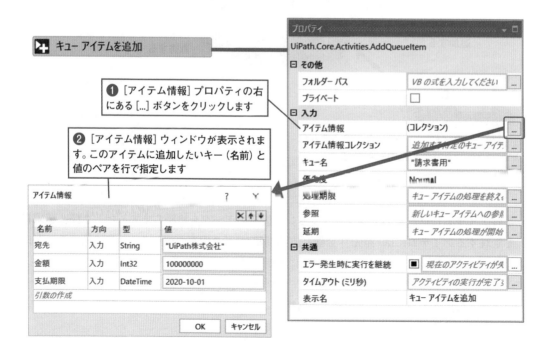

✅方法② [アイテム情報コレクション] プロパティを使う

このプロパティ値は、Dictionary<String, Object> 型の変数で指定します。次の例は、この型の使い方を簡単に示すものです。

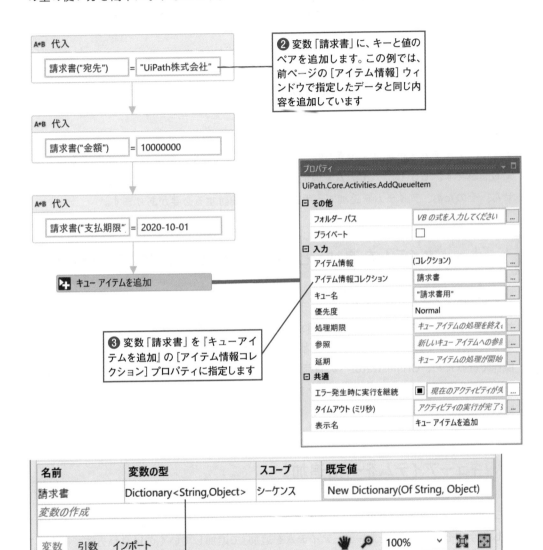

❷ 変数「請求書」に、キーと値のペアを追加します。この例では、前ページの [アイテム情報] ウィンドウで指定したデータと同じ内容を追加しています

❸ 変数「請求書」を『キューアイテムを追加』の [アイテム情報コレクション] プロパティに指定します

名前	変数の型	スコープ	既定値
請求書	Dictionary<String,Object>	シーケンス	New Dictionary(Of String, Object)
変数の作成			

❶ 変数パネルで、Dictionary<String, Object>型の変数「請求書」を準備します。上記のように既定値で初期化してください

17

Automation Cloudの活用

17-20

アイテムの操作②
アイテムをキューに追加する

アイテムをキューに追加する

キューにアイテムを追加するワークフローの構造を検討しましょう。これまでに見てきたように、アイテムを追加さえできたら、後はこれを漏れなく、重複もなく処理することはとても簡単です。しかし、アイテムを追加するときに漏れや重複が発生しては元も子もありません。そのため、アイテムを追加する手順は丁寧に検討する必要があります。

『キューアイテムを追加』と『トランザクションアイテムを追加』

キューにアイテムを追加するには、『キューアイテムを追加』を使います。

アイテムの追加とその取得を同時に行うには、『トランザクションアイテムを追加』を使います。これは『キューアイテムを追加』と『トランザクションアイテムを取得』の両方を一度の操作で行うため、Orchestratorへの負荷が小さくなります。ただし、そのキューに別のアイテムが先に入っていても、『トランザクションアイテムを追加』はそれを取り出すことはしないので注意してください。

『キューアイテムを一括追加』

Excelファイルの1行を1つのアイテムとして、すべての行をキューに追加することを考えましょう。その1行ずつを『キューアイテムを追加』で追加していくのは良い方法ではありません。無駄にOrchestratorに負荷をかけることになりますし、追加に成功した行や、失敗した行が混在すると、その後の回復処理が面倒になります。

そのため、このような場合には『キューアイテムを一括追加』を使って、複数のアイテムをまとめて追加しましょう。これはDataTable型の変数に含まれる行を1つのアイテムとして、複数のアイテムをまとめてキューに追加します。

✓ [データテーブル] プロパティ

　トランザクションに固有のデータ（請求書であれば、「宛先」「金額」「支払期限」など）を、DataTable型の変数で指定します。また、この中にReferenceという列があれば、これを［参照］としてアイテムに追加します。この列の指定は、参照を一意にしたキューにアイテムを追加するときに必ず必要となります。

✓ [コミットの種類] プロパティ

　「AllOrNothing」と「ProcessAllIndependently」のいずれかを指定します。

　「AllOrNothing」では、1つの行でもエラーで追加に失敗したら、ほかのすべての行の追加も失敗させることができます。この場合には、エラーを取り除いて同じ処理をもう一度実行するだけで済みます。

　「ProcessAllIndependently」では、エラーとなった行は追加せず、そのほかの行はすべて追加します。そのため、エラーとなった行だけを選別して、処理をもう一度実行しなければなりません。このため、AllOrNothingの方が使いやすいことが多いでしょう。

　なお、エラーとなった行の情報は、［結果］プロパティにDataTable型で出力されます。この変数を『CSVに書き込み』などでファイルに出力して、エラーが発生した行の番号と詳細なエラー内容を確認してください。

🔍 Hint

　アイテムの一括追加は、Orchestratorのキュー画面で.csvファイルをアップロードすることによっても行えます。

⚠ OnePoint　データの文字化けを避ける

　トランザクションアイテムに格納したテキストデータが、文字化けを起こすことがあります。これは、Orchestratorのweb.configに次の設定をすることで回避できます。

```
<add key="OData.BackwardsCompatible.Enabled" value="true" />
```

　なお、この設定はCommunity EditionのOrchestratorでは変更できません。

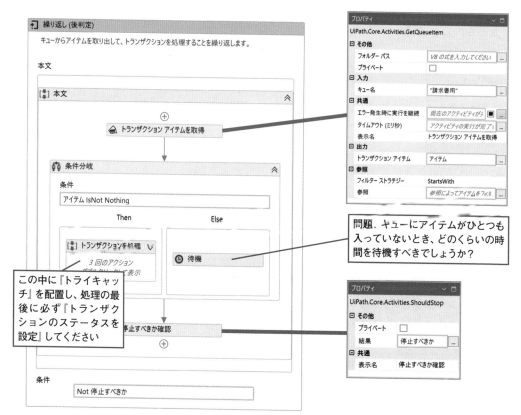

17-21 アイテムの操作③ キューからアイテムを取得する

キューからアイテムを取得するワークフローの典型的な構造

　キューからアイテムを取得してトランザクション処理を行うワークフローの構造を検討しましょう。キューからアイテムを取り出せたら、このトランザクションを処理して次のアイテムを取り出します。

　もしアイテムを取り出せず、[トランザクションアイテム]プロパティにNullが返ったらキューが空だったということです。ほかのプロセスがこのキューにアイテムを追加するのを待機してから、もう一度アイテムの取り出しを試行することになります。この典型的な実装は、次のような形になるでしょう。

『トランザクションのステータスを設定』について

　キューからアイテムを取り出したプロセスは、そのアイテムのステータスを必ず［成功］もしくは［失敗］に設定しなければいけません。そうしないと、このアイテムは［実行中］のままで24時間放置された後に［破棄済み］となり、レビューが必要な状態になってしまいます。

　アイテムにステータスを設定するには『トランザクションのステータスを設定』を使います。前ページの例においては、「トランザクションを処理」するシーケンス内に『トライキャッチ』を配置して、処理が成功したら［成功］を、例外をキャッチしたら［失敗］を設定するように構成すると良いでしょう。

［失敗］を設定するときは、リトライやレビューのための材料もアイテムに記録する

　『トランザクションアイテムのステータスを設定』で［失敗］を設定するときは、［エラーの種類］（アプリケーションエラーかビジネスエラーのいずれか）を適切に設定してください。この情報は、Orchestratorに自動リトライの要否を適切に判断させる上で必要となります。

　また、対象のトランザクションを追跡するための情報も必ずアイテムに入れておきましょう。これには［参照］が役に立ちます。この情報がないと、このトランザクションデータ（請求書など）が正常に処理できたかどうか（対向システムに登録されたかどうかなど）を担当者が簡単にレビューできず、リトライの要否の判断できません。そうなれば、このトランザクションデータを失ってしまうことになります。

キューにアイテムが1つも入っていなかったら、待機する

　キューにアイテムが1つも入っていなければ、『トランザクションアイテムを取得』はNullを返します。この場合には適当な時間を待機してから、もう一度『トランザクションアイテムを取得』を実行することになります。このとき、どのくらいの時間を待機すべきでしょうか。キューにアイテムが追加されたら、それをすみやかに取り出してトランザクション処理を開始したいですが、待機時間が短すぎるとOrchestratorに無駄な負担をかけてしまいます。しかし、長すぎるとアイテムをタイムリーに処理できません。

　キューにアイテムが追加される頻度は、キューで管理する業務データによって違うでしょうから、それに合わせて適切な時間を待機するようにしてください。

⊌図10

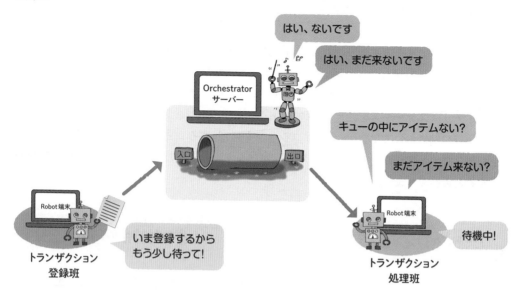

キュートリガーの活用

　前節で説明した待機時間には、良い解決方法があります。実はOrchestratorのキュートリガー機能を活用すれば、待機する必要がありません。この機能は、アイテムがキューに追加されたときに、自動で指定のプロセスを開始します。これにより、キューが空のときは待機せずにプロセスを終了できます。プロセスを実行状態で待機させる必要がなく、リソースの無駄な消費を避けることができます。キューの中にあるアイテムの数に応じて、複数のプロセスを別のRobot上で開始するように構成することもできます。

　プロセスは、次のように実装できます。

図11

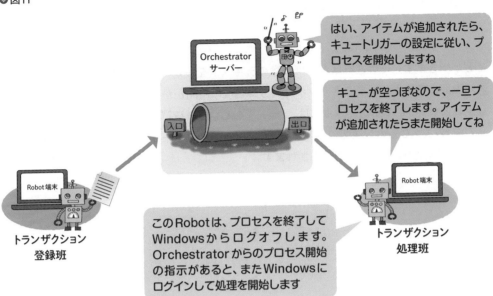

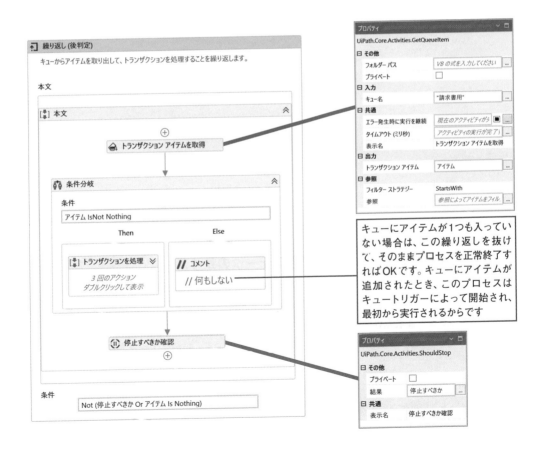

『トランザクションの進行状況を設定』

　ステータスが[実行中]のアイテムに対しては、『トランザクションの進行状況を設定』することができます。この進行状況には任意のテキストを設定でき、Orchestratorのアイテムの詳細画面に表示されます。トランザクション処理に時間がかかる場合には、その進行状況を設定しましょう。このテキストには、「データの整合性を確認中」や「データを対向システムに入力中」のようなものが適切でしょう。このアイテムのステータスを[成功]もしくは[失敗]にすると、進行状況は自動でクリアされます。

！OnePoint　アイテムに格納できるデータのサイズ

　1つのアイテムに格納できるデータサイズの上限は、既定では1Mbyteです。これより大きいデータを扱うには、データの実体をExcelファイルなどに格納してネットワーク上の共有フォルダーに配置し、そのファイル名だけをキューに入れてトランザクションの一貫性を管理すると良いでしょう。なお、この既定値はweb.configで変更することもできます。詳細は下記を参照してください。

● Web.Config（UiPath Installation and Upgrade）
https://docs.uipath.com/installation-and-upgrade/lang-ja/docs/webconfig#queue

17-22 アイテムの操作④ アイテムからデータを取り出す

QueueItem型からトランザクションデータを取り出す

『トランザクションアイテムを取得』の［トランザクションアイテム］プロパティから取得したQueueItem型の値からデータを取り出すには、次のようにします。

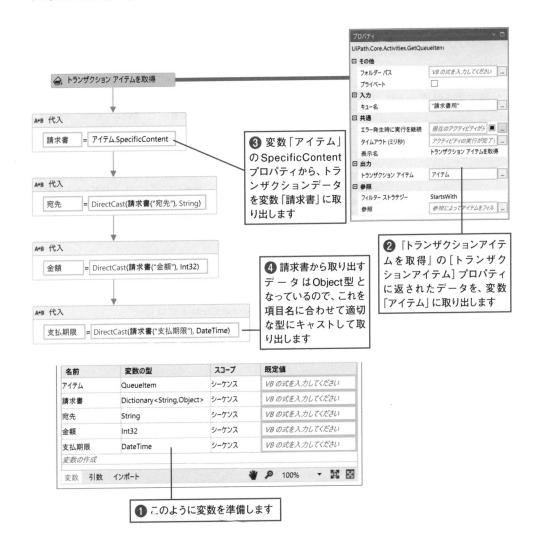

❸ 変数「アイテム」のSpecificContentプロパティから、トランザクションデータを変数「請求書」に取り出します

❷ 『トランザクションアイテムを取得』の［トランザクションアイテム］プロパティに返されたデータを、変数「アイテム」に取り出します

❹ 請求書から取り出すデータはObject型となっているので、これを項目名に合わせて適切な型にキャストして取り出します

❶ このように変数を準備します

『ワークフローファイルを呼び出し』の活用

　Systemパッケージの21.4では、『ワークフローファイルを呼び出し』に［引数とする変数］プロパティが追加されました。ここにアイテムのSpecificContentプロパティ（Dictionary<String, Object>型の辞書データ）を渡すと、その各項目は自動で呼び出し先ワークフローの引数に展開されます。

✅Main.xaml

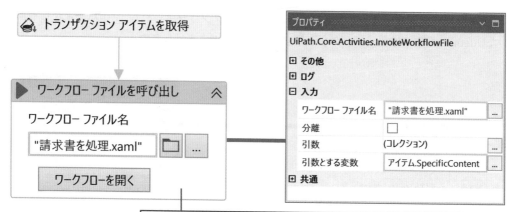

もしArgument例外が発生するときは、呼び出し先のワークフローの引数の型がSpecificContentの各項目の型と合っていません。ここにブレークポイントを配置し、イミディエイトパネルに次のような式を入力して型名を確認してください
アイテム.SpecificContent("宛先").GetType

✅請求書を処理.xaml

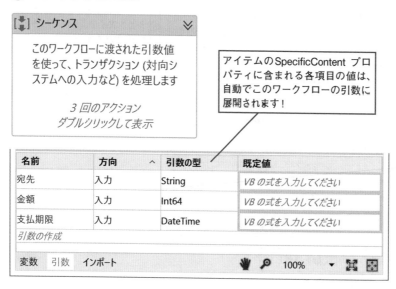

アイテムのSpecificContent プロパティに含まれる各項目の値は、自動でこのワークフローの引数に展開されます！

名前	方向 ^	引数の型	既定値
宛先	入力	String	VBの式を入力してください
金額	入力	Int64	VBの式を入力してください
支払期限	入力	DateTime	VBの式を入力してください
引数の作成			

変数　引数　インポート　　　　　　　🖐 🔍 100% ▼ ⬚ ⛶

17-23 キューの活用における留意点

キューをうまく活用するには

本節では、キューを上手に活用するためのポイントを補足します。

✓ トランザクションを登録するRobotと、処理するRobotを分ける

　キューの運用を設計する上で重要なポイントは、アイテムをキューに登録するRobotと、これを処理するRobotを分けることです。このようにしておけば、それぞれに割り当てるRobotの台数を増減させることで、資源の配分を簡単に最適化できます。

　たとえば、登録するRobotを1台だけにして、処理するRobotは5台にすることができます。

　あるいは、トランザクションの登録を多数のAttended Robotで行い、処理は少数のUnattended Robotで行う、といったこともできます。この構成では、人からRobotへの作業依頼(たとえば在職証明書の発行依頼など)を、キューを介して行うことになります。このような最適化により、Unattended Robotの稼働率を高く保つことができます。

✓ トランザクションの一貫性を壊してしまう操作を避ける

　『キューアイテムを取得』は、アイテムのステータスによらず、キューに管理されているすべてのアイテムを取り出します。これを使って取り出したアイテムに対して、トランザクション処理を行ってはいけません。トランザクションの処理対象とするアイテムは、『トランザクションアイテムを取得』で取り出してください。

　また、『トランザクションアイテムを延期』を使うと、アイテムに[延期]の日時を設定し、ステータスを[新規]に戻した上で、このアイテムをキューの最後に入れなおします。これは、正常にトランザクションを処理して[成功]となっているアイテムに対しても動作してしまいます。この結果、正常に完了したトランザクションをもう一度実行してしまうことになります。

　上記のような、トランザクションの一貫性を壊してしまう操作をしないように注意してください。

✅ 失敗したトランザクション処理は、その場でリトライすることも検討する

失敗した処理を、同じプロセスがすぐに再試行して成功する可能性があるなら、そうすべきです。これは『リトライスコープ』などを使って簡単に実装できますし、すみやかに処理を完了できます。一方で、キューのリトライにより新規追加されたアイテムは、キューの最後に追加されるため、Robotにより取得されて実際に処理が再試行されるまでに時間がかかる可能性があります。処理に応じて、適切なリトライ方法を選択・設計してください。

✅ 定期的にデータベースをメンテナンスする

アイテムのデータは、OrchestratorのSQLデータベースに保存されます。このデータが大量に蓄積されると、アイテムの取得や状態変更などの操作に時間がかかる可能性が高まります。このため、定期的にデータベースのバックアップと、処理済みアイテムのデータ削除を行うようにしてください。Orchestratorのデータベースを保守する方法については、下記を参照してください。

🔽 メンテナンスに関する考慮事項（UiPath Orchestratorガイド）

https://docs.uipath.com/orchestrator/lang-ja/docs/maintenance-considerations

Chapter

18

チーム開発の支援

18-1 ソフトウェアの構成管理

プロジェクトフォルダーに含まれるファイル一式を保管する

Studioには、チームでの開発を支援する機能が備わっています。本章では、これを活用する方法について説明します。

これまでに見てきたように、Main.xamlやproject.jsonなど、UiPathによる自動化の開発では多くのファイルを作成することになります。プロジェクトをパブリッシュしてプロセスパッケージを作成した後も、これらのプロジェクトファイル一式はきちんと保管しておかねばなりません。もしこの一部でも紛失したら、あとでこのプロセスを修正できなくなってしまいます。

また、最新のプロジェクトだけでなく、過去の時点のプロジェクトファイル一式もすべて保管しておくことで、開発作業を支援できます。もしワークフローを編集して動かなくなってしまったら、そのファイルを過去の状態に戻すことで簡単に回復できるため、安心して作業できるからです。

構成管理とは

ソフトウェアを構成する複数のファイルの一貫性を維持することを、**ソフトウェア構成管理**といいます。これは、もともと航空機の生産を管理するためにうまれた概念です。航空機の生産には、非常に多くの種類の部品が必要となります。このそれぞれに正しい型番の部品を使わないし、組み上がった航空機は設計通りの性能となりません。また、航空機のモデルチェンジに伴って、どの部品をどのように変更したのか追跡する必要があります。でないと、継続して設計を改良していくことができません。

ソフトウェアの構成管理においては、ソフトウェアを構成するさまざまなドキュメントやファイルのバージョン（版番号）の組み合わせを管理することが必要です。各ファイルの編集履歴を追跡し、それらのどのバージョンを使ってソフトウェアを構築したのかを記録することになります。

構成管理ツールの活用

ソフトウェアの構成を簡単に管理するには、ソフトウェア構成管理ツール（SCM：Software Configuration Management）が便利です。現在は多くのSCMツールが利用可能になっていますが、その中でもGit、TFS、SVNなどがよく使われています。Studioは、この3つと連携する機能を備えています。本章では、Gitとの連携について説明します。

①OnePoint　SCMツールの選択

Studioに統合されている構成管理ツールはGit、SVN、TFSの3つですが、これ以外のSCMツール（PerforceやMercurialなど）を使ってUiPathプロジェクトの構成を管理することもできます。その場合には、専用のクライアントツールをStudio端末にインストールしてください。

①OnePoint　使わないSCMはオフにしておく

Gitを使う場合には、TFSとSVNはオフにしましょう。Studioの起動が若干早くなります。これはStudioのBackstageビューの［設定］タブの［チーム］カテゴリで行えます。もちろん、Gitをオフにすることもできます。

Column　プロセスの所有者

UiPathで作成した自動化プロセスは、作成完了して運用中となった後にも、次のような事情で保守（修正）する機会があるはずです。

・機能を追加して、自動化の範囲を増やしたい。
・対応していなかった業務上の例外ケースが見つかり、プロセスがエラーで止まってしまった。
・Windows Updateや自動化対象のアプリケーションのバージョンアップなどの影響で、今まで動作していたプロセスが動かなくなった。

プロセスを作った人が転勤や退職などでいなくなると、その保守が難しくなってしまうことがあります。このような状況を避けるには、各プロセスに所有者（プロセスオーナー）を割り当てておくことが有効です。プロセスのオーナーは、そのプロセスの保守や障害発生時の対応を担当します。もしプロセスオーナーが部署を去るときには、必ず後任のオーナーを指名して、しっかり引継ぎをしてください。各プロセスのオーナーを管理する表を作成して、部署内で共有しておくと良いでしょう。

18-2 | Studioと一緒にGitを使う

Gitについて

　Gitは、いま最も人気のあるオープンなSCMツールの1つです。StudioはGitの機能を内包しているので、ほかのGitツールを導入することなく、すぐにGitを使い始められます。あるいは、StudioとほかのGitツールを併用することもできます。現在人気のGitツールには、SourcetreeやTortoiseGitなどがあります。これらは、ブランチをビジュアルに表示するなどのより細やかな操作ができます。

　ブランチとは、コードを枝分かれしながら進化させるためのSCMツールの機能です。Gitは、ブランチの操作がしやすいことでもよく知られています。ブランチの活用方法は本書では説明しませんが、チームで開発するときには必須の知識となります。Gitのブランチをよく知るには、git-flowやGitHub Flowなどについて調べてみるとよいでしょう。

　また、拙著『実践 反復型ソフトウェア開発』でも構成管理のブランチ戦略について詳細に説明しています。ぜひ、みなさんのチームに適切なブランチの運用ルールを探してみてください。

　次節より、StudioからGitを利用するための具体的な操作手順を説明します。

> **Column**　**コーディング規約**
>
> 　コーディング規約(Coding Standards)とは、コードが満たすべき品質の基準を記述した、ソフトウェア開発のためのルールブックです。コーディング標準ということもあります。これは、複数人でソフトウェアを開発するとき、そのコードの品質がばらつかないようにするためのもので、多くのソフトウェア開発プロジェクトで使われます。
> コーディング規約には変数の命名規則などのルールも含まれるため、唯一の正解はありません。組織やプロジェクトごとに、別のコーディング規約が使われたり、規約をカスタマイズしたりすることもよくあります。ぜひ、みなさんの組織にぴったりのコーディング規約を作ってみてください。

18-3 プロジェクトをローカルリポジトリに追加する

プロジェクトをローカルリポジトリに追加する手順

　最初のステップとして、Gitのローカルリポジトリを使うことを覚えましょう。これは、Studioがインストールされていれば、すぐに使い始めることができます。この手順は、次のようになります。

手順① 任意のプロジェクトを開く

手順② プロジェクトフォルダーを、ソース管理に追加する

手順③ ワークフローを修正・追加する

手順④ 修正したワークフローの差分を確認する

手順⑤ 正しく実行できることを確認し、コミットする

手順⑥ コミットの履歴を確認する

手順① 任意のプロジェクトを開く

　ここでは、例として2-1節「開発から実行までの流れ」で作成したプロジェクト「はじめてのプロセス」を開きます。このMain.xamlのルートアクティビティ『シーケンス』には、『メッセージボックス』だけが含まれているとします。

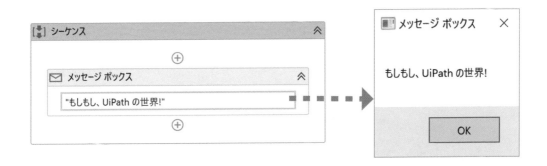

手順② プロジェクトフォルダーを、ソース管理に追加する

Studioのメインウィンドウ右下にある［＋ソース管理に追加］をクリックし、「Git Init」を選択します。この操作によりGitが初期化（Initialize）され、追加したフォルダーやファイルに対してGitが利用可能になります。

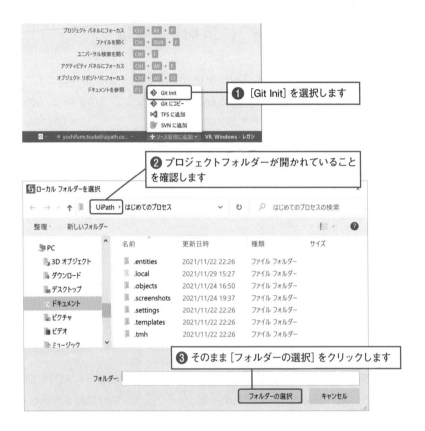

チェックがついているファイルが、Git にコミットされます。ここでは、そのままでかまいません

❸ コミットメッセージを記入して、[コミット] ボタンをクリックします

🔍Hint

　コミットメッセージとは、今回コミットする内容（つまり、前回コミットしたときから今回コミットするまでの間に、どのような修正をしたか）を説明するためのものです。

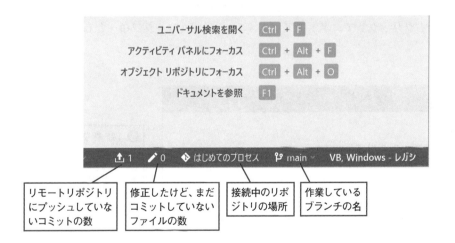

リモートリポジトリにプッシュしていないコミットの数

修正したけど、まだコミットしていないファイルの数

接続中のリポジトリの場所

作業しているブランチの名

⚠ OnePoint　**Gitの用語**

　Gitでは、次のような専門用語を使います。Gitの機能を詳細に説明することは本書の範囲を超えるので、必要に応じてWebの技術記事やほかの書籍などを参照してください。

⬇表1

用語	意味
リポジトリ	ファイルを格納する場所
ローカルリポジトリ	手元のPCの中にあるリポジトリ
リモートリポジトリ	チームで共有しているネットワーク上のリポジトリ
コミット	ローカルリポジトリに、修正したファイルを入れること
プッシュ	手元のリポジトリにコミットしたファイルを、別のリポジトリに押し込むこと
プル	あるリポジトリにある最新のファイルを、手元のリポジトリに引き出すこと
リビジョン	コミットした単位のこと。複数のファイルを含めることができる
ブランチ	修正の履歴を管理する枝のこと。この枝を分けると、同じファイル一式を別の方向に進化させることができる

手順③ ワークフローを修正・追加する

　Gitの動作を確認するために、Main.xamlを適当に編集しましょう。また、新しいワークフローファイルの追加も試しましょう。この両方を簡単に行うために、Main.xamlに配置した『シーケンス』を右クリックして、ポップアップメニューから［ワークフローとして抽出］を選択します。

Ui 新規ワークフロー　　　　　　　　　　　　　　×

新規ワークフロー
現在の選択に基づき新しいワークフローを作成します。

名前　｜シーケンス｜

場所　｜C:¥Users¥yoshifumi.tsuda¥Documents¥UiPath¥はじめてのプロセス｜ 📁

作成

❻［新規ワークフロー］ウィンドウが表示されます。ここでは、そのまま［作成］ボタンをクリックします。これによりMain.xamlが自動で変更されます。また、「シーケンス.xaml」が追加されます

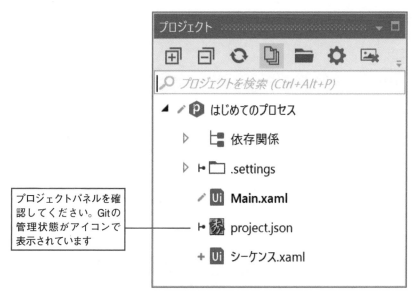

プロジェクトパネルを確認してください。Gitの管理状態がアイコンで表示されています

表2

アイコン	意味
✎	Gitで管理された状態から変更あり
⊢	Gitで管理された状態から変更なし
＋	Gitで管理されていない

18
チーム開発の支援

⚠OnePoint　Main.xamlのアイコンが変化しないときは

Main.xamlを修正しても、プロジェクトパネルのアイコンが⊢のままなのは、Main.xamlが保存されていないからです。[デザイン]リボンにある[保存]ボタンをクリックして、Main.xamlを保存してください。プロジェクトパネルのMain.xamlに表示されるアイコンが✎に変化するはずです。

手順④ 修正したワークフローの差分を確認する

Main.xamlについて、Gitにコミットした状態と、いま修正した状態の2つを比較してみましょう。次の操作で、ワークフロー（.xamlファイル）をビジュアルに比較できます。

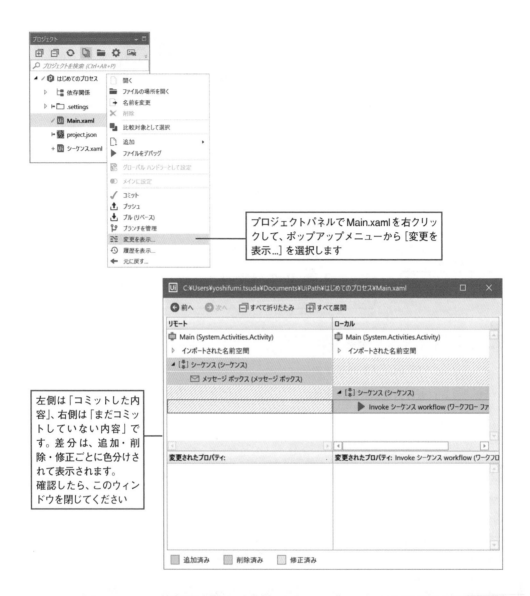

プロジェクトパネルでMain.xamlを右クリックして、ポップアップメニューから[変更を表示...]を選択します

左側は「コミットした内容」、右側は「まだコミットしていない内容」です。差分は、追加・削除・修正ごとに色分けされて表示されます。
確認したら、このウィンドウを閉じてください

手順⑤　正しく実行できることを確認し、コミットする

　修正・追加したワークフローが問題なく動作することを確認したら、これをコミットしましょう。この操作により、現在のファイルが新しいバージョンとしてローカルリポジトリに追加されます。

　プロジェクトパネルでMain.xamlを右クリックし、[コミット]を選択してください。あわせて、シーケンス.xamlも同時にコミットしましょう。先ほどと同様に、コミットメッセージ

を記入してコミットしてください。

　今回のコミットメッセージには、「Main.xamlのメッセージボックスを、シーケンス.xaml に切り出した」のような文章を記入します。コミットメッセージを記入しないと、コミットできないことに注意してください。

　なお、Studioメインウィンドウの右下にある　　をクリックしても、コミットすることができます。

> ⓘ **OnePoint**　**リポジトリを清潔に保つ**
>
> 　ワークフローをコミットするときは、その前に正しく動作することを必ず確認しましょう。また、複数のファイルを修正したときは、それらを一度にまとめて意味のある単位でコミットしましょう。

> ⓘ **OnePoint**　**修正を破棄して、最後にコミットした状態に戻す**
>
> 　修正をコミットせずに破棄して、最後にコミットした状態に戻すこともできます。これには、プロジェクトパネルで当該のファイルを右クリックし、[元に戻す]を選択します。

手順⑥ コミットの履歴を確認する

　プロジェクトパネルでMain.xamlを右クリックし、[履歴を表示...]を選択してみましょう。Main.xamlをコミットした履歴を確認できます。1つの行に1つのコミットが表示されます。この任意の2つを選択して、その差分を表示することもできます。これには、比較したい2行を[Ctrl]キーを押しながらクリックして選択し、右クリックして[選択済みを比較]を選択します。また[変更箇所]タブでは、同じコミットに含まれるファイルの一覧と、それらのファイルの変更点(直前のリビジョンとの差分)を確認できます。

18-4

プロジェクトをリモートリポジトリに追加する

プロジェクトをリモートリポジトリに追加する手順

　前節までで、フォルダーやファイルをGitのローカルリポジトリに追加する方法を説明しました。Gitサーバーを構築してリモートリポジトリを準備すれば、同じプロセスプロジェクトを複数人で同時に編集できるようになります。

　本節では、GitサーバーとしてGitHubを利用する手順を紹介します。

手順① GitHubにアカウントを作成する
手順② GitHubにリモートリポジトリを作成する
手順③ リモートリポジトリに接続し、手元のコミットをプッシュする

> **①OnePoint　GitHub**
>
> GitHubは、無償で利用できるGitのリモートリポジトリです。タスクやバグを管理するためのチケットシステムも統合されているので、とても便利です。ただし、無償利用に際してはいくつかの制限があります。詳細については、GitHubのウェブサイトを確認してください。

手順① GitHubにアカウントを作成する

　GitHub（https://www.github.com/）にアクセスして［Sign up］をクリックし、アカウントを作成します。すでにアカウントを持っていれば、［Sign in］をクリックしてログインします。

> **①OnePoint　GitHubのWebページの日本語表示**
>
> GitHubのWebページは、日本語表示に切り替えることはできないようです。がんばって英語を読みながら設定しましょう。

手順② GitHubにリモートリポジトリを作成する

画面左上にある［Create repository］をクリックして、リポジトリを作成します。リポジトリ名は、ここでは「UiPath」としておきましょう。

❶ リポジトリ名は「UiPath」とします

❷ リポジトリの種別を［Private］にします。これを［Public］としたリポジトリは、誰もが内容を閲覧できるようになるので注意しましょう

❸ ［Create repository］をクリックして、上記の内容でリポジトリを作成します

❹ これが、作成したリポジトリのURLです。右のボタンをクリックして、これをクリップボードにコピーしましょう

18

チーム開発の支援

手順③ リモートリポジトリに接続し、手元のコミットをプッシュする

作成したリモートリポジトリのURLを、Studioに設定します。

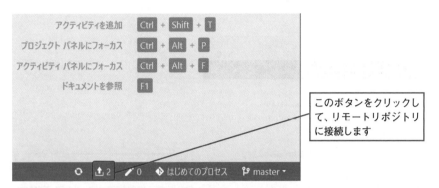

このボタンをクリックして、リモートリポジトリに接続します

❻ [リモートを管理] ウィンドウが表示されます。名前に「UiPath」、URLに先ほど作成したリポジトリのURLを入力して、[追加] ボタンをクリックします

❼ 追加できたら [保存] ボタンをクリックし、このウィンドウを閉じます

⚠ OnePoint　資格情報の入力

初回接続時には、ここで資格情報の入力を求められます。その場合には、GitHubのアカウント情報を入力してください。

18-5

リモートリポジトリに
コラボレーターを追加する

リモートリポジトリにコラボレーターを追加する手順

　リモートリポジトリにあるプロジェクト一式は、ほかの人が各自のPCに取得して、同時に並行して修正できます。この人たちを、コラボレーター（共同編集者）といいます。GitHubのリモートリポジトリの内容を編集できるのは、そのコラボレーター（共同編集者）だけです。コラボレーターを追加する手順は、次の通りです。

手順① コラボレーターのGitアカウントを作成する
手順② 作成したリポジトリにアクセスを追加し、招待状を送る
手順③ 招待を受け入れる

手順① コラボレーターのGitアカウントを作成する

　コラボレーターにもGitアカウントが必要となります。コラボレーターになりたい人がまだGitアカウントを持っていなければ、作成してください。

手順② 作成したリポジトリにアクセスを追加し、招待状を送る

　リポジトリに、コラボレーターにしたい（なりたい）人のアクセスを追加します。この操作は、リポジトリを作成したGitアカウント、つまりリポジトリのオーナー（所有者）が行います。

作成したリポジトリの
[Manage access] ペー
ジを開きます

[Invite a collaborator] ボタンを
クリックして、共同編集者にし
たい人のGitアカウントを入力
します。そのアカウントに、イン
ビテーション（招待状）が送信
されます

手順③ 招待を受け入れる

　招待状のメールに記載されたURLリンクを開いて、招待状をAccept（受け入れ）すると、このリポジトリの共同編集者になることができます。この操作は、招待状を受け取った人のGitアカウントで行います。

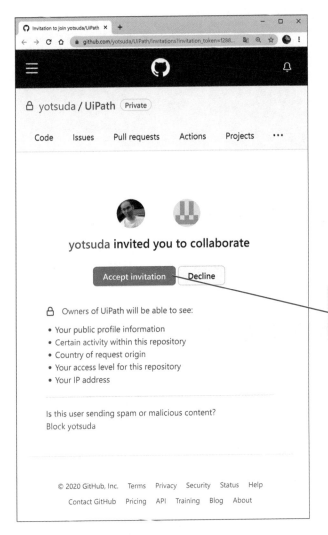

[Accept invitation] ボタンをクリックして招待を受け入れると、このリポジトリの共同編集者になることができます

18-6 リモートリポジトリから プロジェクトを取得する

リモートリポジトリからプロジェクトを取得する手順

　コラボレーターがリポジトリを自身のPCに複製して、プロジェクトの修正をお手伝いする手順は、次のとおりです。

手順① リポジトリをローカルに複製する
手順② チェックアウトディレクトリに取得したプロジェクトを開く

手順① リポジトリをローカルに複製する

　Studioを起動したら、Backstageビューの[チーム]タブのGitカテゴリにある[リポジトリを複製]をクリックします。

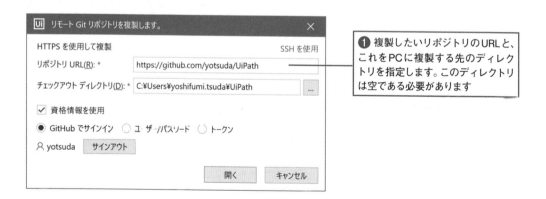

❶ 複製したいリポジトリのURLと、これをPCに複製する先のディレクトリを指定します。このディレクトリは空である必要があります

🔍Hint

　Studio 21.10では、GitHub.comに2段階認証で対話型サインインができるようになりました！

手順② チェックアウトディレクトリに取得したプロジェクトを開く

　リポジトリの内容をPCに複製できたら、その中にあるプロジェクトをStudioで開きます。この後は、通常通り、ワークフローを編集できます。あとは、18-3節の手順③以降で紹介したように、変更をローカルのリポジトリにコミットして、これをリモートのリポジトリにプッシュします。

リモートリポジトリの更新をローカルリポジトリに取り込む

　複数人で編集していると、ほかの人がリモートリポジトリを更新することも頻繁にあるでしょう。ほかの人がリモートリポジトリにプッシュした（押し込んだ）修正は、プル（リベース）の操作により自分のPCに取り込むことができます。リベースとは、作業のベース（土台）を新しくするという意味です。これは、Studioメインウィンドウの右下から行えます。

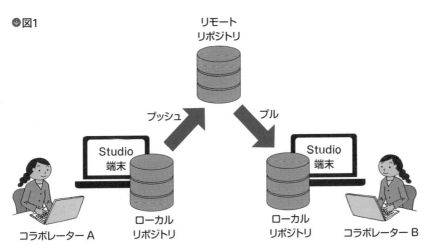

⑨図1

コンフリクトの解決

　リモートリポジトリ（ほかの人による修正）と、ローカルリポジトリ（自分の修正）で、同じファイルを修正してしまうことがあります。これを、修正のコンフリクト（衝突）といいます。コンフリクトがおきた場合には、どちらの修正を採用するのか選択する必要があります。これをコンフリクトの解決といいます。

　リベース時などでコンフリクトが見つかると、Studioはコンフリクトを解決するためのウィンドウを表示します。このウィンドウを使って、ファイル単位でコンフリクトを解決できます。複数人で同じプロセスを開発するときは、なるべくコンフリクトが発生しないように、誰がどのファイルを編集するか決めておくとよいでしょう。

❶ リモートリポジトリでの修正が左側に、ローカルリポジトリでの修正が右側に表示されます。この差分を確認し、どちらのファイルを取り入れるか決めて [左を選択] もしくは [右を選択] をクリックします

❷ [保存] ボタンをクリックします。この手順を、コンフリクトしたファイルの数だけ繰り返してください

ⓘOnePoint　コンフリクトの解決

　一般に、Gitを含む多くのSCMツールでは、コンフリクト時には行単位での解決とマージが行えます。しかし、UiPath Studio ではワークフローファイル（.xamlファイル）の安全なマージが行えるように、ファイル単位でのマージのみが可能となっています。

⚠️OnePoint　**ガバナンス**

　ガバナンスとは、統制という意味です。チームで開発するときには、命名規則やコーディング
スタイルを統一することが保守性の向上に寄与します。Studioは、チーム開発に有益なガバナン
ス機能を備えており、さまざまな設定や開発ルールをメンバーに強制できます。詳細は、Studio
のユーザーガイドを参照してください。

🌐 **ガバナンス（UiPath Studioガイド）**

https://docs.uipath.com/studio/lang-ja/docs/governance

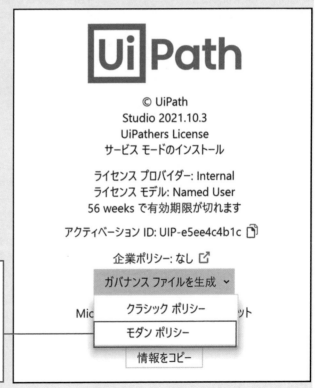

ガバナンスの設定ファイル（ポリシー）
は、Studioの Backstage ビューのヘル
プ画面から生成できます！ 生成したモ
ダンポリシーを組織に適用するには、
Automation Cloud の［⚙ Automation
Ops］画面にアップロードします。テナ
ントやグループなどに対して、別のポ
リシーをデプロイできます

索 引

記号（正規表現）

さ行

おわりに

　私がUiPathに入社したのは、2017年の12月です。そのときから、いつかUiPathの技術書を執筆することは心に決めていました。しかし気がつくと、入社して1年半ほども経過していました。その間、UiPathで仕事をするうちに製品の理解も進みましたが、それ以上にお客様がどのような部分で躓くのか、どのような情報が必要とされているのかということもよく見えるようになりました。

　そこで、「今でしょ」と企画書を書き、複数の出版社に持ち込みました。なかなか色よい返事が得られませんでしたが、最終的に秀和システムの岩崎さんにご助力いただけることになり、執筆に着手したのが2019年の年末ごろです。これは2020年の秋ごろに脱稿・校了し、無事みなさんのお手元に届けることができました。

　それから、早くも1年と少しが経過しました。その間、UiPath製品の進化の早さには目を瞠るものがあります。世界中でより多くのお客様に業務インフラとして活用されるようになり、私たちは日々フィードバック（多くの改善要望と、ほどほどの不具合報告）を頂いています。これを受けて、UiPathの製品はますます使いやすく、安定して動作するように進化を続けています。2021年4月にはUiPathはニューヨーク証券取引所に上場し、大きな投資を得て、製品の進化のスピードにますます拍車がかかりました。

　その帰結として、2020年の秋に上梓した書籍「UiPathワークフロー開発実践入門」の内容も、一部が古くなってしまいました。特に、この本の発売直後にOrchestratorの画面がアポロデザインと呼ばれるものに変更され、大変使いやすくなりました。またStudio 21.10からは、ワークフロー開発においてモダンアクティビティが既定で使用されるようになりました。

　今回、幸いなことに、この本を改訂する機会を得ました。この改訂版では、前著に開いた穴を塞ぎつつ、UiPathの新しい機能も多く紹介できるように心を砕きました。

　本書で追記・修正した内容は、以下のとおりです。

●UiPath Automation Cloudの利用手順

　Automation Cloudは、UiPathが提供するSaaS型のクラウドサービス（Office365やGmailなどのようなWeb上のサービス）です。数百台ものStudio/Robotを集中管理できるサーバー製品Orchestratorのほか、UiPathの新しいサービスの多くがAutomation

Cloud上ですぐに利用できます。

●Unattended Robotの構成手順を刷新

　Unattended Robotは、完全に無人の環境で自動化をスケジュール実行できます。Windowsにログインし、自動化を実行し、Windowsからログオフします。これを動作させるには、Robotをサービスモードでインストールし、Orchestratorから払い出したマシンキーを使ってRobotとOrchestratorを接続する必要があります。この手順は前著にも記載しましたが、本書ではOrchestratorのアポロデザインとモダンフォルダーの使用を前提とした手順に改めました。

●オブジェクトリポジトリとモダンアクティビティ

　画面操作のための以前のアクティビティは一新され、より少ない数のモダンアクティビティに統合されました。より安定して動作する画面操作の自動化を、短時間で作成できます。

●Studioの新しい機能

　リモートデバッグやテストエクスプローラーパネルなどの新しい機能を紹介しました。リモートデバッグは、Unattendedプロセス開発の生産性を大幅に向上します。テストエクスプローラーは、ワークフロー開発に必要なテストの自動化を強力に支援します。

●正規表現

　正規表現の章に、正規表現オプションや、先読み・後読みパターンなどの説明を加えました。正規表現は、すぐに学べて一生使える、学習コストパフォーマンスに優れたお得な技術です。ぜひ活用してください。

●より実践的なOCRの活用

　新しいアクティビティ『分類ステーションを表示』のリリースに伴い、サンプルのワークフローをより実践的な形に修正しました。また、OCRを活用するためのさまざまなノウハウを追記・整理しました。このほか、学習に便利なサンプルのPDFファイルを用意し、秀和システムのホームページからダウンロードできるようにしました。

●Orchestrator Web APIの新しい認証方法

前著では、Orchestrator Web APIの呼び出しの手順としてパスワード認証を紹介しました。しかし、これはもともとオンプレミス版のOrchestratorでのみサポートされており、クラウド版のOrchestratorでは使えないものでした。しかも前著の発売後に、パスワード認証はオンプレミス版でも非推奨となりました。そのため、本書ではこの説明をOAuth認証の手順に差し替えました。OAuth認証は、オンプレ版とクラウド版の両方のOrchestratorで利用できます。

●Orchestrator Web APIを、ワークフローから呼び出す

前述のとおり、Orchestrator Web APIをほかのスクリプトやプログラミング言語から呼び出す場合には、OAuth認証が必要となります。しかし、Orchestratorに接続済みのRobotからOrchestrator Web APIを呼び出す場合には、『OrchestratorへのHTTP要求』アクティビティを使えば認証を通す必要はないことに言及しました。

●グローバル例外ハンドラー

使う頻度が少なく相対的に重要ではないため、この説明は削除しました。

●そのほか

ストレージバケットやインテグレーションサービスなどの新しいサービスを紹介しました。JSONテキストをパースする方法を説明しました。キューアイテムの状態遷移図に『トランザクションアイテムを延期』による遷移を加えました。このほかUiPath製品の進化にあわせて、こまごまと記述を修正しました。

UiPathは、ソフトウェア開発の敷居を大きく下げながらも、プロフェッショナルなソフトウェア開発者にもご満足頂ける、大変生産性の高い優れた開発環境です。本書が、みなさんの業務とキャリアを変革する助力となれば、私にとって望外の喜びです。末筆ながら、執筆について多大なご助力を賜りました多くの皆様に篤くお礼を申し上げます。

2022年1月 津田 義史

著者紹介

津田 義史（つだ よしふみ）

福岡県出身。東京電機大学卒。外資系ソフトウェアベンダーで、プログラマーとしてキャリアを開始。Lotus、Microsoft、Citrixなどの外資系企業を経て、現在はUiPath株式会社に勤務。趣味はバンドでエレキベースの演奏だが、最近はコロナ渦のためなかなかライブができないのが悩み。

主な著書に『実践 反復型ソフトウェア開発』『Domino/Notes APIプログラミング』（ともにオーム社）、訳書に『C++ テンプレート完全ガイド』『ジェネレーティブプログラミング』（ともに翔泳社）がある。

⏬著者の弾いてみたチャンネルはこちら。

```
https://www.youtube.com/c/YoshifumiTsuda/
```

⏬著者が所属するバンドのライブ動画はこちら。

```
https://youtu.be/ZEihe6MwuIM
```

参考サイト

⏬UiPathユーザーガイド

```
https://www.uipath.com/ja/resources
```

⏬.NETのドキュメント

```
https://docs.microsoft.com/ja-jp/dotnet/
```

⏬.NET Framework APIリファレンス

```
https://docs.microsoft.com/ja-jp/dotnet/api/
```

●本文イラスト 　　河合 美波
●カバーデザイン 　成田 英夫(1839Design)

公式ガイド
UiPathワークフロー開発 実践入門
ver2021.10対応版

発行日　2022年　2月22日	第1版第1刷

著　者　津田　義史

発行者　斉藤　和邦
発行所　株式会社　秀和システム
　　　　〒135-0016
　　　　東京都江東区東陽2-4-2　新宮ビル2F
　　　　Tel 03-6264-3105（販売）　　Fax 03-6264-3094
印刷所　三松堂印刷株式会社　　　　Printed in Japan

ISBN978-4-7980-6595-3 C3055